Das vervollständigte Cross-Verfahren in der Rahmenberechnung

Die Berechnung biegefester Tragwerke nach der Methode des Momentenausgleichs

Von

Dipl.-Ing. Günter Raczat

Hagen/Westfalen

Dritte völlig umgearbeitete Auflage
des in der 1. Auflage von Dr.-Ing. Johannes Johannson
verfaßten Buches „Das Cross-Verfahren"

Mit 322 Abbildungen

Springer-Verlag Berlin Heidelberg GmbH
1962

ISBN 978-3-642-49002-6   ISBN 978-3-642-92845-1 (eBook)
DOI 10.1007/978-3-642-92845-1

Vorwort

Im Jahre 1948 wurde das von Prof. Dr.-Ing. Johannson verfaßte
Werk „Das Cross-Verfahren" herausgegeben. Da der Autor durch seine
Lehr- und Ingenieurtätigkeit im Ausland daran gehindert war, die 2. Auflage selbst vorzubereiten, unternahm ich es im Jahre 1954, das Johannson-
sche Werk den inzwischen gewonnenen neuen Gesichtspunkten in der Anwendung des Cross-Verfahrens anzupassen und arbeitete es für die neue
Auflage um. Diese ist seit einiger Zeit vergriffen. Den Wunsch des Verla-
ges, daß ich auch die 3. Auflage betreuen möge, beantwortete ich mit
dem Vorschlag, das Buch im wesentlichen neu zu fassen.

Dies hatte als Grund, daß ich meinte, es seien genug ausgezeichnete
Bücher über das Cross-Verfahren oder solche, die es unter anderem enthalten, geschrieben worden. Sie alle erfüllen gewiß die Anforderungen
des praktisch tätigen Ingenieurs auf das beste. Was meiner Ansicht nach
fehlt, ist eine theoretisch vollständige und geschlossene Darstellung des
Cross-Verfahrens als eines Prototyps einer bestimmten Berechnungstechnik für eine umfangreiche Gruppe von Tragwerken. Dieses Verfahren
ist durch anschauliche Beschreibung mechanischer Vorgänge entstanden
und steht so zunächst isoliert und ohne Einordnung in weitere Zusammenhänge da. Es ist daher oft nur halb verstanden und in seiner allgemeinen Brauchbarkeit unterschätzt worden. Ein neues Buch sollte also
nicht eine rein monographische Abhandlung über ein einziges Verfahren
sein, sondern dieses war in seinen Beziehungen zu verwandten Verfahren
und zur Vervollständigung für interessierte Leser auch mit seinem mathe-
matischen Hintergrund vorzuführen und tiefergehendem Verständnis
zugänglich zu machen.

Bei dem Versuch einer solchen geschlossenen Darstellung war außerdem eine folgerichtige und im Aufbau lückenlose Fassung des Verfahrens
zu erwarten, in der sich ein Algorithmus herausbilden würde, bei dem die
Frage nach der Form des Tragwerkes — ob mit oder ohne schräge Stäbe
und mit oder ohne verschiebliche Knoten — nur noch eine untergeord-
nete Rolle spielte. Die noch heute oft zu lesende Behauptung, das Cross-
Verfahren ließe sich schlecht zur Berechnung von Rahmen mit verschieb-

baren Knoten verwenden, allenfalls nur mit dem umständlichen Verfahren nach PILKEY mit Stockwerksgleichungen, ist eines der häufigsten Mißverständnisse, die durch das Unterlassen einer streng systematischen Behandlung entstehen. Ein anderes ist die schroffe Unterscheidung des CROSS-Verfahrens vom KANI-Verfahren, obwohl sie beide Zwillingskinder des Drehwinkelverfahrens sind. Ebenfalls auf einem Mißverständnis beruhen die hier und da gelieferten Konvergenzbeweise, die ebenso richtig wie überflüssig sind, weil das CROSS-Verfahren eine Lösung der Drehwinkelgleichungen durch Iteration bedeutet, also ein mathematisches Verfahren, das bereits GAUSS bekannt war, und dessen Konvergenzbedingungen er schon aufgestellt hat.

Wie weit etwa das Verfahren von CROSS und ähnliche durch die Möglichkeit elektronischen Rechnens überholt werden, läßt sich nicht allgemein sagen. Unter gar keinen Umständen wäre deswegen ein Lehrbuch überflüssig. Zunächst werden sich wohl nur bei gewissen, aber nicht häufig vorkommenden Systemen mit sehr ungünstigen Konvergenzverhältnissen die Vorteile der Elektronenrechner bemerkbar machen, kaum aber bei der ungeheuren Zahl der kleinen alltäglichen Aufgaben.

Die von mir gewählte Darstellungsweise, die von der Anschauung ausgeht, sie aber durch die mathematische Beschreibung unterfängt, ist ein Versuch mit einem pädagogischen Aspekt. Wenn man schon etwas gegen die heute oft beklagte Einengung des ingenieurmäßigen Denkens tun will, kann man nicht mehr einen Ausschnitt so beschreiben, als gäbe es nichts anderes daneben und davor. Das schließt die gründliche und, wenn irgend möglich, erschöpfende Behandlung dieses einen Abschnittes nicht aus.

Dem Praktiker geht durch die versuchte Einführung didaktischer Gesichtspunkte gewiß nichts verloren. Ganz nebenbei ergab sich gerade durch die genauere Analyse des guten alten CROSS-Verfahrens eine Art der Notierung der Iteration, die eine bisher hierbei immer schmerzlich vermißte Rechenkontrolle liefert; damit gelangt man sehr folgerichtig in die Nähe des KANI-Verfahrens, genießt aber bei der Iteration selbst die Vorzüge der knapperen und müheloseren CROSSschen Form. Daß bei den Rahmen mit verschieblichen Knoten für das CROSS-Verfahren Probleme von besonderer Bedeutung nur deswegen heute noch gesehen werden, weil das vor 30 Jahren von MORRIS beschriebene und inzwischen im deutschen Schrifttum mehrmals neu veröffentlichte Rechenschema zu wenig zur Notiz genommen wird, möge erkennbar werden.

Viel Raum wurde der praktischen Handhabung des CROSS-Verfahrens gegeben, da die Arbeitserleichterung entscheidend von der guten Ordnung beim Rechnen abhängt. Dazu gehörte auch die ausführliche Beschreibung von Kontrollen. Überhaupt ist die Schreibweise der Lösungen der unbedingten Notwendigkeit recht vieler Kontrollen auf möglichst vielen Stufen des Rechenprozesses entsprechend entwickelt, wobei die Belange des Prüfingenieurs ebenso wie des Aufstellers bedacht wurden. Nebenbei erwähnt, kann man diese (an sich natürlich altbekannten) Kontrollen auch sehr gut bei der Prüfung elektronisch gerechneter Rahmen benutzen.

Bei dieser Neufassung wird der beim Leser notwendigerweise vorausgesetzte Umfang an Kenntnissen gegenüber dem anderer Bücher über das Cross-Verfahren nicht erweitert. Es werden nach wie vor die auf den Ingenieurschulen vermittelten Kenntnisse ausreichen, so daß den meisten Praktikern entsprochen wird. Andererseits müßten sich dadurch, daß die Zusammenhänge umfassend darzustellen versucht wurde, auch die Ansprüche eines Hochschulstudenten in begrenztem Ausmaß befriedigen lassen.

Von der Zusammenstellung eines vollständigen Schrifttumsverzeichnisses habe ich abgesehen, da es mehrere andere Werke mit umfassenden Schrifttumsnachweisen gibt. Wer die Quellen ernsthaft sucht, wird sie schnell finden. Der wissenschaftliche Rang der mit dem Cross-Verfahren zusammenhängenden Probleme ist heute nicht mehr so bedeutend, um bei der nur lehrhaften Darstellung die Gepflogenheiten von Forschern zu rechtfertigen. Ich habe nur ein Buch schreiben wollen, das man ebensowohl praktisch benutzen wie auch zum Gewinn des Verständnisses und der Einsicht in die Zusammenhänge verwenden kann. Die Schrifttumsangaben beschränken sich daher auf die notwendigen, nämlich zu denjenigen Stellen der Darstellung, bei denen die Herkunft fremden Gedankengutes nicht ganz offenkundig ist. Manche wichtige Einzelheit wird vielleicht schon von anderen Autoren erwähnt worden sein, ohne daß dies dem Verfasser bekannt ist. Das wäre nicht verwunderlich, da zum Cross-Verfahren vieles mehrmals gefunden und an oft nicht leicht zugänglicher Stelle veröffentlicht worden ist. Schon die kurze Durchsicht der Jahrgänge einschlägiger Zeitschriften zeigt, daß alles Wesentliche zum Cross-Verfahren hier oder da schon beschrieben wurde.

In den Abschnitten C 11, E und zum Teil auch in C 10 ist noch die von Johannson bei der Abfassung der 1. Auflage des Buches „Das Cross-Verfahren" von 1948 geleistete Arbeit enthalten; an diesen Teilen, die der rein praktischen Handhabung dienten, war nach wie vor nichts Grundsätzliches zu ergänzen mit Ausnahme einer äußerlichen Anpassung der Bezeichnungen und der Notierungsform der Iteration.

Den Herren Prof. Dr.-Ing. habil. Hirschfeld und Prof. Dr.-Ing. Mehmel habe ich für bestimmte Anregungen grundsätzlichen Charakters zu danken, die mich zu der hier von mir entwickelten Gesamtschau der Verfahren veranlaßten.

Mein Mitarbeiter Herr Dipl.-Ing. MESTER hat sich der Mühe unterzogen, die Korrektur zu lesen; er hat ferner die Ergänzung der Tabellen in Abschnitt E vorgenommen und auch sonst verschiedene nützliche Anregungen geliefert. Ich danke ihm für diese Leistung und außerdem meinem Mitarbeiter Herrn Dipl.-Ing. GÜLICHER für die Durchrechnung des größten Teiles der Zahlenbeispiele und die Anfertigung der hierzu erforderlichen Vorlagen.

Dem Verlag ist besonderer Dank zu sagen. Er erfüllte mit großer Bereitwilligkeit meine zahlreichen Sonderwünsche für den Satz und bei den Abbildungen, so daß eine Gesamtanordnung in dem von mir beabsichtigten Sinn erreicht worden ist.

Hagen, im Februar 1962

Günter Raczat

Inhalt

Seite

Im Text zitiertes Schrifttum XIV

A. Einleitung 1
  1 Vorschläge zum Gebrauch dieses Buches 1
  2 Historisches 2
    2.1 Zur Geschichte des CROSS-Verfahrens 2
    2.2 Über die Entwicklung der Rahmenberechnung seit den dreißiger
        Jahren im Hinblick auf das CROSS-Verfahren 9
  3 Vorführung der kontrollierten Iteration nach CROSS in
    drei Beispielen mit kurzen Erläuterungshinweisen. 13
    3.1 Allgemeines 13

    3.2 Durchlaufbalken auf festen Stützen . . 14

    3.3

    Stockwerkrahmen mit verschiebbaren Knoten bei abwechselndem
    Ausgleich an Knoten und Stockwerken 18
    3.4 Stockwerkrahmen mit verschiebbaren Knoten bei gleichzeitigem
    Ausgleich an Knoten und Stockwerk 26

B. Allgemeine Beschreibung des Cross-Verfahrens 33
  4 Verfahren und Deutung 33
    4.1 Aufgabenbereich 33
    4.2 Anschauliche Deutung 35
    4.3 Teilverformungsbilder 37
      4.31 Teilverformungen 1. Stufe (I, II, III) 38
      4.32 Teilverformungen 2. Stufe (IV, V und VI) 40
    4.4 Der Begriff des Ausgleiches 40
    4.5 Das Wesen des Ausgleiches in mathematischer Hinsicht 41

C. Theorie und Praxis des Cross-Verfahrens 41
  5 Grundlagen für Handhabung und Ableitung 41
    5.1 Begriffe 41
      5.11 Stäbe 41
      5.12 Knoten und Knotenanschlüsse 41
      5.13 Ebenes Fachwerk, Mischsystem, ebenes Rahmenwerk. . . 42
      5.14 Räumliches Rahmenwerk oder räumliches biegsteifes Stab-
        werk. 43
      5.15 Kreuzwerk 43

Seite

5.16 Knoten- und Stabdrehungen am biegesteifen Stabwerk . . 44
5.17 Unverschiebbare und verschiebbare Knoten 44
5.18 Stabendmomente, Knotenmomente, Stabmomente, Stockwerksmomente 46
5.19 Steifigkeit 48

5.2 Bezeichnungen 50
5.21 Formänderungen 50
5.22 Steifigkeiten 50
5.23 Momente 51
5.24 Arbeitszahlen 51
5.25 Indizes 51
5.3 Vorzeichenregeln 52
V.-Regel A (wie „Ausgleich") 52
V.-Regel B (wie „Bemessung") 53
Übergang von V.-Regel A auf V.-Regel B 54
5.4 Der gerade Stab als Rahmenwerkselement 54
5.41 Eingrenzung der Aufgabe 54
5.42 Steifigkeiten und Übertragungszahlen bei Stäben mit konstantem Querschnitt 54
5.43 Steifigkeiten und Übertragungszahlen bei Stäben mit veränderlichem Querschnitt 58
5.5 Der gerade Stab und die Drehungsstabgruppen 62
5.51 Allgemeines 62
5.52 Knotensteifigkeit 63
5.53 Stockwerksteifigkeit 63
5.6 Anwendung auf die Teilverformungen I und II (Erklärung der Ausgleichszahlen) 70
5.61 Knoten-Ausgleichzahlen 70
5.62 Stockwerks-Ausgleichzahlen 72
5.7 Über die Teilverformungen IIIa, IIIb, IIIc 74
5.71 Allgemeines 74
5.72 Steifigkeiten k^* und k'^*, Übertragungszahl γ^* und Mitdrehungszahl δ 75
5.73 Anwendung auf die Teilverformungen IIIa, IIIb, und IIIc . . 79
5.8 Über die Teilverformungen IV, V und VI 79
5.81 Teilverformung IV 80
5.82 Teilverformung V 80
5.83 Teilverformung VI 80

6 Handhabung des Cross-Verfahrens auf Grund der anschaulichen Ableitung (mit einfachen Beispielen) 81

6.1 Einmaliger Momentausgleich 81
6.11 Allgemeines 81
6.12 Beispiel für einmaligen Momentenausgleich 82
6.2 Wiederholter Momentenausgleich oder Crosssche Iteration . . . 82
6.21 Allgemeines 83
6.22 Durchlaufplatte mit drei Feldern 84
6.3 Die abgekürzte Crosssche Iteration als übliche Rechenregel 85
6.4 Rechenkontrolle der Crossschen Iteration 86
6.5 Die Iteration beim Rahmen mit nicht verschiebbaren und verschiebbaren Knoten (drehbaren Stäben) 87

Seite

6.51 Beispiel eines zweistieligen Rahmens mit nicht verschiebbaren Knoten 87
6.52 Beispiel eines zweistieligen Rahmens mit verschiebbaren Knoten (drehbaren Stielen) mit abwechselndem Ausgleich an Knoten und Stockwerk 89
6.53 Beispiel wie 6.52, jedoch mit gleichzeitigem Ausgleich an Knoten und Stockwerk 94
6.54 Beispiel wie 6.52 und 6.53, aber mit Teilverformung VI . . . 97
6.6 Allgemeine Verfahrensregel (Berechnungsnormung) 101
6.61 Anfertigen einer Rahmenskizze 102
6.62 Auswahl der Teilverformungsart 102
6.63 Vorbereitung der Arbeitszahlen 103
6.64 Berechnung der Ausgangsmomente 107
6.65 Iteration (AB-Figur) 109
6.66 Kontrolle der Iteration 113
6.67 Ergebnisfigur 114
6.7 Rechenproben für Aufstellung und Prüfung 114
6.71 Allgemeines 114
6.72 Die Kontrolle der Festwerte 114
6.73 Ausgangsmomente 115
6.74 Die Kontrolle der Iteration 115
6.75 Der Schlußausgleich 116
6.76 Das Endergebnis 116
6.77 Formänderungskontrollen 117
6.8 Verfahren bei veränderlichem Stabquerschnitt $I \neq$ const 124
6.9 Ausnutzung besonderer Vorteile der Iterationsverfahren 125
6.91 Vorgriffe im allgemeinen 125
6.92 Berechnete Vorgriffe 126
6.93 Änderung der Querschnittsabmessungen des Rahmens 130

7 Ableitung des Verfahrens von CROSS parallel mit dem von KANI aus dem Drehwinkelverfahren 130
7.1 Gleichungen des Drehwinkelverfahrens 131
7.2 Iterative Lösung dieser Drehwinkelgleichungen 133
7.21 GAUSS-SEIDEL-Verfahren 133
7.22 GAUSS-SOUTHWELLsches Verfahren 134
7.23 Verfahren der Drehwinkeliteration 135
7.3 KANI-Verfahren 135
7.4 CROSS-Verfahren 136

8 Besonderheiten symmetrischer Rahmenwerke 137
8.1 Belastungsumordnung 137
8.2 Ansatz der Steifigkeiten, wenn Stabdrehwinkel nicht vorhanden sind 138
8.3 Ansatz der Steifigkeiten, wenn Stabdrehwinkel vorhanden sind . . 139
8.4 Regeln für die Zusammensetzung der Ergebnisse bei allgemeiner (unsymmetrischer) Belastung 140
8.5 Beispiele für die Behandlung symmetrischer Rahmenwerke . . . 141
8.51 Eingespannter zweistieliger Rahmen 141
8.52 Rahmen wie 8.51 mit Einzellast in einem Viertelspunkt und mit Stabdrehwinkeln 141
8.53 Rahmen wie 8.51 unter Windlast 143
8.54 Beispiel eines dreistieligen Rahmens 144

Seite

8.55 Durchlaufträger mit zwei Feldern 145
8.56 Durchlaufträger mit drei Feldern 145
8.57 Beispiel für zweifache Symmetrie: Silozelle 146

9 Besondere Belastungsfälle wie Nachgeben von Auflagern. Zugbanddehnung, Nebenspannungen, Temperatureinfluß und Schwinden 147
9.1 Nachgeben von Auflagern 147
  9.11 Allgemeines 147
  9.12 Fundamentsetzung 148
  9.13 Fundamentdrehung 153
  9.14 Durchlaufbalken mit gegebenen Auflagersenkungen 157
  9.15 Balken auf elastisch senkbaren Stützen 157
9.2 Auflagerverschiebungen und Zugbanddehnungen 158
9.3 Nebenspannungen in Fachwerken 164
9.4 Einfluß von Temperaturänderungen, Schwinden und Normalkräften 166
  9.41 Gleichmäßige Temperaturänderung 166
  9.42 Ungleichmäßige Temperaturänderung 168
  9.43 Beispiele über Temperaturänderung 169
9.5 Einfluß von Längenänderungen durch Normalkräfte 172

10 Einfache Beispiele räumlicher Tragwerke 173
10.1 Allgemeines 173
10.2 Rechtwinklige räumliche Ecke 174
10.3 Im Grundriß geknickter Durchlaufträger 177
  10.31 Allgemeine Ableitung der Steifigkeiten 177
  10.32 Beispiel 179

11 Einflußlinien 183
11.1 Allgemeines 183
11.2 Beispiel: Einflußlinie für das Stabendmoment eines Rahmenriegels mit konstantem Trägheitsmoment 185
11.3 Beispiel: Einflußlinie für das Stabendmoment eines Rahmenriegels mit veränderlichem Trägheitsmoment 190

D. Beispielsammlung 194

D 1 Zweifeldbalken 195

D 2 Zweifeldbalken mit feldweise wechselnden Lasten 196

D 3 Zweifeldbalken mit einem fest eingespanntenEnde 196

D 4 In Säulen eingespanntes Riegelende mit verschiedenen Einspannungsbedingungen 197

Inhaltsverzeichnis

XI

Seite

D 5 Treppenlaufrahmen 199

D 6 Stockwerkrahmen mit unverschiebbarem Riegel 200

D 7 Stockwerkrahmen mit unverschiebbaren Riegeln 204

D 8 Stockwerkrahmen wie D 7, aber mit verschiebbaren Riegeln unter senkrechten Lasten 207

D 9 Stockwerkrahmen wie D 8, aber unter Windlast 213

D 10 Symmetrischer eingeschossiger Hallenrahmen unter Windlast 215

D 11 Hoher symmetrischer Stockwerkrahmen unter senkrechten Lasten . . 219

D 12 Symmetrischer Rahmenträger (Vierendeelträger) 221

Seite

D 13 Achtgeschossiger Stockwerkrahmen unter Windlast 228

D 14 Zweistieliger Rahmen mit geknicktem Riegel 232

D 15 Dreistieliger Rahmen mit schrägen und der Höhe nach versetzten Riegeln 234

D 16 Eingeschossiger Rahmen mit schrägem drehbaren Stiel und gleichzeitig drehbarem Riegel 246

D 17 Rahmenbrücke mit veränderlichem Trägheitsmoment unter gleichmäßig verteilter Belastung 250

D 18 Zweistieliger symmetrischer Rahmen mit sprunghaft veränderlichem Trägheitsmoment der Stiele 253

Seite

D 19 Stockwerkrahmen mit Stäben veränderlichen Querschnitts unter
Windlast 257

D 20 Balken auf teils elastisch senkbaren, teils festen Stützen 264

E. Formeln und Hilfstabellen 272

Tabelle　　I. Steifigkeiten, Übertragungs- und Ausgleichzahlen 272

Tabelle　　II. Volleinspannmomente 277

Tabelle　III. ω-Zahlen 281

Tabelle　IV. k-Werte und Winkelwerte für den symmetrischen Träger mit
veränderlichem Trägheitsmoment 282

Tabelle　　V. Multiplikatoren für Volleinspannmomente beim symmetrischen
Träger mit veränderlichem Trägheitsmoment 284

Tabelle　VI. k-Werte und Winkelwerte für den unsymmetrischen Träger mit
veränderlichem Trägheitsmoment 284

Tabelle VII. Multiplikatoren für Volleinspannmomente beim unsymmetrischen Träger mit veränderlichem Trägheitsmoment 288

Tabelle VIII. k-Werte und Winkelwerte für den Satteldachbalken 290

Tabelle　IX. Multiplikatoren „m" für Volleinspannmomente beim Satteldachbalken 291

Tabelle　　X. Einflußlinien der Winkelwerte α_1^0 und α_2^0 für den symmetrischen
Träger mit veränderlichem Trägheitsmoment 292

Tabelle　XI. Wie vorstehend, für den unsymmetrischen Träger 293

Namen- und Sachverzeichnis 294

Im Text zitiertes Schrifttum

[1] CROSS, HARDY: Analysis of Continuous Frames by Dristributing Fixed-End Moments, mit Zuschriften und Schlußwort des Verfassers. Trans. Amer. Soc. civ. Engrs. 96 (1932).

[2] CSONKA, P.: Analysis of Frames with Movable Joints. Budapest 1948.

[3] DERNEDDE, W.: Näherungsweise Berechnung von durchlaufenden Trägern und Rahmen. Bauing. 1938, S. 45.

[4] FORNEROD, M.: Berechnung mehrstöckiger Rahmen durch die Methode der algebraischen Momentenverteilung. Schweiz. Bauztg. 1933, S. 223.

[5] GLATZ, R.: Allgemeines Iterationsverfahren für verschiebliche Stabwerke. Berlin: Ernst & Sohn 1958.

[6] GRINTER, L.: Analysis of Continuous Frames by Balancing Angle Changes. Proc. A. S. C. A. 1936, S. 995.

[7] GULDAN, R.: Rahmentragwerke und Durchlaufträger. Wien: Springer 1952.

[8] GULDAN, R.: Die CROSS-Methode und ihre praktische Anwendung. Wien: Springer 1955.

[9] V. HALASZ, R.: Anschauliche Verfahren zur Berechnung von Durchlaufbalken und Rahmen. Berlin: Ernst & Sohn 1951.

[10] V. HALLER u. KRANL: Vereinfachte Berechnung der Rahmenstütze. Bauing. 23 (1942) S. 65.

[11] HIRSCHFELD, K.: Baustatik. Theorie und Beispiele. Berlin/Göttingen/Heidelberg: Springer 1959.

[12] JOHANNSON, J.: Das CROSS-Verfahren, 1. Aufl. Berlin/Göttingen/Heidelberg: Springer 1948.

[13] JOHANNSON-RACZAT: Das CROSS-Verfahren, 2. völlig umgearbeitete Auflage. Berlin/Göttingen/Heidelberg: Springer 1955.

[14] JORDAN, P.: Studium Generale 6 (1953) S. 399.

[15] KAMMÜLLER u. SWIDA: Drehwinkelausgleichverfahren zur Berechnung von Stockwerkrahmen mit unverschieblichen Knoten. Bauplanung u. Bautechnik 2 (1948) S. 232.

[16] KANI, G.: Die Berechnung mehrstöckiger Rahmen, 6. Aufl. Stuttgart: K. Wittwer 1957.

[17] KLOUČEK: Das Prinzip der fortgeleiteten Verformung. Beton u. Eisen 1939, H. 24.

[18] KUPFERSCHMID, V.: Rechenkontrolle zum CROSSschen Momentenausgleichsverfahren. Der Bau und die Bauindustrie 8. Jahrg. (1955) S. 216.

[19] LIN, T. Y.: A Direct Method of Moment Distribution. Proc. Amer. Soc. civ. Engrs. 60 (1934) S. 1451.

[20] LUETKENS, O.: Die Methoden der Rahmenstatik. Berlin/Göttingen/Heidelberg: Springer 1949.

[21] MANN, L.: Theorie der Rahmenwerke auf neuer Grundlage. Berlin: Springer 1927.

[22] Oswald, E.: Berechnung verschieblicher Rahmentragwerke nach dem Momentenausgleichsverfahren. Bautechn. 30 (1953) S. 60.

[23] Prenzlow, C.: Tragwerksberechnung nach Cross. Berlin 5. Aufl. 1961.

[24] Pucher, A.: Über die Nebenspannungen in Fachwerken. Beton- u. Stahlbetonbau 43 (1944) S. 65.

[25] Zurmühl, R.: Matrizen. Berlin/Göttingen/Heidelberg: Springer 1950.

[26] Betonkalender 1960, I. Teil. Berlin: Ernst & Sohn.

[27] Kupferschmid, V.: Zu den Momentenausgleichverfahren von Cross und Kani. Der Bau 1956, S. 703.

[28] Melan, E.: Einführung in die Baustatik. Wien: Springer 1950.

A. Einleitung

1 Vorschläge für den Gebrauch dieses Buches

Die Benutzer eines Buches mit technischem Inhalt unterscheiden sich in vielfältiger Hinsicht. Zunächst sind die Rezensenten zu erwähnen. Unter ihnen gibt es einige, die das Buch aus ehrlich begründbarem Zeitmangel nur durchblättern und allenfalls das Vorwort lesen. Es bleibt ihnen nichts anderes übrig, als diesem zu glauben. Daher habe ich, wie meist üblich, versucht, über die Grundgedanken im Vorwort zu berichten. Andere Rezensenten wenden die Zeit auf, sich das Buch genauer anzusehen; sie gewinnen vielleicht auf Grund ihrer Sachkenntnis ein Bild von dem, was versucht und erreicht wurde. Sie sind daher in der Lage zu sagen, was ihnen gefällt und was ihnen mißfällt. Insbesondere wegen des letzteren wird der Autor ihnen Dank schuldig sein. In bezug auf solche kritischen Äußerungen zu dem früher von mir bearbeiteten Buch JOHANNSON-RACZAT, „Das CROSS-Verfahren", 2. Aufl., 1955, erlaube ich mir, diesen geschuldeten Dank hiermit abzustatten.

Andere Benutzer wissen eigentlich schon über alles ganz gut Bescheid. Sie haben rein praktische Interessen und wollen erfahren, ob es etwas Neues gibt, das ihnen nützt. Für diese, die in der Regel wenig Zeit haben, die aber mit einem Blick sogleich das Wesentliche erfassen, ist das Kap. 3 gedacht, welches

a) eine bisher beim CROSS-Verfahren nicht gebräuchliche Rechenkontrolle, und

b) drei Beispiele, darunter eines für einen Rahmen mit verschiebbaren Knoten (nebst Kontrollen),

mit kurzen Erläuterungen vorführt. Was sie sonst noch wissen wollen (vielleicht Rahmen mit schrägen Stäben ?), finden sie mindestens ähnlich in der Beispielsammlung in Teil D. Ihnen wird auch das Formelwerk in Teil E sogleich verständlich sein, und sie mögen erkennen, daß dieses knappe Formelwerk genügt, die einschlägigen Aufgaben zu bearbeiten. Diesen Benutzern tun die verschiedenen Rechenfehler, die sich, wie ich fürchte, noch herausstellen werden, kein Leid, da sie sie meist erkennen. Wenn sie sich ferner trotz Mangels an Zeit dafür interessieren würden, was es mit dem Wesen des CROSS-Verfahrens eigentlich auf sich habe (Kap. 7), so wäre das besonders schön.

1   Raczat, Cross-Verfahren, 3. Aufl.

Die übrigen Benutzer erhoffe ich am stärksten und fürchte sie zugleich am meisten. Es sind diejenigen, die etwas lernen wollen, was sie noch gar nicht oder nur erst flüchtig kennen. An ihnen erweist sich, ob die Darstellung verständlich ist, ohne daß sie anspruchslos blieb. Leider kann man im Buch nicht — wie im Vortrag — bei durch Verschulden des Autors ausbleibendem Verständnis ergänzende Hinweise hinzufügen.

Ich empfehle, daß diese Benutzer zuerst den Teil B lesen, den man wegen Fehlens aller Formeln zügig durchgehen kann, und der die Teilverformungen vorstellt, die m. E. die allgemeine Grundlage des Verständnisses bei diesem anschaulichen Verfahren sein könnten. Danach sollten sie versuchen, die einfachen Beispiele in Kap. 6 anzupacken, und sich dann, gewissermaßen nach Bedarf, in Kap. 5 umsehen, in dem alle theoretischen Grundlagen aufgeführt, erklärt und abgeleitet sind. Alles weitere ist wohl dann eine Frage der häufig wiederholten Beschäftigung mit einschlägigen Aufgaben.

Diese letzteren Benutzer mögen beim Anblick der oft recht umfangreichen Zahlenanhäufung in den Iterationsskizzen eines bedenken:

Beim Cross-Verfahren fehlt unter den niedergeschriebenen Zahlen keine einzige von denen, die in der Rechnung auftreten. Der Arbeitsaufwand ist also genau zu übersehen, aber man möge deswegen nicht von vornherein meinen, das Verfahren sei umständlicher als andere. Ich bekenne, mich sehr oft über Lehrbuchverfasser geärgert zu haben, die auf vielen Seiten mühselig alle Koeffizienten einer, sagen wir: achtzeiligen Gleichungsmatrix endlich versammelt hatten und dann hinzufügten: „Dieses Gleichungssystem löst man dann und erhält . . .". Diese eine letzte Zeile entsprach meist viel größerem Arbeitsaufwand als alle Seiten vorher. So muß man einen anderen Lehrbuchautor um so mehr loben, als er einer zur Platzersparnis unvollständig wiedergegebenen Iteration die Bemerkung hinzufügt: „Unter ≫usw.≪ möge der Leser hier etwa 25 Schritte verstehen."

2 Historisches

2.1 Zur Geschichte des Cross-Verfahrens

Hardy Cross, von 1921 bis 1937 als Professor an der in Urbana gelegenen Universität des Staates Illinois (USA) Konstruktiven Ingenieurbau lehrend, verursachte vor jetzt etwa dreißig Jahren durch eine kleine außerordentlich gut verständliche Abhandlung fast so etwas wie eine Revolution auf dem Gebiet der Rahmenstatik. Das Echo, das sie fand, haben nur wenige technisch-wissenschaftliche Arbeiten im gleichen Ausmaß gehabt. Ihre Bedeutung liegt darin, daß gewisse damals in der Luft liegende oder sogar schon hier und da in andeutungsweise ähnlicher Form publizierte Möglichkeiten greifbare Gestalt gewannen, so daß nun plötzlich Berechnungsaufgaben für eine Unzahl von Rahmensystemen mit überraschend geringem Arbeitsaufwand und mit viel weniger Vorbildung als bis dahin gelöst werden konnten. Aus der heutigen Sicht kann man — mindestens für deutsche Verhältnisse — sogar von bemerkenswerten soziologischen Folgen sprechen, weil nämlich eine ganz neue Schicht von Ingenieuren in den Stand versetzt wurde, die meist vielfach statisch unbestimmten Rahmensysteme zu berechnen. Die damals übliche stereotype Stellenausschreibung für Statiker mit der Bedingung „. . . auch statisch unbestimmte Systeme . . .“ verlor ihren Sinn, denn, auch wer nicht auf einer Technischen Hochschule studiert, sondern eine Ingenieurschule für Bauwesen besucht hatte, konnte diese Bedingung jetzt erfüllen, obwohl er da nicht gelernt hatte, statisch unbestimmte Systeme nach den herkömmlichen mathematisch mehr oder weniger anspruchsvollen Methoden zu berechnen.

Es wäre ungerecht, wollte man im historischen Rückblick die Bedeutung der Crossschen Idee dadurch herabmindern, daß man sie nur als eine von vielen aufeinanderfolgenden Entwicklungsstufen kennzeichnet, und daß man etwa sagt, auch Cross stehe auf anderen Schultern und seine Arbeit sei noch durchaus unvollendet gewesen. Beides wäre zwar nicht falsch, ginge aber doch an den wirklichen Umständen vorbei. Denn irgendwann einmal bringt eine solcher Entwicklungsstufen den entscheidenden Austritt in das nächste Stockwerk. Um einen solchen Schritt handelt es sich bei der Crossschen Arbeit zweifelsohne.

Zu jener Zeit — etwa um 1930 — rechnete man hochgradig statisch unbestimmte biegesteife Stabwerke in der Praxis meist noch so, daß man Näherungsannahmen traf, die die Anzahl der Unbekannten herabsetzten, und zwar oft so rigoros, daß das Lösen von Gleichungen nahezu oder überhaupt ganz umgangen wurde. Vielfach wurde das System gerade so entworfen, daß es rechnerisch noch beherrscht werden konnte, anstatt daß architektonische oder wirtschaftliche Gesichtspunkte überwogen. Blättert man in Handbüchern aus jener Zeit, so findet man allerlei Regeln für die Annahme von Momenten-Nullpunkten oder für die geeignete Bemessung von Steifigkeiten und vor allem aber Formelsammlungen für bestimmte, meist natürlich einfache, regelmäßig gebildete Rahmenformen, deren mehr oder weniger große Reichhaltigkeit die Entwurfsarbeit einengte. Dies galt für die überwiegende Anzahl der praktischen Bauaufgaben. Man kennzeichnet dieses Stadium am treffendsten durch einen Hinweis auf das primitive Rezept zur Berechnung der Balkeneinspannung, das der alte § 28 der Bestimmungen des Deutschen Ausschusses für Stahlbeton, DIN 1045, vorschrieb und das erst 1960 amtlich außer Kraft gesetzt wurde, obwohl die Fehler beträchtlich waren und dieser Paragraph seit der Verbreitung des Crossschen und verwandter Verfahren keine Daseinsberechtigung mehr hatte. Alle diese

1*

gewaltsam vereinfachenden Bemessungsweisen aus der heutigen Sicht zu
verurteilen, wäre anmaßend. Die früher mit geringen zulässigen Spannungen berechneten Bauglieder vertrugen wohl noch manchen Mangel
in der Systemannahme, und grobe Schäden sind bekanntlich bei Wahrung
des Gleichgewichts im statisch unbestimmten Bauwerk selten; bloße
Rißschäden, die infolge der unvollkommenen Erfüllung der Verträglich-
keitsbedingungen entstanden sein mochten, mögen nicht immer auf unzu-
längliche Berechnung zurückgeführt worden sein. Sicher ist, daß die
Stahlbetonbauweise sich nicht hätte durchsetzen können, wenn nicht
jene einfachen Hilfsmittel und insbesondere die Formelsammlungen ver-
fügbar gewesen wären, mit denen die große Zahl der alltäglichen kleinen
und mäßig großen Aufgaben von jedermann behandelt werden konnte.

Selbstverständlich gab es auf einer höheren fachlichen Ebene, als sie
die durchschnittliche Alltagspraxis darstellt, viele vorzügliche Lösungs-
möglichkeiten auch für die hochgradig statisch unbestimmten Tragwerke, zwar meist mit höheren Ansprüchen an mathematische Kenntnisse und Fähigkeiten. Es ging ja immer um die Gleichungen, die damals
nur nach dem später zur Unterscheidung so bezeichneten Kraftgrößenverfahren aufgestellt werden konnten. Die Anzahl der Unbekannten war
durch das gewählte System bestimmt. Die erste schwierige Entscheidung
lag in der Wahl der statisch Überzähligen, die die Lösbarkeit des Gleichungssystems sehr beeinflußt. Alle weiteren Bemühungen um Arbeitsersparnis hatten sich im wesentlichen auf einen Umbau der Koeffi-
zientenmatrix zu richten, damit der Aufwand für die rechnerische
Lösung tragbar wurde. Dazu verfügte man in der Theorie über allerlei
technische Möglichkeiten, etwa das Verfahren der Gruppenlasten und
der Belastungsumordnung, das Doppelstabverfahren (POHL), die Anwendung statisch unbestimmter Hauptsysteme und viele andere, die
allesamt oft älteren Diplomingenieuren nicht geläufig und den Absol-
venten von Baugewerkschulen, wie sie damals hießen, unbekannt waren.
Auch die von der Mathematik bereitgestellten Lösungen von Gleichungssystemen durch Reihen (HERTWIG) oder andere Formen der fortschreitenden Annäherung oder Iteration hatten nur in bestimmten Fällen
Bedeutung, weil sich der Aufbau der Matrix nicht immer dazu eignete.

Gegen Ende der zwanziger Jahre kündigte sich nun aber doch etwas
wesentlich Neues auf diesem Gebiet an, nämlich das, was wir später als
Formänderungsverfahren dem bis dahin herrschenden Kraftgrößenverfahren gegenüberstellten. Dessen Anfänge liegen naturgemäß zeitlich
schon ein Jahrzehnt früher. In Deutschland war es MANN [21], der es in
verwendbare Form brachte; man kann es bereits bei ENGESSER und
anderen angedeutet finden, und bei diesem ist auch bereits von Iteration
die Rede. Die Unbekannten des Formänderungsverfahrens sind in der
Regel nicht mehr Kraftgrößen, sondern Knotendrehwinkel und Stab-

drehwinkel, obwohl man statt ihrer auch zugeordnete Momente, z. B. Knoten- und Stockwerksmomente benutzen kann. Man kann das für das eine Verfahren gültige Gleichungssystem aus dem des anderen herleiten und erkennt dann, daß mit Drehwinkeln, also geometrischen Größen, gewissermaßen in einem Griff sehr viel mehr der früheren statisch Überzähligen erfaßt werden können, die man zwar hinterher dann noch einzeln aus den Drehwinkeln berechnen muß, daß man aber bei gewissen Systemen viel weniger Gleichungen hat, als wenn man die statisch Überzähligen selbst unmittelbar bestimmt. Als dieses neue Verfahren bekannt wurde, hat es schon ein Aufatmen gegeben, denn es waren in Zukunft oft bei derselben Aufgabe nicht nur sehr viel weniger Gleichungen als bisher zu lösen, sondern diese Gleichungen waren fast immer einer Iterationslösung zugänglich.

Hier trat eine Schwierigkeit auf, die uns noch heute bewegt, obwohl sie nun nur noch ein wenig mehr Arbeit, aber keine neuen Überlegungen mehr fordert, nämlich die Unterschiede zwischen Rahmen mit verschieblichen und solchen mit unverschieblichen Knoten. Die Knotenverschiebungen, die auch durch Stabdrehwinkel ausgedrückt werden können, bedeuten neben den Knotendrehungen nicht nur weitere Unbekannte, sondern sie verderben die Konvergenz der Iterationslösung des Gleichungssystems erheblich, und sie sind daher eine sehr wenig geschätzte Art von Unbekannten. Von diesem Unterschied im Aufbau der Rahmenwerke hatte man keine Notiz genommen, solange man mit dem Kraftgrößenverfahren arbeitete. Sah man aber von dieser Unbequemlichkeit mancher Rahmen ab, so konnte man zufrieden sein. Glücklicherweise spielt die Verschiebbarkeit der Knoten bei den meisten Rahmen unter senkrechten Lasten, sofern sie keine schwebenden Knoten haben wie z. B. ein Vierendeel-Träger (Rahmenträger), keine große Rolle. Den Einfluß der Windlasten konnte man, da er oft nur einen geringen Teil der gesamten Schnittkräfte ausmacht, nach wie vor angenähert mit Hilfe der bewährten Handbuchanweisungen relativ genau ermitteln, und insgesamt war man doch einen wesentlichen Schritt vorwärts gekommen. Was dieses neue Drehwinkelverfahren nicht konnte, war, den Kreis derjenigen zu erweitern, die hochgradig statisch unbestimmte Rahmenwerke zu berechnen fähig waren. Immer noch waren Gleichungen zu lösen, und soviel Mathematik mußte man schon können. Dies muß wohl eine grundsätzliche Abneigung lebendig erhalten haben. Man versteht diese Abneigung, weil — wie Jordan [14] einmal bezüglich der allgemeinen Schulbildung klagte — ,,jedermann beklommen ist, wenn er zugeben muß, unmusikalisch zu sein, aber viele geradezu stolz darauf sind, als völlig unmathematisch zu gelten''.

Auf diese Situation traf die Crosssche Idee. Anstatt beim Anschreiben der Iteration die Näherungswerte der Drehwinkel zu notieren, schrieb er sogleich die zugeordneten Anteile der Stabendmomente auf. Das war äußerst anschaulich. Eine Knotendrehung bewirkt Änderungen der Momente. In den am Knoten liegenden Stabquerschnitten können sie leicht berechnet werden. Da Knotendrehungen außer durch gegenseitige Beeinflussung primär immer durch die von den Belastungen auf den Knoten ausgeübten Drehwirkungen (Knotenmomente) verursacht werden, sofern diese sich nicht von vornherein ausgleichen, kann man von diesen Drehwirkungen unmittelbar auf die Anteile der Stabendmomente schließen, die durch sie hinzutreten. Man braucht den Knotendrehwinkel dabei gar nicht zu kennen. Das ist von CROSS als „Momentenverteilung" bezeichnet worden, von anderen als „Momentenausgleich"; beides sind anschauliche Beschreibungen eines mechanischen Vorganges. CROSS selbst war sich natürlich klar, daß dies mathematisch die Lösung einer Gleichung mit einer einzigen Unbekannten sei; er erwähnt es in seiner Abhandlung. Daß er aber dies besonders zu betonen sonst vermied, sondern Wert auf die anschauliche Deutung legte, ist ein pädagogischer Kunstgriff, der wohl mit zur Vorbedingung für die weltweite Verbreitung seiner Idee wurde.

In dieser anschaulichen Art wurde die damit als CROSS-Verfahren in das technische Arsenal der Bauingenieure einbezogene Berechnungstechnik bis heute gelehrt, und das mathematische Wesen wurde nicht mehr allgemein verstanden.

Die abwechselnde Momentenverteilung und -fortleitung bei den verschiedenen Knoten entspricht aber der Iterationslösung des Gleichungssystems der unbekannten Knotendrehwinkel, wie sie — natürlich ohne besonderen Bezug auf eine besondere Art von Unbekannten — mindestens seit GAUSS' Zeiten bekannt ist. Dieser mathematische Hintergrund wurde aber offenbar selbst von CROSS erst nachträglich erkannt. Konzipiert wurde das Verfahren als rechnerische Beschreibung des mechanischen Vorganges der abwechselnden Drehungen an jedem Knoten, wobei jede einzelne der nacheinander ausgeführt zu denkenden Drehungen den Rahmen dem wirklichen Formänderungszustand näher bringt. Naturgemäß konvergiert die Folge dieser einzelnen Schritte. CROSS hat bereits seit 1922 über die Momentenverteilung vorgetragen, und es ist nicht wahrscheinlich, daß ihm so etwas wie ein Drehwinkelverfahren vorgeschwebt hat. Heute kann man sagen, daß er in der Tat eine indirekte Iterationslösung der Drehwinkelgleichungen geschaffen hat.

Von merklich mitbestimmendem Einfluß auf die Verständlichkeit des Verfahrens war, daß CROSS die Stabendmomente und ihre fortschreitenden Verbesserungen in einer Rahmenskizze da anschrieb, wo sie auftraten. Die Befriedigung, die das sichtbare Hinsteuern auf einen offenbar immer genauer werdenden Wert in einem Menschen erzeugt, der — wie die meisten Ingenieure — der Augenfälligkeit und Sinnfälligkeit sehr zugeneigt ist, beseitigt die Hemmung, eine zunächst schwierig erscheinende Aufgabe anzufassen.

Abgesehen davon, daß Cross die Vorstellung im Lernenden unterdrücken wollte, daß es sich in der Tat um die Lösung von Gleichungen handele, und außer der Sinnfälligkeit der Notierung der Werte ist noch eine dritte Bedingung zu nennen, auf die man beim Versuch einer Erklärung des Crossschen Erfolges stößt. Seine Arbeit, in der er die Grundidee beschreibt, ist nämlich sehr kurz und ganz auf diese Grundidee selbst beschränkt. Die mögliche Fülle von Anwendungen, Varianten und Ergänzungen ist nur angedeutet. Dadurch blieb die Arbeit leicht lesbar, allgemein ohne viel Vorkenntnisse verständlich, und sie konnte ein großes Publikum finden. Die Folge dieser ungewöhnlich fruchtbaren Anregung war, daß die Vervollständigung — die als notwendig feststand — von anderen sofort nach der ersten Veröffentlichung (1930) vollzogen wurde. Die Gesamtheit der bis 1932 eingesandten und dann mit der Crossschen Arbeit und einem Schlußwort von Cross zusammen abgedruckten Zuschriften liefert ein im Wesen, wenn auch nicht in der Form völlig abgerundetes und umfassend anwendbares Verfahren für einen bestimmten, zwar sehr ausgedehnten Ausschnitt der Rahmenberechnung. Es sind die Rahmen mit unverschiebbaren und verschiebbaren Knoten, mit konstanten und veränderlichem Stabquerschnitt und mit geraden, gebogenen und geknickten Stabachsen behandelt. Es ist das heute viel benutzte „abgekürzte Verfahren" darin enthalten und die „Vorverformung" (Vorgriff bei der Iteration) sowie die Anwendung bei der Berechnung von Nebenspannungen in Fachwerken. Die Crosssche Arbeit ergriff die Gemüter so stark, daß viele Ingenieure hübsche Kniffe erdachten, die meist eine weitere Arbeitsersparnis mit einem Verlust an Durchsichtigkeit und Allgemeingültigkeit erkauften. Vorschläge dieser Art haben sich auch kaum durchgesetzt, ohne daß die ständige Produktion von Arbeiten dieser Art heute schon aufgehört hätte. Auch das ist ein Zeichen für die erstaunliche Fruchtbarkeit des Crossschen Vorschlages und dafür, welche Notwendigkeit für diese Fassung des Gedankens seinerzeit bestand.

Wir sind meines Erachtens auf dem Gebiet der Rahmenberechnung über das, was Cross selbst und die Verfasser der Zuschriften erarbeitet haben, bis heute kaum hinausgekommen. Zwar ist manche Einzelheit handlicher geworden, aber durchgreifende Verbesserungen wurden nicht gewonnen. Unzulänglich ist nur die allgemeine Kenntnis von allen Möglichkeiten des Cross-Verfahrens; es gibt wesentliche Bestandteile, von denen man sagen muß, daß sie infolge unzulänglichen Quellenstudiums der Fachwelt nicht oder wenig bekannt geworden sind. Insbesondere gilt das für die Berechnung von Rahmen mit verschiebbaren Knoten.

Im Februar 1959 starb CROSS im Alter von 74 Jahren. Nach seiner Lehrtätigkeit in Urbana war er von 1937 an Dekan der Fakultät für Bauingenieurwesen an der Yale-Universität und trat 1951 in den Ruhestand. Ihm wurde die Befriedigung zuteil, für sein in ungewöhnlichem Ausmaß rationalisierend wirkendes Verfahren in aller Welt Anerkennung zu finden.

Die erste deutschsprachige Veröffentlichung über das CROSS-Verfahren wurde von FORNEROD [4] in der Schweiz vorgenommen. In Deutschland selbst regte SCHLEICHER 1938 die Arbeit von DERNEDDE [3] an, durch die es im deutschen Sprachbereich allgemein bekannt wurde und eine Fülle von Beschreibungen in Zeitschriften, Büchern und Vorträgen erlebte.

Weil man jetzt eine so abstrakte Aufgabe wie die Berechnung von Rahmen durch eine Folge von mechanisch deutbaren Schritten, also anschaulich lehren konnte, war gleichsam ein Bann gebrochen. Gelegentlich haftete diesem Verfahren ein leiser Hauch von Unsolidität an, weil es zu wenig, eigentlich gar nicht mathematisch schien, weil es zu leicht funktionierte und eine allzu große Anzahl von Rechnern nun einer Aufgabengruppe mächtig waren, über die man vor nicht allzu langer Zeit noch Dissertationen geschrieben hatte. Man liest heute mit leiser Verwunderung nicht nur bei CROSS selbst, sondern auch in viel jüngeren Abhandlungen, wie die CROSSsche Iteration als streng genaues Rechenverfahren verteidigt und von irgendwelchen Verfahren mit Näherungsformeln weit abgesetzt wird, als ob das CROSS-Verfahren das nötig hätte, wo es doch eines der vielen Beispiele für eine mathematisch strenge Iterationslösung von Gleichungen ist. Es läßt sich aus zweierlei Sicht sehen, aus der des Nicht-Mathematikers, den die Anschauung allein befriedigt, und der des mathematisch interessierten Ingenieurs, dem die Anschaulichkeit nur Hilfsmittel bleibt. Man möchte aber fast von einer Welle der Anschaulichkeit sprechen, die vom CROSSschen Aufsatz in Bewegung gesetzt wurde und die eine große Zahl von an sich längst bekannten Berechnungsverfahren populär machte. Eines der bekanntesten Beispiele ist die von GRINTER [6] vorgeführte Iterationslösung der Dreimomentengleichungen des Durchlaufträgers, die in mehrere Monographien des CROSS-Verfahrens völlig unfolgerichtig mitaufgenommen wurde. Natürlich hatten sich diese Gleichungen immer schon recht gut für eine Iterationslösung geeignet, weil sie günstige Größenordnungen bei ihren Koeffizienten haben. Aber nun erschienen sie im Licht der anschaulichen Deutung des iterativen „Spreizwinkelausgleiches", wie man hier sagen muß, viel einfacher lösbar, und man erkennt, wie sehr die Popularität dieser Dinge vom Ausmaß der Anschaulichkeit ihrer Darstellung abhängt, die selten jemand so gelang wie CROSS.

In seiner Arbeit erkennt man die empirischen Neigungen der angelsächsischen Völker und ihre pragmatische Denkweise — wobei aber solche vereinfachenden Verallgemeinerungen mit gewissem Vorbehalt gesagt sein sollen —. Er selbst äußerte: „Man kann die Werte der Momente und Querkräfte nicht streng genau ermitteln; also versuche man das gar nicht erst. Man verwende Rechenverfahren, die eine sinnvolle Genauigkeit mit geringem Zeitaufwand vereinen" ([1], S. 10).

Damit ist das Maßhalten bei der Anwendung mathematisch anspruchsvoller Rechenverfahren befürwortet, weil die elastischen und baustofflichen Eigenschaften der Tragwerke und des Baugrundes nur mit begrenzter Genauigkeit zahlenmäßig erfaßbar sind. Aber damit ist zugleich gesagt, daß die Ansprüche an die Genauigkeit der Rechnung mit der wachsenden Kenntnis der erwähnten Eigenschaften bei gleichzeitiger Heraufsetzung der zulässigen Spannungen mit Recht ständig zunehmen und daß sie heute in höherem Maß erfüllt werden müssen als vor drei Jahrzehnten zu der Zeit, als der CROSSsche Aufsatz erschien.

2.2 Über die Entwicklung der Rahmenberechnung
seit den dreißiger Jahren im Hinblick auf das Cross-Verfahren

Ich skizziere die Entwicklung hier nur in besonderem Bezug auf die praktische Alltagsarbeit, in der ja das CROSS-Verfahren Bedeutung hat. Auf den Stand der wissenschaftlichen Kenntnis allgemein einzugehen, liegt nicht im Rahmen des Themas.

Nachdem das Drehwinkelverfahren entwickelt war, bestanden für die Form, in der man die danach aufgestellten Gleichungen lösen konnte, an einigermaßen verschiedenen Möglichkeiten nur zwei: Elimination, d. h. Aussonderung der Unbekannten eine nach der anderen, und Iteration, d. h. fortschreitende Verbesserung von anfangs bestimmten Näherungswerten der Unbekannten. Bei der Iteration kann man zwar wiederum zwei Varianten benutzen, nämlich die mit den totalen Werten der Unbekannten und die mit den in jedem Schritt hinzuzufügenden Verbesserungen; aber ob man zwischen diesen beiden einen Wesensunterschied sehen muß, ist fraglich. Es trägt nicht zur Klarheit und Übersicht bei, wenn man alle Veränderungen von Einzelheiten zu neuen Begriffen ausruft.

Die verschiedenen Formen der Drehwinkel-Elimination hat man kaum je als besondere Verfahren bezeichnet; allenfalls läßt sich das für die Abklingungsmethode („Prinzip der fortgeleiteten Verformung" [17]) sagen, ähnlich wie ja auch innerhalb des Komplexes der Kraftgrößenverfahren das Kapitel der Festpunkte besonders herausgesetzt worden ist. Daß auch bei Drehwinkelgleichungen Belastungsumordnung und

Gruppen-Unbekannte anwendbar sind, ist selbstverständlich, da dies ja
Möglichkeiten zum Umbau einer Matrix sind, die bei jedem Gleichungssystem grundsätzlich bestehen.

Dagegen gibt es die Iteration der Drehwinkel unter einer ganzen
Reihe von verschiedenen Verfahrensbeschreibungen, aus denen meist
nicht hervorgeht, wie eng sie zusammenhängen. So wurde die Iteration
der Knotendrehwinkel nach der Methode mit den Verbesserungsbeträgen
von KAMMÜLLER und SWIDA [15] an ebensolchen Rahmenskizzen, wie
sie CROSS benutzte, dargestellt, wobei sich eine recht handliche Berechnungstechnik ergab, die sich zwar nicht so durchgesetzt hat wie die
CROSSsche Form selbst. Vermutlich ist man nicht geneigt, zum Schluß
erst noch die Stabendmomente auszurechnen. Es ist nun einmal be-
quemer, von Anfang an mit Momentenbeträgen zu arbeiten und dabei
zu bleiben. Ob die Ausarbeitung dieses Verfahrens für Rahmen mit
verschiebbaren Knoten je vorgenommen worden ist, ist dem Verfasser
nicht bekannt; selbstverständlich ist das möglich.

Eine vollständige Darstellung, wie die Iteration mit den totalen
Beträgen der unbekannten Knoten- und Stabdrehwinkel auszuführen
sei, gab GLATZ [5]. Damit sind die Möglichkeiten, soweit sie mathematisch
unterscheidbar sind, grundsätzlich erschöpft. Weitere Varianten können
immer nur die Reihenfolge der Vorgänge betreffen. Wollte man da immer
von neuen Verfahren sprechen, hätte man auch beim Kraftgrößenverfahren jede Wahl eines statisch unbestimmten Hauptsystems oder
ähnliche Änderungen der Lösungsfolge mit einem eigenen Namen versehen müssen.

Mathematisch genommen, ist damit also auch bereits das CROSS-
Verfahren erfaßt. Wir werden in Kap. 7 sehen, daß es sich von der Drehwinkeliteration, wie sie von KAMMÜLLER und SWIDA vorgeführt wurde,
nur durch gewisse Faktoren unterscheidet: Die Unbekannten, deren
Verbesserungen im Verlauf der Iteration gefunden werden, heißen nicht
φ_m (Knotendrehwinkel), sondern $k_{mn}\varphi_m$, worin k_{mn} eine Stabkonstante
vom Betrag $4EI : l$ ist. Würde man die Iteration nach KAMMÜLLER-
SWIDA auf Rahmen mit verschiebbaren Knoten erweitern, hätte man
die Stabdrehungen ϑ_{pq} einzubeziehen. Nach CROSS würde man statt-
dessen mit $r_{pq}\vartheta_{pq}$ arbeiten, worin r_{pq} eine Stabkonstante vom Betrag
$6EI : l$ sein würde. In den Zuschriften zur CROSSschen Arbeit ist die
gleichzeitige Iteration von Knoten- und Stabdrehwinkeln durch MORRIS
behandelt worden. Er nahm die Näherungsschritte abwechselnd durch
Knotendrehungen bei unverschiebbar angenommenen Knoten, und durch
Knotenverschiebungen bei nicht drehbar angenommenen Knoten vor.
Wenn in mathematischer Hinsicht kein Unterschied zwischen der Iteration nach CROSS (mit $k\varphi$ und $r\vartheta$) oder nach KAMMÜLLER-SWIDA (mit
φ bzw. entsprechend mit ϑ) besteht, so hat doch das CROSS-Verfahren

den Vorzug, daß alle angeschriebenen Werte immer schon Stabendmomente sind, man diese also nicht zum Schluß noch erst aus den Drehwinkeln errechnen muß.

Richtig allgemein bekannt geworden ist das Cross-Verfahren merkwürdigerweise nur für Rahmen mit unverschiebbaren Knoten. Noch heute kann man lesen, daß es sich nicht für Rahmen mit verschiebbaren Knoten eigne ([26], S. 361—365 und 367; [16], S. 3 und [5], Vorwort). Diese Behauptung ist ganz unhaltbar. Entstanden ist dieser Irrtum durch die ersten Berichte über das Cross-Verfahren, in denen der Vorschlag von Pilkey mit ungerechtfertigter Gründlichkeit behandelt wurde. Danach soll man nämlich aus Einheitsverschiebungen jedes einzelnen Stockwerkes soviel Stockwerksgleichungen gewinnen, wie der Rahmen Stockwerke hat; dieses Gleichungssystem ist dann zu lösen. Ich habe dieses Verfahren in [13] als im Crossschen Sinne stilfremd genannt. Es ist ein Mangel an Folgerichtigkeit, nun plötzlich wieder Gleichungen sichtbar zu machen und zu lösen. Man findet außer bei Cross-Morris [1] im Schrifttum über das Cross-Verfahren selten Beispiele von Rahmen mit sonderlich viel Stockwerken, weil sie nach Pilkey gerechnet, zuviel Mühe machen. Doch von der Zuschrift von Morris abgesehen, hat Johannson eine Lösung bereits 1948 in [12] beschrieben. Guldan behandelt sie in seinem umfangreichen Werk [8] auf ganz wenigen Seiten geradezu nebenbei, vielleicht, weil eine genügend rationelle Form der Notierung noch fehlte. In [13] findet sich eine vom Verfasser abgewandelte Lösung, bei der mit jeder Knotendrehung ein automatischer Stockwerksausgleich gekoppelt ist. Auch diese ist eine reine Iteration, wenn auch mit veränderter Auflösungsfolge, weil nämlich jeder Einzelschritt die Lösung einer Gleichung mit einem unbekannten Knotendrehwinkel bedeutet, aus der die Stabdrehwinkel schon eliminiert sind. Insofern ist der Vorschlag von Pilkey gänzlich überholt. Es ist auch theoretisch unmöglich, daß das allgemeine Cross-Verfahren bei verschiebbaren Knoten weniger leiste als das Drehwinkelverfahren selbst, da es doch nichts anderes als dessen Iterationslösung ist.

Während man die Crosssche Iteration mit den Verbesserungsbeträgen der Stabendmomente vornimmt, so besteht ebensogut die Möglichkeit, in jedem Näherungsschritt die totalen Beträge der Unbekannten $k\varphi$ und der von ihnen erzeugten Wirkungen $\gamma k\varphi$ an den Nachbarknoten anzuschreiben. Diese Notierungsform wurde von Kani entwickelt, und sie ist als Kani-Verfahren bestens eingeführt. Im Gegensatz zu Cross ging er bei der Ableitung seines Verfahrens nicht von den mechanischen Vorgängen am Rahmen aus, sondern von den Drehwinkelgleichungen. Dadurch entstand die der Anschauung widersprechende Anordnung der notierten Beträge bei seinem Verfahren.

KANI schreibt nämlich den Betrag $\gamma_{mn}\,k_{mn}\,\varphi_m$ oder $^1/_2\,k_{mn}\,\varphi_m$ am Knoten m an, obwohl das ein Momentenbetrag ist, der am Knoten n infolge einer Drehung des Knotens m entsteht. Das ist nicht ganz glücklich, weil sich dadurch eine wenig sinnfällige Notierungsweise eingebürgert hat. Aber inzwischen war auch die große Begeisterung für die „anschauliche Rahmenberechnung", die in Deutschland nach dem ersten Bericht über das CROSS-Verfahren aufflammte, abgeebbt. KANIS 1949 zum erstenmal veröffentlichte Beschreibung seines Verfahrens umfaßte sogleich Rahmen mit verschiebbaren Knoten. Es war wohl überhaupt als vollkommeneres Gegenstück zum CROSS-Verfahren gedacht. Es ist aber nicht verständlich, warum die unzutreffende Ansicht aufkam, daß man Rahmen mit verschiebbaren Knoten nur mit diesem Verfahren allein behandeln könne. Da sich beide Verfahren, von Abweichungen in der Notierungsweise abgesehen, dadurch unterscheiden, daß eines mit den einzeln nacheinander errechneten Verbesserungen der Unbekannten, das andere mit den immer genauer werdenden Gesamtwerten arbeitet, gibt es weder in der Konvergenz noch im Anwendungsbereich auch nur den geringsten Unterschied. Auf diese Zusammenhänge wies bereits KUPFERSCHMID hin [27].

Als Vorzug des KANI-Verfahrens gilt die selbsttätige Kontrolle der Iteration. Eine solche Kontrolle ist bei der CROSSschen Iteration wenigstens am Schluß ebenso möglich, ohne daß man den Vorteil der handlicheren Iteration deswegen aufgeben müßte. Andererseits ließe sich das KANI-Verfahren auch für schräge Stäbe ebenso ausarbeiten, wie es in diesem Buch für das CROSSsche geschehen ist. Es wurden hier bisher Unterschiede gesehen, die nicht vorhanden sind. Das ist ganz sicher in pädagogischer Hinsicht ein Mangel. So konnte es auch kommen, daß man beim Prüfen von CROSSschen Iterationen die einzelnen Rechenschritte kontrollierte, anstatt eine durchgreifendere Probe vorzunehmen. Bei der Lösung eines Gleichungssystems durch Elimination würde es niemand einfallen, die Lösungsschritte nachzurechnen; man würde durch Einsetzen prüfen. Man kann aus all dem schließen, daß das Wesen des CROSS-Verfahrens nicht allgemein richtig gesehen wird, wodurch man sich mancher Vorteile begibt.

In diesem Buch wird versucht, es systematisch im Zusammenhang mit den verwandten Verfahren darzustellen, doch so, daß es im Mittelpunkt bleibt. Auf die bewährte Darstellungsmanier mit anschaulich verständlichen Elementen wird nicht verzichtet, doch sollen auch die Zusammenhänge des Drehwinkelverfahrens mit seinen verwandten, dem CROSS- und dem KANI-Verfahren und anderen, gezeigt und Mißverständnisse über deren Anwendungsbereich beseitigt werden in der Hoffnung, die Blickfelderweiterung zu vermitteln, die das wichtigste pädagogische Ziel sein muß.

3 Vorführung der kontrollierten Iteration nach Cross in drei Beispielen mit kurzen Erläuterungshinweisen

3.1 Allgemeines

Vielen Lesern wird weder das CROSS-Verfahren noch das KANI-Verfahren neu sein. Ich zeige daher zunächst für solche bereits unterrichteten Leser eine Form der Notierung der Iterationsrechnung, die sowohl für den Aufsteller als auch für den Prüfer nützlich ist. Sie beruht auf diesen Überlegungen:

a) Die Iteration nach CROSS ist schnell und einfach zu vollziehen, weil die Beträge mit fortschreitender Rechnung kleiner werden und am Ende oft durch Kopfrechnung zu ermitteln sind.

Das gilt im Gegensatz zum KANI-Verfahren, wo jeder Schritt alle Anfangs- und Verbesserungsbeträge mitenthält und daher bis zum Schluß unhandliche Beträge in der Rechnung bleiben.

b) Die Gesamtheit der Näherungsschritte nach dem CROSS-Verfahren, gewonnen durch Addition der Teilbeträge, ermöglicht dem Aufsteller am Schluß einen Schritt sinngemäß nach KANI, der der Kontrolle dient.

Dies hat sich bisher beim CROSS-Verfahren nicht eingebürgert[1].

c) Den Prüfingenieur interessiert die Iteration nicht, sondern nur deren Ergebnis, das er gemäß b) kontrolliert. Man schreibt also in der Reinschrift nur noch die Summen der Näherungsschritte auf.

Beim CROSS-Verfahren schien es bisher unerläßlich, die ganze Iteration anzuschreiben, weil man oft der Meinung zu sein scheint, die Iteration zur Prüfung nachrechnen zu müssen.

d) Stimmt die Kontrolle nicht, kann der Fehler durch Anhängen weiterer Schritte mit den totalen Beträgen, d. h. im Sinne von KANI, beseitigt werden[1].

e) Die übliche KANI-Schreibweise wird zu größerer Anschaulichkeit umgebildet.

Die „Drehungsanteile" des KANI-Verfahrens sind nämlich Ausgleichbeträge des CROSS-Verfahrens, die bereits mit der Fortleitungszahl multipliziert sind. Es sind Stabendmomente, die an den Gegenknoten des gedrehten Knotens entstehen. Dort werden sie nun auch angeschrieben. Nach KANI werden sie dagegen am gedrehten Knoten selbst angeschrieben, wodurch die Anschaulichkeit leidet.

f) Der verkappte Momentenausgleich des KANI-Verfahrens geschieht nun offen als solcher erkennbar.

Nach KANI wird zum Schluß der Drehungsanteil vom Gegenknoten an den eigenen Knoten „zurückgeholt", wo er bei CROSS schon steht; ferner wird der Drehungsanteil vom eigenen Knoten verdoppelt, d. h. eigentlich durch Division durch die Fortleitungszahl $\gamma = 1/2$ aus einem Fortleitungsbetrag in den Ausgleichbetrag zurückverwandelt. Dagegen wird er bei CROSS sofort als Ausgleichbetrag nochmals neu errechnet, wobei er übrigens durch Vergleich mit dem fortgeleiteten Betrag wiederum kontrollierbar ist.

---

[1] Der Vorschlag findet sich sinngemäß schon in [28], S. 185 und 187.

g) Bei den verschieblichen Systemen entsteht durch die folgerichtige Zuordnung der Verschiebungs- und Drehungsanteile — besser: der Stabendmomente aus Stabdrehung und Knotendrehung — zu den verschiedenen Rahmenwerksstellen ebenfalls größere Anschaulichkeit.

3.2 Durchlaufbalken auf festen Stützen

Dieses Beispiel zeigt, wie allgemein bei einem „unverschieblichen" System, d. h. einem biegesteifen Stabwerk ohne drehbare Stäbe vor-

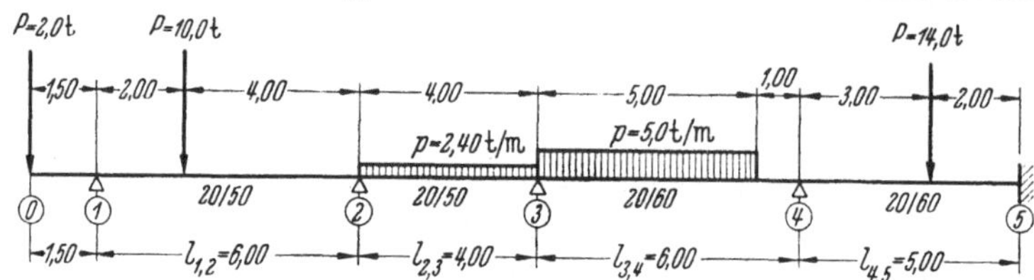

Abb. 1

Tabelle 1. *Berechnung der* $k = \dfrac{a(E)J}{l}$

Stab	a	I dm⁴	l m	k
(1)	(2)	(3)	(4)	(5)
12	3	20,82	6,00	10,41
23	4	20,82	4,00	20,82
34	4	36,00	6,00	24,00
45	4	36,00	5,00	28,8

zugehen ist. Das Tragwerk der Abb. 1 soll untersucht werden. In Tab. 1 sind die Steifigkeiten k und k' der Balkenfelder berechnet. Sie werden in Abb. 2 eingetragen und zur Bestimmung der Knotenausgleichzahlen $\mu = -\dfrac{k}{\Sigma k}$

Zeile	1 l	1 r	2 l	2 r	3 l	3 r	4 l	4 r	5
k, k'			10,41		20,82		24,00		28,80
K	10,41		31,21		44,80		52,80		
$\mu = \frac{k}{K}$	0	−1000	−333	−667	−465	−535	−454	−546	0
$\mu\gamma = \frac{1}{2}\mu$		−500 →	← 0	−333 →	← −233	−268 →	← −227	−273 →	0
A	−300	0,00	−8,88	+3,20	−3,20	+14,76	−13,02	+6,72	−10,08
1			+1,50	−2,69			−3,10		
2					+2,29	+2,13			+2,57
3				−1,03			−1,18		
4					+0,34	+0,27			+0,32
5				−0,14			−0,16		
6					+0,05	+0,04			+0,04
7				+0,02			+0,02		
8					+0,01	0			
B			+1,50	−388	+2,69	+2,44	−4,46		+2,93
$\Sigma(A+B)$			[−8,06]		[+16,69]		[−10,76]		
D	0,00	+3,00	+2,68	+5,88	−7,76	−8,93	+4,89	+5,87	0,00
E	−3,00	+3,00	−4,70	+4,70	−8,27	+8,27	−12,59	+12,59	−7,15

Abb. 2*

* In Zeile K lies: 31,23 und 44,82 statt 31,21 und 44,80. In Zeile B ergänze zwei Kommata. In Zeile D lies + 5,38 statt + 5,88.

benutzt. Die Übertragungszahl eines durch eine Knotendrehung erzeugten Stabendmomentes zum Nachbarknoten ist $\gamma = {}^1/_2$. Da die Ausgleichbeträge an jedem Knoten bei dieser „abgekürzten" Form der Crossschen Iteration erst am Schluß insgesamt ermittelt werden, werden vorher nur die Änderungen der Stabendmomente infolge Drehung der Nachbarknoten angeschrieben, wozu man die Arbeitszahlen $\mu\,\gamma$ benutzt. Auch diese werden in das Rechenschema eingetragen. Die einzelnen Zeilen enthalten:

Zeile A: Ausgangsmomente, berechnet unter der Voraussetzung nicht drehbarer Knoten, fester Einspannung.

Zeilen 1 bis 8:
Iteration. Die Arbeitsformel ist

$$\boxed{\Delta^{(2)} M_{n\,m} = \mu_{mn}\,\gamma_{m\,n} \sum_{k\,=\,n,\,\ldots} (\Delta^{(1)} M_{m\,k})}\,,$$

$\Delta^{(1)}$ vorhergehender Änderungsbetrag,

$\Delta^{(2)}$ neuer Änderungsbetrag.

Beispielsweise ist in Zeile 4 am Knoten $m = 3$

$$\Delta^{(1)}\,M_{32} = +\,0{,}34$$

und

$$\Delta^{(1)}\,M_{34} = +\,0{,}27,$$

$$\sum (\Delta^{(1)}\,M_{m\,k}) = 0{,}34 + 0{,}27 = +\,0{,}61,$$

$$\Delta^{(2)} M_{43} = (-\,0{,}268)\cdot(+\,0{,}61) = -\,0{,}16,$$

$$\Delta^{(2)}\,M_{23} = (-\,0{,}233)\cdot(+\,0{,}61) = -\,0{,}14.$$

Die Änderungsbeträge in den Zeilen 1 bis 8 werden in Zeile B addiert. Hier stehen also die Stabendmomente, die durch Drehungen des Nachbarknotens entstehen.

Sie werden von Kani Drehungsanteile genannt, und am gedrehten Knoten angeschrieben. Die Iterationsschritte nach Kani würden beispielsweise für Drehungen des Knotens 3 auf der rechten Seite, vom Vorzeichen abgesehen, lauten

$$-\,3{,}10/-\,4{,}28/-\,4{,}44/-\,4{,}46.$$

Bei der Crossschen Iteration stehen nur die Differenzen $-\,3{,}10/-\,1{,}18/-\,0{,}16/-\,0{,}02$, deren Addition ebenfalls $-\,4{,}46$ ergibt.

Die Beträge in Zeile B ergeben sich natürlich ebenfalls aus der Arbeitsformel, wenn man in $\sum (\Delta^{(1)} M_{m\,k})$ auch die Ausgangsmomente aus Zeile A hineinnimmt. Das ist der letzte Kani-Schritt, zwar mit Seitenvertauschung angeschrieben.

Ausführung der Kontrolle. *Zeile B* wird kontrolliert wie folgt:

Knoten 2:

$$(-8,88 + 3,20 + 1,50 - 3,88)(-0,333) = +2,69 \text{ tm}$$

Knoten 3:

$$(-3,20 + 14,76 + 2,69 + 2,44)(-0,233) = -3,88 \text{ tm}$$

$$(-3,20 + 14,76 + 2,69 + 2,44)(-0,268) = -4,46 \text{ tm}$$

Knoten 4:

$$(-13,02 + 6,72 - 4,46)(-0,227) = +2,44 \text{ tm}$$

$$(-13,02 + 6,72 - 4,46)(-0,273) = +2,93 \text{ tm}$$

Zeile D enthält den Ausgleich. Er lautet zum Beispiel an Knoten 2:

$$(-8,88 + 3,20 + 1,50 - 3,88)(-0,667) = +5,38$$

$$(-8,88 + 3,20 + 1,50 - 3,88)(-0,333) = +2,68$$

Man sieht, daß die Klammernsummen von der Kontrolle sich hier wiederholen, weshalb man — in der Hoffnung auf ein günstiges Ergebnis der Kontrolle — mit den Rechenschiebereinstellungen zu Zeile B auch sogleich die Werte für Zeile D abliest, indem man statt $\gamma\mu$ auch μ benutzt.

Die Beträge in Zeile B müssen, mit $1 : \gamma = 2$ multipliziert, die Beträge der Zeile D ergeben. Dies entspricht dem Abschluß der Iteration nach Kani.

Statische Prüfung. Bei der Prüfung dieser statischen Berechnung interessieren die Zeilen 1 bis 8 nicht. Ich empfehle daher, nur eine

Ergebnisfigur nach Abb. 3

in die Reinschrift zu übernehmen, ähnlich wie das auch bei der Anwendung des Kani-Verfahrens geschehen soll. Dem Prüfingenieur ist es gleichgültig, ob die Ergebnisse nach Cross oder Kani erlangt wurden.

	① L	① R	② L	② R	③ L	③ R	④ L	④ R	⑤
k,k'		10,41		20,82		24,00		28,80	
μ	0	-1000	-333	-667	-465	-535	-454	-546	0
$\mu\gamma$		-500 →	← 0	-333 →	←-233	-268 →	←-227	-273 →	← 0
A	-3,00	0,00	-8,88	+3,20	-3,20	-14,76	-13,02	+6,72	-10,08
B	0,00	0,00	→+1,50	-3,88 ←	→+2,69	+2,44 ←	→-4,46		→+2,93
D	0,00	+3,00	+2,68	+5,38	-7,76	-8,93	+4,89	+5,87	0,00
E	-3,00	+3,00	-4,70	+4,70	-8,27	+8,27	-12,59	+12,59	-7,15

E-Figur

Abb. 3. Zusammenstellung mit Ausgleich und Ergebnis als prüfbare Reinschrift

Ich ziehe die Crosssche Iteration bei der Aufstellung vor, weil sie
mit handlicheren Zahlen arbeitet, nehme aber dem Prüfingenieur die
Arbeit ab, die Gesamtbeträge für Zeile B erst selbst zu ermitteln, zumal
ich sie für meine eigene Kontrolle bei der Aufstellung brauche.

Verbesserung von Fehlern. Wenn die Beträge in Zeile B bei der
Kontrolle nicht stimmen, schreibt man den hierbei erhaltenen abweichenden Wert hin und ermittelt mit ihm alle Werte B neu, erforderlichenfalls
danach noch einmal. Man setzt also, wenn man sich bei der Crossschen
Iteration vergriffen hat, die Rechnung mit den unbequemeren Gesamt-
schritten nach KANI fort, bis die Beträge in Zeile B endlich zueinander
passen, was nun in der Regel schnell zu erreichen gelingt.

Allgemeine Form der Notierung der Stabendmomente. Im Konzept
der statischen Berechnung heißt die Anordnung $A\,B$-Figur:

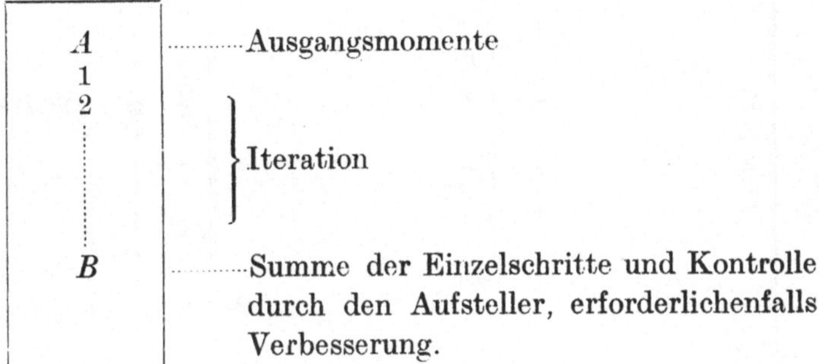

In der Reinschrift heißt die Anordnung E-Figur (Ergebnis-Figur):

Bei Rahmen mit verschiebbaren Knoten wird noch ein Betrag C hinzutreten.

3.3 Stockwerkrahmen mit verschiebbaren Knoten
bei abwechselndem Ausgleich an Knoten und Stockwerken

Die Aufgabe ist in Abb. 4 gegeben. Der Rahmen ist 8fach statisch und 7fach geometrisch unbestimmt, erforderte die Lösung von 8 oder 7 Gleichungen, nachdem die Koeffizienten bestimmt sind. Das wäre also eine beträchtliche Arbeit, die man der hier benötigten gegenüberstellen muß.

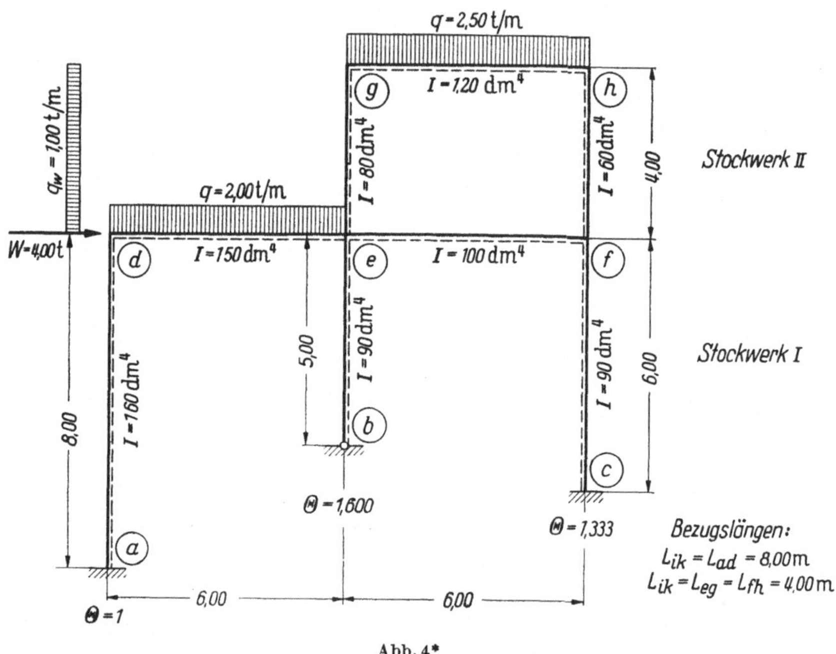

Abb. 4*

Zunächst werden in Tab. 2 die Stabfestwerte zusammengestellt und die Stockwerksausgleichzahlen v berechnet. Wegen der Bezeichnungen k und r verweise ich auf die Formelsammlung in Teil E, wegen der Bezeichnungen im übrigen auf das Verzeichnis in Abschn. 5.2, doch erkläre ich sie hier nochmals, soweit sie gebraucht werden:

$$k = \frac{4EI}{l}$$
$$r = \frac{6EI}{l}$$
$$\Big\rangle \text{ bei Einspannung,}$$

$$k' = \frac{3EI}{l}$$
$$r' = \frac{3EI}{l}$$
$$\Big\rangle \text{ bei gelenkiger Lagerung,}$$

---

* Vertausche I und II

$$\Theta_{pq} = \frac{l_{ik}}{l_{pq}} \qquad \text{Stabdrehwinkel irgendeines Stabes } p\text{--}q \text{ im selben}$$

Stockwinkel, wenn am Bezugstab l_{ik} der Drehwinkel
$\vartheta_{ik} = +1$,

$$r = r\,\Theta, \quad \bar{\bar r} = r\,\Theta^2,$$

$$\mu = -\frac{k}{\Sigma k} \qquad \text{für die Stabenden am gedrehten Knoten,}$$
(über alle Stabenden am Knoten),

$$\nu = -\frac{\bar{\bar r}}{\Sigma\bar{\bar r}} \qquad \text{für die Stabenden im Stockwerk.}$$
(über alle Stabenden im Stockwerk).

Tabelle 2

	Stiel	a	k, k'	Θ	r, r'	$\bar r, \bar r'$	$\bar{\bar r}, \bar{\bar r}'$	$R = \Sigma\bar{\bar r},\bar{\bar r}'$	ν
	$a\,d$	4	80,0	1,0	120,0	120,0	120,0		$-0{,}172$
II	$b\,e$	3	54,0	1,60	54,0	86,4	138,3	698,3	$-0{,}124$
	$c\,f$	4	60,0	1,333	90,0	120,0	160,0		$-0{,}172$
I	$e\,g$	4	80,0	1,0	120,0	120,0	120,0	420,0	$-0{,}286$
	$f\,h$	4	60,0	1,0	90,0	90,0	90,0		$-0{,}214$
	Riegel								
	$d\,e$	4	100,0	—	—	—	—	—	—
	$e\,f$	4	66,7	—	—	—	—	—	—
	$g\,h$	4	80,0	—	—	—	—	—	—

Man füllt nacheinander die ν-Skizze (Abb. 8), die k-Skizze (Abb. 5), die μ-Skizze (Abb. 6) und die $\mu\gamma$-Skizze (Abb. 7) aus und hat damit alle Arbeitszahlen zusammen.

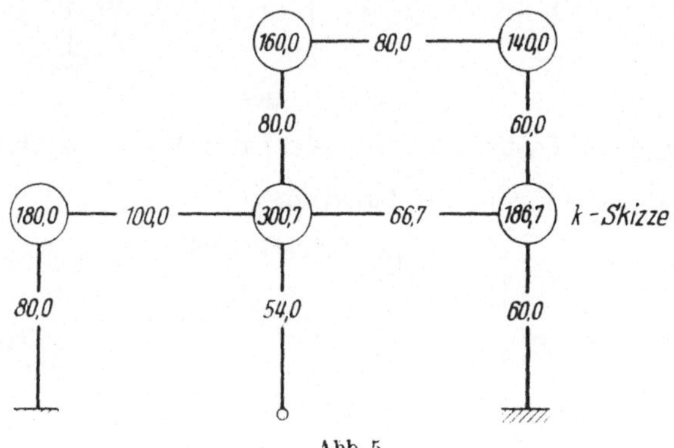

Abb. 5

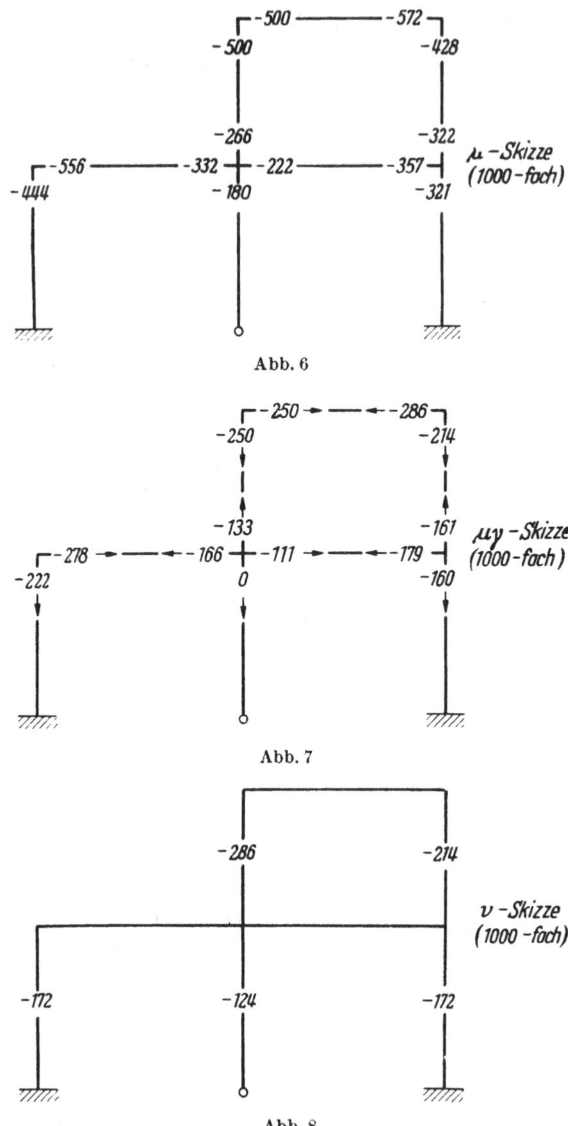

Abb. 6

Abb. 7

Abb. 8

Wirkung der Lasten am unverrückbaren Rahmensystem

Stabendmomente an den Knoten:

$$M^0_{de} = -M^0_{ed} = \frac{2{,}00 \cdot 6{,}00^2}{12} = +6{,}00 \text{ tm},$$

$$M^0_{gh} = -M^0_{hg} = \frac{2{,}50 \cdot 6{,}00^2}{12} = +7{,}50 \text{ tm},$$

$$M^0_{ge} = -M^0_{e\,g} = \frac{1{,}00 \cdot 4{,}00^2}{12} = +1{,}33 \text{ tm}.$$

Diese Beträge kommen in Abb. 9 in Zeile A.

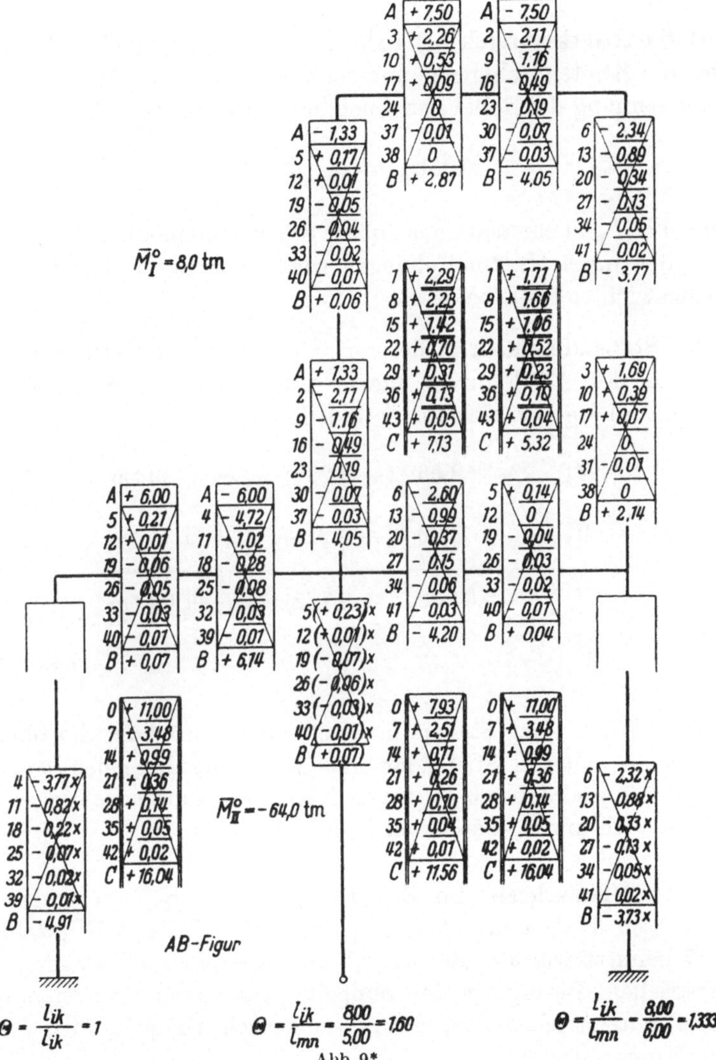

Abb. 9*

Stockwerksmomente:

$$\overline{M}_{\mathrm{I}} = -\,\frac{1{,}00 \cdot 4{,}00}{2} \cdot 4{,}00 = -\,8{,}00 \text{ tm},$$

$$\overline{M}_{\mathrm{II}} = -\,4{,}00 \cdot 8{,}00 - 2 \cdot \frac{1{,}00 \cdot 4{,}00}{2} \cdot 8{,}00$$

$$= -\,32{,}0 - 32{,}0 = -\,64{,}0 \text{ t,m}.$$

Diese Beträge kommen in Abb. 9 außen neben die Skizze des Rahmenwerkes.

---

* An Stabende $e\,d$, Zeile B, lies — 6,14 statt + 6,14. Bei $\overline{M}_{\mathrm{I}}^{\circ}$ lies — 8,0 tm statt 8,0 tm.

Iteration (Abb. 9)

a) Stockwerksausgleich. Man beginnt mit einem Stockwerksausgleich, wobei die Knotendrehungen unterbunden sind. Die Arbeitsformel für die Berechnung der dabei entstehenden Stabendmomente ist

$$\Delta^{(2)} M_{pq} = \nu_{pq}(\Delta^{(1)} \overline{M}_S).$$

Unter $\Delta^{(1)} \overline{M}_S$ ist zunächst das äußere Stockwerksmoment zu verstehen, später die durch Knotendrehungen wieder hinzugetretene Störung des Gleichgewichtes im Stockwerk.

Die Stabendmomente, die von Stockwerksausgleichen herrühren, werden in der $A B$-Figur in Fächer mit doppelten Seitenstrichen ein-getragen. So ergeben sich für Zeile 1 die Beträge

$$M_{eg} = -\ \ 8{,}00 \cdot (-\ 0{,}286) = +\ \ 2{,}29 \ \mathrm{tm},$$

$$M_{fh} = -\ \ 8{,}00 \cdot (-\ 0{,}214) = +\ \ 1{,}71 \ \mathrm{tm},$$

$$M_{ad} = -\ 64{,}00 \cdot (-\ 0{,}172) = +\ 11{,}00 \ \mathrm{tm},$$

$$M_{eb} = \dots\dots\dots\dots\dots\dots\dots \ \mathrm{usw.}$$

Diese Werte sind Stabendmomente, die sowohl an die oberen als auch an die unteren Stielenden mit Ausnahme des gelenkigen Endes gehören. Sie sind daher bei den nun folgenden Knotendrehungen sowohl oben als auch unten, also zweimal, mitzunehmen.

b) Knotenausgleich. Im Beispiel wurde am Knoten g, danach an den Knoten h, d, e und f ausgeglichen, wobei die Arbeitszahlen der Abb. 7 benutzt wurden. Beträge, die im Ausgleich erfaßt sind, werden unterstrichen. Beträge in den doppelt geränderten Spalten müssen je zweimal unterstrichen sein, wenn diese zwischen zwei Reihen von dreh-baren Knoten liegen.

Knoten g:

$$M_{hg} = (+\ 7{,}50 - 1{,}33 + 2{,}29) \cdot (-\ 0{,}250) = -\ 2{,}11 \ \mathrm{tm}$$

$$M_{eg} = (+\ 7{,}50 - 1{,}33 + 2{,}29) \cdot (-\ 0{,}250) = -\ 2{,}11 \ \mathrm{tm}$$

Knoten h:

$$M_{gh} = (-\ 7{,}50 - 2{,}11 + 1{,}71) (-\ 0{,}286) = +\ 2{,}26 \ \mathrm{tm}$$

$$M_{fh} = (-\ 7{,}50 - 2{,}11 + 1{,}71) (-\ 0{,}214) = +\ 1{,}69 \ \mathrm{tm}$$

Knoten d:

$$M_{ed} = (+\,6{,}00 + 11{,}00) \cdot (-\,0{,}278) = -\,4{,}72 \text{ tm}$$

$$M_{ad} = (+\,6{,}00 + 11{,}00) \cdot (-\,0{,}222) = -\,3{,}77 \text{ tm}$$

Knoten e:

Hier werden zunächst die ΔM für die drei benachbarten Knoten d, g und f mit den $\mu\,\gamma$ berechnet und angeschrieben. Ferner aber wird am Stab $b\,e$, weil er bei b ein Gelenk hat, ausnahmsweise auch der Betrag $\mu_{eb}\left[\sum\limits_e (M^\circ + \Delta M)\right]$ angeschrieben, der ein Ausgleichbetrag sein würde (in Klammern bei $e\,b$). Der Grund wird sogleich ersichtlich.

c) Zweiter Stockwerksausgleich. Nachdem an allen Knoten ausgeglichen wurde, folgt wieder der Ausgleich der neu entstandenen Stockwerksmomentüberschüsse. Diese sind leider nicht vollzählig greifbar, da die Ausgleichbeträge bis zum Schluß nicht angeschrieben werden. Sie sind also allein aus den fortgeleiteten Beträgen zu ermitteln, und zwar bei unterschiedlichen Stablängen durch den Ansatz (Index o — oben, u — unten):

$$\Delta \overline{M}_{\mathrm{II}} = \sum \left[\Delta M_{\substack{uo \\ ou}} \left(1 + \frac{1}{\gamma}\right) \Theta + \Delta M^{(\mathrm{gel})} \Theta \right]$$

zu ermitteln. Mit dem Faktor $\left(1 + \dfrac{1}{\gamma}\right)$ wird zu den allein angeschriebenen Fortleitungsbeträgen der in der Notierung vorläufig unterdrückte Ausgleichbetrag am Gegenknoten hinzugefügt, da er ja im Stockwerksmoment enthalten sein muß. Außerdem ist die Längenreduktion wegen der unterschiedlichen Stablängen notwendig. Da ferner an einem gelenkig angeschlossenen Stiel kein Fortleitungsbetrag steht, muß bei ihm provisorisch der Ausgleichsbetrag (mit μ_{eb} nach Abb. 6 berechnet) angeschrieben werden, damit das Stockwerksmoment vollständig wird.

Für Stockwerk II wird der neue Überschuß:

$$\Delta \overline{M}_{\mathrm{II}} = -\,3{,}77 \cdot \left(1 + \frac{1}{0{,}500}\right) \qquad\qquad -\,11{,}31$$

$$+\,0{,}23 \cdot \frac{8{,}00}{5{,}00} \qquad\qquad +\,0{,}37$$

$$-\,2{,}32 \cdot 3 \cdot \frac{8{,}00}{6{,}00} \qquad\qquad -\,9{,}28$$

$$\overline{\phantom{-\,20{,}22}}$$
$$-\,20{,}22$$

Die im Stockwerksmoment-Überschuß nunmehr berücksichtigten Anteile der Stabendmomente werden durch kleine Kreuze oder durch Numerierung markiert. Die Ausgleichsbeträge mit den ν sind an

Stab a d:

$$- 20{,}22 \cdot (- 0{,}172) = + 3{,}48 \text{ tm}$$

Stab b e:

$$- 20{,}22 \cdot (- 0{,}124) = + 2{,}51 \text{ tm}$$

Stab c f:

$$- 20{,}22 \cdot (- 0{,}172) = + 3{,}48 \text{ tm}$$

Diese Beträge werden bei der nächstfolgenden Serie von Knotendrehungen sowohl oben als auch unten miteinbezogen. Der gesamte Vorgang wird fortgesetzt, bis die Ausgleichsbeträge genügend klein sind. Diese werden sodann in Zeile B addiert und, nachdem die Summe notiert ist, durch Klammern oder auf andere Weise als überholt und unnütz gekennzeichnet. Über die Berechnung der Störungen des Stockwerksgleichgewichtes wird auf einem besonderen Blatt Buch geführt:

$$0. \quad \overline{M}_{\text{II}}^{0} = - 4{,}00 \cdot 8{,}00 - 2 \cdot \frac{1{,}00 \cdot 4{,}00}{2} \cdot 8 \qquad = - 64{,}00 \text{ mt}$$

$$1. \quad \overline{M}_{\text{I}}^{0} = - 4{,}00 \cdot 1{,}00 \cdot 2{,}00 \qquad = - 8{,}00 \text{ mt}$$

$$7. \; \Delta \overline{M}_{\text{II}} = 3\,(- 3{,}77) + 0{,}23 \cdot 1{,}60 + 3\,(- 2{,}32)\,1{,}333 = - 20{,}22 \text{ mt}$$

$$8. \; \Delta \overline{M}_{\text{I}} = 3\,(- 2{,}11 + 0{,}17 - 2{,}34 + 1{,}69) \qquad = - 7{,}77 \text{ mt}$$

$$14. \; \Delta \overline{M}_{\text{II}} = 3\,(- 0{,}82) + 0{,}01 \cdot 1{,}60 + 3\,(- 0{,}88)\,1{,}333 = - 5{,}75 \text{ mt}$$

$$15. \; \Delta \overline{M}_{\text{I}} = 3\,(- 1{,}16 + 0{,}01 - 0{,}89 + 0{,}39) \qquad = - 4{,}95 \text{ mt}$$

$$21. \; \Delta \overline{M}_{\text{II}} = 3\,(- 0{,}22) + (- 0{,}07)\,1{,}60 + 3\,(- 0{,}33)\,1{,}333 = - 2{,}09 \text{ mt}$$

$$22. \; \Delta \overline{M}_{\text{I}} = 3\,(- 0{,}49 - 0{,}05 - 0{,}34 + 0{,}07) \qquad = - 2{,}43 \text{ mt}$$

$$28. \; \Delta \overline{M}_{\text{II}} = 3\,(- 0{,}07) + (- 0{,}06)\,1{,}60 + 3\,(- 0{,}13)\,1{,}333 = - 0{,}83 \text{ mt}$$

$$29. \; \Delta \overline{M}_{\text{I}} = 3\,(- 0{,}19 - 0{,}04 - 0{,}13 + 0) \qquad = - 1{,}08 \text{ mt}$$

$$35. \; \Delta \overline{M}_{\text{II}} = 3\,(- 0{,}02) + (- 0{,}03)\,1{,}60 + 3\,(- 0{,}05)\,1{,}333 = - 0{,}31 \text{ mt}$$

$$36. \; \Delta \overline{M}_{\text{I}} = 3\,(- 0{,}07 - 0{,}02 - 0{,}05 - 0{,}01) \qquad = - 0{,}45 \text{ mt}$$

$$42. \; \Delta \overline{M}_{\text{II}} = 3\,(- 0{,}01) + (- 0{,}01)\,1{,}60 + 3\,(- 0{,}02)\,1{,}333 = - 0{,}13 \text{ mt}$$

$$43. \; \Delta \overline{M}_{\text{I}} = 3\,(- 0{,}03 - 0{,}01 - 0{,}02 - 0) \qquad = - 0{,}18 \text{ mt}$$

Kontrolle der Beträge B und C

Die Summen B und C werden jetzt kontrolliert, indem Schritte derselben Art wie bisher wiederholt werden, wobei jedoch immer die Anfangswerte der Knoten- und der Stockwerksmomente miteinbezogen werden. Zum Beispiel:

Knoten g:

$$(+\ 7{,}50 + 2{,}87 - 1{,}33 + 0{,}06 + 7{,}13) \cdot (-\ 0{,}250) = -\ 4{,}06 \text{ tm}$$

(bei $e\,g$ und $h\,g$)

Knoten h:

$$(-\ 7{,}50 - 4{,}05 - 3{,}79 + 5{,}32) \cdot (-\ 0{,}286) = +\ 2{,}86 \text{ tm} \quad (g\,h)$$

$$(-\ 7{,}50 - 4{,}05 - 3{,}79 + 5{,}32) \cdot (-\ 0{,}214) = +\ 2{,}14 \text{ tm} \quad (f\,h)$$

usw.

Knoten e:

$$(-\ 6{,}00 - 6{,}14 + 1{,}33 - 4{,}05 - 4{,}20 + 7{,}13 + 11{,}56) \cdot (-0{,}166)$$

$$= +\ 0{,}06\ (d\,e)$$

$$(-\ 6{,}00 - 6{,}14 + 1{,}33 - 4{,}05 - 4{,}20 + 7{,}13 + 11{,}56) \cdot (-\ 0{,}133)$$

$$= +\ 0{,}05\ (g\,c)$$

$$(-\ 6{,}00 - 6{,}14 + 1{,}33 - 4{,}05 - 4{,}20 + 7{,}13 + 11{,}56) \cdot (-\ 0{,}111)$$

$$= +\ 0{,}04\ (f\,e)$$

ferner an $e\,b$ provisorisch (nur für das Stockwerksmoment zu benutzen!)

$$(-\ 6{,}00 - 6{,}14 + 1{,}33 - 4{,}05 - 4{,}20 + 7{,}13 + 11{,}56) \cdot (-\ 0{,}180)$$

$$= (+\ 0{,}07)$$

Stockwerk I:

$$[-\ 8{,}00 + (-\ 1{,}33 + 0{,}06 + 1{,}33 - 4{,}05 - 3{,}77 + 2{,}14) \cdot 3] \cdot (-\ 0{,}286)$$

$$= +\ 7{,}12\ (g{-}e)$$

$$[-\ 8{,}00 + (-\ 1{,}33 + 0{,}06 + 1{,}33 - 4{,}05 - 3{,}77 + 2{,}14) \cdot 3] \cdot (-\ 0{,}214)$$

$$= +\ 5{,}32\ (f{-}h)$$

Stockwerk II:

$$[-\ 64{,}00 + (-\ 4{,}91 - 3{,}73 \cdot 1{,}33) \cdot 3 + 0{,}07 \cdot 1{,}60] \cdot (-\ 0{,}172)$$

$$= +\ 16{,}08 \text{ tm}\ (a{-}d \text{ und } c{-}f)$$

$$[-\ 64{,}00 + (-\ 4{,}91 - 3{,}73 \cdot 1{,}33) \cdot 3 + 0{,}07 \cdot 1{,}60] \cdot (-\ 0{,}124)$$

$$= +\ 11{,}59 \text{ tm}\ (b{-}e)$$

Der Kontrolle der Iteration folgt der Ausgleich in der üblichen Form, am besten in der E-Figur (Abb. 10). Hier werden in der Reinschrift alle durchgestrichenen Werte fortgelassen, da man sie zur Prüfung nicht braucht.

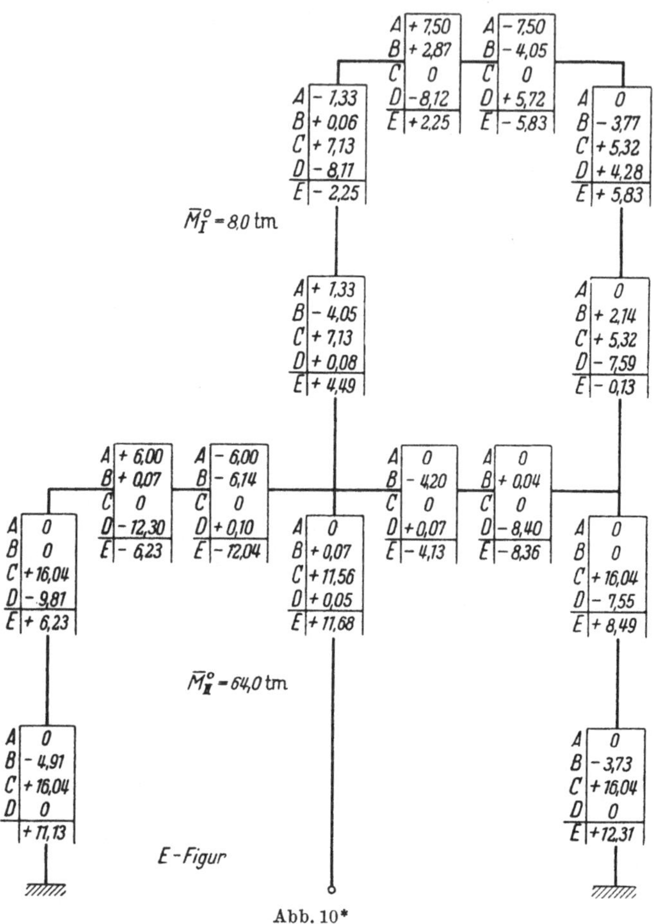

Abb. 10*

Stimmt die Kontrolle nicht, so schreibt man, wie schon unter 3.2 bemerkt, als bessere Näherung den neu ermittelten Wert hin und wiederholt über das ganze System hinweg nochmals die Kontrollschritte, soweit dies nötig erscheint.

3.4 Stockwerkrahmen mit verschiebbaren Knoten bei gleichzeitigem Ausgleich an Knoten und Stockwerk

Diese Form ist von wesentlich besserer Konvergenz als die zuvor unter 3.3 beschriebene, und ich empfehle, sie allgemein anzuwenden.

* Bei $\overline{M}_I^0$ und $\overline{M}_{II}^0$ ergänze Minuszeichen.

3.4 Stockwerkrahmen mit verschiebbaren Knoten bei gleichzeitigem Ausgleich 27

Der etwas längeren Ta-
bellenrechnung (Tab. 3),
die aber immer sehr
einfach ist, steht die viel
geringere Anzahl der
Ausgleichschritte und
die Ersparnis der Er-
mittlung der Stock-
werksmomente entge-
gen.

Arbeitszahlen

Es wird mit Stabstei-
figkeiten k^* gerechnet,
die unter der Voraus-
setzung ermittelt sind,
daß die bei Knoten-
drehungen entstehende
Stockwerksquerkraft so-
gleich mitausgeglichen
ist. Man hat nur an den
anderen, nicht an der
Knotendrehung betei-
ligten Stäben des Stock-
werks gleichzeitig Än-
derungen der Stabend-
momente anzubringen.
Für die in der Tabelle
berechneten Werte gilt
mit den schon in 3.3
angegebenen Bezeich-
nungen:

*Stabenddrehsteifigkei-
ten der Stiele*

$$k^*_{mn} = k_{mn} + v_{mn} \cdot \bar{r}_{mn}.$$

Bei den Riegeln, die ja
keine Drehung erfahren,
bleibt k maßgebend. In
die k-Skizze sind die k,
k^* und $K = \sum k$, k^*
einzutragen (Abb. 11).

Tabelle 3

Stock-werk	Stab	Θ	k	r	$\bar{r}$	$\bar{\bar{r}}$	R	v	$v \cdot \bar{r}$	k^*	γk	$\gamma k + v\bar{r}$	γ^*	K_m	δ
1	2	3	4	5	6	7	8	9	10	11	12	13	14	15	16
	Stiele														
I	g—e	1	80,0	120,0	120,0	120,0	420,0	−0,286	−34,4	+45,6	+40,0	+ 5,6	+0,123	125,6	$\delta_g = -\,0{,}955$ $\delta_{e_{\mathrm{I}}} = -\,0{,}471$
	h—f	1	60,0	90,0	90,0	90,0		−0,214	−19,3	+40,7	+30,0	+10,7	+0,263	120,7	$\delta_h = -\,0{,}745$ $\delta_{f_{\mathrm{I}}} = -\,0{,}614$
II	d—a	1	80,0	120,0	120,0	120,0	698,3	−0,172	−20,6	+59,4	+40,0	+19,4	+0,327	159,6	$\delta_d = -\,0{,}754$
	e—b	1,600	54,0	54,0	86,4	138,3		−0,124	−10,7	+43,3	0	0	0	255,6	$\delta_{e_{\mathrm{II}}} = -\,0{,}339$
	f—c	1,333	60,0	90,0	120,0	160,0		−0,172	−20,6	+39,4	+30,0	+ 9,4	+0,239	146,8	$\delta_{f_{\mathrm{II}}} = -\,0{,}820$
	Riegel														
	d—e	0	100,0												
	e—f	0	66,7												
	g—h	0	80,0												

Übertragungs-(Fortleitungs)zahlen der Stiele

$$\gamma_{mn}^{*} = \frac{\gamma_{mn} + \nu_{nm}\,\bar{r}_{mn}}{k_{mn}^{*}}.$$

Für die **Riegel** ist nach wie vor $\gamma = 1/2$.

Mitdrehungsbeträge an Stielen des Stockwerkes, die nicht am gedrehten Knoten liegen

$$\Delta^{(2)} M_{pq} = \nu_{pq}\,\delta_m \sum (\Delta M_{mk}^{(1)}),$$

worin der Mitdrehungsfaktor in dem Sonderfall der Stockwerkrahmen

$$\delta_m = -\,\frac{r_{mn}}{K_m}$$

ist. Wie unter 3.3 ist eine k-Skizze, eine μ-Skizze, in der auch die Übertragungszahlen gesondert angegeben werden, ferner eine $\mu\,\gamma$-Skizze und eine ν-Skizze anzufertigen. Hier tritt eine δ-Skizze hinzu (Abb. 11—15).

Iteration

In Abb. 16, Zeile A, werden die Ausgangsmomente eingetragen, die wir hier aus 3.3 entnehmen. Neben der Rahmenskizze sind die äußeren Stockwerksmomente angegeben.

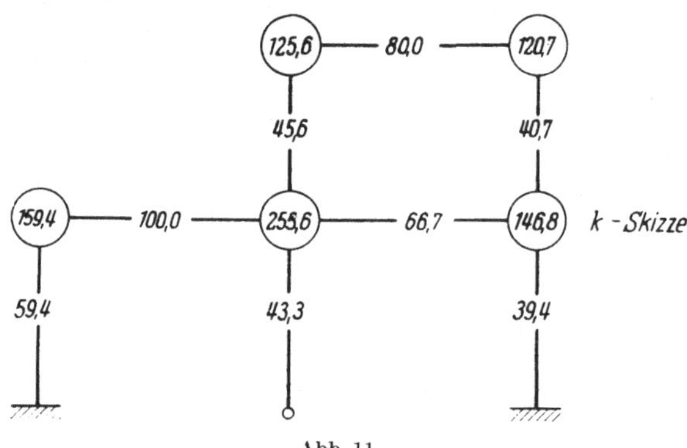

Abb. 11

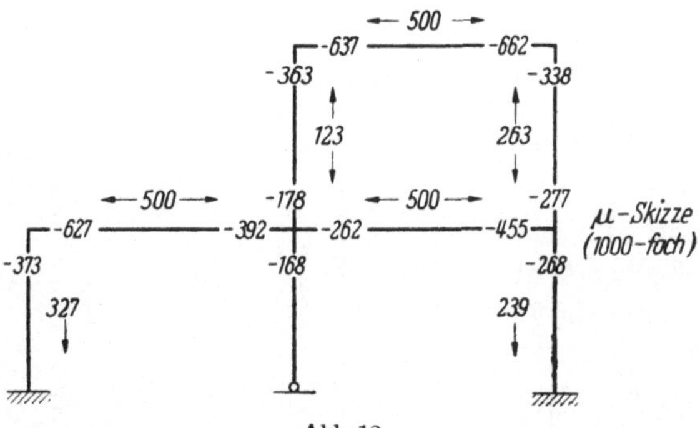

Abb. 12

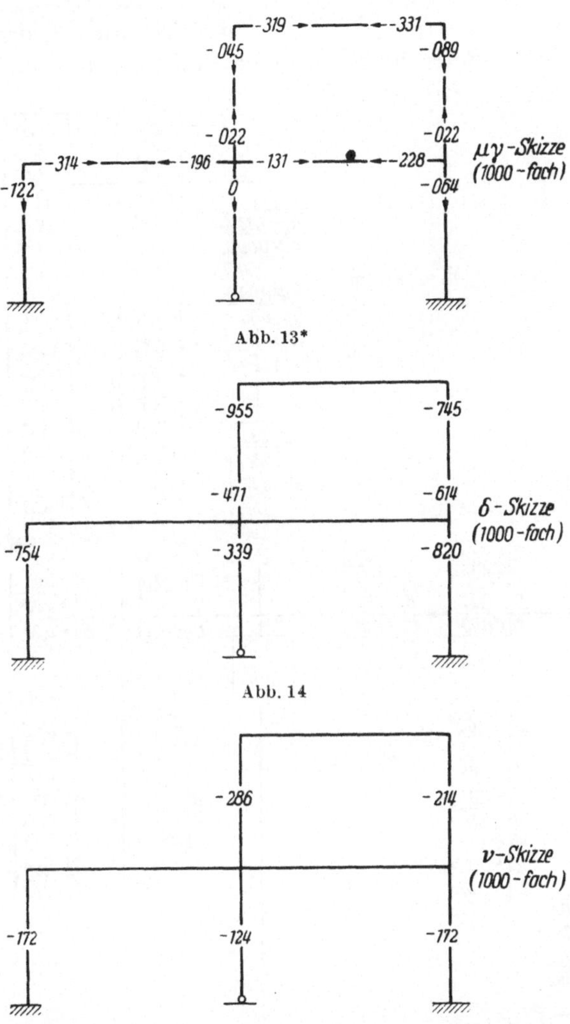

Der erste Schritt ist ein reiner Ausgleich der äußeren Stockwerksmomente mit den ν, Zeilen a und b in den doppelt geränderten Fächern.
Jeder weitere Schritt besteht aus der Berechnung der Stabendmomente
an den benachbarten des gedrehten Knotens durch

$$\Delta M_{nm} = \mu_{mn}\,\gamma_{mn} \sum_{k=n,\ldots} (\Delta^{(1)}M_{mk} + \Delta^{(1)}M_{ml})$$

und der Berechnung der Stabendmomente mitgedrehter Stäbe des Stockwerks durch

$$\Delta^{(2)}M_{pq} = \nu_{pq}\,\delta_{ml} \sum (\Delta^{(1)}M_{mk} + \Delta^{(1)}M_{ml}).$$

* An Stabende fh setze -073 statt -022.

Man hat also den Betrag $\sum(\ldots\ldots)$ zunächst mit $\mu\,\gamma$, danach mit $\delta_{m\,l}$ und den ν der in Betracht kommenden Stäbe zu multiplizieren.

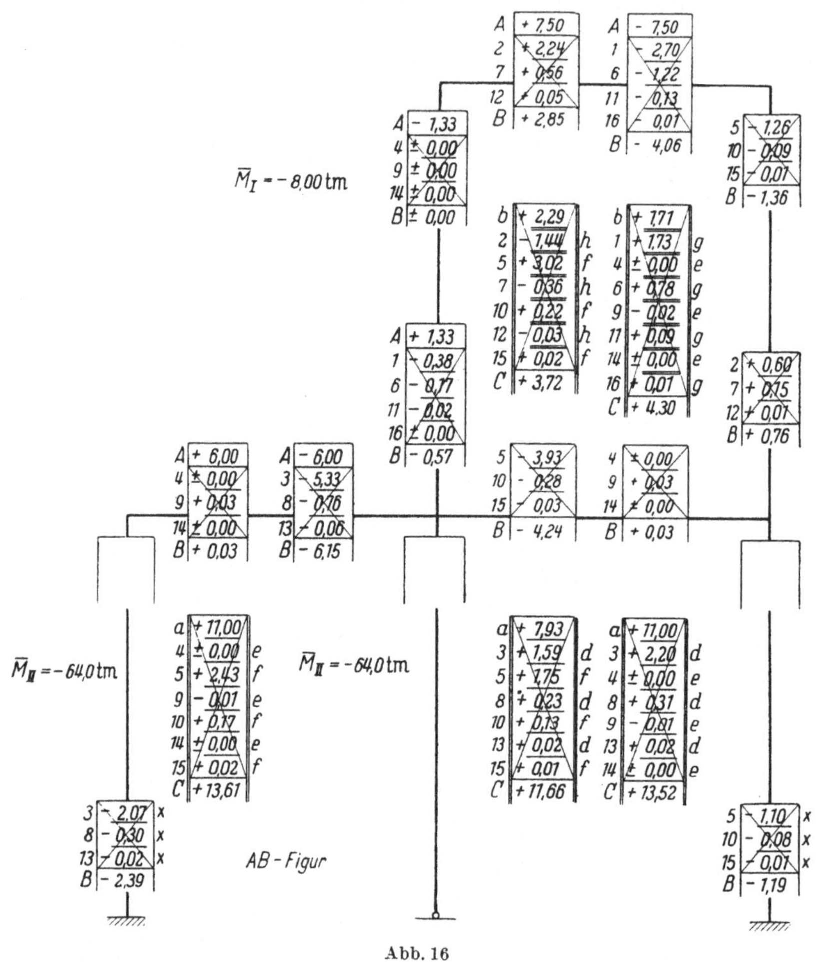

Abb. 16

Rechenbeispiele von Ausgleichen

Zeilen 1 (Knoten g)

Für Stabende $h\,g$:

$$(+\,7{,}50 - 1{,}33 + 2{,}29)\,(-\,0{,}319) = -\,2{,}70.$$

Für Stabende $e\,g$:

$$(+\,7{,}50 - 1{,}33 + 2{,}29)\,(-\,0{,}045) = -\,0{,}38.$$

Für Stabenden $h\,f$ und $f\,h$ des mitdrehenden Stabes $f\,h$:

$$(+\,7{,}50 - 1{,}33 + 2{,}29)\,(-\,0{,}955)\,(-\,0{,}214) = +\,1{,}73.$$

Zeilen 4 (Knoten e)

Für Stabende $d\,e$:

$$(-\,6{,}00 + 1{,}33 - 0{,}38 - 5{,}33 + 2{,}29 - 1{,}44 + 7{,}93 + 1{,}59)$$

$$\cdot\,(-\,0{,}196) \approx \pm\,0{,}00.$$

Zur guten Übersicht hält man streng die Reihenfolge $g\!-\!h\!-\!d\!-\!e\!-\!f$ ein und notiert auch 0-Beträge. Man kann dann die Arbeit vorübergehend unterbrechen und den Faden jederzeit wieder aufnehmen. Die oft — u. a. auch von CROSS selbst — empfohlene sprunghafte Reihenfolge nach den jeweils noch größten unausgeglichenen Momentensummen ist verwirrend und eignet sich nicht für die ungünstigen Bedingungen, unter denen wir heute arbeiten müssen. Nur den Beginn der Iteration zwar legt man auf jeden Fall an einen Knoten, wo ein möglichst großer unausgeglichener Betrag $\sum M^{\circ}$ vorhanden ist.

Für Stabende $g\,e$:

$$(-\,6{,}00 + 1{,}33 - 0{,}38 - 5{,}33 + 2{,}29 - 1{,}44 + 7{,}93 + 1{,}59)$$

$$(-\,0{,}022) \approx \pm\,0{,}00$$

usw.

Zeilen 5 (Knoten f)

Für Stabende $e\,f$:

$$(\pm\,0{,}00 + 0{,}60 + 1{,}71 + 1{,}73 + 0{,}00 + 11{,}00 + 2{,}20)$$

$$(-\,0{,}228) = -\,3{,}93.$$

Für Stabende $h\,f$:

$$(.\,.\,.\,.\,.\,.\,.) \cdot (-\,0{,}073) = -\,1{,}26.$$

Für Stabende $c\,f$:

$$(.\,.\,.\,.\,.\,.\,.) \cdot (-\,0{,}064) = -\,1{,}10.$$

Für Stabende $e\,g$ und $g\,e$:

$$(.\,.\,.\,.\,.\,.\,.) \cdot (-\,0{,}614) \cdot (-\,0{,}286) = +\,3{,}02.$$

Für Stabende $a\,d$ und $d\,a$:

$$(.\,.\,.\,.\,.\,.\,.) \cdot (-\,0{,}820)\,(-\,0{,}172) = +\,2{,}43.$$

Für Stabende $e\,b$:

$$(.\,\;.\,.\,.\,.\,.) \cdot (-\,0{,}820)\,(-\,0{,}124) = +\,1{,}75.$$

Kontrolle und E-Figur (Abb. 17)

Die Kontrolle der Werte B und C vollzieht sich wie einer der einzelnen Iterationsschritte. Dabei ergeben sich die Werte B unmittelbar, die Werte C dagegen nur immer in den von den verschiedenen Knoten herrührenden Anteilen. Daher nimmt man auch in die E-Figur noch Fächer für die Mitdrehungsanteile der Stäbe auf und bildet an jedem Knoten

$$\mu\,\gamma \sum_m (A + B + C) = B_k$$

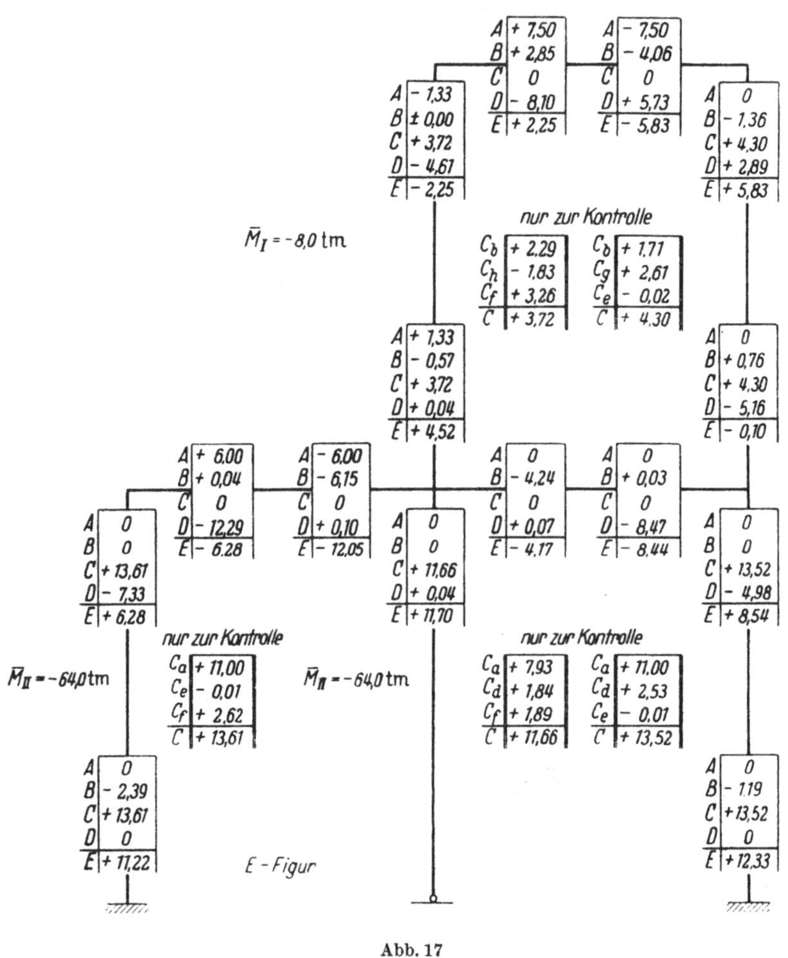

Abb. 17

und

$$\nu_{pq}\,\delta_m \sum (A + B + C) = C_{pq,m}$$

(C am Stab $p\,q$, herrührend von Drehung am Knoten m).

Schließlich muß $\sum C_{pq,m} = C_{pq}$ sein.

Beispiel:

Knoten g:

$$(+\ 7{,}50 + 2{,}85 - 1{,}33 + 3{,}72)\ (-\ 0{,}319) \qquad\qquad = -\ 4{,}06$$

$$(+\ 7{,}50 + 2{,}85 - 1{,}33 + 3{,}72)\ (-\ 0{,}045) \qquad\qquad = -\ 0{,}57$$

$$(+\ 7{,}50 + 2{,}85 - 1{,}33 + 3{,}72)\ (-\ 0{,}955) \cdot (-\ 0{,}214) = +\ 2{,}61$$

Knoten e:

$$(-\ 6{,}00 - 6{,}15 + 1{,}33 - 0{,}57 + 3{,}72 - 4{,}24)\ (-\ 0{,}196) = +\ 0{,}03$$

$$(-\ 6{,}00 - 6{,}15 + 1{,}33 - 0{,}57 + 3{,}72 - 4{,}24)$$

$$(-\ 0{,}471)\ (-\ 0{,}214) = -\ 0{,}02$$

$$(-\ 6{,}00 - 6{,}15 + 1{,}33 - 0{,}57 + 3{,}72 - 4{,}24)$$

$$(-\ 0{,}339)\ (-\ 0{,}172) = -\ 0{,}01$$

Am Ende muß man noch eine Stockwerksprobe machen, z. B.

$$\overline{M}_{\mathrm{I}} = -\ 2{,}25 + 4{,}52 + 5{,}83 - 0{,}10 - 8{,}00 = 0$$

$$\overline{M}_{\mathrm{II}} = +\ 6{,}28 + 11{,}22 + 11{,}70 \cdot 1{,}600$$

$$+\ (8{,}54 + 12{,}33)\ 1{,}33 - 64{,}00 = +\ 0{,}05 \approx 0.$$

Vergleich zwischen 3.3. und 3.4. Der Unterschied zeigt sich in den
$A\,B$-Figuren Abb. 9 und Abb. 16. In Abb. 9 ist die Aufstellung der
Stockwerksmomente auf S. 24 hinzuzufügen, zu Abb. 16 die Verlängerung der Tab. 3 gegenüber Tab. 2. Die Ergebnisse beider Berechnungen
sind geringfügig verschieden; das liegt nicht am Verfahren, sondern
an der Grenze der Rechenschiebergenauigkeit.

B. Allgemeine Beschreibung des Cross-Verfahrens

4 Verfahren und Deutung

4.1 Aufgabenbereich

Das CROSS-Verfahren ist einer von den heute verfügbaren Berechnungswegen, die gewisse hochgradig statisch unbestimmte Systeme mit
beliebiger Genauigkeit zu untersuchen erlauben, ohne daß ein Gleichungssystem aufgestellt werden muß (unmittelbare Iteration im Gegensatz
zur Iterationslösung eines Gleichungssystems). Sein Anwendungsbereich
erstreckt sich in der von seinem Begründer gegebenen Form zunächst

auf ebene Rahmenwerke, deren Knoten sich beim Aufbringen der Belastung zwar drehen, aber nicht von der Stelle bewegen, bei denen also keine Stabdrehungen auftreten. Hierzu gehören ein- oder mehrgeschossige Stockwerkrahmen, deren Riegel mittels der auf ihnen liegenden Decken gegen stehende Windscheiben (Brandmauern, Giebelwände, Windrahmen oder Windverbände) festgelegt sind (Abb. 18).

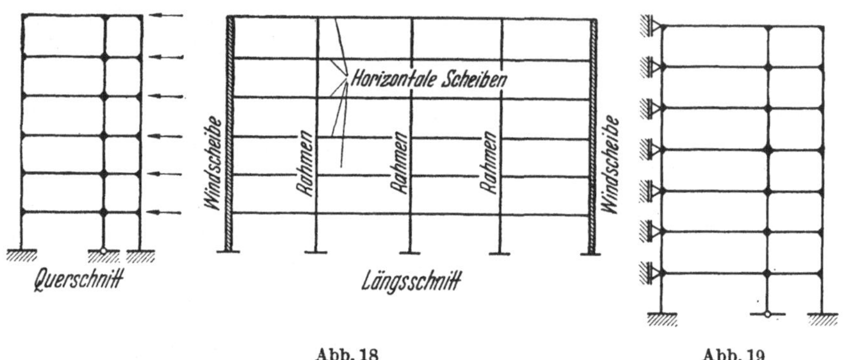

Abb. 18   Abb. 19

Die statische Kennzeichnung dieser Rahmenwerke erfolgt durch horizontale Stützungen in der Höhenlage der Riegel (Abb. 19). Der durchlaufende Balken ordnet sich hier als ein Sonderfall einfachster Art ein.

Auf Rahmenwerke, bei denen auch Knotenverschiebungen, also Stabdrehungen auftreten, ist das Verfahren von Cross heute ebenfalls leicht anwendbar. Zu den Rahmenwerken dieser Art zählen die Stockwerkrahmen ohne Festlegung an Windscheiben, die Rahmenträger, Mischsysteme aus diesen beiden, durchlaufende Balken auf elastisch senkbaren Stützen (Abb. 20) und Kreuzwerke. Auch alle diese Systeme lassen sich folgerichtig im Sinne von Cross durch einen einzigen Iterationsprozeß berechnen, ohne daß ein Gleichungssystem aufgelöst werden muß.

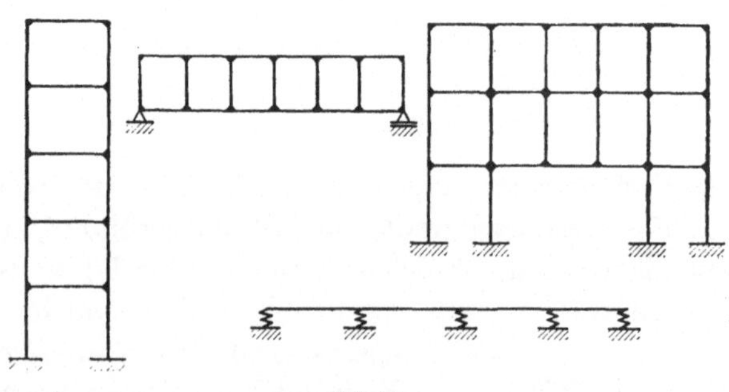

Abb. 20

Bei Rahmenträgern, Balken auf elastisch senkbaren Stützen und Kreuzwerken scheinen wir aber an den Grenzen der Möglichkeiten angelangt, die das Cross-Verfahren für die Praxis bietet. Auch Rahmenwerke mit gebrochenen biegesteifen Stabzügen können in der Regel nicht genügend bequem nach Cross untersucht werden (Abb. 21). Diese letzteren Systeme, bei denen trotz geringer Stabanzahl verhältismäßig viele voneinander unabhängige Stabdrehungen möglich sind, lassen sich schneller und übersichtlicher mittels eines statisch bestimmten Hauptsystems und einem Gleichungsansatz von geringem Umfang lösen, es sei denn, es würde eine gewisse allgemeine Vorarbeit geleistet, die in Formelsammlungen niederzulegen wäre, wie z. B. durch Hirschfeld in [11] geschehen.

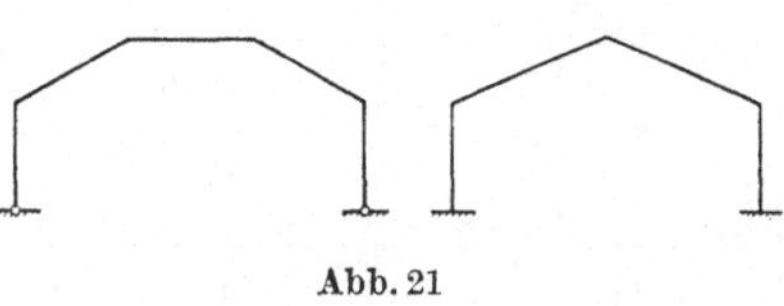

Abb. 21

Das Cross-Verfahren ist aber ein werkzeughaftes, bei dem der benötigte Formelbestand relativ gering sein soll und das die Behandlung höchst unterschiedlicher Rahmenwerkssysteme durch immer die gleiche, einmal erlernte, ganz einfache Rechenweise ermöglicht. Daher muß nicht notwendig sein, es aus Gründen äußerlicher Konsequenz immer und unter allen Umständen anzuwenden. Auch ohne dies scheint es genug zu leisten. Die Übergänge zwischen den Rahmenwerksarten, die man noch mit erträglichem Aufwand nach Cross rechnen kann und denen, bei welchen andere Verfahren notwendig werden, sind fließend. Wenn man gut auf das Cross-Verfahren eingeübt ist, werden es auch manche noch bei Tragwerken anwenden, die ein anderer schneller mit dem klassischen Kraftgrößen-Verfahren bearbeitet, z. B. eingeschossige, zweistielige Rahmen mit elastisch dehnbarem Zugband oder elastisch senkbaren Fundamenten. Man wird vielleicht etwas mehr Arbeit nach einem eingespielten Algorithmus in Kauf nehmen gegen die als schwierig empfundenen Entscheidungen, die das Kraftgrößenverfahren verlangt.

4.2 Anschauliche Deutung

Cross [1] ging von einem System mit unverdrehbaren Knoten aus. Die infolge der Belastung der einzelnen Stäbe auftretenden Momente sind dann identisch mit den Momenten beiderseits eingespannter Träger (Abb. 22). Um eine möglichst anschauliche Vorstellung von den mechanischen Vorgängen zu gewinnen, die den einzelnen Rechenoperationen zugrunde liegen, denken wir uns von dem in Abb. 22 dargestellten Rahmen ein Modell gefertigt, dessen Knoten durch senkrecht zur Rahmenebene angebrachte Schrauben unverdrehbar festgehalten sind.

Dieses System mit starren Knoten wird nun durch abwechselndes
Lösen der Festhalteschrauben in das wirkliche Tragwerk mit frei drehbaren Knoten überführt. Wir
beginnen mit dem Lösen des
linken Knotens; infolge der
äußeren Belastung verdreht
er sich. Durch die Verdrehung des Knotens treten in den
Stabenden der am gelösten
Knoten angeschlossenen Stäbe
Momente auf, die gleichzeitig
an den Nachbarknoten Wir-
kungen hervorrufen, und die
man alle leicht berechnen kann.

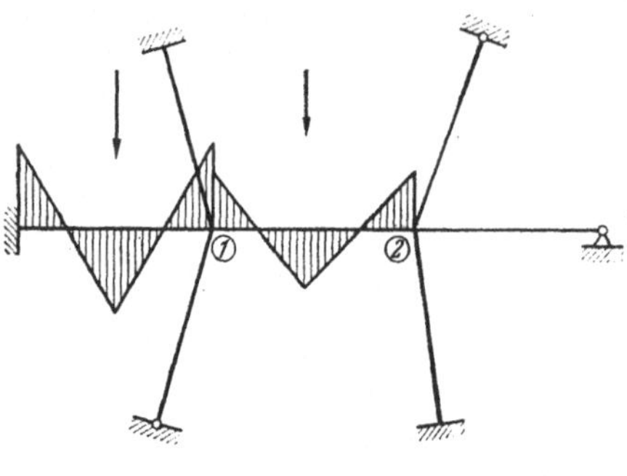

Abb. 22

Nun blockieren wir die soeben gelöste Schraube und öffnen die Festhaltung des rechten Knotens. Damit treten hier die gleichen Vorgänge
ein, wie sie vorher für den linken Knoten beschrieben wurden. So erhält
z. B. das Stabende 2 1 ein Moment, das zum Knoten 1 übertragen wird.
Dieses Moment ist bestrebt, die vorher kräftefreie Festhaltung des
Knotens 1 nochmals zu verdrehen.

Durch mehrmaliges Öffnen und Schließen der Knoten werden die
wechselseitig übertragenen Momente kleiner und kleiner.

Das System geht so allmählich in das wirkliche Tragwerk mit frei
drehbaren Knoten über. Zur leichteren Darstellung wurde ein System
mit zwei Knoten gewählt; der gleiche Gedanke läßt sich selbstverständlich auf Tragwerke mit beliebig vielen Knoten ausdehnen.

Dieses Vorgehen kann ebensogut auf biegesteife Stabwerke angewendet werden, bei denen die Knoten nicht nur Drehungen ausführen, sondern auch Verschiebungen erfahren. Wenn Cross seinerzeit
für eine Darstellung des Verfahrens die Voraussetzung traf, daß die
Knoten nicht verschiebbar sein sollten, also keine Stabdrehwinkel ent-
ständen, so geschah das zunächst, weil dann die Auswirkungen der
Drehungen am drehenden und an den benachbarten Knoten besonders
leicht zu ermitteln sind. Grundsätzlich besteht immer die Möglichkeit,
im Crossschen Sinne zu verfahren, gleich, welche Bewegungen die
Knoten ausführen. *Man muß nur in der Lage sein, bei den zugelassenen
Bewegungen jedes Einzelschrittes, nämlich der Knotendrehung und der etwa
gleichzeitig oder gesondert eintretenden Stabdrehung, die entstehenden
Momente zu ermitteln.* Die gesamte Verformung eines biegesteifen Stabwerkes läßt sich immer aus Knotendrehungen und Stabdrehungen
zusammensetzen.

In welcher Reihenfolge man sich dem Endzustand nähert und wie
groß das Ausmaß der Annäherung bei jedem einzelnen Schritt wird, ist

für das Ergebnis unwichtig. Wir wollen das CROSSsche Verfahren — die ursprüngliche Form verallgemeinernd — erklären, wie folgt:

Es werden zunächst die Stabendmomente bei vollkommen festgelegt gedachten Knoten unter dem Einfluß der gegebenen Belastungen berechnet. Danach werden gedachte Bewegungen (Knotendrehungen und Stabdrehungen) zugelassen, die jedesmal auf einen bestimmten Teilbereich des Systems und eine bestimmte Verformungsart beschränkt bleiben, derart, daß die mit diesen entstehenden Stabendmomente genau rechnerisch erfaßbar sind. Diese beschränkten Verformungen werden nacheinander abwechselnd in allen Teilbereichen des ganzen Systems zugelassen, bis sich die dem Belastungsfall zugeordnete Gesamtverformung mit ausreichender Annäherung eingestellt hat. Alle dabei notierten Änderungen der Stabendmomente werden zu den Anfangswerten addiert. Dieser Prozeß ist naturgemäß konvergent, wenn das System stabil bleibt.

CROSS selbst hat den Bereich jedes Einzelschrittes auf die am gedrehten Knoten anschließenden Stäbe begrenzt und nur Knotendrehungen zugelassen. LIN [19] erweiterte den Bereich auf die benachbarten Knoten; dadurch wurde eine Ersparnis an Annäherungsschritten mit einem Mehraufwand bei der zuvor notwendigen Bestimmung der rechnerischen Auswirkung der zugelassenen Bewegung erkauft. In ähnlicher Weise verfuhr DAŠEK. Statt einen Teilbereich um immer mehr sich drehende Knoten zu erweitern, können die Bewegungsformen um Stabdrehungen vermehrt werden. Damit wird die Möglichkeit gewonnen, auch Rahmen, deren Knoten sich verschieben oder die Stabdrehwinkel haben, zu untersuchen. CROSS selbst deutete dies durch einen Hinweis darauf, daß man außer Festhaltemomenten auch Festhaltekräfte ausgleichen könne, bereits an. Eine solche Berechnungsweise, bei der Knotendrehungen und Stabdrehungen abwechselnd vorgenommen werden, wurde von MORRIS in [1], von v. HALLER und KRANL [10] und von JOHANNSON [12] in praktisch verwertbarer Form angegeben, später nochmals durch OSWALD [22].

Ich habe bereits früher [13] im Sinne von CROSS ein weiteres Verfahren formuliert, das auf LUETKENS zurückgeht [20], und das auch hier beschrieben wird. Es hat wesentlich günstigere Konvergenzeigenschaften als das zuvor erwähnte, so daß ich es für umfangreichere Aufgaben ausschließlich empfehle.

4.3 Teilverformungsbilder

Die oben in 4.2 erwähnten Festhaltungen lassen sich auch als die Wirkung von Kraftgrößen verstehen, die dann als Festhaltegrößen (Festhaltemomente, Festhaltekräfte) bezeichnet und zahlenmäßig angegeben werden können. Das Lösen der Festhaltungen bedeutet das

Dulden der (gedachten) Verformungen, die sich auf bestimmte Teilbereiche des zu untersuchenden Rahmenwerkes erstrecken. Man kann
aber auch sagen, daß Kraftgrößen (Momente, Kräfte) angreifend zu
denken seien, die gleich und entgegengesetzt den Festhaltegrößen sind,
und daß diese Kraftgrößen Ursachen der Teilverformungen sind. Wir
werden später sehen, welche Biegungsmomente ihnen zugeordnet sind.

Jedenfalls entsteht eine Teilverformung immer durch ein Gleich-
gewichtssystem von äußeren Kräften und Momenten, das in einem
bestimmten Teilbereich des Rahmenwerkes angreift.

Ich unterscheide Teilverformungen erster Stufe und solche zweiter
Stufe. Die ersteren haben elementaren Charakter und bei ihnen ist die
Anzahl der gleichzeitig bewegten Tragwerksglieder gering. Mit ihnen
läßt sich der Endzustand unter jeder Belastung und bei jedem Rahmenwerk erreichen. Teilverformungen zweiter Stufe kann man auch als Vor-
verformungen bezeichnen. Man benutzt sie, um eine günstigere Ausgangs-
position für die Iteration nach Cross zu gewinnen. Zu den genauen
Endwerten gelangt man mit ihnen allein nur in Sonderfällen bestimmter
Tragwerksformen und Belastungen. Teilverformungen müssen immer
Bewegungen mit nur einem Freiheitsgrad sein. Das wird durch die Festhaltungen an den Grenzen der Teilbereiche erzwungen oder auch manch-
mal durch besonders vorgeschriebene Zwangläufigkeit der Bewegung
(z. B. daß die Drehungen einer Anzahl von Knoten immer gleich bleiben
müssen).

4.31 Teilverformungsbilder erster Stufe

Teilverformung I (Abb. 23). Reine Knotendrehung infolge eines
Knotenmomentes.

Teilverformung II a (Abb. 24). Reine Stockwerksdrehung infolge eines
Stockwerksmomentes bei Stockwerkrahmen, wenn die drehbaren Stäbe
parallel laufen.

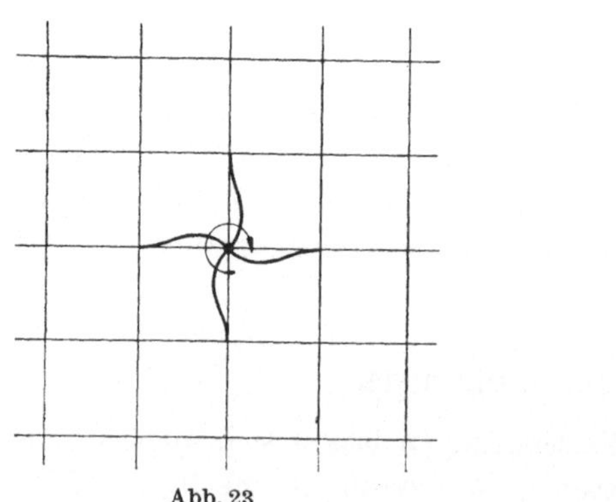

Abb. 23

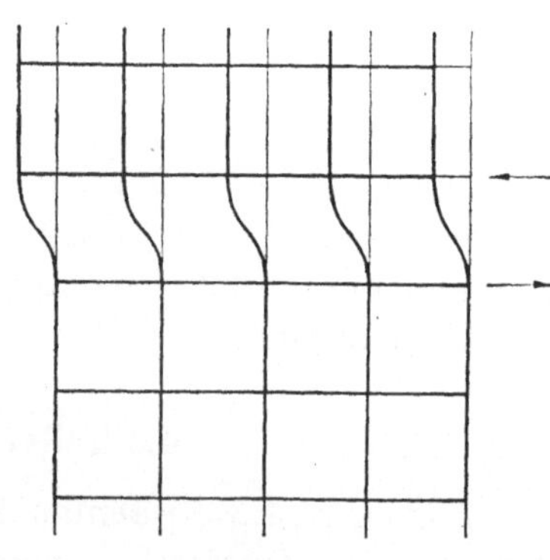

Abb. 24

Teilverformung II b (Abb. 25). Reine Stockwerksdrehung infolge eines
Stockwerksmomentes bei Rahmenträgern und Balken auf elastisch senk-

baren Stützen, wobei die sich drehenden Stäbe des Stockwerks in der Ruhelage gleiche Richtung haben.

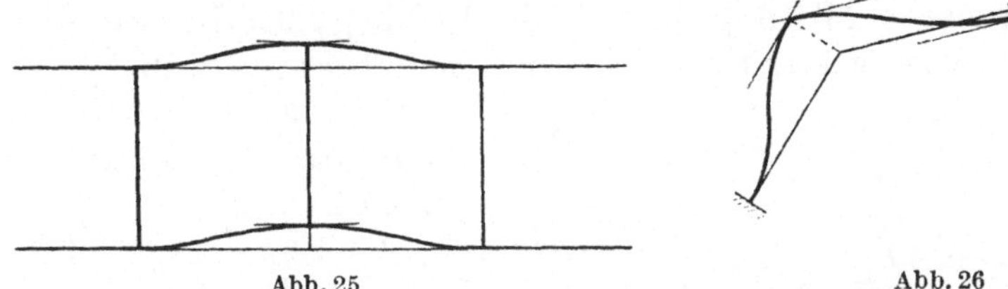

Abb. 25   Abb. 26

Teilverformung IIc (Abb. 26 u. 27). Reine Stockwerksdrehung wie IIa und IIb, jedoch bei beliebiger Lage und Anordnung der Stäbe in einer einfach beweglichen Kette. Die in Abb. 27 dargestellte Form läßt sich durch Anhängen weiterer Knoten mit je einem Riegel und einem Stiel erweitern, womit die allgemeinste hierbei mögliche Form gewonnen wird.

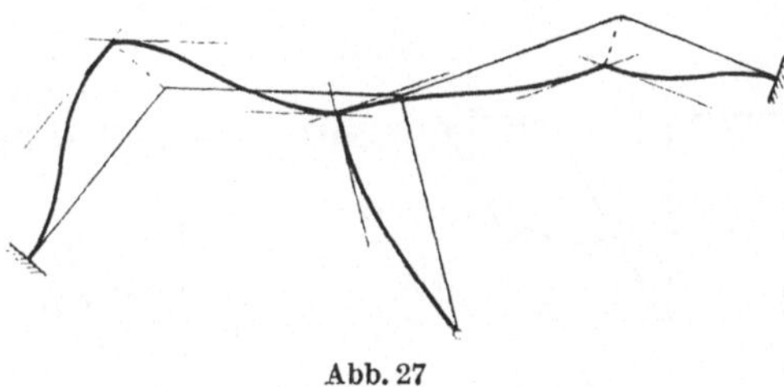

Abb. 27

Teilverformung IIIa (Abb. 28). Knotendrehung infolge eines Knotenmomentes bei gleichzeitiger zugeordneter Stockwerksdrehung bei Stockwerkrahmen mit parallelen drehbaren Stäben.

Teilverformung IIIb (Abb. 29). Knotendrehung mit zugeordneter Stockwerksdrehung wie IIIa, bei Rahmenträgern mit parallelen drehbaren Gurtstäben und sinngemäß bei Balken auf elastisch senkbaren Stützen.

Teilverformung IIIc (Abb. 30). Knotendrehung mit zugeordneter Stockwerksdrehung wie IIIa bei beliebiger Lage und Anordnung der Stäbe in einer einfach beweglichen Kette.

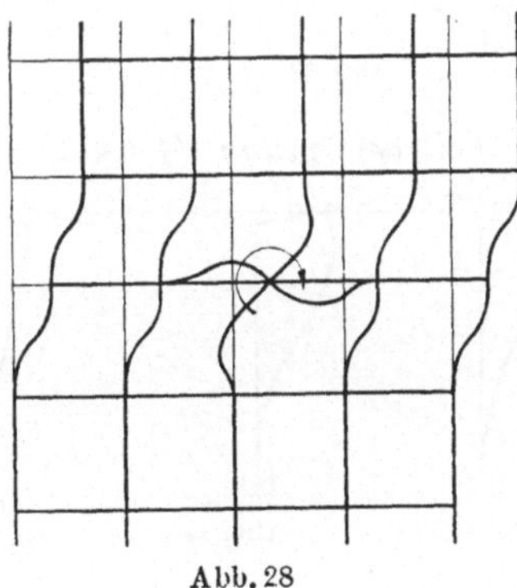

Abb. 28

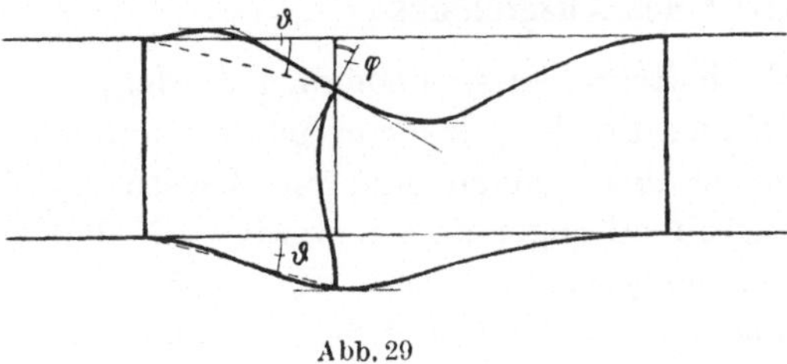

Abb. 29

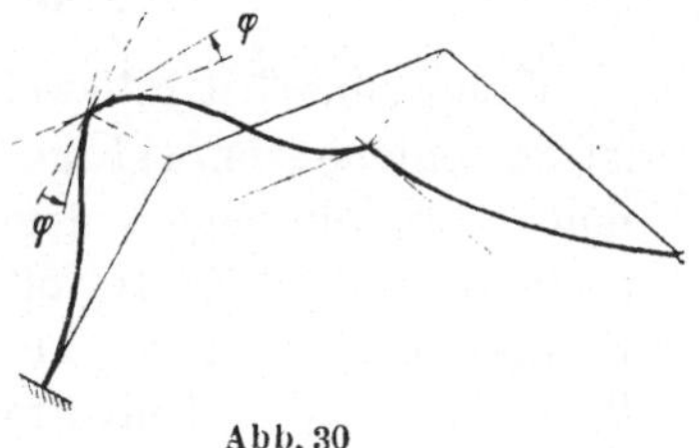

Abb. 30

4.32 Teilverformungsbilder zweiter Stufe
(Vorverformungen)

Teilverformung IV (Abb. 31). Gleiche Drehung aller Knoten eines Riegels infolge geeigneter Knotenmomente und gleichzeitige Drehungen

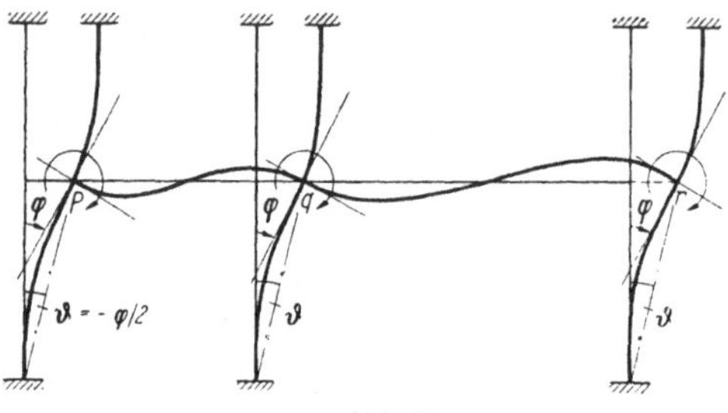

Abb. 31

der an diese Knoten unmittelbar anschließenden drehbaren Stäbe.

Teilverformung V (Abb. 32 und Abb. 33). Gleiche Drehung aller Knoten eines Riegels und aller darüber befindlichen Stiele bei Stockwerkrahmen.

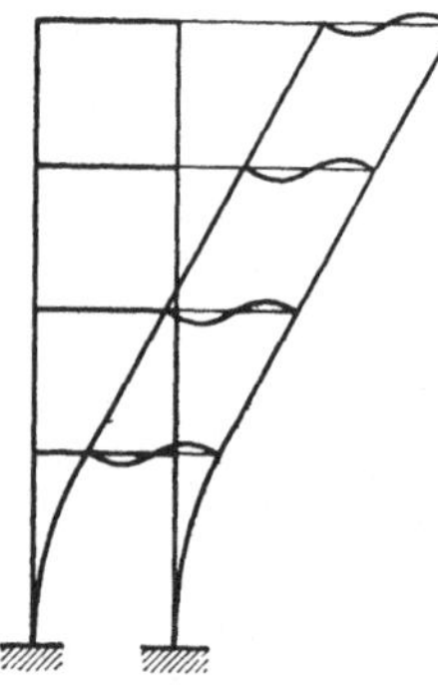
Abb. 32

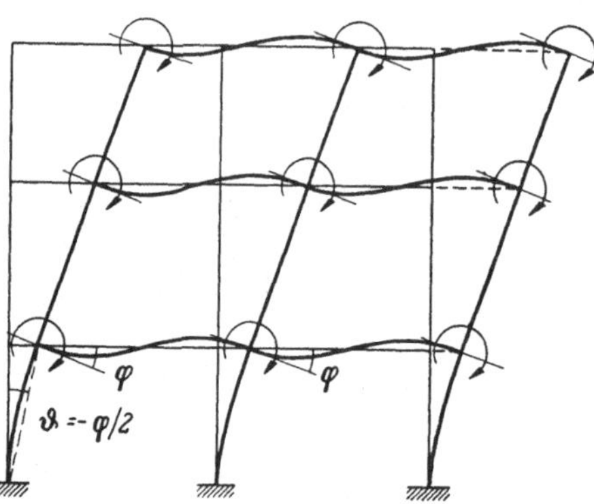

Abb. 33

Teilverformung VI (Abb. 34). Stockwerksdrehung und Drehung aller drehbaren Knoten eines Stockwerks. Sie ist besonders für eingeschossige Rahmen gedacht.

Wie die den Teilverformungen zugeordneten Biegungsmomente berechnet werden, wird in Kap. 5 beschrieben werden.

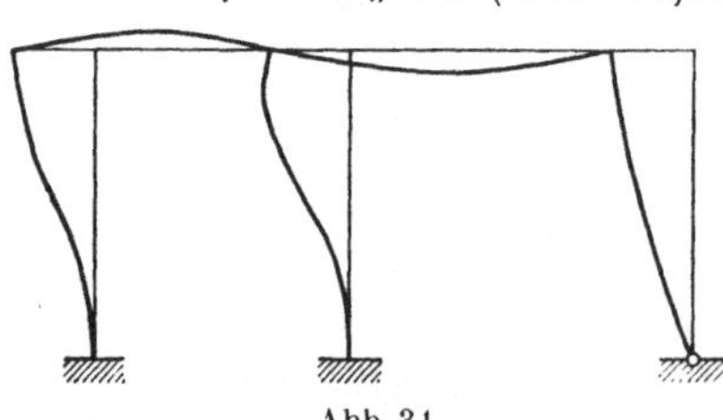
Abb. 34

4.4 Der Begriff des Ausgleiches

Wenn zunächst hilfsweise Festhaltegrößen angenommen werden, so ist das eine systemwidrige Annahme, die also wieder berichtigt werden muß. Man überlagert dem System daher einen anderen Belastungszustand, in dem Kraftgrößen angreifend angenommen werden, die den Festhaltegrößen gleich, aber entgegengesetzt gerichtet sind, und deren Wirkung mit den Teilverformungen anschaulich und mit den zugeord-

neten Momentenwerten rechnerisch verfolgt wird. Dieser Akt heißt
„Ausgleich".

*Das Cross-Verfahren besteht in einer Anzahl von nacheinander an den
verschiedenen Teilbereichen des Systems vorzunehmenden Ausgleichen derjenigen Beträge, die das Gleichgewicht stören. — Bei einfachen Rahmensystemen kann schon ein Ausgleich zum Ziele führen.*

4.5 Das Wesen des Ausgleiches in mathematischer Hinsicht

Jeder Ausgleich durch Teilverformungen I oder II ist die Lösung
einer Gleichung mit einem unbekannten Knoten- oder Stabdrehwinkel.
Bei der Teilverformung III löst der Ausgleich ebenfalls eine Gleichung
mit einem unbekannten Knotendrehwinkel, in der auch noch unbekannte
Stabdrehwinkel auftraten, die aber mit dem Anteil, zu dem sie durch
den Knotendrehwinkel verursacht werden, schon durch diesen ausgedrückt sind. Beides geschieht, ohne daß man aus den unbekannten
Drehwinkeln erst die Stabendmomente errechnen muß. Man erhält diese
letzteren sofort durch den Automatismus des Verfahrens. Ich komme in
Kap. 7 hierauf zurück; es ist aber notwendig, um diese Tatsache jetzt
schon zu wissen.

C. Theorie und Praxis des Cross-Verfahrens

5 Grundlagen für Handhabung und Ableitung

5.1 Begriffe

5.11 Stäbe

Bauelemente eines jeden Stabwerkes sind Stäbe, d. h. elastische
Körper, deren eine Dimension (Länge) die beiden anderen (Querschnitts-
breite und -höhe) erheblich überwiegt. Ihre Achsen können gerade oder
gekrümmt sein. Da ein gekrümmter Stab als eine biegesteife Kette sehr
kurzer gerader Stäbe angesehen werden kann, hat er keinen so elementaren Charakter wie der gerade Stab, so daß er aus dieser grundlegenden
Betrachtung vorerst ausscheidet. Der gerade Stab kann einen über seine
Länge hinweg gleichbleibenden und auch einen stetig oder sprunghaft
wechselnden Querschnitt haben.

5.12 Knoten und Knotenanschlüsse

Gerade Stäbe können auf mancherlei Weise in Knoten aneinander-
geschlossen werden, wo sie dann je nach der Bauart des Anschlusses
Kraftgrößen (Kräfte, Biegungsmomente, Torsionsmomente) aufeinander

übertragen und untereinander austauschen. Die wichtigsten Bauarten
der Anschlüsse sind das Gelenk (Bolzengelenk, nicht Kugelgelenk!) zur
Übertragung von Kräften quer zur Gelenkachse und der biegesteife

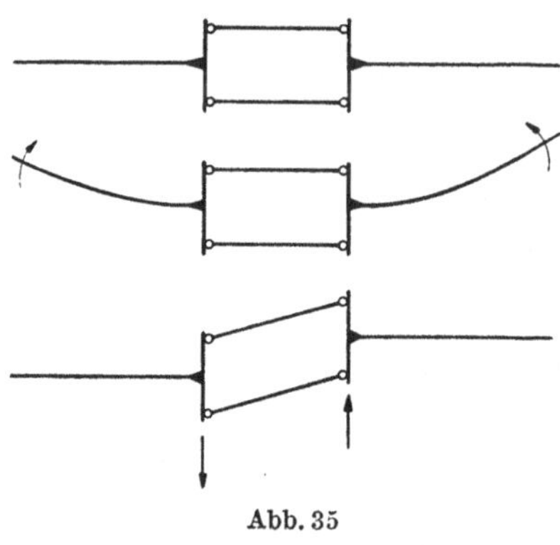

Anschluß zur Übertragung von Kräften, Biegungs- und — falls sie auftreten — Torsionsmomenten.

Außerdem gibt es auch noch
andere Bauarten, die nur bestimmte
Kraftgrößen übertragen können, aber
keine praktische Bedeutung haben.
Zum Verständnis späterer Entwicklungen muß nur der biegesteife, aber
nicht querkraftfeste Anschluß angeführt werden (Querkraftgelenk,
Abb. 35).

Abb. 35

5.13 Ebenes Fachwerk, Mischsystem, ebenes Rahmenwerk

Benutzt man zum Zusammenfügen der Stäbe beim Aufbau eines Tragwerks nur Gelenke und bleibt mit allen Stäben in derselben Ebene, so
entsteht das ebene Fachwerk (Abb. 36). Hier sind die Gelenke, deren
Anzahl je Knoten bei $n + 1$ darin zusammenlaufenden Stäben n beträgt,

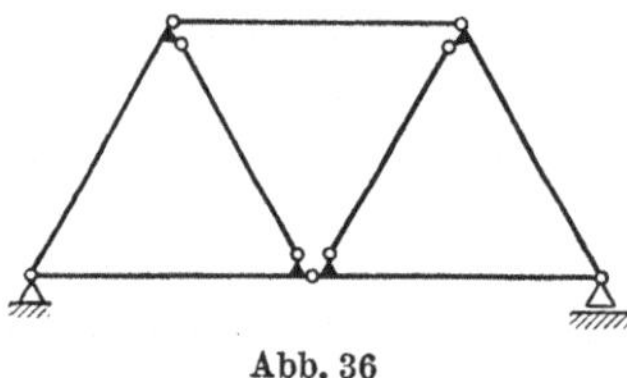

zur besseren Übersicht nebeneinander gezeichnet, obwohl man sie, wenn man einen
solchen Anschluß zu konstruieren unternähme, auf eine gemeinsame Achse setzen würde. Zur Beurteilung des Kraftverlaufes nimmt man sie ohnehin auf
einer Achse liegend an. Die äußeren Lasten

Abb. 36

müssen in der Fachwerkebene liegen. Wenn sie nur in den Knoten
angreifen, entstehen in den Stäben Normalkräfte, aber keine Biegungsmomente.

Sobald man statt eines oder mehrerer dieser Gelenke biegungssteife
Ecken anordnet (in Abb. 37a bei b), so entsteht ein „Mischsystem", ein
Zwischending zwischen Fachwerk und Rahmenwerk. Dazu rechnet man
auch das Sprengewerk (Abb. 38). Hier entstehen in den Stäben mit

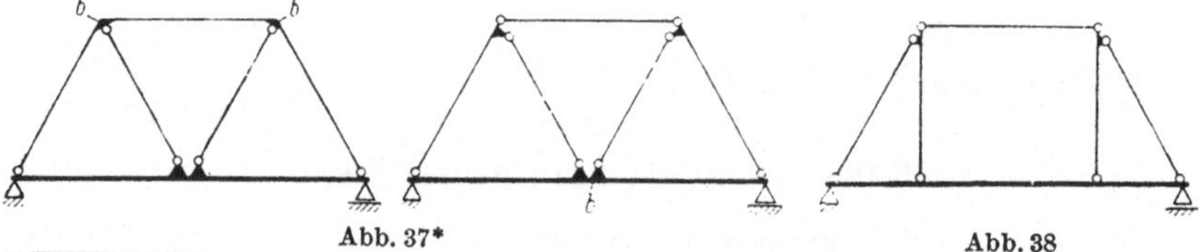

Abb. 37*   Abb. 38

* Die Gelenke sind nur zur Veranschaulichung außerhalb der Stabachsen
gezeichnet und für jeden Zusammenschluß zweier Stäbe getrennt dargestellt.

biegesteifen Anschlüssen außer den Normalkräften auch Biegungsmomente in bezug auf die senkrecht zur Tragwerksebene stehenden
Querschnittsachsen.

Überwiegen die steifen Ecken
(Abb. 39), spricht man vom ebenen
biegesteifen Stabwerk oder auch vom
ebenen Rahmenwerk. Besonders charakteristische Formen ebener Rahmenwerke sind der Stockwerkrahmen
(Abb. 20 links), der Rahmenträger
(Abb. 20 oben Mitte), Stockwerkrahmen
mit ausgelassenen Stielen (Abb. 20

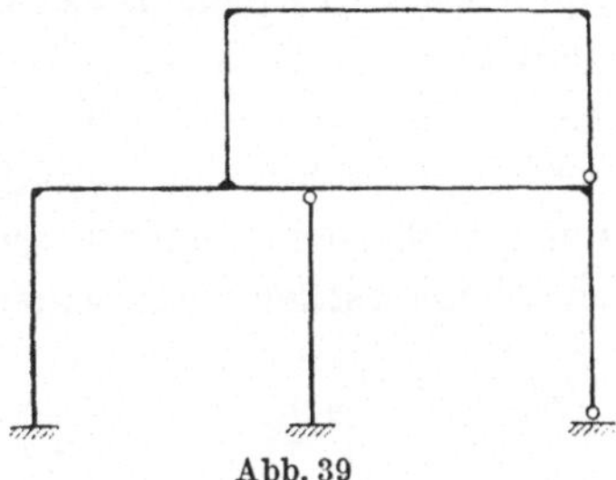

Abb. 39

rechts), ferner die Grenzfälle, nämlich der Durchlaufträger auf elastisch
senkbaren Stützen (Abb. 20 unten), und als die einfachste und darum
häufigste Form der Durchlaufträger auf festen Stützen.

Bezeichnend für Rahmenwerke ist, daß man bei der Berechnung
ihrer Biegungsmomente von dem Einfluß der in den Stäben entstehenden
Normalkräfte und Querkräfte in der Regel absehen darf, weil er gering ist.

5.14 Räumliches Rahmenwerk oder räumliches biegesteifes Stabwerk

Liegen die Stäbe ebenso wie die äußeren Lasten nicht mehr alle in
derselben Ebene, liegt ein räumliches Rahmenwerk vor (Abb. 40). In
seinen Stäben entstehen im allgemeinen Biegungsmomente nicht nur in
bezug auf eine der Querschnittshauptachsen, sondern auch in bezug auf
die andere und außerdem Torsionsmomente (in bezug auf die Stabachsen).

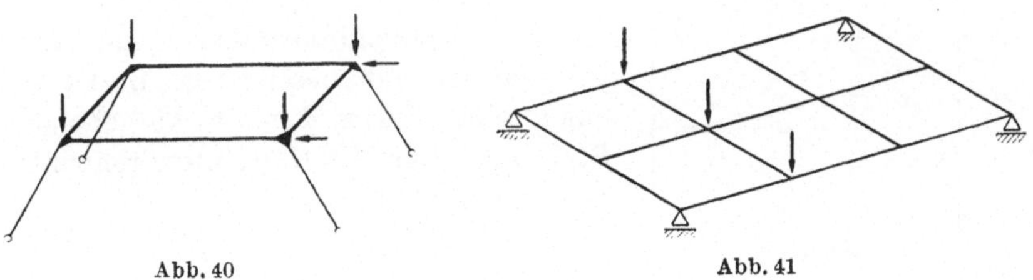

Abb. 40   Abb. 41

5.15 Kreuzwerk

Ein Sonderfall der räumlichen biegesteifen Stabwerke sind Kreuzwerke (früher „Trägerroste" genannt). Es sind ebene Tragwerke aus
biegesteif miteinander verbundenen Stäben, die aber durch Lasten
beansprucht werden, die außerhalb der Tragwerksebene liegen, meist
sogar senkrecht zu ihr stehen (Abb. 41).

5.16 Knoten- und Stabdrehungen am biegesteifen Stabwerk

Unter einer Belastung wird sich ein biegesteifes Stabwerk in bestimmter Weise verformen. Diese Verformung läßt sich durch die Angabe geometrischer Größen, z. B. der Verschiebungen und der Drehungen der Knoten gegenüber der Ruhelage eindeutig beschreiben (Abb. 42). Aus später einleuchtenden Gründen benutzt man statt der Knotenverschiebungen ebensogut oder besser die Drehwinkel der Stäbe; dies ist nur ein rechnerischer Unterschied, da $\Delta x_m = l_{mn}\vartheta_{mn}$.

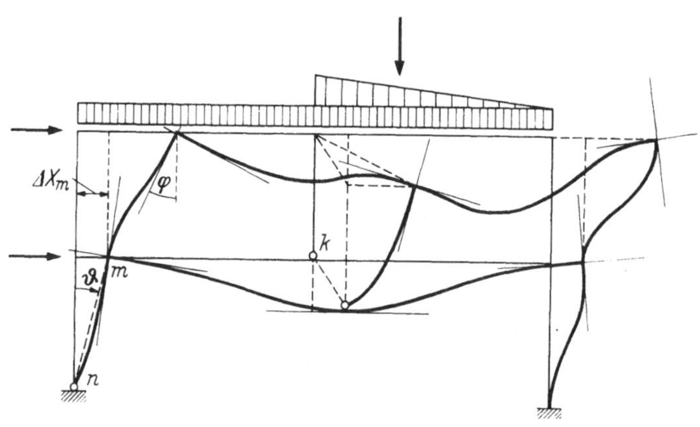

Abb. 42

Man arbeitet also mit

Knotendrehwinkeln φ und

Stabdrehwinkeln ϑ.

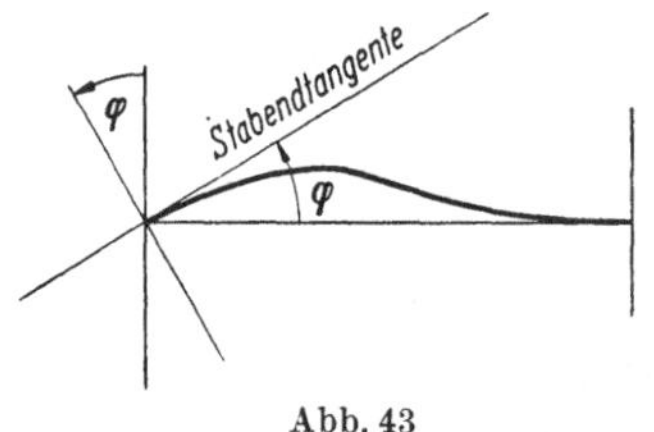

Abb. 43

Den Knotendrehwinkel muß man gelegentlich mit besonderem Bezug auf einen von diesem Knoten ausgehenden Stab auch als Endtangentendrehwinkel bezeichnen (Abb. 43).

5.17 Unverschiebbare und verschiebbare Knoten

Im allgemeinen werden sich die Knoten eines Tragwerks sowohl drehen als auch verschieben können, d. h. also nicht nur die Knoten, sondern auch die Stäbe erfahren Verdrehungen. Bei einer großen Zahl von Tragwerken können sich aber nur die Knoten drehen, während die Stäbe sich zwar verbiegen, aber im übrigen mit ihren Endpunkten an ihrem Ort bleiben und sich also nicht verdrehen.

Es ist wichtig zu wissen, zu welchen von diesen Arten ein Tragwerk gehört, bevor man darangeht, es zu berechnen. Knotendrehungen kommen fast immer vor, aber Stabdrehungen (oder Knotenverschiebungen) durchaus nicht immer, wodurch sich die Untersuchung dann ganz erheblich leichter vornehmen läßt. Als Kriterium dafür, ob auch Stabdrehungen (Knotenverschiebungen) auftreten werden, benutzt man die „Gelenkkette" des biegesteifen Stabwerks.

Man bildet sie durch gedachtes Einschalten von Gelenken an jeder biegesteifen Ecke (Abb. 44). Dabei sind bei einem $(n + 1)$-stäbigen Knoten n Gelenke nötig. Das Kriterium lautet:

Sind durch geeignete Belastungen an der Gelenkkette Stabdrehungen möglich, so sind sie es auch am biegesteifen Stabwerk.

Im Gegensatz zum Tragwerk in Abb. 44 ist bei dem in Abb. 45 keine Stabdrehung möglich.

Daß hier nur von Stabdrehungen, nicht aber von Knotenverschiebungen gesprochen

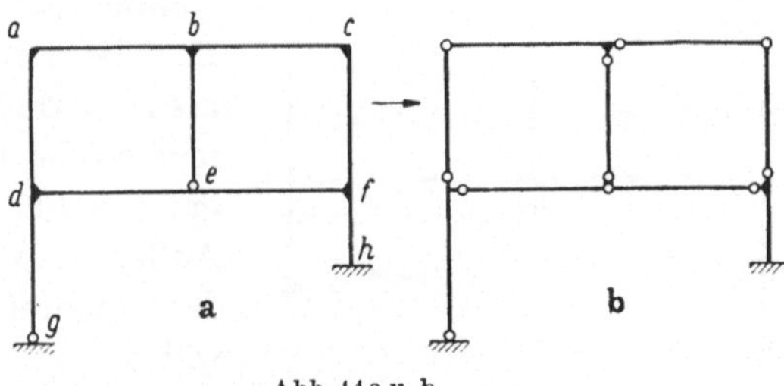

Abb. 44a u. b

wird, liegt daran, daß durchaus Knotenverschiebungen möglich sind, ohne daß Stabdrehungen eintreten.

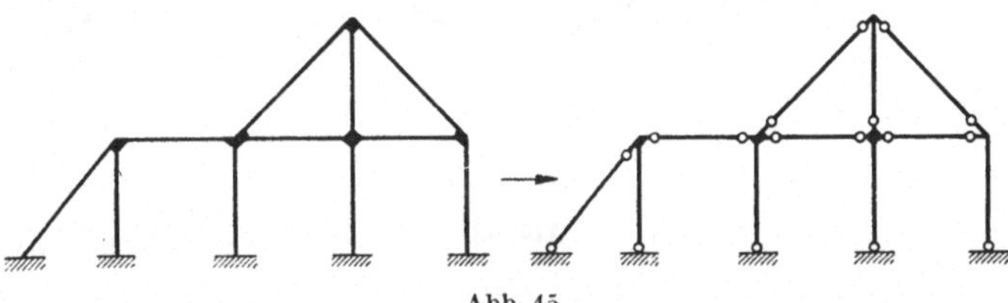

Abb. 45

Die Gelenkkette liefert zugleich eine Antwort auf die Frage, wie viele und welche voneinander unabhängige Stabdrehungen es gibt. Selbstverständlich sind die Drehungen der Stäbe $a\,d$, $b\,e$ und $c\,f$ in Abb. 46 (Mitte) miteinander zwangläufig gekoppelt, so daß sie nur eine einzige

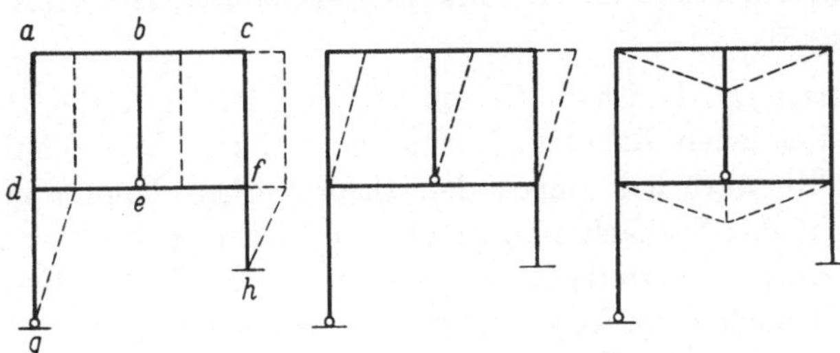

Abb. 46

Unbekannte darstellen. Ebenso sind die Drehungen der Stäbe $a\,b$, $b\,c$, $d\,e$ und $e\,f$ (Abb. 46, rechts) durch geometrische Beziehungen aneinander gebunden. Alle miteinander bei der Bewegung gekoppelten Stabgruppen sind an der Gelenkkette zu erkennen: Solche Stabgruppen sollen in einem allgemeineren Sinn „Stockwerke" heißen; die in speziellen Fällen zutreffende Bezeichnung „Stockwerk" bei Stockwerkrahmen meint dasselbe im engeren Sinn. Stockwerke sind insofern ein Gegenstück zum Knoten.

Ob alle Stockwerke dieser Art erfaßt sind, ist daran zu erkennen, daß man jedes einzelne durch ein zusätzliches Auflager festlegen kann, so daß dadurch ein „unverschiebliches" Stabwerk entstanden sein muß

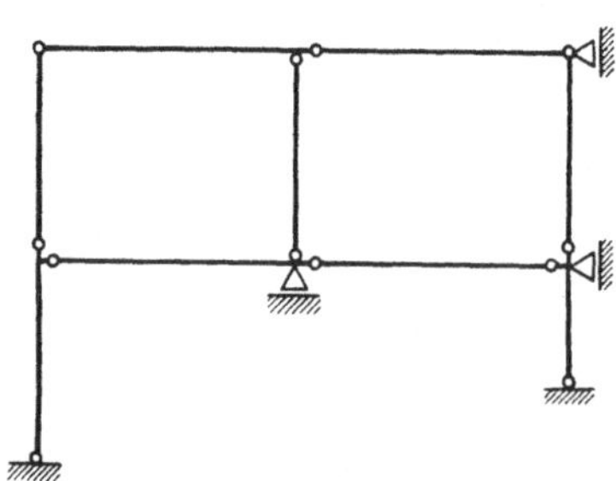

Abb. 47

(Abb. 47). Der in Abb. 48 gezeichnete Rahmen hat drei solcher „Stockwerke". Hier ist darauf hinzuweisen, daß man als zusätzliche Auflager am besten immer solche mit einer einzigen Bedingung wählt. Man kann oft auch ein Auflager fortlassen, dafür aber eines der anderen mit zwei Bedingungen wählen.

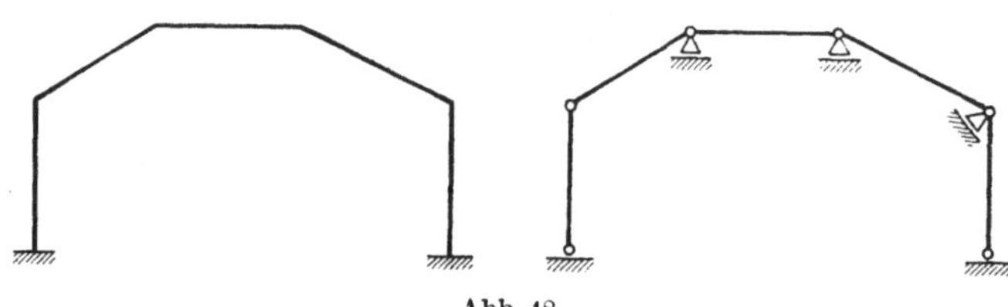

Abb. 48

5.18 Stabendmomente, Knotenmomente, Stabmomente, Stockwerksmomente

Unter diesen Begriffen verstehen wir die zahlenmäßigen Angaben der auf Knoten, Stäbe und Stockwerke ausgeübten Drehwirkungen (in tm, tcm, kgm).

Stabendmoment. Es ist die Gesamtwirkung der im Knotenschnitt des Stabes vorhandenen Biegungs-Normalspannungen. Der Schnitt in der Abb. 49 sollte natürlich durch den theoretischen Knotenpunkt, den Schnittpunkt der Stabachsen verlaufen; da ich mir selbst den Knoten besser als Körper vorstellen kann, habe ich mir erlaubt, diese Unvollkommenheit auch beim Leser vorauszusetzen und den Schnitt an den Rand dieses gedachten Knotenkörperchens zu verlegen.

Bei den Knotenmomenten, Stabmomenten und Stockwerksmomenten sind jeweils innere und äußere zu unterscheiden.

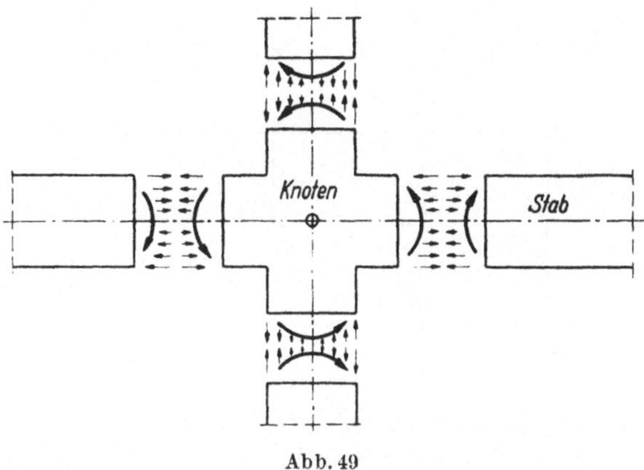

Abb. 49

Ein *inneres Knotenmoment* ist die algebraische Summe aller Stabendmomente an einem Knoten (Abb. 49).

Ein *äußeres Knotenmoment* ist eine unmittelbar am Knoten angreifende äußere Drehwirkung. Sie kann z. B. durch einen vom Knoten ausgehenden Kragarm geliefert werden.

Ein *inneres Stabmoment* ist gleich der algebraischen Summe der beiden Stabendmomente eines Stabes oder auch — falls der Stab unbelastet ist — das Moment der Querkräfte in den Endquerschnitten, oder — beim belasteten Stab — der Querkraftdifferenz. Ein *äußeres Stabmoment* ist das Moment äußerer an den Stabenden angreifender Querbelastungen. Dem Wesen nach ist das Stabmoment nichts anderes als die allein aus den Einspannungswirkungen der Stabenden herrührende Querkraft, multipliziert mit der Stablänge. Dies so zu verstehen, ist besonders wichtig, weil sich daraus einige Besonderheiten ergeben, die beim Zusammenwirken mehrerer Stäbe in einem Stockwerk auftreten. Man könnte statt mit dem Stabmoment auch mit der Stabquerkraft rechnen; wir tun dies aus bestimmten rechentechnischen Gründen nicht.

Von *innerem* oder *äußerem Stockwerksmoment* sprechen wir, wenn wir die Summe der Stabmomente eines Stockwerks meinen (vgl. oben unter 5.17). Hierbei handelt es sich aber nicht etwa immer um die algebraische Summe. Das Stockwerksmoment ist eigentlich die mit irgendeiner Länge multiplizierte Summe der Querkräfte aller Stäbe des Stockwerks (wobei unmittelbar an den Stäben und nicht an Knoten angreifende Querlasten außer Betracht bleiben; sie sind, da der Momentenverlauf längs der Stäbe zunächst nicht interessiert, zunächst immer nach dem Hebelgesetz auf die beiden Stabenden aufzuteilen).

In Abb. 50 ist statt „irgendeiner Länge" die Stablänge l_{ik} gewählt worden; die Wahl ist aber völlig frei. Naturgemäß kann unter dem Stockwerksmoment nur der Wert

$$\overline{M}_{(ik)} = l_{ik} \cdot Q = (Q_{ab} + Q_{cd} + Q_{ik} + Q_{pg})\, l_{ik}$$

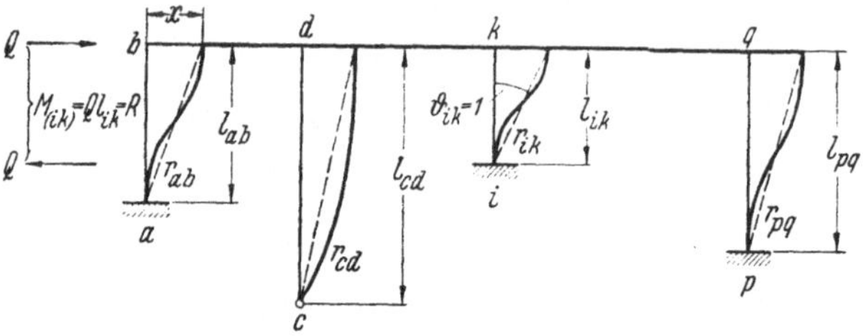

Abb. 50

verstanden werden, nämlich die gesamte den Riegel verschiebende Kraft dieses Stockwerks, multipliziert mit l_{ik}.

Man errechnet es bei unterschiedlichen Stablängen aus den Stabendmomenten wegen $Q_{ab} = (M_{ab} + M_{ba}) : l_{ab}$ usw. durch

$$\overline{M}_{(ik)} = (M_{ab} + M_{ba}) \frac{l_{ik}}{l_{ab}} + M_{dc} \cdot \frac{l_{ik}}{l_{cd}}$$
$$+ M_{ik} + M_{ki} + (M_{pq} + M_{qp}) \cdot \frac{l_{ik}}{l_{pq}}.$$

Dieser Ausdruck legt eine Verallgemeinerung nahe, die sich weiterhin als äußerst nützlich erweist. Schreibt man nämlich dem Stab, dessen Länge man als Bezugslänge gewählt hat, einen Drehwinkel $\vartheta_{ik} = 1$ zu, so sind die Quotienten $\frac{l_{ik}}{l_{ab}}$, $\frac{l_{ik}}{l_{cd}}$, $\frac{l_{ik}}{l_{pq}}$ die gleichzeitig vorhandenen Drehwinkel Θ der anderen Stäbe des Stockwerks. Wenn man sie mit Θ_{pq} usw. bezeichnet, so drückt sich das Stockwerksmoment so aus:

$$\boxed{\overline{M}_{(ik)} = \sum_{pq\,=\,ik,\,ab,\,\ldots} (M_{pq} + M_{qp}) \cdot \Theta_{pq}}$$

mit $\Theta_{pq} = \dfrac{l_{ik}}{l_{pq}}$.

Wenn die Stäbe eines Stockwerks gegeneinander beliebig geneigt sind, so ist Θ_{pq} noch in bestimmter Weise mit Winkelfunktionswerten zu multiplizieren (s. unten unter 5.533).

5.19 Steifigkeit

Der Begriff Steifigkeit wird hier in einer besonderen Bedeutung verwendet. Rein sprachlich ist unter Steifigkeit der Widerstand eines elastischen Körpers gegen Verformung zu verstehen. V. HALASZ schrieb übrigens sprachlich genauer und schöner „Steifheit". Wir wollen aber für die zahlenmäßig faßbare Größe bei der Bezeichnung Steifigkeit bleiben, da sie eingebürgert ist.

Die „Steifigkeit" ist hier immer ein inneres Moment (Stabendmoment oder Stabmoment, Knotenmoment oder Stockwerksmoment), und zwar ein so großes, wie es durch eine Winkeldrehung von der Größe 1 erzeugt wird. Diese Definition ist so allgemein, daß sie auf alle Stäbe, Knoten, Stockwerke und beliebige Teilbereiche anwendbar ist und deren Widerstand gegen Verformung vergleichbar kennzeichnen kann.

Ebenso wie es Stabendmomente, Knotenmomente, Stabmomente und Stockwerksmomente gibt, unterscheiden wir Stabendendrehsteifigkeiten, Knotensteifigkeiten, Stabdrehsteifigkeiten und Stockwerkssteifigkeiten. Jede Steifigkeit ist also einem einzelnen in bestimmter Weise gelagerten Stabe oder einem Knoten oder Stockwerk mit in bestimmter Weise gelagerten Stäben zugeordnet.

Bei einigen anderen Autoren ist diese Größe nicht so scharf in dieser an das statische System gebundenen Weise definiert, sondern allgemeiner, z. B. bei KANI als „Stabzahl" $K = I : l$ [16] oder bei GULDAN als „Steifigkeitszahl" oder „Stabfestwert" $k = 4EI : l$ [8] und ebenfalls von GULDAN an anderer Stelle als $k = 2EI : l$ [7]. Diese Zahlen gelten nur für eine einzige Lagerungsart, nämlich volle Einspannung. Andere Lagerungsarten werden — wenig übersichtlich — durch besondere Zusatzfaktoren berücksichtigt. PRENZLOW [23] verwendet wieder $k = I : l$ und variiert die Länge l entsprechend den Auflagerbedingungen. HIRSCHFELD und v. HALASZ unterscheiden bereits bei Stäben die verschiedenen je nach der Lagerung möglichen Werte für die Stabendendrehsteifigkeiten. Zwar teilt v. HALASZ alle Werte von vornherein durch die Zahl 4. Gewiß kann man immer alle Steifigkeiten bei einem System durch denselben Wert teilen, um handlichere Zahlen zu erhalten, aber man sollte dies nicht in die grundlegende Kennzeichnung der Steifigkeiten hineinnehmen. Die Zweckmäßigkeit der festen Definition der Steifigkeit erweist sich, wenn Torsionssteifigkeiten (Achsendrehsteifigkeiten) mit Biegesteifigkeiten (Stabendendrehsteifigkeiten) gleichzeitig im Spiele sind (s. z. B. Kap. 10).

Sobald Stabdrehungen in Betracht kommen, werden bei verschiedenen Autoren wieder Zusatzfaktoren hinzugefügt. Mir schien es zum Verständnis einfacher, besondere Stabdrehsteifigkeiten einzuführen, die die Handhabung des Verfahrens erleichtern, wenngleich sie sich auf die Stabendendrehsteifigkeiten zurückführen lassen. Dies erleichtert die Bearbeitung von Aufgaben über Systeme mit verschiebbaren Knoten aller Art, darunter auch mit elastisch senkbaren Auflagern. Überhaupt müßte sich eine so folgerichtig durchgehaltene Definition bei der gedächtnismäßigen Merkbarkeit der einzelnen Vorgänge des Verfahrens nützlich erweisen.

5.2 Bezeichnungen

5.21 Formänderungen

φ — Knotendrehwinkel

ϑ — Stabdrehwinkel

Θ — Drehwinkel der übrigen Stäbe eines Stockwerks, wenn der ihres Bezugsstabes gleich 1 ist

α, β — Stabendendrehwinkel eines Stabes mit frei drehbar gelagerten Stabenden

5.22 Steifigkeiten

k, k', k'', k''', allgemein

$$k = \frac{a\,E\,I}{l}$$

(a = Festwert von der Lagerungsart abhängig)

Stabendendrehsteifigkeiten, einem bestimmten Ende eines *nicht drehbaren* Stabes zugeordnet, je nach Lagerungsart des anderen Stabendes (s. Formelsammlung). Für Teilverformungen I.

$k*, k'*$ — Zusammengesetzte Stabendendrehsteifigkeiten, einem bestimmten Ende eines *drehbaren* Stabes zugeordnet, je nach Lagerungsart des anderen Endes. Für Teilverformungen III.

$$K = \sum k, k', \dots$$
$$K = \sum k, k', k*, k'*$$

Knotensteifigkeit

r — Stabdrehsteifigkeit, dem einen Stabende bei beiderseits fester Einspannung zugeordnet[1] (s. Formelsammlung). Für Teilverformungen II.

r' — wie vor, bei gelenkiger Lagerung des anderen Endes

$$\bar{r} = r\,\Theta$$
$$\bar{r}' = r'\,\Theta$$
$$\bar{\bar{r}} = r\,\Theta^2$$
$$\bar{\bar{r}}' = r'\,\Theta^2$$

Stabdrehsteifigkeiten, auf den Bezugsstab bezogen

$$R = \sum \bar{\bar{r}}, \bar{\bar{r}}'$$

Stockwerkssteifigkeit

---

[1] Die in [13] schon eingeführten Stabdrehsteifigkeiten bedeuteten die Summe der Stabendmomente bei der Stabdrehung $\vartheta = 1$. — Inzwischen wurde diese Definition geändert. Die Stabdrehsteifigkeiten sind jedem Stabende zugeordnet und bedeuten das hier bei $\vartheta = 1$ vorhandene Moment. Bei $I = $ const ist es jetzt halb so groß wie früher.

5.23 Momente

M	Stabendmoment im frei funktionierenden System (wirkliches Stabendmoment)
M^0	Stabendmomente bei unterbundener Knotendrehung
M	Knotenmoment
$\overline{M}$	Stockwerksmoment
$S = \sum \overline{r}$	Störung des Stockwerksgleichgewichts durch Knotendrehungen (nur die $\overline{r}$ derjenigen Stäbe einsetzen, die am gedrehten Knoten liegen und die zugleich innerhalb des betrachteten Stockwerks drehbar sind)

5.24 Arbeitszahlen

$\mu = -\dfrac{k}{K}$	Ausgleichzahlen für Knotenmomente (sie sind immer negativ)
$\mu^* = -\dfrac{k^*}{K}$	im allgemeinen sinngemäß wie μ, falls betont werden soll, daß Teilverformungen III vorgenommen werden
$\nu = -\dfrac{\overline{r}}{R}$	Ausgleichzahlen für Stockwerksmomente (sie sind meist negativ, jedoch positiv, wenn Θ und daher also auch $\overline{r}$ negativ ist)
γ	Fortleitungszahl bei Teilverformung I
γ^*	Fortleitungszahl bei Teilverformung III
$\delta = -\dfrac{S}{K}$	Mitdrehungszahl für Stäbe eines Stockwerks

5.25 Indizes

m	bezeichnet einen beliebigen Knoten
n	bezeichnet einen bestimmten zu m benachbarten Knoten
k	bezeichnet allgemein einen jeden zu m benachbarten Knoten (einschließlich des Knotens n)
$m\,n$	bedeutet das Stabende m des Stabes $m\,n$

4*

i und k	bezeichnen auch die Enden des Bezugsstabes in einem Stockwerk
l	bezeichnet jedes zu Knoten m benachbarte Stabende eines drehbaren Stabes. Knoten l ist gegen m verschiebbar
s, t	bezeichnen ein beliebiges Stockwerk
u	bezeichnet dasjenige Stockwerk, dem der Knoten m angehört
p, q	bezeichnen allgemein die beiden Stabenden aller anderen Stäbe in demselben Stockwerk, das auch die Knoten m und n sowie i und k enthält

5.3 Vorzeichenregeln

Wir führen die sinnfälligen Bezeichnungen

Vorzeichenregel A

(für Ausgleichverfahren)

und

Vorzeichenregel B

(für die Bemessung)

ein.

Vorzeichenregel A. Sie gilt nur für Stabendmomente, Knotenmomente, Stabmomente und Stockwerksmomente. Durch das Vorzeichen soll erkennbar sein, in welchem Richtungssinn eine drehende Wirkung auf Knoten, Stäbe und Stockwerke ausgeübt wird.

Nach zahlreichen Vorbildern soll ein positives Vorzeichen und wegen der Folgerichtigkeit

bei Knoten eine rechtsdrehende Wirkung,

bei Stäben und Stockwerken eine linksdrehende Wirkung

bedeuten.

Bei der Verformung in Abb. 51a ist M_{ba} negativ (Abb. 51b), M_{bc} positiv (Abb. 51c).

Das innere Stabmoment des Stabes $a\,b$, d. h. das Moment der Querkräfte, wie sie sich auf den Rahmen auswirken, ist negativ, da es rechts herum wirkt. Es entsprechen dann positiven und negativen Stabendmomenten positive und negative Stabmomente (Abb. 51d).

Die Vorzeichenregelung für Drehwinkel nimmt man am besten derjenigen für Momente entgegengesetzt an, weil die durch die Winkeldrehung entstehenden Momente wieder zurückdrehen wollen und Winkel und zugeordnete Momente gleiches Vorzeichen haben.

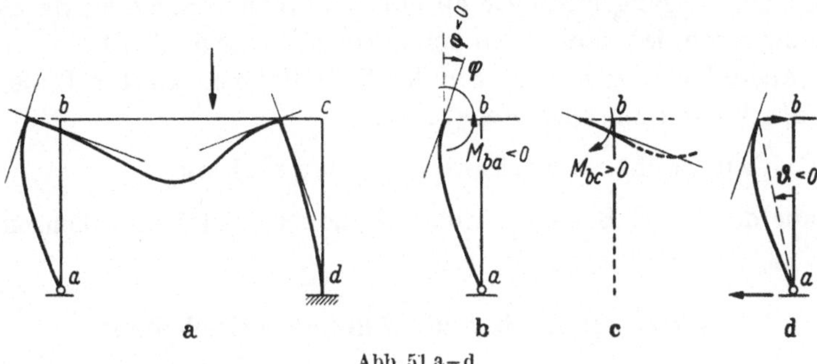

Abb. 51 a–d

Vorzeichenregel B (Abb. 52). Sie gilt außer für die Momente, für die auch Regel A gelten kann (z. B. Stabendmomente), für Biegungsmomente an allen Stellen eines Stabes. Durch das Vorzeichen soll erkennbar sein, auf welcher Seite eines durch Biegungsmomente beanspruchten Stabes die Zugspannungen und die Druckspannungen auftreten. Man kann auch sagen, daß man wissen wolle, wie die Krümmung der Biegungslinie beschaffen sei.

Wenn man zeichnet, braucht man gar keine Vorzeichen. Man zeichnet einfach die Momentenlinie an die Zugseite (Abb. 52 b).

Da sich die Fasern der Zugseite dehnen und an der Druckseite verkürzen, ist die Krümmung zur Druckseite hin hohl (konkav).

Zeichnet man keine Momentenfläche, sondern gibt Zahlen an, so wird vereinbart, an welcher Seite der Stäbe positiv genannte Biegungsmomente Zug erzeugen. In der Regel geschieht das durch eine punktierte Linie in der Systemskizze (Abb. 52 d).

Hiernach sind M_{ba}, M_{bc}, M_{cb}, M_{cd} negativ, positiv ist dagegen das Moment in Riegelmitte.

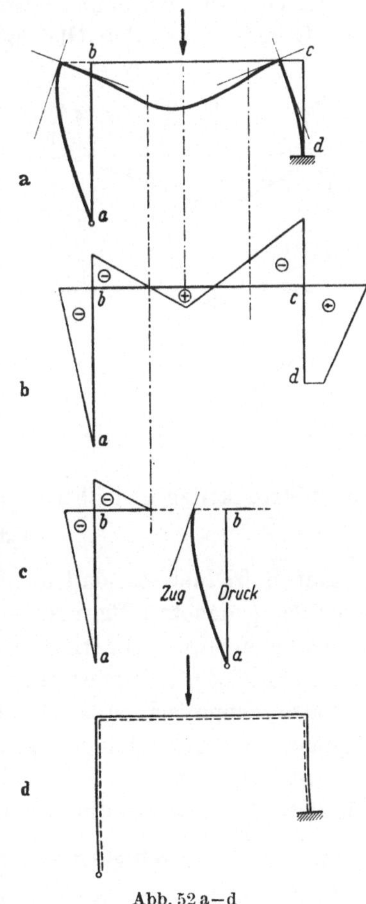

Abb. 52 a–d

Bestimmung von Vorzeichen nach Regel B an Hand gegebener Vorzeichen nach Regel A *(Übergang von A nach B)*. Es kann sich dabei nur um die Biegungsmomente an einem Stabende handeln, da es für solche zwischen den Stabenden keine Vorzeichenregel A gibt.

Betrachtet man den Stab von der Seite der punktierten Linie her, so ist das Vorzeichen nach Regel A

am rechten Stabende bereits richtig

im Sinne der Regel B. — Am linken Ende ist es also umzukehren.

5.4 Der gerade Stab als Rahmenwerkselement

5.41 Eingrenzung der Aufgabe

Am statisch bestimmt gelagerten Stab können die Schnittkräfte für jede Belastung aus den Gleichgewichtsbedingungen berechnet werden.

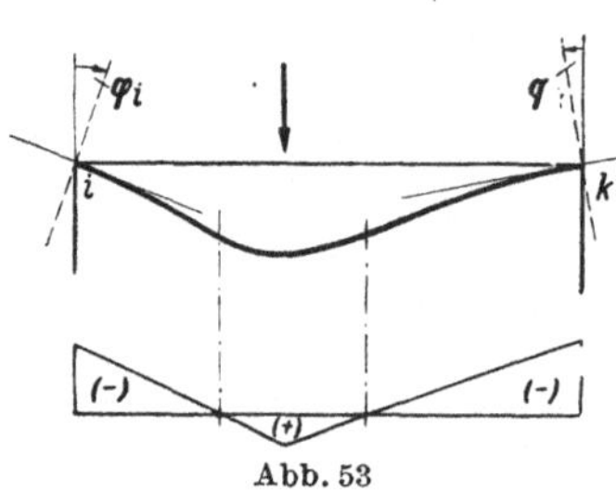

Abb. 53

An einem Stab, der einen Bestandteil eines Rahmens bildet (Abb. 53), ist außerdem die Kenntnis der Einspannungsmomente oder Stabendmomente erforderlich. Wie man aus der gegebenen Belastung und den Stabendmomenten die Schnittkräfte für irgendeine Stelle des Stabes berechnet, wird hier als bekannt unterstellt.

Unsere Aufgabe ist zu zeigen, wie die Stabendmomente ermittelt werden. Die folgenden Absätze stellen hierzu das Werkzeug bereit, wobei ich den Mohrschen Satz als bekannt voraussetze.

5.42 Steifigkeiten und Übertragungszahlen bei Stäben mit konstantem Querschnitt

Auf S. 37 hieß es, daß es beim Cross-Verfahren darum ginge, bei jeder der gedachten Bewegungen die dabei eintretende Änderung der Stabendmomente rechnerisch zu verfolgen. Die möglichen Elementarbewegungen oder „Teilverformungen", wie ich sie auf S. 37 u. ff. nannte, sind also rechnerisch zu beschreiben. Dazu nehmen wir zunächst einmal allgemein Winkeldrehungen von der Größe 1 an und bestimmen die zugeordneten Momente, die bei dieser Verformung hervorgerufen werden. Für diese Momente war die Bezeichnung „Steifigkeit" eingeführt worden.

a) Stabendendrehsteifigkeit und Übertragungszahl

Steifigkeit k. Unter der Steifigkeit k eines Trägers versteht man das an ihm im Knoten, also auch im Stabendenquerschnitt entstehende Moment,

*wenn hier die Winkeldrehung $\varphi = 1$ erzeugt wird und das andere Träger-
ende gegen Drehung fest eingespannt und gegen Verschieben fest gestützt ist,
also Stabdrehwinkel nicht entstehen (Abb. 54).*

Wir ermitteln zunächst M_b aus M_a
durch eine Elastizitätsgleichung am
beiderseits frei aufliegenden Träger für
die Stelle b, wobei der MOHRsche Satz
benutzt wird; nach diesem sind die
EI-fachen Stabendtangentendrehwinkel α und β gleich den Auflager-
kräften, wenn die M-Flächen als Belastung aufgefaßt werden (mit Vorzeichenregel A).

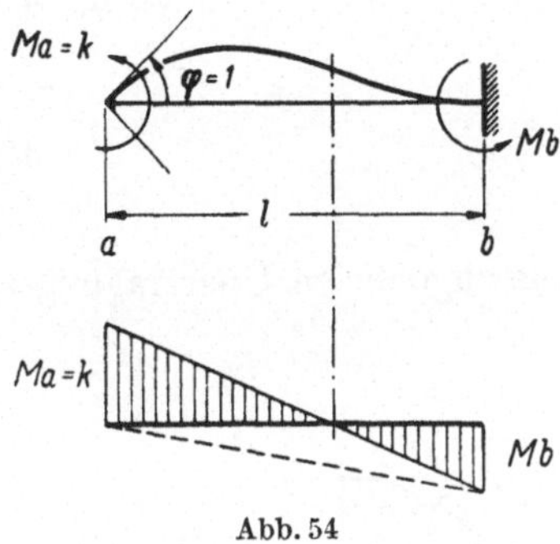

Abb. 54

$$EI\,\varphi_b = 0 = M_a\beta - M_b\alpha_b \quad \text{oder} \quad EI\,\varphi_b = \frac{M_a l}{2}\cdot\frac{1}{3} - \frac{M_b l}{2}\cdot\frac{2}{3}$$

und hieraus

$$M_b = \frac{M_a}{2}.$$

Der entsprechende Ansatz für die Stelle a liefert damit

$$EI\,\varphi_a = EI\cdot 1 = M_a\alpha_a - M_b\beta$$

oder

$$EI\,\varphi_a = EI\cdot 1 = \frac{M_a l}{2}\cdot\frac{2}{3} - \frac{M_a l}{2\cdot 2}\cdot\frac{1}{3},$$

$$EI = \frac{M_a l}{4},$$

$$\boxed{M_a = k = \frac{4EI}{l}}.$$

Da das als Steifigkeit bezeichnete Moment am Gegenknoten des
Stabes eine Änderung der Einspannung, also ein Moment bewirkt, muß
auch diese angegeben werden. Man bezeichnet es als übertragenes oder
fortgeleitetes Moment und die Verhältniszahl

$$\boxed{\gamma_{ba} = \frac{M_b}{M_a} = \frac{1}{2}}$$

als Übertragungs- oder Fortleitungszahl.

Steifigkeit k'. *Unter der Steifigkeit k' eines Trägers versteht man das
im Stabendquerschnitt entstehende Moment, wenn hier die Winkeldrehung*

$\varphi = 1$ erzeugt wird und das andere Trägerende frei drehbar, aber gegen Verschieben fest gestützt ist, also Stabdrehwinkel nicht entstehen (Abb. 55).

$$EI\,\varphi_a = EI \cdot 1 = \frac{M_a\,l}{2} \cdot \frac{2}{3},$$

$$\boxed{M_a = k' = \frac{3EI}{l}}\;.$$

Die zugehörige Übertragungszahl ist

$$\boxed{\gamma = 0}\;.$$

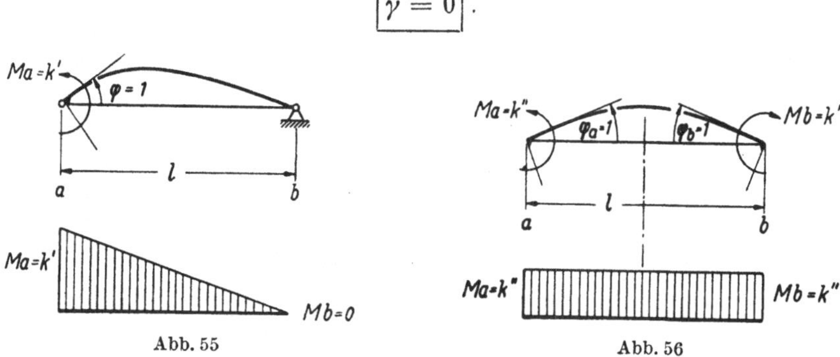

Abb. 55   Abb. 56

Steifigkeit k''. *Unter der Steifigkeit k'' eines Trägers versteht man das im Stabendquerschnitt entstehende Moment, wenn hier die Winkeldrehung $= 1$ und am anderen unverschieblich gelagerten Trägerende die gleich große, aber entgegengesetzt gerichtete Winkeldrehung erzeugt wird* (Abb. 56).

$$EI\,\varphi_a = EI \cdot 1 = \frac{M_a\,l}{2},$$

$$\boxed{M_a = k'' = \frac{2EI}{l}}\;.$$

Eine Übertragungszahl kommt hier nicht in Betracht.

Steifigkeit $\dfrac{k''}{2}$ in besonderer Bedeutung. Betrachtet man im vorigen Fall die linke Trägerhälfte allein, nennt aber ihre Länge l, so gilt:

Unter der Steifigkeit $\dfrac{k''}{2} = k_1$ eines Trägers versteht man das im Stabendquerschnitt entstehende Moment, wenn hier die Winkeldrehung $\varphi = 1$ erzeugt wird und das andere Trägerende nicht drehbar, aber frei hebbar oder senkbar ist (Abb. 57).

M_a ist ebenso groß wie im Lagerungsfall für k'', wo die Tangente an die Biegelinie in der Mitte ebenfalls ihre Richtung beibehält. Statt l

ist aber hier $2l$ zu setzen:

$$M_a = \frac{2EI}{2l} = \frac{k''}{2} = \boxed{\frac{EI}{l} = k_1}\,.$$

Die Übertragungszahl ist

$$\boxed{\gamma = -1}\,,$$

da M_b nach der vereinbarten Vorzeichenregel A gleich $-M_a$ ist (Abb. 56).

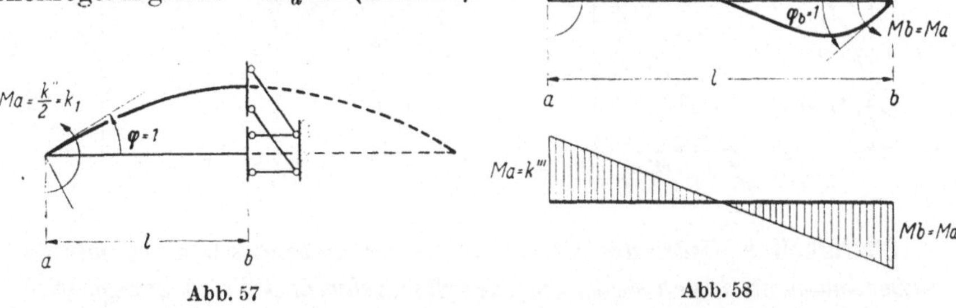

Abb. 57 Abb. 58

Steifigkeit k'''. *Unter der Steifigkeit k''' eines Trägers versteht man das im Stabendquerschnitt entstehende Moment, wenn an beiden Stabenden die Winkeldrehung $\varphi = 1$ erzeugt wird und beide unverschieblich gelagert sind (Abb. 58).*

Jede Trägerhälfte kann angesehen werden, als sei sie wie für die Steifigkeit k' gelagert. Die Stützweite ist in k' halbiert einzusetzen.

$$k''' = M_a = 3EI : \frac{l}{2} = \boxed{\frac{6EI}{l} = k'''}\,.$$

Eine Übertragungszahl kommt hier nicht in Betracht.

Allgemein ist

$$\boxed{k = \frac{aEI}{l}}\,,$$

worin a ein Festwert ist, der die Lagerungsart kennzeichnet, und der den Wert 1, 2, 3, 4 oder 6 haben kann.

b) Stabdrehsteifigkeiten

Steifigkeit r'. *Unter der Steifigkeit r' eines Stabendes versteht man das Stabendmoment, das entsteht, wenn der Stabdrehwinkel $\vartheta = 1$ erzeugt wird, und wenn ein Stabende fest eingespannt und das andere gelenkig gelagert, aber die Verschiebbarkeit beider Enden gegeneinander, d. h. die Entstehung* *eines Stabdrehwinkels nicht behindert ist* (Abb. 59):

$$EI\,\vartheta = EI \cdot 1 = \frac{M_a\,l}{2} \cdot \frac{2}{3} = \frac{M_a\,l}{3},$$

$$M_a = \frac{3\,EI}{l} = \overline{M},$$

$$\boxed{r' = M_a = \frac{3\,EI}{l}\ (= k')}\ .$$

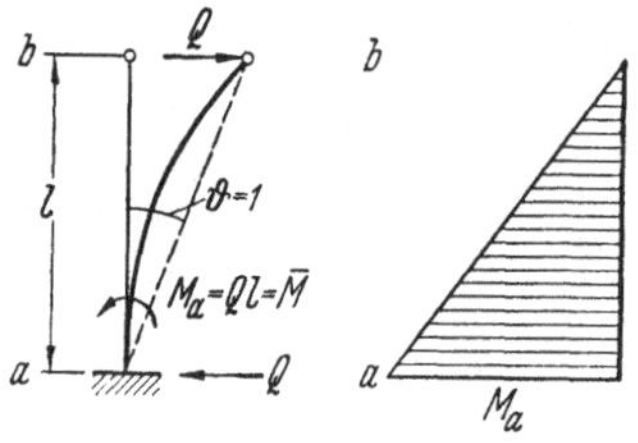

Abb. 59 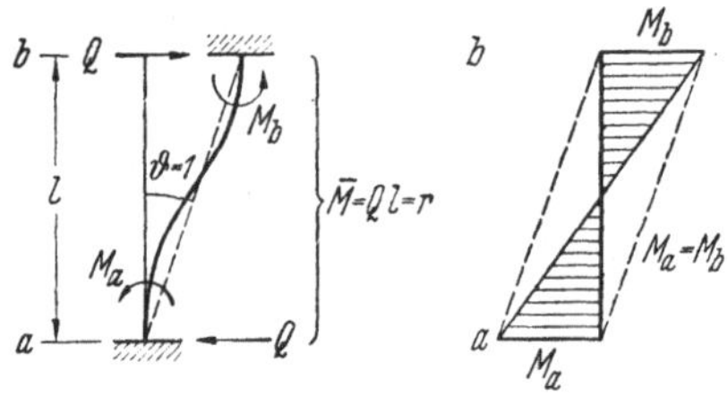   Abb. 60

Steifigkeit r. *Unter der Steifigkeit r eines Stabendes versteht man das Stabendmoment, das entsteht, wenn der Stabdrehwinkel $\vartheta = 1$ erzeugt wird, und wenn beide Stabenden unverdrehbar fest eingespannt, aber ihre Verschiebbarkeit gegeneinander, d. h. die Entstehung eines Stabdrehwinkels nicht behindert ist* (Abb. 60):

$$EI\,\vartheta = EI \cdot l = \frac{M_a\,l}{2} \cdot \frac{2}{3} - \frac{M_a\,l}{2}\ \frac{1}{3},$$

$$EI = M_a\,l : 6,$$

$$\boxed{r_{ab} = \frac{6\,EI}{l} = r_{ba}}\ .$$

In dem Buch von JOHANNSON-RACZAT, „Das CROSS-Verfahren", 2. Auflage, war abweichend hiervon unter der Stabsteifigkeit die Summe der jedem Stabende zugeordneten Einzelwerte verstanden.

Alle Stabsteifigkeiten lassen sich auch an Abb. 60 ohne weiteres durch die Beziehung

$$\boxed{r = k + k\,\gamma = k\,(1 + \gamma)}$$

mit den Stabendendrehsteifigkeiten verbinden.

5.43 Steifigkeiten und Übertragungszahlen bei Stäben mit veränderlichem Querschnitt

5.431 Allgemeines. Im Verfahren selbst ergeben sich, wenn die Stäbe nicht mehr feldweise konstantes Trägheitsmoment haben, keinerlei grundsätzliche Abweichungen. Die Unterschiede bestehen nur darin, daß

a) die Steifigkeiten k und r umständlicher zu ermitteln sind, wobei uns aber durch Tabellen doch die Mehrarbeit wieder fast ganz abgenommen wird,

b) die Steifigkeiten k und r bei unsymmetrischem Verlauf der Funktion $I = I(x)$ an beiden Stabenden verschieden sind, und

c) die Fortleitungszahlen vom Wert $+ 1/2$ abweichen und daher besonders bestimmt werden müssen.

Bei der Ableitung der Steifigkeitswerte, also der Momente für die Drehwinkel $\varphi = 1$ und $\vartheta = 1$, wurden bereits in 5.42 die Endtangentendrehwinkel α und β am statisch bestimmt gestützten Stab benutzt. Das geschieht auch jetzt, da man diese Winkel für viele Sonderfälle aus Tafelwerken entnehmen (s. a. Teil E), sie aber notfalls mit dem MOHRschen Satz selbst ausrechnen kann. Hier werden also alle k, r und später auch die Stabendmomente unter der äußeren Last bei fester Einspannung (s. Abschn. 6.64) als Funktion von α_a, α_b und $\beta_a = \beta_b = \beta$ dargestellt.

Wir legen fest: Die $E I_c$-fachen Endtangentendrehwinkel haben die Bezeichnungen α für den Winkel an der Angriffsstelle eines Stabendmomentes von der Größe 1 und β für den am abgelegenen Ende (Abb. 61).

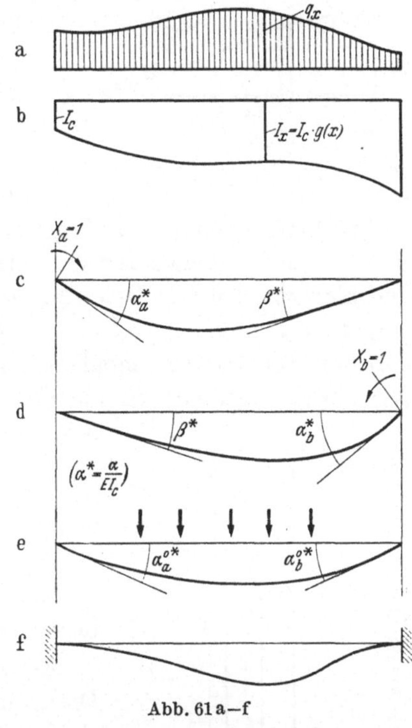

Abb. 61 a—f

Der Index a oder b gibt das Stabende an, an dem das Moment 1 angreift. Wegen des MAXWELLschen Satzes ist $\beta_a = \beta_b$, so daß sich bei β ein Index erübrigt. Es wird vorerst Vorzeichenregel B benutzt (Zug unten durch positive Momente). Die wirklichen Winkelwerte haben den Index *.

Die äußeren Belastungen erzeugen im Hauptsystem die $E I_c$-fachen Endtangentendrehungen α_a^0 und α_b^0, und wir werden sie bei der Bestimmung der Ausgangsmomente in Abschn. 6.64 noch gebrauchen.

5.432 Bestimmung der Endtangentendrehwinkel α und β. Ist der Verlauf des Trägheitsmomentes $I_x = f(x)$ gegeben, so lassen sich nach MOHR oder mit Hilfe des Arbeitssatzes die nachstehenden Beziehungen für die Winkel α und β ableiten (Abb. 62)

$$\alpha_a = \frac{I_c}{l^2} \int\limits_0^l \frac{x'^2}{I_x}\, dx, \qquad \alpha_b = \frac{I_c}{l^2} \int\limits_0^l \frac{x^2}{I_x}\, dx, \qquad \beta = \frac{I_c}{l^2} \int\limits_0^l \frac{x\, x'}{I_x}\, dx,$$

$$\alpha_a^0 = \frac{I_c}{l} \int\limits_0^l \frac{M_x^0\, x'}{I_x}\, dx, \qquad \alpha_b^0 = \frac{I_c}{l} \int\limits_0^l \frac{M_x^0\, x}{I_x}\, dx.$$

M_x^0 ist das Moment infolge der äußeren Belastung an der Stelle x.

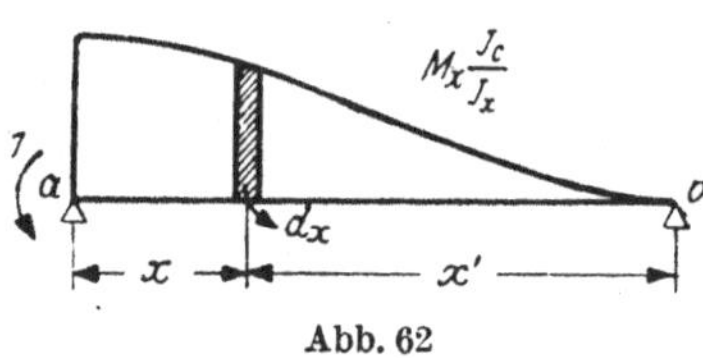

Abb. 62

Liegen sprungweise veränderliche Trägheitsmomente vor, so kann es auch tunlich sein, die Drehwinkel mit Hilfe der W-Gewichte zu bestimmen, eines Verfahrens, das man sich erst aus einem einschlägigen Werk aneignen müßte (z. B. aus [11]).

Im Stahlbetonbau sind gerade Vouten am häufigsten. Um das Arbeiten mit Tabellen für veränderliche Trägheitsmomente zu zeigen, sind hier von den von DISCHINGER veröffentlichten Tabellen diejenigen für gerade Vouten angegeben sowie eigens für dieses Buch neu berechnete Tabellen für Satteldachbalken (s. Teil E). Aus den hier gegebenen Winkelwerten sind die für das CROSS-Verfahren erforderlichen k-, α- und β-Werte errechnet.

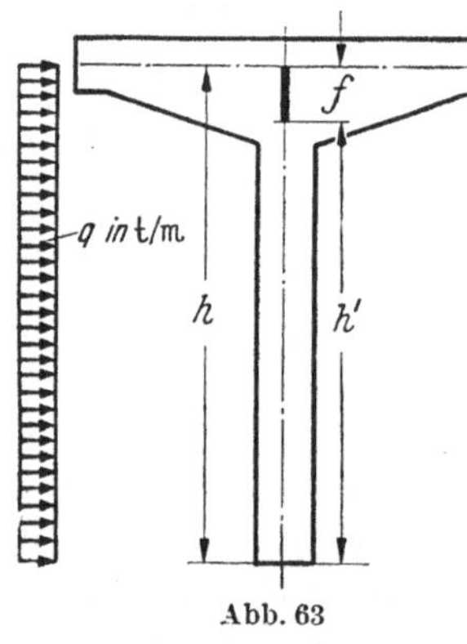

Abb. 63

Bei Benutzung dieser Tabellen entsteht bei Berücksichtigung der veränderlichen Trägheitsmomente kaum ein Mehraufwand an Rechenarbeit. Ausführliche Tabellen für veränderliche Trägheitsmomente findet man ferner bei GULDAN [7] und [8].

Es werden hier noch die Formeln für die Drehwinkel eines Trägers mit bei a unendlich steifem Trägerende für die Einheitsmomentbelastung und für eine gleichmäßig verteilte Windlast angegeben (Abb. 63).

$$\alpha_a = \frac{1}{3} \cdot \frac{h'^3}{h^2}, \qquad \alpha_b = \frac{1}{3} \cdot \frac{h^3 - f^3}{h^2},$$

$$\beta = \frac{1}{6} \cdot \frac{h'^2}{h^2} (h + 2f),$$

$$\alpha_a^0 = \frac{q}{24} \left(4h'^3 - \frac{3h'^4}{h} \right),$$

$$\alpha_a^0 = \frac{q}{24} \left[h^3 - f^3 \left(4 - \frac{3f}{h} \right) \right].$$

Geeignete Tabellen für diesen Fall enthält [11].

5.433 Steifigkeiten

a) Stabendendrehsteifigkeiten und Übertragungszahl

Steifigkeit k. Man vergleiche die Definition in 5.42a. Der Zusammenhang zwischen M_b und M_a (Abb. 54) ergibt sich hier durch

$$EI_c\,\varphi_b = 0 = M_a\,\beta - M_b\,\alpha_b.$$

$$M_b = M_a\frac{\beta}{\alpha_b} = M_a\,\gamma_{ab}.$$

Der Ansatz für Stabende a liefert

$$EI_c\,\varphi_a = EI_c\cdot 1 = M_a\,\alpha_a - M_b\,\beta,$$

$$EI_c\cdot 1 = M_a\left(\alpha_a - \frac{\beta^2}{\alpha_b}\right),$$

$$M_a = k_{ab} = \frac{E\cdot I_c\,\alpha_b}{\alpha_a\,\alpha_b - \beta^2}.$$

Entsprechend ist

$$k_{ba} = \frac{EI_c\,\alpha_a}{\alpha_a\,\alpha_b - \beta^2}.$$

Die zugehörigen Übertragungszahlen sind

$$\frac{M_b}{M_a} = \gamma_{ab} = \frac{\beta}{\alpha_b},$$

$$\gamma_{ba} = \frac{\beta}{\alpha_a}.$$

Steifigkeit k'. In der Ableitung für k wird $M_b = 0$ angesetzt. Damit ist

$$EI_c\cdot 1 = M_a\,\alpha_a,$$

$$M_a = k'_{ab} = \frac{EI_c}{\alpha_a}.$$

Steifigkeiten k'' und k'''. Diese Werte haben nur bei symmetrischem Verlauf des Trägheitsmomentes Sinn ($\alpha_a = \alpha_b$).

$$EI_c\cdot 1 = M_a\,\alpha_a \pm M_b\,\beta,$$

$$M_b = \mp\,M_a,$$

$$M_a = k''_{ab} = \frac{EI_c}{\alpha + \beta},$$

$$k''' = \frac{EI_c}{\alpha - \beta}.$$

b) Stabdrehsteifigkeiten

Steifigkeit r. An Abb. 60 und aus der Ableitung in 5.42b gewinnt man sinngemäß:

$$EI_c\,\vartheta = EI_c\cdot 1 = M_a\,\alpha_a - M_b\,\beta_a \quad \text{(bei } a),$$

$$M_b = \frac{M_a\,\alpha_a - EI_c\cdot 1}{\beta} = M_a\frac{\alpha_a}{\beta} - \frac{EI_c}{\beta}$$

und

$$EI_c \cdot 1 = M_b\,\alpha_b - M_a\,\beta_b \quad \text{(bei } b\text{)},$$

$$EI_c = M_a\,\frac{\alpha_a\,\alpha_b}{\beta} - EI_c\,\frac{\alpha_b}{\beta} - M_a\,\beta,$$

$$r_{ab} = M_a = \frac{\alpha_b + \beta}{\alpha_a\,\alpha_b - \beta^2}\,EI_c.$$

Entsprechend wird

$$r_{ba} = M_b = \frac{\alpha_a + \beta}{\alpha_a\,\alpha_b - \beta^2}\,EI_c.$$

Steifigkeit r'.

$$r'_{ab} = \frac{1}{\alpha_a}\,EI_c = k'_{ab}.$$

Auch hier lassen sich die Stabsteifigkeiten durch die an Abb. 60 ablesbare Beziehung

$$r_{ab} = k_{ab} + k_{ba}\,\gamma_{ba}$$

mit den Stabendendrehsteifigkeiten in Verbindung bringen. Sie geht auf Grund des BETTIschen Satzes von der gegenseitigen Gleichheit der Arbeiten

$$1 \cdot k_{ba}\,\gamma_{ba} = k_{ab}\,\gamma_{ab} \cdot 1$$

über in

$$r_{ab} = k_{ab} + k_{ab}\,\gamma_{ab} = k_{ab}\,(1 + \gamma_{ab})$$

und

$$r_{ba} = k_{ba}\,(1 + \gamma_{ba}).$$

5.5 Der gerade Stab und die Drehungsstabgruppen

5.51 Allgemeines

Wir beschreiben alle Verlagerungen der Rahmenwerksglieder als Drehungen, und sagen also nicht Knotenverschiebungen, sondern Stabdrehungen. Das ist geometrisch gleichbedeutend, aber in der Darstellung folgerichtiger. Jeder Teilbereich, in dem sich eine Teilverformung abspielt, besteht aus Stäben, die darin zu einer Drehungsstabgruppe gekoppelt sind. Man unterscheidet dabei:

A. Knoten, *d. i. eine Gruppe von Stäben, deren am Knoten liegende Stabendtangenten dieselbe Drehung erfahren, die wir Knotendrehwinkel nennen.*

B. Stockwerke, *d. i. eine Gruppe von Stäben, die bei ihrer (Stab-) Drehung eindeutig gekoppelt sind. Ihr individueller Drehwinkel ist verschieden, aber ein jeder läßt sich durch einen konstanten Faktor — oben bereits mit Θ bezeichnet — auf den eines Bezugsstabes zurückführen. Die Drehung eines Stockwerkes ist durch den Drehwinkel des Bezugsstabes gekennzeichnet.*

5.52 Knotensteifigkeit *(für Teilverformungen I)*

Unter Knotensteifigkeit verstehen wir das Moment, das an einem Knoten durch die Drehung $\varphi = 1$ erzeugt wird.

Sie errechnet sich für den Knoten m zu

$$K_m = \sum_{\text{soweit vorhanden}} k, k', k'', k''', k^*, k^{*'}$$

aus den Stabendendrehsteifigkeiten der anschließenden Stäbe (Abb. 64).

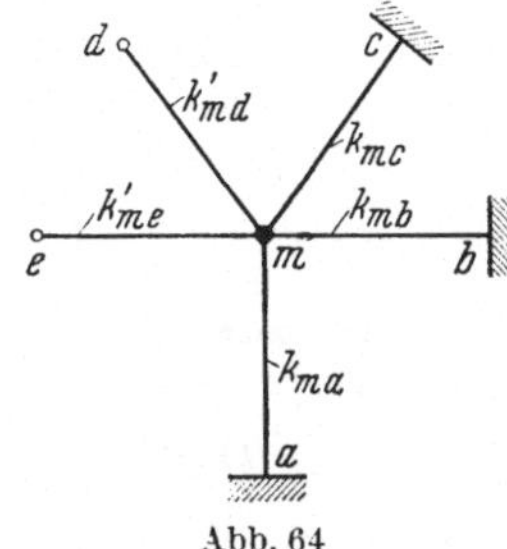

Abb. 64

5.53 Stockwerkssteifigkeit

5.531 Stockwerkssteifigkeit für Teilverformung IIa. *Unter Stockwerkssteifigkeit verstehen wir das Moment, das in einem Stockwerk durch Stabdrehungen von der Größe 1 bewirkt wird.*

Es ist zu wiederholen, daß hier von „Moment" nur aus Gründen der äußerlichen Angleichung gesprochen wird. Dem Wesen nach handelt es sich um eine Stockwerksquerkraft. Sie wird mit der Stockwerkshöhe vervielfacht, und es lassen sich dann zahlreiche äußerliche Verwandtschaften von Knoten und Stockwerk bei der Darstellung ebenso wie bei der Berechnung erkennen. Sobald daher keine einheitliche Stockwerkshöhe vorhanden ist, muß eine Bezugshöhe ausdrücklich gewählt werden.

Haben alle Stäbe gleiche Länge, so ist die Stockwerkssteifigkeit

$$R = \sum r, r'.$$

Wenn die Stablängen l_{ab}, l_{cd}, l_{ik}, ... (Abb. 50) verschieden sind, kann nur einer von ihnen den Stabdrehwinkel $\vartheta = 1$ haben. Dann müssen die Werte r, r' der übrigen Stäbe entsprechend reduziert werden. Wir wählen dazu einen ganz beliebigen, etwa Stab $i\,k$, und stellen fest, daß die Stabdrehwinkel der anderen Stäbe die Größen

$$\vartheta_{ab} = 1 \cdot \frac{l_{ik}}{l_{ab}} = \Theta_{ab}$$

$$\vartheta_{cd} = 1 \cdot \frac{l_{ik}}{l_{cd}} = \Theta_{cd}$$

$$\vartheta_{pq} = 1 \cdot \frac{l_{ik}}{l_{pq}} = \Theta_{pq}$$

haben (s. 5.18).

Die Endmomente der Stäbe sind den Stabdrehwinkeln proportional. Um eine Verschiebung des Riegels $b\,d\,k\,q$ (Abb. 50) von der Größe

$$x = \vartheta_{ik}\, l_{ik} = 1 \cdot l_{ik}$$

zu erhalten, benötigt man in Richtung der Riegelachse eine Kraft

$$Q = 2\frac{r_{ab}}{l_{ab}}\vartheta_{ab} + \frac{r'_{cd}}{l_{cd}}\vartheta_{cd} + 2\frac{r_{ik}}{l_{ik}}\cdot 1 + 2\frac{r_{pq}}{l_{pq}}\vartheta_{pq}$$

$$= \frac{2r_{ab}}{l_{ab}}\Theta_{ab} + \frac{r'_{cd}}{l_{cd}}\Theta_{cd} + \frac{2r_{ik}}{l_{ik}} + \frac{2r_{pq}}{l_{pq}}\Theta_{pq}$$

oder ein aus Querkräften im Abstand l_{ik} bestehendes Stockwerks-moment

$$Q \cdot l_{ik} = 2r_{ab}\Theta_{ab}^2 + r'_{cd}\Theta_{cd}^2 + 2r_{ik} + 2r_{pq}\Theta_{pq}^2.$$

Für $r\,\Theta^2$ soll $\bar{\bar{r}}$ gesetzt werden, und der Betrag $Q\,l_{ik}$ soll nunmehr „Stock-werkssteifigkeit" in bezug auf l_{ik} heißen und mit $R_{(ik)}$ bezeichnet werden.

$$\boxed{R_{ik} = \sum \bar{\bar{r}}, \bar{\bar{r}}'}\,,$$

worin

$$\bar{\bar{r}} = r\,\Theta^2, \bar{\bar{r}}' = r'\,\Theta^2 \quad \text{und} \quad \Theta = \frac{l_{ik}}{l}$$

von jedem Stabende zu nehmen sind.

5.532 Stockwerkssteifigkeit für Teilverformung II b. Diese Teil-verformung unterscheidet sich von der mit II a bezeichneten durch den Drehsinn einiger der Stabdrehwinkel. Da aber in den Ausdruck für die Stockwerkssteifigkeit

$$R_{(ik)} = \sum r\,\Theta^2, r'\,\Theta^2 = \sum \bar{\bar{r}}, \bar{\bar{r}}'$$

die Stabdrehwinkel im Quadrat eingehen, gilt er auch zugleich für diese Teilverformung (Abb. 65).

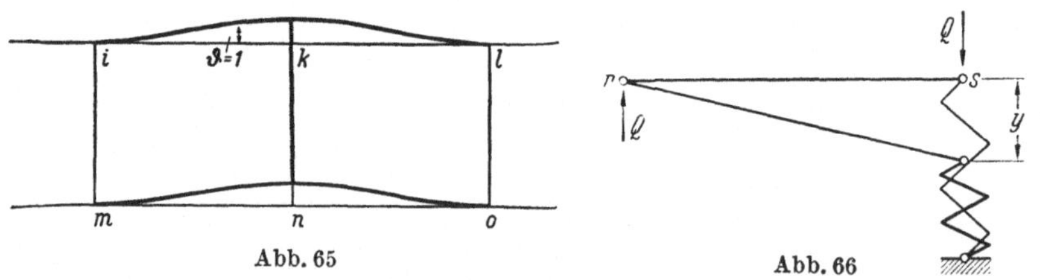

Abb. 65   Abb. 66

Beim Widerstand gegen die Stabdrehung kann unter Umständen auch ein elastisch senkbares Lager mit der Federungszahl f mitwirken, z. B. beim Durchlaufträger auf elastisch senkbaren Stützen. Zu den von Stäben gelieferten Anteilen zur Stockwerkssteifigkeit tritt dann noch die Federsteifigkeit. Die Senkung des elastischen Lagers (Abb. 66) ist, falls $\vartheta_{rs} = 1 \cdot \dfrac{l_{ik}}{l_{rs}} = \Theta$ (Bezugsstab $i\,k$ dreht sich um $\vartheta_{ik} = 1$):

$$y = l_{rs}\,\Theta = l_{rs}\frac{l_{ik}}{l_{rs}} = l_{ik}.$$

Wenn f die Federkonstante des elastischen Lagers (z. B. in t/cm) ist, wird hierzu eine Kraft

$$Q = fy = fl_{ik}$$

erforderlich, oder, als Moment ausgedrückt,

$$\overline{M}_{(ik)} = fl_{ik}^2$$

(Bezugsstab dreht sich um $\vartheta_{ik} = 1$).

Die Stockwerkssteifigkeit enthält dann auch noch den Betrag $\overline{\overline{c}} = fl_{ik}^2$.

5.533 Stockwerkssteifigkeit für Teilverformung II c. Diese Teilverformung unterscheidet sich von den mit IIa und IIb bezeichneten durch die unterschiedlichen Richtungen ihrer Stäbe. Wir werden aber sehen, daß an dem Ausdruck für die Stockwerkssteifigkeit

$$R_{(ik)} = \sum r\,\Theta^2,\ r'\,\Theta^2$$

nichts zu ändern ist. Nur ist Θ in besonderer Weise zu ermitteln.

Die relativen Größenbeziehungen der Knotenverschiebungen ermitteln wir für die Zwecke der Ableitung in einer Figur mit um 90° gedrehten Verschiebungsstrecken, wie sie das kleine Dreieck $l\,l'\,l''$ in Abb. 67b darstellt.

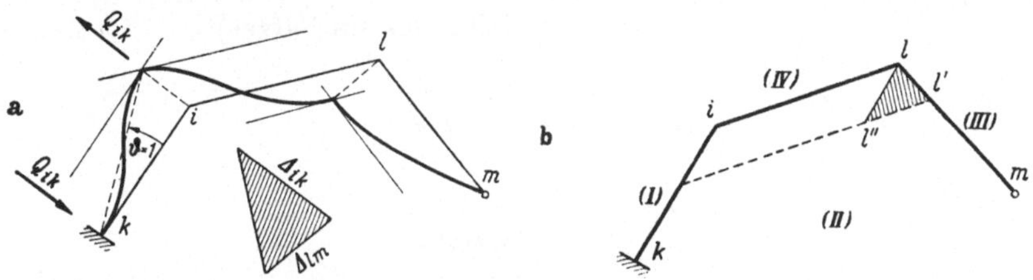

Abb. 67 a u. b*

Die wirkliche Verformung ist in Abb. 67a zu sehen. Die Drehung des Stabes $i\,k$ um $\vartheta = 1$ nach links zieht die Drehungen der anderen beiden Stäbe zwangläufig nach sich. Die Bewegungen der Knoten vollziehen sich auf einer Kreisbahn oder näherungsweise wegen der Kleinheit der Drehungen auf den Tangenten, also auf Geraden, die rechtwinklig zur Anfangslage der Stäbe stehen. Die Knotenverschiebungen sind herausgezeichnet und bilden ein geschlossenes Dreieck. Darin ist

$$\Delta l\,m \perp l\,m,\ \Delta i\,k \perp i\,k\ \text{usw.}$$

Wählt man $i\,i' = l_{ik}$, so stehen die beiden anderen Verschiebungen in einem festen Verhältnis dazu.

---

* Schnittpunkt der gestrichelten Linie mit Stab $i\,k$ heißt i'.

Man benutzt besser eine andere Methode, diese Verformung darzustellen, nämlich die Figur mit um 90° gedrehten Verschiebungsstrecken (in der Statik sonst als F'-Figur bezeichnet, s. z. B. [*11*]). Man kann sie leichter zeichnen. Dabei wird, weil die Verschiebungsstrecken auf der Stabachse oder parallel zu ihr aufgetragen werden, jeder gedrehte Stab auf sich selbst oder parallel zu sich, aber verkürzt oder verlängert abgebildet (Abb. 67b). Wenn $i\,k$ sich auf $i'\,k$ verkürzt und das eine Linksdrehung um $\vartheta = 1$ bedeuten soll, verläuft das Abbild von Stab $i\,l$ parallel zu sich durch i'; es wird $i'\,l'$. Naturgemäß ist dadurch auch die Drehung von Stab $l\,m$ bestimmt, ebenfalls eine Linksdrehung, dargestellt durch Verkürzung auf $l'\,m$. Die Strecke $l''\,l'$ ist die Verlängerung von $i\,l$, die die Drehung des Stabes $i\,l$ bedeutet. Während eine Verkürzung eine Linksdrehung bedeutet, bedeutet eine Verlängerung eine Rechtsdrehung. Das schraffierte Dreieck in Abb. 67b ist dasselbe wie das in Abb. 67a; es liegt nur um 90° gedreht. Man kann an ihnen die Größenverhältnisse der Verschiebungen ablesen, und muß diese dann durch die Stablängen teilen, um die Drehwinkel zu erhalten.

Das Stockwerk k, i, l, m in Abb. 67 ist bereits eine sehr allgemeine Form, wenn auch noch nicht die allgemeinste. Bei der Berechnung der Steifigkeit sind sowohl die Unterschiede in den Stablängen als auch die Lagebeziehungen zu berücksichtigen. Wenn

$$\vartheta_{ik} = 1, \text{ so sind (mit Hilfe des sin-Satzes)}$$

$$\Theta_{il} = -1 \cdot \frac{l_{ik}}{l_{il}} \cdot \frac{\sin \sphericalangle (i\,k)\,(l\,m)}{\sin \sphericalangle (i\,l)\,(l\,m)}$$

und

$$\Theta_{lm} = +1 \cdot \frac{l_{ik}}{l_{lm}} \cdot \frac{\sin \sphericalangle (i\,k)\,(i\,l)}{\sin \sphericalangle (i\,l)\,(l\,m)}.$$

Die Verformung mit $\vartheta_{ik} = 1$ wird entweder durch entsprechende Querlasten an jedem Stab (Abb. 68) aufrechterhalten oder durch eine einzige Querlast von der Größe $Q_{(ik)} = \dfrac{R_{(ik)}}{l_{ik}}$ am Stab $i\,k$.

Dieses letztere ergibt sich zwar aus einer Gleichung der Arbeiten aller äußeren Kräfte unmittelbar wie folgt:

$$1 \cdot R_{(ik)} = Q_{ik}\,l_{ik} \cdot 1$$

$$= \left(2\frac{r_{ik}}{l_{ik}} \cdot 1 + 2\frac{r_{il}}{l_{il}}\,\Theta_{il} + \frac{r'_{lm}}{l_{lm}}\,\Theta_{lm} \right) l_{ik}$$

$$= 2r_{ik} \cdot 1 + 2r_{il}\,\Theta_{il}^2 + r'_{lm}\,\Theta_{lm}^2$$

$$= \sum \bar{\bar{r}},\, \bar{r}' \text{ (von jedem einzelnen Stabende).}$$

Es läßt sich aber auch geometrisch verfolgen und einsehen:

1. Zerlegung von $\dfrac{r'_{lm}}{l_{lm}}\Theta_{lm}$ (Abb. 68a):

Die Komponente mit Richtung $i\,l$ gelangt zu Knoten i, wo sie sich wiederum zerlegt (Abb. 68b):

$$\frac{r'_{lm}}{l_{lm}}\,\Theta_{lm}\cdot\frac{1}{\sin(2)(3)}.$$

In Richtung $Q_{(ik)}$ verbleibt

$$\frac{r'_{lm}}{l_{lm}}\,\Theta_{lm}\cdot\frac{\sin(1)(2)}{\sin(2)(3)}$$

oder mit l_{ik} multipliziert als Anteil des Stockwerksmomentes

$$\frac{r'_{lm}}{l_{lm}}\cdot1\cdot\frac{l_{ik}^2}{l_{lm}}$$
$$\times\frac{\sin^2\sphericalangle(ik)(il)}{\sin^2\sphericalangle(il)(lm)}=\bar{\bar{r}}'_{lm}.$$

2. Zerlegung von $2\dfrac{r_{il}}{l_{il}}\Theta_{il}$:

Beide Kräfte liefern je eine gleiche und entgegengesetzt gerichtete Komponente in Richtung $i\,l$, die sich gegenseitig aufheben (Abb. 68c und d). Für die Verformung bleibt bei i

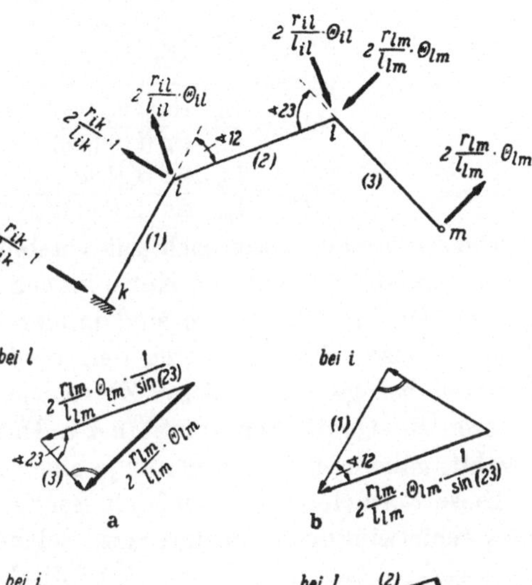

Abb. 68 u. 68 a—c*

$$2\frac{r_{il}}{l_{il}}\,\Theta_{il}\cdot\frac{1}{\sin(2)(3)}$$

übrig, das in Richtung Q und $i\,k$ zerlegt wird. Für Q verbleibt

$$2\frac{r_{il}}{l_{il}}\,\Theta_{il}\cdot\frac{\sin(1)(3)}{\sin(2)(3)}$$

oder als Bestandteil des Stockwerksmomentes:

$$2\frac{r_{il}}{l_{il}}\cdot1\cdot\frac{l_{ik}^2}{l_{il}}\cdot\frac{\sin^2\sphericalangle(ik)(lm)}{\sin^2\sphericalangle(il)(lm)}=2\bar{\bar{r}}_{il}.$$

Die Formeln zur Teilverformung IIc enthalten in sich als Sonderfälle die für IIa und IIb, wo $\sphericalangle(1)(3)=0$, also $\bar{\bar{r}}_2=0$, wie es für den nicht drehbaren Riegel zu erwarten ist, ferner $\sphericalangle(1)(2)=\dfrac{\pi}{2}$; $\sin(2)(3)=\dfrac{\pi}{2}$,

also $\bar{\bar{r}}'_3=r'_3\,\vartheta_2^3=r'_3\left(\dfrac{l_1}{l_3}\right)^2$.

---

* Ersetze hier $2\dfrac{r_{lm}}{l_{lm}}$ durch $\dfrac{r'_{lm}}{l_{lm}}$

5*

Für die allgemeinere Form, wie sie in Abb. 27 dargestellt ist, sind die Faktoren Θ in dieser Weise zu berechnen (auch Abb. 69 ohne p)

$$\Theta_{il} = \frac{l_{ik}}{l_{il}} \cdot \frac{\sin \sphericalangle (ik)(lm)}{\sin \sphericalangle (il)(lm)},$$

$$\Theta_{lm} = \frac{l_{ik}}{l_{lm}} \cdot \frac{\sin \sphericalangle (ik)(il)}{\sin \sphericalangle (il)(lm)},$$

$$\Theta_{ln} = \frac{l_{ik}}{l_{ln}} \cdot \frac{\sin (lm)(no)}{\sin (ln)(no)} \cdot \frac{\sin \sphericalangle (ik)(il)}{\sin \sphericalangle (il)(lm)},$$

$$\Theta_{no} = \frac{l_{ik}}{l_{no}} \cdot \frac{\sin \sphericalangle (lm)(ln)}{\sin \sphericalangle (ln)(no)} \cdot \frac{\sin \sphericalangle (ik)(il)}{\sin \sphericalangle (il)(lm)}.$$

Diese Formeln lassen sich gut verstehen, wenn man bedenkt, daß bei der einfach beweglichen Kette immer Riegel und Stiele abwechseln müssen. Die sin-Quotienten sind immer je einem Gefach zugeordnet. Beispielsweise wird Θ_{no} durch den vorderen sin-Quotienten auf den Stab lm bezogen, und dieses Zwischenergebnis wiederum durch den hinteren sin-Quotienten auf Stab ik. Hätte man zum Bezugsstab lm gewählt, gäbe es bei allen Θ nur je einen sin-Quotienten.

Diese Formeln ergeben sich als Sonderfälle der allgemeinsten Form eines schiefwinkligen Stockwerkes. Solche allgemeineren Formen von Stockwerken lassen sich charakteristisch genug durch Abb. 69 darstellen. In einem solchen Fall können ohne weiteres Θ_{il}, Θ_{lm}, Θ_{ln} und Θ_{no} bestimmt werden, wie kurz zuvor beschrieben. Man erkennt, daß ein elementarer Fall der ist, daß sich zwei Stäbe eines Vierecks in bekannter Weise bewegen, während die Drehwinkel der beiden anderen gesucht werden. Da man Θ_{il} und Θ_{ln} kennt, sind die davon abhängigen Drehungen Θ_{ip} und Θ_{pn} zu bestimmen. Wenn diese Aufgabe gelöst wäre, könnte man nacheinander alle Stabdrehwinkel bestimmen; auch wenn noch mehr Knoten mit je zwei Stäben angeschlossen wären.

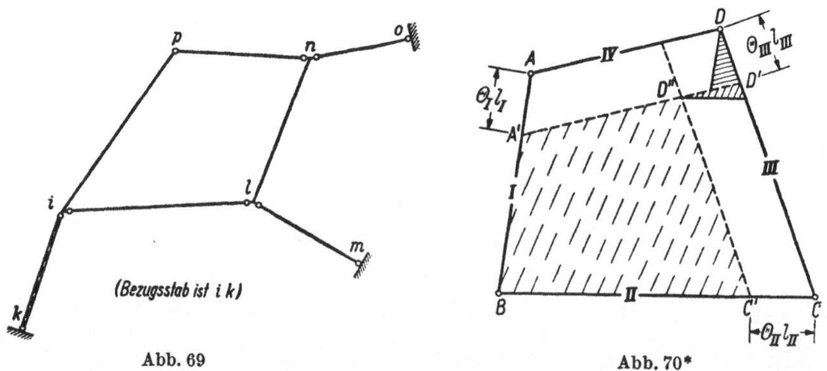

Abb. 69　　　　　　　　　　　Abb. 70*

Es wird daher diese allgemeine Aufgabe am Viereck I II III IV (Abb. 70) gelöst.

* $\Theta_{III} l_{III}$ über D' hinaus bis zum nächsten Schnittpunkt verlängern.

Wie früher schon, werden die Stabdrehungen in einer Figur mit um 90° gedrehten Verschiebungen (Geschwindigkeiten) ermittelt. Die Stäbe I und II mögen die bekannten Drehwinkel Θ_I und Θ_{II} haben, wenn der irgendwoanders befindliche Bezugsstab l_{ik} den Drehwinkel 1 hat. Zunächst drehe sich nur Stab I um Θ_I, während Stab II noch liegen bleibe. Die neue Lage ist durch $A'\,B\,C\,D'$ bestimmt. Dann drehe sich Stab II um Θ_{II}, während Stab I liegen bleibe. Die Endlage ist durch $A'\,B\,C'\,D''$ bestimmt. Der die Drehung von Stab III bestimmende Betrag $\Theta_{III}\,l_{III}$ setzt sich aus zwei Teilen zusammen:

$$\Theta_{III}\,l_{III} = +\,\Theta_I\,l_I\,\frac{\sin \sphericalangle (\mathrm{I\,IV})}{\sin \sphericalangle (\mathrm{III\,IV})} + \Theta_{II}\,l_{II}\,\frac{\sin \sphericalangle (\mathrm{II\,IV})}{\sin \sphericalangle (\mathrm{III\,IV})}\,.$$

Ebenso entsteht·

$$\Theta_{IV}\,l_{IV} = -\,\Theta_I\,l_I\,\frac{\sin \sphericalangle (\mathrm{I\,III})}{\sin \sphericalangle (\mathrm{III\,IV})} + \Theta_{II}\,l_{II}\,\frac{\sin \sphericalangle (\mathrm{II\,III})}{\sin \sphericalangle (\mathrm{III\,IV})}\,.$$

Der erste Teil von $\Theta_{IV}\,l_{IV}$ ist negativ zu setzen. weil sich Stab IV mit Stab I nicht gleichsinnig dreht. Die Entscheidung über das Vorzeichen geschieht durch eine einfache Überlegung an der Geschwindigkeitsfigur: Bleibt Stab II liegen, so zeigt die Linie $A'\,D'$, daß einer Verkürzung von I eine Verlängerung von IV und eine Verkürzung von III entspricht. Der mit Θ_I gebildete Teilbetrag von $\Theta_{IV}\,l_{IV}$ ist daher wegen der nicht gleichsinnigen Drehung negativ.

Die Ausdrücke für die Drehwinkel werden umgeformt in

$$\Theta_{III} = \Theta_I \cdot \frac{l_I}{l_{III}} \cdot \frac{\sin \sphericalangle (\mathrm{I\,IV})}{\sin \sphericalangle (\mathrm{III\,IV})} \cdot (-1)^n$$

$$+\,\Theta_{II}\,\frac{l_{II}}{l_{III}} \cdot \frac{\sin \sphericalangle (\mathrm{II\,IV})}{\sin \sphericalangle (\mathrm{III\,IV})} \cdot (-1)^n$$

$$\Theta_{IV} = \Theta_I \cdot \frac{l_I}{l_{IV}} \cdot \frac{\sin \sphericalangle (\mathrm{I\,III})}{\sin \sphericalangle (\mathrm{III\,IV})} \cdot (-1)^n$$

$$+\,\Theta_{II}\,\frac{l_{II}}{l_{IV}} \cdot \frac{\sin \sphericalangle (\mathrm{II\,III})}{\sin \sphericalangle (\mathrm{III\,IV})} \cdot (-1)^n\,.$$

Darin ist n gerade bei gleichsinnigen Drehungen von Θ_I oder Θ_{II} mit Θ_{III} und Θ_{IV}, dagegen ungerade bei ungleichsinnigen.

Wenn ein Stockwerk aus dem gesamten Rahmenwerk abgegrenzt ist, wird ein Stab zum Bezugsstab bestimmt, und von ihm ausgehend berechnet man nacheinander die Drehwinkel der Stabpaare, die weitere Knoten anschließen. Hat eines der Gelenkvierecke zwei Auflagerknoten, so ist für deren Verbindungslinie $\Theta = 0$, und der Ausdruck für den einen Teilbetrag entfällt; so entstehen dann die früher erwähnten Sonderfälle.

5.6 Anwendung auf die Teilverformungen I und II
(Erklärung der Ausgleichzahlen)

5.61 Knoten-Ausgleichzahlen

In Abb. 71 ist der Teilbereich eines Rahmens dargestellt, der einer Teilverformung I unterworfen wird. Soll der Knoten m des Rahmenstückes um einen gewissen Winkel φ gedreht werden, wozu man ein

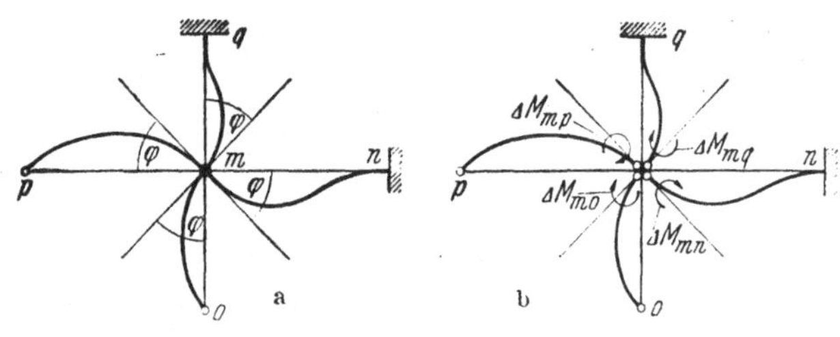

Abb. 71 a u. b

Knotenmoment anbringen müßte, so kann statt dessen auch jedes Stabende einzeln gedreht werden, nachdem die Anschlüsse mit Gelenken ausgeführt gedacht sind (Abb. 71 b). Diese dürfen nachher wieder beseitigt werden, da die Lage der Stabendtangenten gegeneinander nicht geändert worden ist. An jedem Stabende muß dann ein bestimmtes Teilmoment

$$\Delta M_{mn}, \Delta M_{mo}, \Delta M_{mp} \quad \text{und} \quad \Delta M_{mq}$$

angreifen, das so groß sein muß, um dort gerade die gemeinsame Tangentendrehung, d. h. also eine Knotendrehung φ, zu erzeugen. Seine Größe hängt vom Verformungswiderstand, der Steifigkeit des Stabes ab. Alle Teilmomente zusammen sind so groß wie das Knotenmoment. Jedes einzelne ist proportional, aber ihr gegenseitiges Verhältnis ist unabhängig von φ:

$$\frac{\Delta M_{mo}}{\Delta M_{mn}} = \text{const}, \qquad \frac{\Delta M_{mp}}{\Delta M_{mn}} = \text{const},$$

$$\frac{\Delta M_{mq}}{\Delta M_{mn}} = \text{const}, \qquad \frac{\Delta M_{mq}}{\Delta M_{mo}} = \text{const}$$

usw.

Kennt man sie alle für irgendeinen gemeinsamen Endtangentendrehwinkel, z. B. für $\varphi = 1$, so kennt man auch ihr ein für allemal feststehendes Verhältnis untereinander. Man weiß also, daß sich ein am Knoten angreifendes äußeres Knotenmoment im Verhältnis dieser dem Winkel $\varphi = 1$ zugeordneten Teilmomente auf die Stabenden verteilt. Diese Verhältnisse lassen sich durch die Ausgleichzahlen angeben.

Die Aufgabe, Momente zu bestimmen, die ein Stabende um den Winkel $\varphi = 1$ verdrehen, ist oben unter 5.42a für verschiedene Lagerungsfälle des abgelegenen Stabendes gelöst worden. Es sind hier die Beträge k_{mn}, k'_{mo}, k'_{mp} und k_{mq}. Das zur Drehung des Knotens m um $\varphi_m = 1$ erforderliche Moment ist die Knotensteifigkeit $K_m = k_{mn} + k'_{mo} + k'_{mp} + k_{mq}$. Man bezieht die Stabendmomente zur Anwendung bei einem beliebigen Knotenmoment am besten auf ein Knotenmoment von der Größe $+1$, so daß sie lauten:

$$\left|\mu_{mn}\right| = \frac{k_{mn}}{K_m},$$

$$\left|\mu_{mo}\right| = \frac{k'_{mo}}{K_m},$$

$$\left|\mu_{mp}\right| = \frac{k'_{mp}}{K_m},$$

$$\left|\mu_{mq}\right| = \frac{k_{mq}}{K_m}.$$

Es sind dies die Ausgleichzahlen, denen aber noch ein Vorzeichen zuzuschreiben ist.

Über das Vorzeichen der Ausgleichzahlen. Vor dem Akt, den wir als Ausgleich bezeichnet haben, ist also eine infolge irgendeiner Belastung auf den Knoten ausgeübte Drehwirkung bestimmter Größe vorhanden. Ihr wird zunächst hilfsweise ein Festhaltemoment entgegengesetzt, so daß man inzwischen jene Drehwirkung fürs erste schriftlich fixieren kann, beispielsweise $+ \sum M_{mk}$. Das Festhaltemoment wäre dann $- \sum M_{mk}$. Um es überflüssig zu machen, wird mit dem gleich großen aber entgegengesetzt gerichteten Wert $+ \sum M_{mk}$ eine Teilverformung I (reine Knotendrehung) vorgenommen, die entgegenwirkende Endmomente an den Stäben wachruft. Diese haben die Beträge

$$- \frac{k_{mn}}{K_m} \cdot \sum_{k=n,o,p,q} M_{mk} ; \qquad - \frac{k'_{mo}}{K_m} \sum_k M_{mk}$$

$$- \frac{k'_{mp}}{K_m} \sum_k M_{mk} \text{ und } - \frac{k_{mq}}{K_m} \sum_k M_{mk};$$

die ihrerseits den Betrag $\sum_k {}_{mk} M$ ausgleichen, d. h. mit ihm zusammen 0 ergeben.

Hieraus ergibt sich, daß der Ausgleich einer das Gleichgewicht störenden Drehwirkung $\sum M_{mk}$ am Knoten m durch algebraische Multiplikation dieses Betrages mit den Ausgleichzahlen geschieht, die daher von Natur aus *negativ* sind.

Die Zahlen

$$\boxed{\mu_{mn} = - \frac{k_{mn}}{K_m}}$$

sind also die Knotenausgleichzahlen.

Allgemein gewinnt man Ausgleichzahlen, indem man einen zu diesem Zweck gewählten Teilbereich dem Angriff einer Kraftgröße $+1$ unterwirft und berechnet, welche Stabendmomente dadurch wachgerufen werden, die ihr das Gleichgewicht halten. Bei Knotenmomenten ist daher

$$+1 + \sum \mu = 0 \quad \text{oder} \quad \sum \mu = -1.$$

Wenn aber an den unmittelbar am Knoten gelegenen Stabenden infolge des Ausgleiches bzw. der ihm zugeordneten Knotendrehung ein Moment $\mu_{mn} \cdot \sum_k M_{mk}$ entsteht, so tritt zugleich am anderen Stabende der γ-fache Betrag auf, also $\mu_{mn} \cdot \gamma_{mn} \sum M_{mk}$.

Eine Teilverformung I infolge eines äußeren Knotenmomentes oder infolge der von Null abweichenden Summe der am Knoten angreifenden Stabendmomente wird also rechnerisch beschrieben durch die Beträge

$$\boxed{\mu_{mn} \cdot \sum_k M_{mk}} \quad \text{am gedrehten Knoten}$$

und

$$\boxed{\gamma_{mn} \cdot \mu_{mn} \cdot \sum_k M_{mk}} \quad \text{am abgelegenen (unverdrehten) Knoten.}$$

Sie sind an den Stabenden aller am Knoten zusammenlaufenden Stäbe anzuschreiben.

5.62 Stockwerks-Ausgleichzahlen

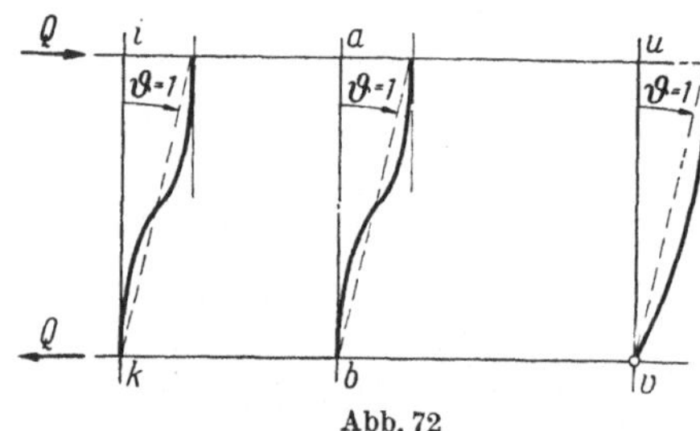

Abb. 72

a) **Bei gleich langen parallelen Stäben von Stockwerkrahmen.** In Abb. 72 ist der Teilbereich eines Stockwerkrahmens dargestellt, der einer Teilverformung II a unterworfen wird. Wenn der gemeinsame Stabdrehwinkel $\vartheta = 1$ ist, wird das zu dieser Verformung notwendige Stockwerksmoment:

$$\overline{M} = Q_{ik} \cdot l_{ik} = r_{ik} + r_{ki} + r_{ab} + r_{ba} + r'_{uv} = R.$$

Die zugeordneten Stabendmomente sind r_{ik}, r_{ab} und r'_{uv}. Nimmt man das Stockwerksmoment 1 statt R und erklärt die zugeordneten ausgleichenden Beträge für negativ, so gewinnt man mit

$$v_{ik} = -\frac{r_{ik}}{R}; \qquad v_{ki} = -\frac{r_{ki}}{R}$$

$$v_{ab} = -\frac{r_{ab}}{R}; \qquad v_{ab} = -\frac{r_{ba}}{R}$$

und

$$v_{uv} = -\frac{r'_{uv}}{R}$$

die Stockwerksausgleichzahlen. Wiederum gibt

$$v_{ik} + v_{ki} + v_{ab} + v_{ba} + v_{uv} + 1 = 1 + \sum v = 0$$

oder

$$\sum v = -1.$$

b) Bei ungleich langen parallelen Stäben von Stockwerksrahmen (Abb. 73). Aus der Ableitung der Stockwerkssteifigkeit unter 5.53 geht hervor, daß dem Stockwerksmoment $R_{(ik)}$ die Stabendmomente $\Theta \cdot r = \bar{r}$ zugeordnet sind. So ergeben sich für das Stockwerksmoment 1 die Ausgleichzahlen

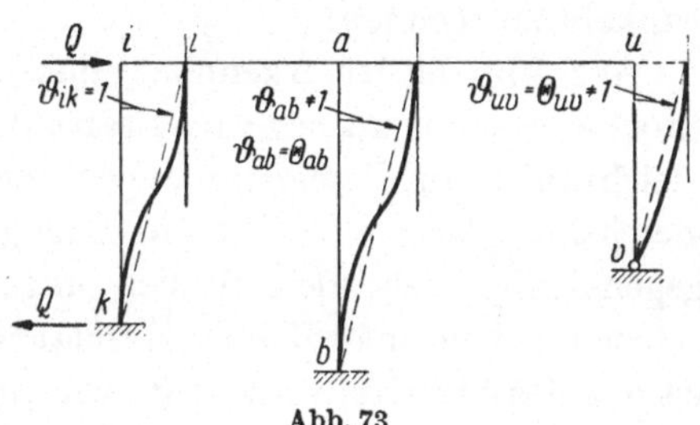

Abb. 73

$$v_{ik} = -\frac{r_{ik}}{R_{(ik)}} = -\frac{\bar{r}_{ik}}{R_{(ik)}},$$

$$v_{ki} = -\frac{\bar{r}_{ki}}{R_{(ik)}},$$

$$v_{ab} = -\frac{r_{ab}}{R_{(ik)}} \cdot \Theta_{ab} = -\frac{\bar{r}_{ab}}{R_{(ik)}},$$

$$v_{ba} = -\frac{\bar{r}_{ba}}{R_{(ik)}},$$

$$v_{uv} = -\frac{r'_{uv}}{R_{(ik)}} \cdot \Theta_{uv} = -\frac{\bar{r}'_{uv}}{R_{(ik)}}.$$

Diese Formeln enthalten als Sonderfälle die unter a) abgeleiteten, wo alle $\Theta = +1$.

Eine Teilverformung II a infolge eines äußeren Stockwerksmomentes oder infolge der von Null abweichenden Summe der im Stockwerk enthaltenen Stabendmomente wird also rechnerisch beschrieben durch die Beträge

$$\boxed{v_{pq}\,\overline{M}_s}\,,$$

die an den Stabenden aller mitbewegten Stäbe anzuschreiben sind.

c) Bei Teilverformungen II b. Hier sind die Stockwerksausgleichzahlen in besonderer Weise mit Vorzeichen zu versehen, die sich aber zwangläufig ergeben, wenn man folgerichtig verfährt. In Abb. 65 ist der Teilbereich eines Rahmenträgers dargestellt, der einer Teilverformung II b unterworfen ist. Es ist die Stabgruppe $i\,k$, $k\,l$, $m\,n$, $n\,o$. Nachdem als Bezugsstab $i\,k$ gewählt ist, steht fest, daß ein positives Stabgruppenmoment einer Hebung der Knoten k und n entspricht, da der Bezugsstab sich dann negativ dreht, ebenso wie vorher ein Knoten beim Knotenmoment. Wir erinnern uns, daß statt der Kräfte bei Stab- und Stockwerksdrehung nur aus rechentechnischen Gründen (die später einleuchten werden) ein Moment aus Kraft und Bezugsstablänge zu bilden war. Es müßte also eigentlich den Verschiebungen der Stabenden ein Vorzeichen zugeordnet werden. Statt dessen bleiben wir dabei, mit Drehwinkeln zu rechnen.

Aus Abb. 65 ist erkennbar, daß einem positiven auszugleichenden Stockwerksmoment negative Stabendmomente und damit negative Ausgleichzahlen am Bezugstab zugeordnet sind. Dasselbe gilt für alle sich gleichsinnig drehenden Stäbe. Dagegen haben die Ausgleichzahlen an gegensinnig drehenden Stäben ungewohnterweise ein positives Vorzeichen, sobald man Zahlen einsetzt. Das Kriterium für das Vorzeichen ist das des Stabdrehwinkels Θ, wie es sich aus der Bedeutung $\bar{r} = r \cdot \Theta$ ohne weiteres einleuchtend ergibt.

Eine Teilverformung IIb wird ebenso wie eine von der Art IIa beschrieben durch den Betrag

$$\boxed{v_{pq}\,\overline{M}_s}\,,$$

nur daß sowohl bei den v als auch bei $\overline{M}_s$ die Unterschiede der Stablängen besonders zu berücksichtigen sind, indem Θ im Ausdruck $\bar{r} = r\,\Theta$ auftritt, ebenso wie es bei der Bildung des Stockwerksmomentes aus den Stabendmomenten aller Stäbe miteinzusetzen ist.

d) Bei Teilverformungen IIc. Selbstverständlich wird auch eine Teilverformung IIc durch die Beträge

$$\boxed{v_{pq}\,\overline{M}_s}$$

ebenso wie die von der Art IIa oder IIb beschrieben. Was diese Teilverformung von den anderen unterscheidet, wird durch Θ in die Rechnung eingebracht.

5.7 Über die Teilverformungen IIIa, IIIb, IIIc

5.71 Allgemeines

Im allgemeinen gehen bei der Verformung eines Rahmenwerkes Knotendrehungen mit Stabdrehungen einher. Es ist daher nützlich, Steifigkeitsbegriffe k^* und k'^* einzuführen, die sich auf eine solche allgemeine Verformung beziehen. Mit der Drehung einer Stabendtangente infolge eines Ausgleichmomentes ist in dem Stockwerk, zu dem der Stab gehört, immer eine Änderung des Stockwerksmomentes verbunden (Abb. 74). Wenn ein Rahmenwerk vorliegt, dessen Riegel gegeneinander

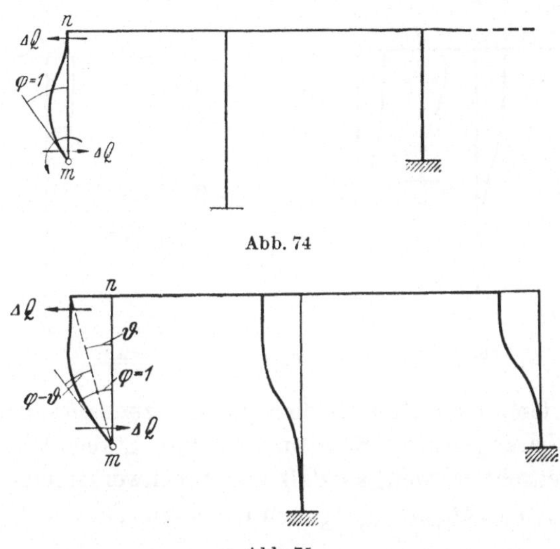

Abb. 74

Abb. 75

verschiebbar sind, muß die eingetragene Gleichgewichtsstörung im Stockwerk durch ein vorläufiges Festhaltemoment behoben werden. Dieses erfordert einen zusätzlichen Ausgleich (Abb. 75), den wir jetzt schon in den Wert der Stabendendrehsteifigkeit einbeziehen wollen. Dieses Verfahren wurde im deutschen Sprachbereich anscheinend zuerst von LUETKENS [20] behandelt[1].

Die zusammengesetzte Drehsteifigkeit ist ein an einem Stabende entstehendes Moment, das durch die Drehung der Stabendtangente um den Winkel 1 hervorgerufen wird, wenn das andere Stabende unverdrehbar (k) oder frei drehbar (k'*), jedoch relativ zum ersten elastisch verschiebbar gelagert ist. Der Stab erfährt dabei sowohl eine Endtangenten- als auch eine Sehnendrehung.*

5.72 Steifigkeiten k^* und k'^*, Übertragungszahl γ^* und Mitdrehungszahl δ

a) Um eine Winkeldrehung $\varphi_m = 1$ ohne Stabdrehung zu bewirken, ist das am Stabende m angreifende Moment

$$M_{mn} = k_{mn}$$

---

[1] Ein italienischer Rezensent der 2. Auflage macht dankenswerterweise darauf aufmerksam, daß diese Methode schon von Autoren seines Landes (POZZATI, FRANCIOSI, DELL'AGLIO, MATTIAZZO) früher beschrieben worden sei.

bei beidseitig biegungssteif angeschlossenen Stäben oder

$$M_{mn} = k'_{mn}$$

bei einseitig biegungssteif abgeschlossenen Stäben erforderlich (Abb. 76 und Abb. 77).

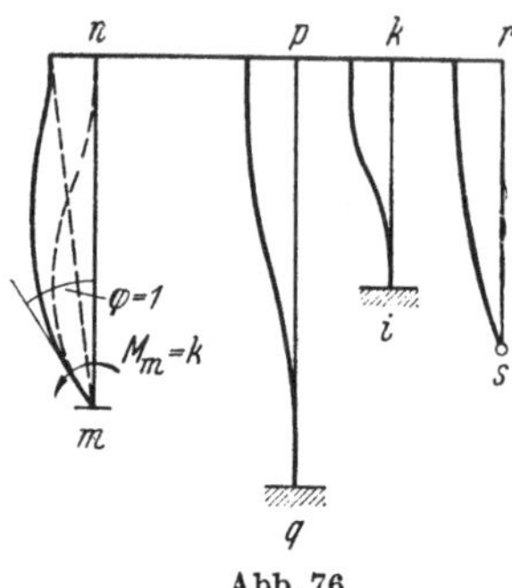

Abb. 76

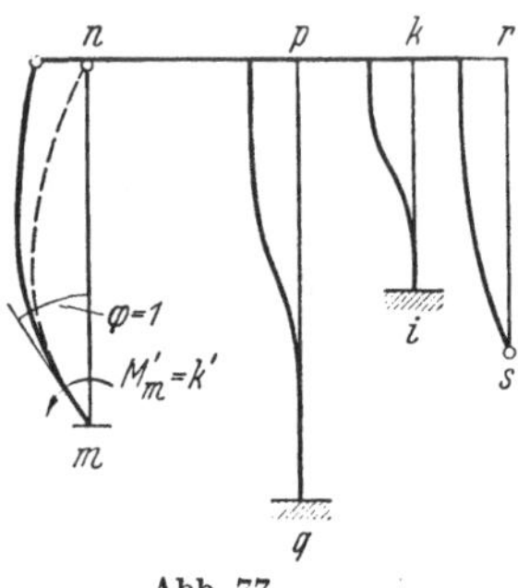

Abb. 77

Sind an demselben Knoten noch andere zu demselben Stockwerk gehörige Stäbe angeschlossen, so müssen ihre Stabenden ebenfalls um $\varphi_m = 1$ mitgedreht werden, so daß das Stockwerksmoment insgesamt $\sum_l (k_{ml} + \gamma_{ml} k_{ml}) \Theta_{ml} = \sum \bar{r}_{ml}$ wird. Dieser Ausdruck umfaßt mit $\gamma = 0$ und $k = k'$ zugleich den Fall der gelenkigen Lagerung eines Stabes.

Es wird die besondere Bezeichnung $\sum \bar{r}_{ml} = S_m$ eingeführt; in diesem Wert sind etwaige vom Knoten ausgehende nicht drehbare Stäbe wegen $\Theta = 0$, das in ihrem $\bar{r}$ enthalten ist, natürlich nicht vertreten. Es sind alle von m ausgehenden Stäbe mitaufzunehmen, die sich drehen können, wenn Knoten m sich dreht.

b) Auf die verschiedenen anderen Stabenden pq, qp, ik, ki usw. des beteiligten Stockwerks entfallen die Momente:

$$M_{pq} = v_{pq} \sum \bar{r}_{ml} = v_{pq} S_m .$$

Auf die Vorzeichen der v, $\bar{r}$ und S muß dabei gut geachtet werden.

Am Stabende m ist, um den aus a) vorhandenen Tangentendrehwinkel 1 aufrechtzuerhalten, jetzt das Moment

$$\boxed{k^*_{mn} = k_{mn} + v_{mn} S_m}$$

erforderlich, das bei Einsetzen der Zahlen mit ihren Vorzeichen meist kleiner als k_{mn} ist.

Das ist die Stabendendrehsteifigkeit für die Teilverformung III, wenn am gedrehten Knoten an mehreren der Stäbe auch Stabdrehungen auftreten. Die Stabendendrehsteifigkeit der nicht drehbaren Stäbe bleibt k bzw. k', k'' oder k'''. Die besondere Form des Rahmenwerkes geht durch die $\bar{r}$ und Θ ein. Liegt nur ein einziger drehbarer Stab desselben Stockwerkes an diesem Knoten, so ist

$$\boxed{k_{mn}^* = k_{mn} + v_{mn}\,\bar{r}_{mn}}\;.$$

c) Am anderen Stabende n war im 1. Stadium

$$M_{nm} = k_{mn}\cdot\gamma_{mn}$$

vorhanden (am gelenkig gelagerten Ende natürlich $M_{nm} = 0$, weil $\gamma_{mn} = 0$). Hierzu tritt jetzt

$$\Delta M_{nm} = v_{nm}\,S_m,$$

so daß

$$M_{nm} + \Delta M_{nm} = k_{mn}\cdot\gamma_{mn} + v_{nm}\,S_m.$$

Damit wird die Übertragungs- oder Fortleitungszahl zum Knoten n

$$\boxed{\gamma_{mn}^* = \frac{k_{mn}\,\gamma_{mn} + v_{nm}\,S_m}{k_{mn}^*}}\;.$$

An den anderen Stäben entsteht

$$M'_{pq} = v_{pq}\,S_m \quad \text{usw.}$$

Bezogen auf einen am Knoten m auszugleichenden Betrag $\sum\limits_k M_{mk}$ im Falle einer bestimmten Aufgabe wird aus k^* an der Stelle $m\,n$ der Ausgleichbetrag

$$-\frac{k^*}{K}\sum_k M_{mk}.$$

Wenn also zugleich mit k^*

$$M'_{pq} = v_{pq}\,S_m$$

entsteht, wird jetzt

$$M_{pq} = \frac{v_{pq}\,S_m}{k^*}\cdot\left(-\frac{k^*}{K_m}\sum_k M_{mk}\right) = -\frac{S_m}{K_m}v_{pq}\sum_k M_{mk}.$$

Wir bezeichnen $-\dfrac{S_m}{K_m} = \delta_m$ als Mitdrehungszahl, so daß

$$\boxed{\Delta M_{pq} = \delta_m\,v_{pq}\sum_k M_{mk}}$$

wird.

d) **Sonderfälle.** Im Sonderfall gleicher Stablängen und stabweise konstanten Querschnitts vereinfachen sich für Teilverformung IIIa (Stockwerksrahmen) die Ausdrücke bei beiderseits biegungssteif angeschlossenen Stäben zu

$$k^*_{mn} = k_{mn} + \frac{3}{2} k_{mn} v_{nm}$$

$$(v_{mn} = v_{nm}, \; k_{mn} = k_{nm})$$

$$\boxed{k^*_{mn} = k_{mn}\left(1 + \frac{3}{2} v_{mn}\right)} \; ;$$

$$\gamma^* = \frac{k_{mn} \cdot \frac{1}{2} + \frac{3}{2} k_{mn} \cdot v_{mn}}{k_{mn}\left(1 + \frac{3}{2} v_{mn}\right)} \, ,$$

$$\boxed{\gamma^* = \frac{1 + 3 v_{mn}}{2 + 3 v_{mn}}} \, ,$$

$$\delta_m = \frac{-\frac{3}{2} k_{mn}}{K_m} = \frac{3}{2} \mu_{mn} \, ,$$

$$\boxed{\delta_m = \frac{3}{2} \mu_{mn}} \; .^*$$

Der Betrag von k^* ist immer positiv oder 0; er kann größer sein als k. γ^* ist (algebraisch betrachtet) immer größer als -1, also oft fast 0, meist nicht größer als $+0{,}500$, seltener größer als $+0{,}5$, nämlich wenn v positiv ist, was bei Teilverformung II b und II c vorkommt.

Bei einseitig gelenkig angeschlossenen Stäben erhält man in diesem Sonderfall wegen $\gamma = 0$:

$$k'^*_{mn} = k'_{mn} + k'_{mn} \cdot v_{mn} \, ,$$

$$\boxed{k'^* = k'_{mn}\,(1 + v_{mn})} \, ,$$

$$\gamma^* = 0 \, ,$$

$$\delta_m = -\frac{\bar{r}'_{mn}}{K_m} = -\frac{k'_{mn}}{K_{mn}} = \mu_{mn} \, ,$$

$$\boxed{\delta_m = \mu_{mn}} \; .$$

Im weniger speziellen Sonderfall, daß zwar die Querschnitte stabweise konstant, aber die Stablängen verschieden sind, ist den Größen v und δ, d. h. überall dort, wo in den allgemeinsten Formeln S_m stand, der Faktor $\Theta_{mn} = \frac{l_{ik}}{l_{mn}}$ hinzuzufügen.

---

* Gegenüber der entsprechenden Ableitung in [13] habe ich hier einige Vereinfachungen vorgenommen.

Ich empfehle jedoch, von der Benutzung von eigens auf Sonderfälle zurechtgeschnittenen Formeln abzusehen. Mit den allgemeinsten Ausdrücken hat man in Sonderfällen auch nicht mehr Arbeit, gewiß aber weniger Gelegenheit zu Irrtümern.

5.73 Anwendung auf die Teilverformungen III a, III b und III c

Nachdem die Anwendung der Steifigkeiten k und r, K und R und der aus ihnen abgeleiteten Arbeitszahlen μ und ν in 5.6 erörtert wurde, ist in bezug auf Teilverformung III nur darauf zu verweisen. Man erkennt an dieser sehr leicht, daß man den Stockwerksausgleich jedesmal bei einem Knotenausgleich sofort miteinschließt, indem man die Mitdrehungsbeträge

$$\Delta^{(2)} M_{pq} = \nu_{pq}\, \delta_m \sum \Delta M_{mk}^{(1)}$$

sogleich mitschreibt. Die besondere Berechnung eines Stockwerksmomentes und dessen Ausgleich ist also nicht erforderlich. Welchen Vorteil dies hat, wird in Kap. 6 erläutert.

Die Knotensteifigkeit K und die Knotenmomentausgleichzahlen werden hier berechnet, indem an die Stelle der k die zuvor zu ermittelnden k^* treten.

Eine Teilverformung III infolge eines Knotenmomentes oder infolge der von Null abweichenden Summe der an den Knoten angreifenden Stabendmomente wird rechnerisch beschrieben durch die Beträge

$$\mu_{mn}^* \sum_k M_{mk} \qquad \text{am gedrehten Knoten,}$$

$$\gamma_{mn}^* \mu_{mn}^* \sum_k M_{mk} \qquad \text{am abgelegenen (nicht gedrehten) Knoten,}$$

und

$$\nu_{pq}\, \delta_m \sum_k M_{mk}$$

an den Stabenden aller übrigen mitgedrehten Stäbe des Stockwerks, dem der Knoten angehört.

5.8 Über die Teilverformungen IV, V und VI

Hier sind mehrere Teilverformungen I und II zur Verformung eines größeren Rahmenteiles oder gar des ganzen Rahmens zusammengeführt. Man benutzt sie, um sie der Verformung eines anderen Belastungszustandes, z. B. einem mit vielen und großen Festhaltekräften, zu überlagern mit der Absicht, einen neuen dritten Zustand zu erhalten, der nur noch ganz geringe Festhaltekräfte, bei in bestimmter Weise gebildeten Systemen überhaupt keine mehr hat, so daß die weitere Arbeit zur Bestimmung der genauen Werte verringert wird oder gar entfällt.

5.81 Teilverformung IV

Teilverformungsbild IV läßt sich an dem in Abb. 31 gezeichneten System aus drei Teilverformungen III zusammensetzen, wie in Abb. 78 zu erkennen ist.

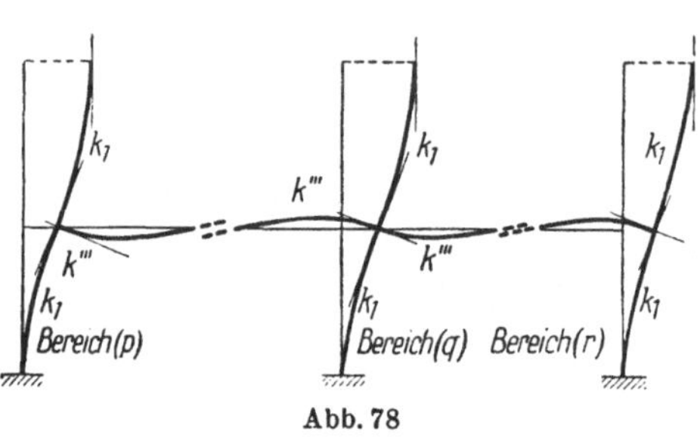

Abb. 78

Was man durch diese Teilverformung IV ausgleicht, ist eine Serie von Knotenmomenten $\sum M_{pk}, \sum M_{qk}, \sum M_{rk}$ an einem Riegel $p\,q\,r$, die sich aber wegen der notwendigerweise gleichen Knotendrehungen φ_p, φ_q, φ_r wie die Knotensteifigkeiten K_p, K_q, K_r verhalten müßten. Das wird im allgemeinen nicht so sein. Sie können deshalb auch nicht ganz vollständig ausgeglichen werden außer in dem erwähnten Sonderfall, der durchaus vorkommt. Diese Form des Ausgleichs ist von CSONKA [2] beschrieben worden. Man wählt für den Ausgleich

$$M_p = + \frac{K_p}{\underset{p,\,q,\,r}{\sum K}} \underset{p,q,r}{\sum} \left(\sum M \right)_{\substack{\text{an jedem Knoten} \\ \text{des Riegels}}}$$

und sinngemäß für M_q und M_r. Dabei zeigt sich die Übereinstimmung der Form mit den Zahlen zu Teilverformung I, wobei aber an die Stelle der Stabendendrehsteifigkeiten hier Knotensteifigkeiten treten, die sich aus den Stabendendrehsteifigkeiten zusammensetzen.

Diese Werte M_p, M_q, M_r sind ihrerseits wie bei Teilverformung III in den Bereichen p, q und r mit den dort zuständigen μ^* auszugleichen, und gleichzeitig sind die übertragenen Momente mit $\mu\,\gamma = -\mu$ anzuschreiben. Hierdurch ist die Wirkung eines Gleichgewichtssystems von Kräften und Momenten beschrieben, das man, ohne einen Fehler zu begehen, dem Rahmen aufzwingen kann.

Hier ist $\gamma = -1$, weil die Stiele sich verformen, wie bei der Ableitung der Steifigkeit k_1 beschrieben (s. 5.42a).

5.82 Teilverformung V

Teilverformungsbild V ist sinngemäß zu beschreiben. Die Steifigkeiten der oberen Knoten bestehen, da sich die Stiele nicht verbiegen, nur aus k''', die der unteren Reihe aus k''' und k_1. Im übrigen ist nicht anders zu verfahren als bei Teilverformung IV.

5.83 Teilverformung VI

Teilverformungsbild VI ist von ganz anderer Natur insofern, als der durch ein Stockwerksmoment hervorgerufenen Teilverformung II solche

Teilverformungen I überlagert sind, daß sie zu einem Gleichgewichtszustand zwischen allen Verformungen geführt haben. Hierzu muß man schon die Teilverformungen I, mehrmals hin- und hergehend, bis zum Abbau aller für die anfängliche Teilverformung II benötigten Festhaltemomente angewendet haben. Das ist schon eine Crosssche Iteration für sich. Da diese Teilverformung aber für die ganze Reihe der eingeschossigen Rahmen praktisch sehr brauchbar ist, wird sie als solche mitaufgenommen.

Eine Teilverformung VI infolge eines äußeren Stockwerksmomentes oder der von Null abweichenden Summe der an den Knoten angreifenden Stabendmomente wird rechnerisch beschrieben durch die Beträge

$$\boxed{v'_{mn}\ \overline{M}_s}\ ,$$

die an allen Stabenden im Teilbereich (oder des ganzen eingeschossigen Rahmens) anzuschreiben sind.

Die Werte v'_{mn}, die also auch an den Riegeln vorkommen, heißen absolute Ausgleichzahlen für Stockwerksmomente. Sie werden im Beispiel 10 in Teil D verwendet.

6 Handhabung des Cross-Verfahrens auf Grund der anschaulichen Ableitung

(mit einfachen Beispielen)

Die Handhabung des Cross-Verfahrens wird in Kap. 7 als Iterationslösung eines nicht besonders aufgeschriebenen Gleichungssystems erklärt werden. Hier dagegen wollen wir zuvor die Arbeitstechnik allein auf Grund der anschaulich verständlichen Vorgänge beschreiben und dann Ratschläge für die praktische Durchführung geben, nach denen wie nach einer Norm rationell verfahren werden kann.

6.1 Einmaliger Momentenausgleich

6.11 Allgemeines

Manche biegesteifen Stabwerke erfordern überhaupt nur eine einzige einmalige Teilverformung. Dazu gehört z. B. der Zweifeldbalken (Abb. 79). In einem solchen Fall beschreibt man nacheinander die folgenden Zustände:

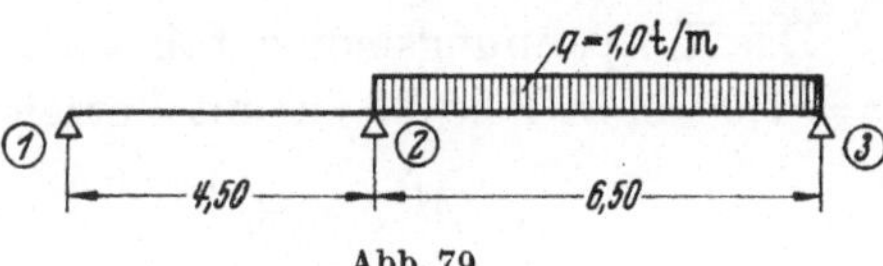

Abb. 79

I. Zustand des Rahmenwerkes bei verbotenen Knoten- und Stabdrehungen (Knotenverschiebungen).

Er wird rechnerisch beschrieben durch die Endmomente aller belasteten Stäbe für den Fall voller Einspannung in den Knoten, sofern sie hier nicht mit Gelenk angeschlossen sind.

Das Gleichgewicht ist währenddessen durch Festhaltemomente aufrechterhalten zu denken.

II. Zustand der *Teilverformung*, die so groß ist, daß ihr verursachendes Moment dem Festhaltemoment entgegengesetzt gleich ist.

Durch die Überlagerung zweier Zustände, deren Gleichgewicht nichts zu wünschen übrig läßt, deren jeder aber leicht beschreibbar ist, wird eine eindeutige Beziehung zwischen Belastung und den wirklich vorhandenen Stabendmomenten hergestellt. Die Aufgabe ist gelöst.

In einem solchen Fall spricht man auch von einem einmaligen Momentenausgleich.

6.12 Beispiel für einmaligen Momentenausgleich

Es sei ein Zweifeldbalken gegeben und für die Belastung eines Feldes zu untersuchen. Hier genügt der Ausgleich am Knoten 2 (Abb. 79).

Erläuterungen. In Tab. 4 sind zunächst die Arbeitszahlen μ aus den Daten der Aufgabe berechnet.

Tabelle 4. $I_1 = I_2 = const$

Knoten Stab	(2) 1 2	2 3
l	4,50	6,50
k'	$\dfrac{3\,l}{4,50} = 0,667\,I$	$\dfrac{3\,l}{6,50} = 0,462\,I$
$K_2 = \sum\limits_{2} k,\, k'$	1,129 I	
$\mu = -\dfrac{k'}{K}$	$-\,0,591$	$-\,0,409$

Alle Werte k können auch mit demselben Faktor multipliziert auftreten, da sich dann oft handlichere Größen ergeben, ohne daß an den Ausgleichzahlen etwas geändert wird. Aus diesem Grunde wird auch der Elastizitätsmodul E fortgelassen. Es ist ferner nicht wichtig, ob bei den Stablängen die Benennung Meter oder Zentimeter gewählt wird; man muß nur die einmal gewählte festhalten. Die Ausgleichzahlen schreiben wir künftig statt $-\,0,591$ nur $-\,591$, also tausendfach.

Das Einspannungsmoment M_{23} bei nicht drehbarem Knoten 2 infolge $q = 1,0$ t/m in Feld 23 ist mit Vorzeichenregel A

$$M_{23}^0 = +\frac{1,0 \cdot 6,50^2}{8} = +\,5,28 \text{ tm.}$$

Das gesamte unausgeglichene Moment $\sum M_{mk}^0$ am Knoten m ist hier ebenfalls $+\,5,28$ tm.

Momentenausgleich. Bei ausgedehnteren Stabwerken hat sich bewährt, den Rechenprozeß an einer Systemskizze durchzuführen (Abb. 80a).

Zeile A: Moment bei fester Einspannung (nicht drehbarem Knoten).

Zeile D: Drehung bei Knoten 2, Momentenausgleich:

$$M_{21} = -0{,}591 \cdot 5{,}28 = -3{,}12 \, \text{tm},$$

$$M_{23} = -0{,}409 \cdot 5{,}28 = -2{,}16 \, \text{tm}.$$

Zeile E: Addition der Beträge zum Ergebnis.

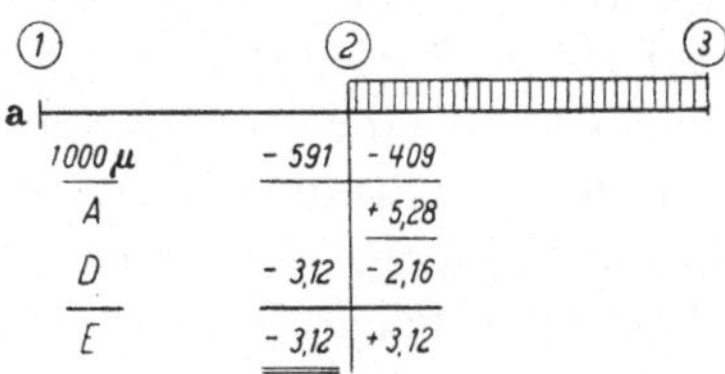
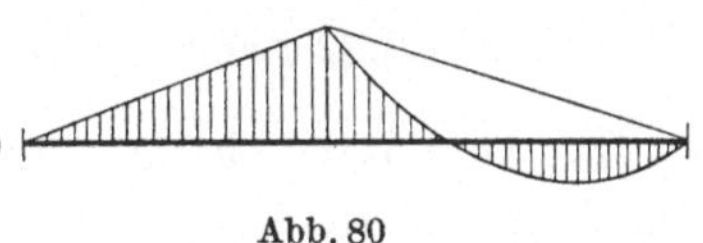
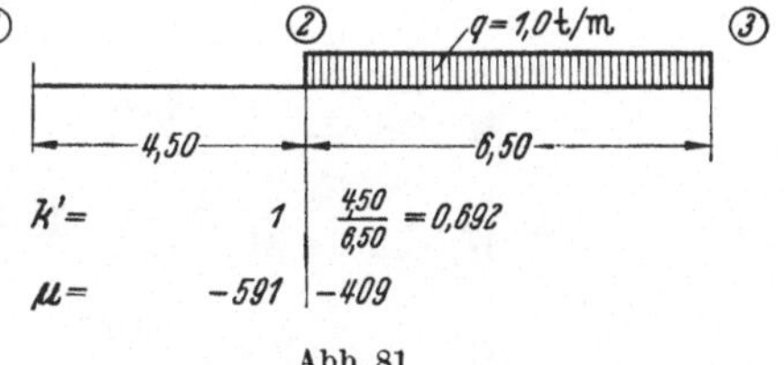

Abb. 80

Man erkennt, daß am Knoten 2

$$\sum M = -3{,}12 + 3{,}12 = 0;$$

es ist also ein Gleichgewichtszustand erreicht. Bei den Knoten 1 und 3 entstehen keine ΔM, da sie frei drehbar sind. Zwecks Umstellung auf die Vorzeichenregel B lesen wir das Stützenmoment M_2 am rechten Ende des Stabes 1 2 ab, wo es bereits mit richtigem Vorzeichen steht:

$$M_2 = -3{,}12 \, \text{tm},$$

so daß die Momentenfläche gezeichnet werden kann (Abb. 80b).

Nach einiger Übung wird man die gesamte Lösung auf wenige Angaben beschränken können: An Hand Abb. 81 berechnet man unmittelbar

$$M_2 = +\frac{1{,}0 \cdot 6{,}50^2}{8} \, (-0{,}591) = -3{,}12 \, \text{tm},$$

indem man den rechts stehend zu denkenden Betrag M^0 sofort mit der linken Ausgleichzahl multipliziert. Das könnte man sogleich anschließend auch mit einem linksstehend zu denkenden Betrag M^0 tun, den man mit der rechten Ausgleichzahl multipliziert. Siehe Abschn. D, Beispiel 2.

Abb. 81

6.2 Wiederholter Momentenausgleich oder Crosssche Iteration
6.21 Allgemeines

Bei den meisten Rahmenwerken können mehrere Teilbereiche mit Teilverformungen unterschieden werden. Bei einem Dreifeldbalken (Abb. 82) sind es z. B. zwei, nämlich jeder der beiden inneren Auflagerknoten mit den jeweils anschließenden beiden Stäben. Jede Teilverformung bewirkt, wenn sie in ihrem Bereich die Festhaltegröße überflüssig macht, daß im anderen Bereich eine neue Festhaltegröße erforderlich wird. Diese ist zwar relativ geringer als die früher etwa vorhandene, aber sie muß wiederum ausgeglichen werden. Solche Ausgleichschritte sind also in einer fortschreitenden Folge notwendig, bis die in den benachbarten Teilbereichen immer wieder neu anzubringenden, aber immer kleineren Festhaltemomente außerhalb der Rechengenauigkeit liegen. Die Folge dieser Ausgleichschritte heißt Iteration (iter [lat.] == Schritt).

6.22 Beispiel: Durchlaufplatte mit drei Feldern

Das zu untersuchende Durchlauftragwerk hat zwei Knoten, nämlich 2 und 3, in denen Stäbe eingespannt sind und die sich drehen. Hier wird das CROSS-Verfahren angewendet, indem Momentenausgleiche abwechselnd an diesen beiden Knoten vorgenommen werden.

Aufgabe und Systemdaten gehen aus Abb. 82 hervor.

Die Werte k, k' und μ werden, soweit erforderlich, berechnet und an der Balkenskizze angeschrieben.

$1000 \cdot \mu =$	360	640		571	429	(alle μ negativ)
1.	−0,61	+3,27		−3,27	+2,50	
2.	−0,96	−1,70	⟶	−0,85		
3.		+0,46	⟵	+0,93	+0,69	
4.	−0,17	−0,29	⟶	−0,14		
5.		+0,04	⟵	+0,08	+0,06	
6.	−0,01	−0,03	⟶	−0,01		
7			⟵	+0,01	0	
8.	−1,75	+1,75		−3,25	+3,25	

Abb. 82

Die Momente bei fester Einspannung, d. h. nicht drehbaren Knoten, sind:

$$M_{21} = -\frac{0,40 \cdot 3,50^2}{8} = -0,613 \ \text{tm},$$

$$M_{23} = -M_{32} = +\frac{1,02 \cdot 6,20^2}{12} = +3,267 \ \text{tm},$$

$$M_{34} = +\frac{0,52 \cdot 6,20^2}{8} = +2,500 \ \text{tm}.$$

Die Iteration ist in Abb. 82 durchgeführt.

Erläuterungen zur Iteration

Zeile 1 Momente bei fester Einspannung.

Zeile 2 Drehung bei Knoten 2, Momentenausgleich. — Es wurde bei dem Knoten mit der größten Abweichung $\sum M^0 \neq 0$ begonnen, was zwar nicht notwendig, aber zweckmäßig ist, um den Rechengang kurz zu halten. — Übertragungsmoment bei Knoten 3.

Zeile 3 Drehung, d. h. Ausgleich bei 3. Das Übertragungsmoment bei Knoten 2 ist gleich der Hälfte des Ausgleichmomentes, $1/2\,\Delta M_{32}$ nach der üblichen Abrundungsregel also $0{,}93/2 \approx 0{,}47$ tm.

Da aber 0,93 bereits nach oben abgerundet war, ist 0,46 genauer. Auf diese Weise kann ungünstige Addition von Abrundungsfehlern eingeschränkt werden, falls hierauf überhaupt Wert gelegt werden sollte.

Zeile 4 Drehung, d. h. Ausgleich bei 2, Abrundung sinngemäß wie Zeile 3.

Zeile 5 Drehung, d. h. Ausgleich bei 3. Der Rechenschieber ist bereits überflüssig.

Zeile 6 Drehung, d. h. Ausgleich bei 2. Die Übertragung nach Knoten 3 ist bereits sinnlos. — Die Iteration ist bei dem gewählten Genauigkeitsgrad jetzt beendet.

Zeile 8 Addition der Ausgangsmomente und aller Verbesserungsbeträge. Umstellung der Vorzeichen von Regel A auf Regel B: Am rechten Stabende sind die Vorzeichen bereits richtig (doppelte Unterstreichung).

6.3 Die abgekürzte Crosssche Iteration als übliche Rechenregel

Ich empfehle, sie ausschließlich zu verwenden und richte alle Rechenanweisungen darauf ein.

Bereits von Cross wurde empfohlen, zuerst nur die Ausgangs- und die Übertragungsbeträge anzuschreiben und den Ausgeich an jedem Knoten nur einmal am Schluß insgesamt vorzunehmen. Hierdurch wird an Schreib- und Rechenarbeit gespart. Die Anzahl der gedachten Knotendrehungen ist dieselbe. Die zu den jeweiligen Nachbarknoten übertragenen Momente entstehen durch nacheinander erfolgende Multiplikationen des gleichgewichtsstörenden Betrages $\sum M + \sum \Delta M$ mit μ und γ. Man bildet daher zuvor (vgl. Beispiel 6.22)

$$\mu_{23}\,\gamma_{23} \quad\text{und}\quad \mu_{32}\,\gamma_{32}$$

und trägt auch diese Werte in die Systemskizze ein (Abb. 83). Der Pfeil gibt den Richtungssinn der darin enthaltenen Übertragungszahl γ an. Darunter ist die Iteration in der soeben angedeuteten Art und Weise durchgeführt.

	(2)		(3)	
$1000\,\mu$	-360	-640	-571	-429
$1000\,\mu\gamma$		$-320 \rightarrow\ \leftarrow -286$		
A	$-0{,}61$	$+3{,}27$	$-3{,}27$	$+2{,}50$
1		$+0{,}46$	$-0{,}85$	
2			$-0{,}15$	
3		$+0{,}04$		
4			$-0{,}01$	
B		$+0{,}50$	$-1{,}01$	
$\Sigma(A+B)$		$[+3{,}16]$	$[-1{,}78]$	
D		$-1{,}14$ $-2{,}02$	$-1{,}01$	$+0{,}76$
E		$-1{,}75$ $+1{,}75$	$-3{,}26$	$+3{,}26$

Abb. 83

Erläuterungen

Zeile A Ausgangsmomente für feste Einspannung.

Zeile 1 Drehung bei Knoten 2, aber eingetragen wird nur das Übertragungsmonent bei Knoten 3:

$$(+\,3{,}27 - 0{,}61)\cdot(-\,0{,}320) = -\,0{,}85\ \text{tm},$$

und Übertragung der Drehungswirkung des Knoten 3 nach Knoten 2:

$$(-\,3{,}27 + 2{,}50 - 0{,}85)\cdot(-\,0{,}286) = +\,0{,}46\ \text{tm}$$

Zeile 2 bis 4 sinngemäß wie Zeile 1.

Zeile B Addition aller übertragenen Beträge.

Zeile D Gesamter Ausgleich bei Knoten 2:

$$(-\,0{,}61 + 3{,}77)\,\mu$$

und bei Knoten 3:

$$(-\,4{,}28 + 2{,}50)\,\mu.$$

Schlußzeile E: Addition $A + B + D$.

Diese Form sollte als einzige üblich werden, da sie nicht nur rationeller ist, sondern auch die Kontrolle der gerechneten Werte ermöglicht, wenn man die übertragenen Werte vor dem Schlußausgleich in Zeile B addiert.

6.4 Rechenkontrolle der Crossschen Iteration

1000μ		-360	-640	-571	-429
$1000\mu\gamma$			-320	-286	
A			$-0{,}67$	$+3{,}27$	$-3{,}27$	$+2{,}50$
B			0	$+0{,}50$	$-1{,}01$	0
D			$-1{,}14$	$-2{,}02$	$-1{,}01$	$+0{,}76$
E			$-1{,}75$	$+1{,}75$	$-3{,}26$	$+3{,}26$

Abb. 84

Die Reinschrift der statischen Berechnung enthält die Aufgabe von Beispiel 6.3 nur in der Form, wie sie Abb. 84 zeigt. Darin enthält Zeile B die Summe der Werte in den Zeilen 1 bis 4 des Beispiels 6.3. — Diese Zeile wird kontrolliert, indem man zusammen mit den Einspannmomenten aus Zeile A und den gesamten Übertragungsbeträgen aus Zeile B einen Schritt wie bei jedem einzelnen Iterationsschritt wiederholt:

Knoten 2: $(-\,0{,}61 + 3{,}27 + 0{,}50)\cdot(-\,0{,}320) = -\,1{,}01\ \text{tm},$

was in der Tat bei Knoten 3 schon steht.

Knoten 3: $(-\,3{,}27 + 2{,}50 - 1{,}01)\cdot(-\,0{,}286) = +\,0{,}51\ \text{tm}.$

Man stellt hier eine kleine Abweichung fest, da $+\,0{,}51 > +\,0{,}46 + 0{,}04 = +\,0{,}50$. Der jetzt erhaltene Wert ist aber als genauer anzusehen, weil er aufaddierte Abrundungsfehler nicht enthält; er wird als endgültig betrachtet, da die Probe an Knoten 2, mit diesem neuen Wert wiederholt, wieder $-1{,}01$ bei Knoten 3 ergibt. Es folgt der Ausgleich wie in 6.3, Zeile D.

Als weitere Kontrolle ist anzusehen, daß $-2{,}03 \approx 2 \cdot 1{,}01$ und $+1{,}02 = 2 \cdot 0{,}51$ sind. Die Ausgleichbeträge in Zeile D sind gleich den $1/\gamma$-fachen bzw. hier $1 : {}^1/_2 = 2$fachen Werten der Übertragungssummen vom Gegenknoten aus Zeile B.

Ein gleichartiges, aber etwas umfangreicheres Beispiel befindet sich oben in Kap. 3 unter 3.2.

6.5 Die Iteration bei Rahmen mit nicht verschiebbaren und verschiebbaren Knoten

(drehbaren Stäben)

6.51 Beispiel eines zweistieligen Rahmens mit nicht verschiebbaren Knoten (nur mit Teilverformungen I)

Die Aufgabe geht aus Abb. 85 hervor. Für die Trägheitsmomente sind nur die Verhältniszahlen angegeben. In Tab. 5 werden k und k' berechnet und in der k-Skizze (Abb. 86) zusammengestellt. In den Knotenkreisen stehen die Knotensteifigkeiten $K = \sum k, k'$. An Hand der k-Skizze berechnet man die $\mu = -k/K$ und trägt sie in die μ-Skizze ein, wo man die γ-Werte ebenfalls unterbringt

Tabelle 5

Stab	a	$\dfrac{I}{\text{dm}^4}$	$\dfrac{l}{\text{m}}$	$k; k'$
1	2	3	4	5
21	3	2,00	4,50	1,333
23	4	4,50	12,00	1,500
34	4	3,50	7,00	2,000

(hier wegen $I = \text{const}\ \gamma = 1/2 = 0{,}500$) (Abb. 87). Die Iteration wird sich zwischen den Knoten 2 und 3 abspielen, die als einzige drehbar sind, wenn man von 1 absieht, wo aber keine Stabendmomente entstehen. Nun werden die Produkte $\mu\,\gamma$ gebildet und in die $\mu\,\gamma$-Skizze eingetragen (Abb. 88).

Die Ausgangsmomente sind

$$M_{23}^0 = -M_{32}^0$$
$$= \frac{2{,}0 \cdot 12{,}00^2}{12} = 24{,}0 \text{ tm.}$$

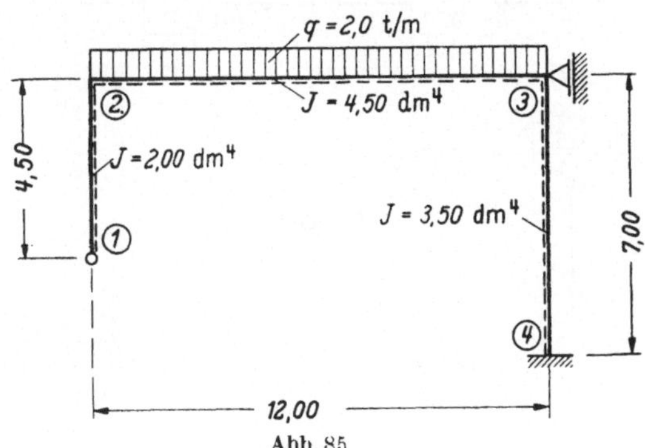

Abb. 85

Sie werden an einer Rahmenskizze (Abb. 89), die durchaus nicht maß
stäblich sein muß, in Zeile A eingetragen.

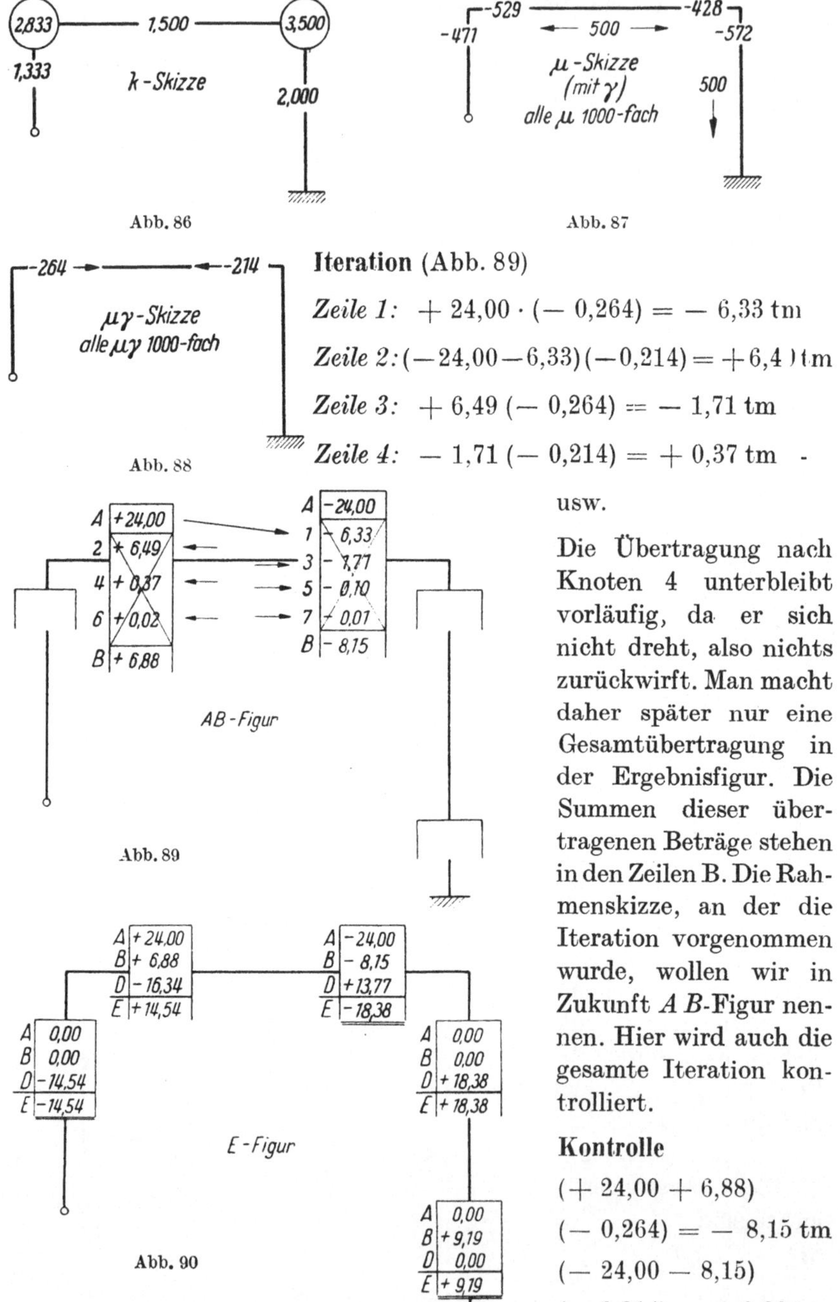

Iteration (Abb. 89)

Zeile 1: $+24{,}00 \cdot (-0{,}264) = -6{,}33$ tm

Zeile 2: $(-24{,}00 - 6{,}33)(-0{,}214) = +6{,}4$) tm

Zeile 3: $+6{,}49 \, (-0{,}264) = -1{,}71$ tm

Zeile 4: $-1{,}71 \, (-0{,}214) = +0{,}37$ tm -

usw.

Die Übertragung nach
Knoten 4 unterbleibt
vorläufig, da er sich
nicht dreht, also nichts
zurückwirkt. Man macht
daher später nur eine
Gesamtübertragung in
der Ergebnisfigur. Die
Summen dieser über-
tragenen Beträge stehen
in den Zeilen B. Die Rah-
menskizze, an der die
Iteration vorgenommen
wurde, wollen wir in
Zukunft *A B*-Figur nen-
nen. Hier wird auch die
gesamte Iteration kon-
trolliert.

Kontrolle

$(+24{,}00 + 6{,}88)$

$(-0{,}264) = -8{,}15$ tm

$(-24{,}00 - 8{,}15)$

$(-0{,}214) = +6{,}88$ tm.

Ergebnisfigur (Abb. 90)

Damit in die Reinschrift nichts Unnötiges übernommen wird, enthält die E-Figur nur die Zeilen A, B, die Ausgleichszeile D und das Ergebnis E.

Der Ausgleich, in dem also alle einzelnen Ausgleichschritte der Iteration zusammengefaßt sind, lautet:

Stabende 2 1:
$$(+ 24{,}00 + 6{,}88)\,(- 0{,}471) = - 14{,}54\ \text{tm}.$$

Stabende 2 3:
$$(+ 24{,}00 + 6{,}88)\,(- 0{,}529) = - 16{,}34\ \text{tm}.$$

Stabende 3 2:
$$(- 24{,}00 - 8{.}15)\,(- 0{,}428) = + 13{,}77\ \text{tm}.$$

Stabende 3 4:
$$(- 24{,}00 - 8{,}15)\,(- 0{,}572) = + 18{,}38\ \text{tm}.$$

Die anfangs unterbliebene Übertragung zum Knoten 4 wird nun nachgeholt:
$$+ 18{,}38 \cdot (+ 0{,}500) = + 9{,}19\ \text{tm}.$$

Man kann die Vorzeichen auf Regel B umstellen und erhält:

$$M_{21} = M_{23} = - 14{,}54\ \text{tm},$$
$$M_{32} = M_{34} = - 18{,}38\ \text{tm},$$
$$M_{43} = + \ 9{,}19\ \text{tm}.$$

6.52 Beispiel eines zweistieligen Rahmens mit verschiebbaren Knoten (drehbaren Stielen) mit abwechselndem Ausgleich an Knoten und Stockwerk (mit Teilverformungen I und II)

Die Aufgabe sei dieselbe wie unter 6.51, jedoch ohne die Riegelfesthaltung (Abb. 91). Der Riegel ist dann verschiebbar, und es entstehen bei jeder Knotendrehung Stockwerksquerkräfte durch die an den Stielen auftretenden Stabendmomente. Diese Stockwerksquerkräfte, die wir zwar immer mit der Bezugsstablänge $l_{12} = 4{,}50$ m multipliziert ein-

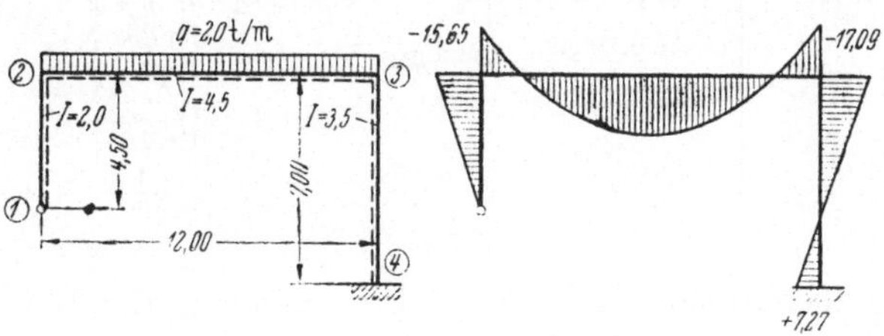

Abb. 91

setzen, sind ebenfalls auszugleichen, wozu wir Teilverformungen II benutzen.

Die Arbeitszahlen μ und $\mu\,\gamma$ sind dieselben wie in Beispiel 6.51. Außer ihnen brauchen wir noch die Stockwerksausgleichzahlen ν, die in Tab. 6 berechnet und danach in die ν-Skizze (Abb. 92) eingetragen werden.

Tabelle 6. *Bezugsstab* $l_{ik} = l_{12} = 4{,}50\ m$

Stab	a	I dm^4	l m	$k\ k'$	Θ	$r;\ r'$	$\bar{r};\ \bar{r}'$	$\bar{\bar{r}}\ \bar{\bar{r}}'$	R	ν
12	3	2,00	4,50	1,333	1,0	1,333	1,333	1,333		— 0,350
34	4	3,50	7,00	2.000	0,643	3,000	1,929	1,240	3,81	— 0,506
23	4	4,50	12,00	1,500						

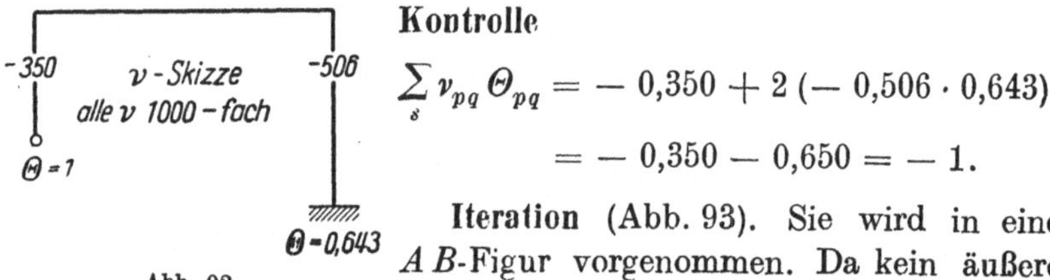

Abb. 92

Kontrolle

$$\sum_\delta \nu_{pq}\,\Theta_{pq} = -\,0{,}350 + 2\,(-\,0{,}506 \cdot 0{,}643)$$

$$= -\,0{,}350 - 0{,}650 = -\,1.$$

Iteration (Abb. 93). Sie wird in einer AB-Figur vorgenommen. Da kein äußeres Stockwerksmoment, etwa von horizontalen Lasten herrührend, vorhanden ist, beginnt man mit einem Knotenausgleich.

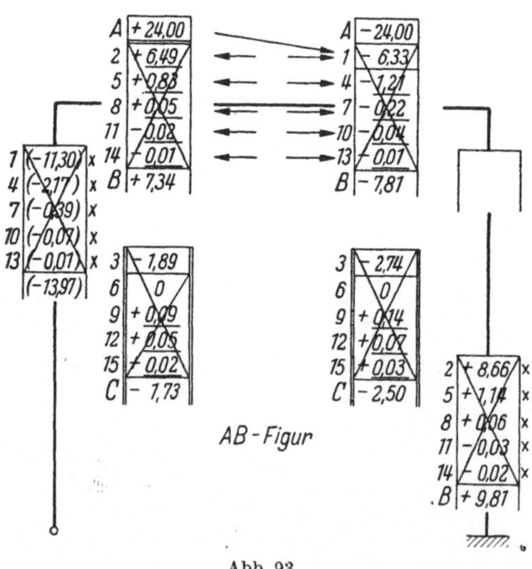

Abb. 93

Zeile A: Stabendmomente für feste Einspannung. Die Werte werden dem Beispiel 6.51 entnommen.

Zeile 1: Ausgleich bei Knoten 2 und Übertragung zum Stabende 3 2. Am Stab 2—3 wird nur dieser Übertragungsbetrag angeschrieben, während der Ausgleichbetrag am Stabende 2 3 vorläufig fortbleibt.

Zeile 2: Wie zuvor bei Knoten 3, Übertragungsbeträge an den Stabenden 2 3 und 4 3.

Zeile 3: Stockwerksausgleich: Die Störung des anfangs bestehenden Gleichgewichts im Stockwerk rührt von den Ausgleichbeträgen an den oberen Stielenden und dem Übertragungsbetrag vom Stielende 43 her. Da die Ausgleichbeträge in der Regel nicht angeschrieben werden, muß man von den Übertragungsbeträgen auf sie schließen, soweit man es kann: Am Stiel 3—4 hat die Störung die Größe

$$\Delta \overline{M}_{3-4} = \Delta M_{34} + \Delta M_{43} = \Delta M_{34} + \gamma_{34}\,\Delta M_{34}$$

oder, da $\Delta M_{34} = \Delta M_{43} : \gamma_{34}$,

$$\Delta \overline{M}_{3-4} = \Delta M_{43}\,(1/\gamma + 1)$$

und weil hier wegen $I = \mathrm{const.}$ $\gamma = 1/2$,

$$\Delta \overline{M}_{3-4} = 3\Delta M_{43}.$$

Am Stiel 1—2 ist kein Übertragungsbetrag vorhanden. Bei solchen gelenkig gelagerten Stielen muß man beim Knotenausgleich daher ausnahmsweise vorsorglich den Ausgleichbetrag mitnotieren. In Zeile 1 steht daher am Stabende 2 1, mit μ_{21} berechnet,

$$\Delta M_{21} = +\,24{,}00\,(-\,0{,}471) = (-\,11{,}30),$$

zum Zeichen der Ausnahme in (...) gesetzt, damit man diesen Betrag nicht etwa in einen späteren Knotenausgleich miteinbezieht. So ist die Störung des Stockwerksgleichgewichtes ohne weiteres mit diesem Ausgleichbetrag identisch. Insgesamt setzt sich das nun auszugleichende Stockwerksmoment aus den Teilbeträgen $3\Delta M_{43}$ und (ΔM_{21}) zusammen.

Da die Ausgleichzahlen ν auf den Bezugsstab l_{12} bezogen sind, sind auch die Teilbeträge des Stockwerksmomentes auf diesen zu beziehen:

$$\overline{M}_{(12)} = \sum_{uo} (\Delta M_{ou} \cdot \Theta) = 3\Delta M_{43}\,\Theta_{34} + (\Delta M_{21})$$

$$= 3 \cdot 8{,}66 \cdot 0{,}643 - 11{,}30$$

$$= +\,5{,}40\ \mathrm{tm}.$$

Dieses gesamte Stockwerksmoment ist mit den Arbeitszahlen ν auszugleichen:

$$\Delta\overline{M}_{1-2} = + 5{,}40 \cdot (-\,0{,}350) = -\,1{,}89 \text{ tm}$$

$$\Delta\overline{M}_{3-4} = + 5{,}40 \cdot (-\,0{,}506) = -\,2{,}74 \text{ tm}.$$

Diese Beträge gelangen in die doppelt geränderten Spalten.

Zeile 4: Knotenausgleich bei 2:
Die vom Stockwerksausgleich herrührenden Beträge werden miteinbezogen:
An Stabende 3 2:

$$(+\,6{,}49 - 1{,}89)\,(-\,0{,}264) = -\,1{,}21 \text{ tm}.$$

An Stabende 2 1:

$$(+\,6{,}49 - 1{,}89)\,(-\,0{,}471) = (-\,2{,}17)\,\text{tm}.$$

Zeile 5: Knotenausgleich bei 3:
An Stabende 2 3:

$$(-\,1{,}21 - 2{,}74)\,(-\,0{,}214) = +\,0{,}83$$
$$(-\,1{,}21 - 2{,}74)\,(-\,0{,}286) = +\,1{,}14.$$

Zeile 6: Stockwerksausgleich.
Das neu entstandene Stockwerksmoment ist

$$\Delta\overline{M}_{(12)} = -\,2{,}17 + 3 \cdot 1{,}14 \cdot 0{,}643$$
$$= -\,2{,}17 + 2{,}18 = +\,0{,}01.$$

Dieser Betrag ist zum Ausgleich zu unbedeutend, weshalb er für das nächste Mal aufgespart wird. In Zeile 6 steht überall 0.

Man muß die 0 nicht schreiben, doch lassen wir besser Zeile 6 nicht leer, weil das die Übersicht erleichtert.

Zeile 7: Knotenausgleich bei 2.

$$(0 + 0{,}83)\,(-\,0{,}264) = -\,0{,}22 \text{ tm}$$
$$(0 + 0{,}83)\,(-\,0{,}471) = (-\,0{,}39)\,\text{tm}.$$

Zeile 8: Knotenausgleich bei 3.

$$(0 - 0{,}22)\,(-\,0{,}214) = +\,0{,}05 \text{ tm}$$
$$(0 - 0{,}22)\,(-\,0{,}286) = +\,0{,}06 \text{ tm}.$$

Zeile 9: Stockwerksausgleich.

$\Delta\overline{M}_{(12)} =$ von Zeile 6	$+\,0{,}01$
Stabende 2 1	$-\,0{,}39$
Stab 3—4 $\qquad 3 \cdot 0{,}06 \cdot 0{,}643 =$	$+\,0{,}12$
	$-\,0{,}26$

An Stab 2—1:

$$(-0,26)(-0,350) = +0,09 \text{ tm}.$$

An Stab 3—4:

$$(-0,26)(-0,506) = +0,13 \text{ tm}.$$

Zeilen 10 und 11:
Knotenausgleiche bei 2 und 3.

Zeile 12: Stockwerksausgleich.

$$\overline{M}_{(12)} = -0,07 - 3 \cdot 0,03 \cdot 0,643 = -0,13 \text{ tm}.$$

An Stab 2—1:

$$(-0,13)(-0,350) = +0,05 \text{ tm}.$$

An Stab 3—4:

$$(-0,13)(-0,506) = +0,07 \text{ tm}.$$

Zeilen 13 und 14: Knotenausgleiche.

Zeile 15: Stockwerksausgleich.

$$\overline{M}_{(12)} = -0,01 - 3 \cdot 0,02 \cdot 0,643 = -0,05 \text{ tm}.$$

An Stab 1—2:

$$(-0,05)(-0,350) = +0,02 \text{ tm}.$$

An Stab 3—4:

$$(-0,05)(-0,506) = +0,03 \text{ tm}.$$

Zeilen B und C: Addition aller Ausgleichbeträge.

Kontrolle der Iteration:

Knoten 2:

$$(+24,00 + 7,34 - 1,73)(-0,264) = -7,81 \text{ tm}$$
$$(+24,00 + 7,34 - 1,73)(-0,471) = (-13,97) \text{ tm}$$

Knoten 3:

$$(-24,00 - 7,81 - 2,50)(-0,214) = +7,34 \text{ tm}$$
$$(-24,00 - 7,81 - 2,50)(-0,286) = +9,81 \text{ tm}$$

Stockwerk:

$$\overline{M}_{(12)} = -13,97 + 3 \cdot 9,81 \cdot 0,643 = +4,93$$
$$+4,93(-0,350) = -1,73 \text{ tm}$$
$$+4,93(-0,506) = -2,50 \text{ tm}$$

Ergebnisfigur (Abb. 94). Hier werden nur die Zeilen A, B, C, D und E ausgefüllt. Sie enthalten die Ausgangsmomente in A, alle Drehungseinflüsse der Knoten in B, des Stockwerkes in C, und in D wird nunmehr der Ausgleich an den Knoten insgesamt nachgeholt:

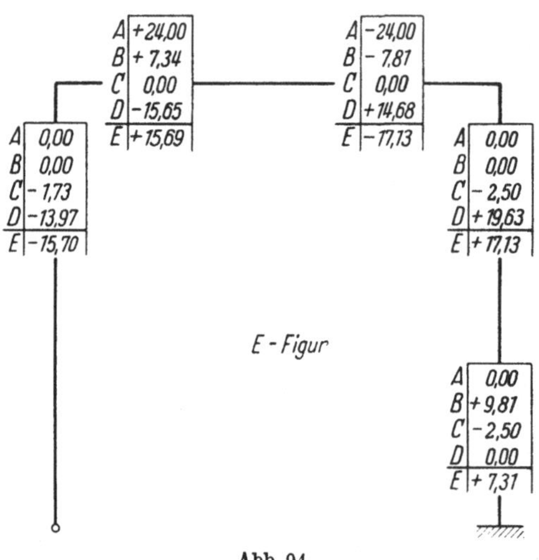

Abb. 94

$$(+ 24{,}00 + 7{,}34 - 1{,}73)\,(- 0{,}529) = - 15{,}65 \text{ tm}.$$

Der Wert für Zeile D an Stabende 2 1 war schon bei der Kontrolle ermittelt.

$$(- 24{,}00 - 7{,}81 - 2{,}50)\,(- 0{,}428) = + 14{,}68 \text{ tm},$$

$$(- 24{,}00 - 7{,}81 - 2{,}50)\,(- 0{,}572) = + 19{,}63 \text{ tm}.$$

Damit ist die Aufgabe gelöst. An den Knoten ist $\sum M = 0$, weil so ausgeglichen wurde. Ferner ist $D_{23} \approx 2\,B_{32}$ und $D_{34} \approx 2\,B_{43}$. Das Stockwerksmoment ist auch verschwunden:

$$\overline{M}_{(21)} = - 15{,}69 + (17{,}13 + 7{,}31)\,0{,}643$$

$$= - 15{,}70 + 15{,}70 = 0.$$

6.53 Beispiel eines zweistieligen Rahmens mit verschiebbaren Knoten (drehbaren Stäben) mit gleichzeitigem Ausgleich an Knoten und Stockwerk (mit Teilverformungen III)

Die Aufgabe sei dieselbe wie unter 6.52. Die Tab. 7 ist bis zur Spalte v mit Tab. 6 identisch. Dahinter werden für die Stiele die Steifigkeiten k^*, die Übertragungszahl γ^* und der Mitdrehungsfaktor δ berechnet. Alle werden in Skizzen eingetragen (Abb. 95 bis Abb. 99).

Tabelle 7

| Stockwerk | Stab | Θ | k | r | $\bar{r}$ | $\bar{\bar{r}}$ | R | ν | $\nu \cdot \bar{r}$ | k^* | γk | $\gamma k + \nu\,\bar{r}$ | γ^* | K_m | δ |
1	2	3	4	5	6	7	8	9	10	11	12	13	14	15	16
	2—1	1	1,333	1,333	1,333	1,333	3,81	−0,350	−0,467	+0,866				2,366	−0,564
	3—4	0,643	2,000	3,000	1,929	1,240		−0,506	−0,976	+1,024	1,000	+0,024	+0,024	2,524	−0,765
	2—3		1,500							1,500			0,500		

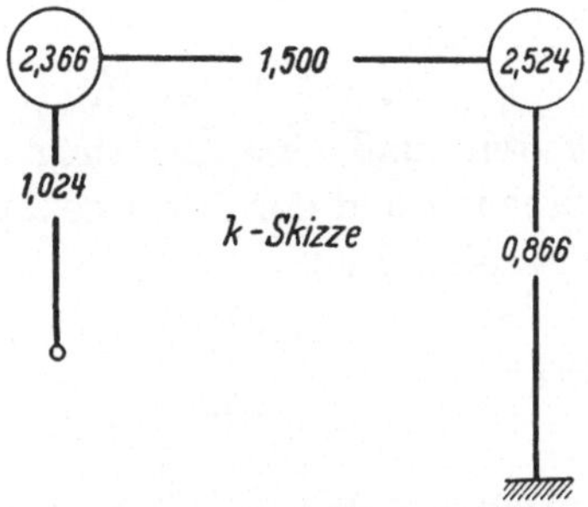

* An Stab 2—1 lies 0 statt —366.

Abb. 95

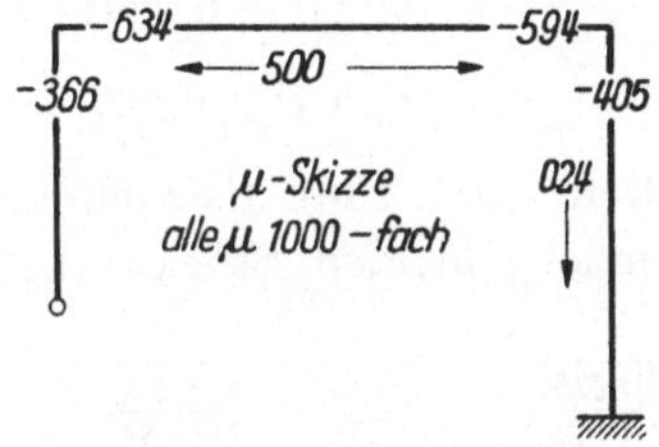

Abb. 96

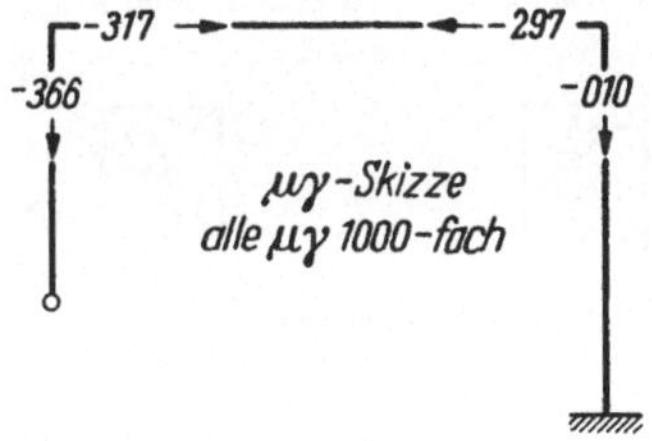

Abb. 97*

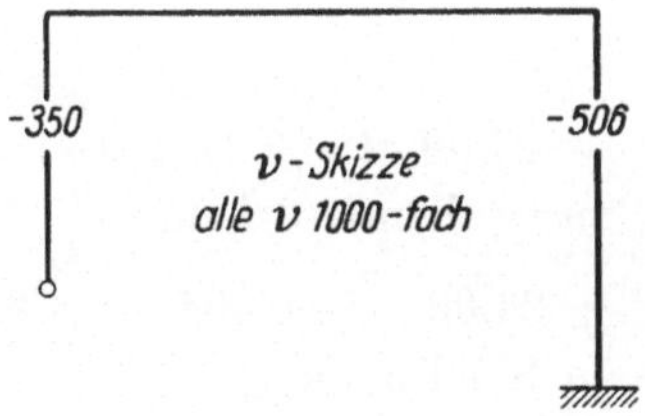

Abb. 98

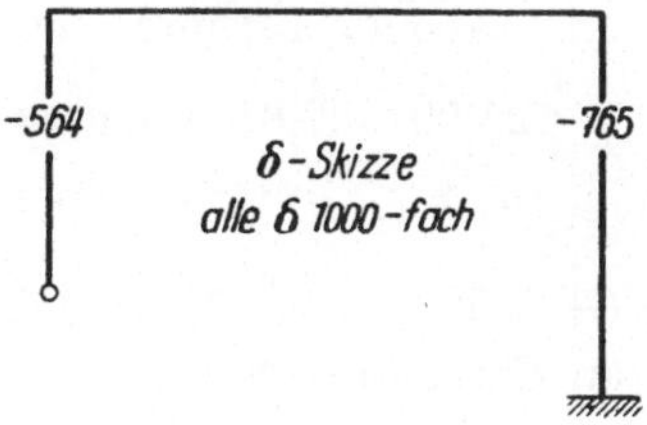

Abb. 99

Kontrollen:

$$\mu_{ml}^{*}\,(1+\gamma_{ml})\,\Theta_{ml}+\delta_m\sum v_{pq}\Theta_{pq}=0.$$

Sie bedeuten, daß eine Änderung des Stockwerksmomentes bei der Knotendrehung und der damit gekoppelten Stabdrehung nicht eintritt.

Von Knoten 2 aus:

$$-\,0{,}366\cdot 1+2\,(-\,0{,}564)\,(-\,0{,}506)\,0{,}643=$$
$$=-\,0{,}366+0{,}366=0.$$

Von Knoten 3 aus:

$$-\,0{,}405\,(1+0{,}024)\,0{,}643+(-\,0{,}765)\,(-\,0{,}350)$$
$$=-\,0{,}267+0{,}267=0.$$

Iteration (Abb. 100). Es kommen nur Knotendrehungen mit gleichzeitig vorsichgehenden Stockwerksdrehungen vor, mit der Ausnahme des zunächst noch nicht behandelten Falles von horizontalen Lasten. Horizontale Lasten werden sofort zu einem Stockwerksmoment umgebildet und mit den Stockwerksausgleichzahlen v ausgeglichen. Sodann setzen die kombinierten Teilverformungen III ein. Das Beispiel wird berechnet wie folgt:

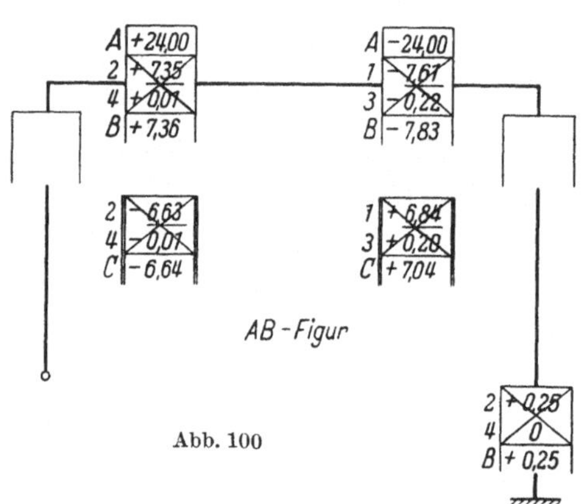

Abb. 100

AB-Figur (Abb. 100)

Zeilen 1: $+\,24{,}00\cdot(-\,0{,}317)=-\,7{,}61\ \text{tm}$
an Stabende 3 2 und

$+\,24{,}00\cdot(-\,0{,}564)\cdot(-\,0{,}506)=+\,6{,}84\ \text{tm}$
an Stiel 3—4.

Zeilen 2: $(-\,24{,}00-7{,}61+6{,}84)\,(-\,0{,}297)=+\,7{,}35\ \text{tm}$
an Stabende 2 3 und

$(-\,24{,}00-7{,}61+6{,}84)\cdot(-\,0{,}765)\,(-\,0{,}350)=-\,6{,}63\ \text{tm}$
an Stiel 1—2.

Zeilen 3: $(+\,7{,}35-6{,}63)\,(-\,0{,}317)=-\,0{,}22\ \text{tm}$
an Stabende 3 2 und

$(+\,7{,}35-6{,}63)\,(-\,0{,}564)\,(-\,0{,}506)=+\,0{,}20\ \text{tm}$
an Stiel 3—4.

Zeilen 4: $(- 0{,}22 + 0{,}20) (- 0{,}297) = + 0{,}01 \text{ tm}$
an Stabende 2—3 und

$$(- 0{,}22 + 0{,}20) (- 0{,}765) (- 0{,}350) = - 0{,}01 \text{ tm}.$$

Die Iteration ist beendet. Die Änderungsbeträge werden in Zeile B aufaddiert.

Kontrollen der Iteration:

Knoten 2:
$$(+ 24{,}00 + 7{,}36 - 6{,}64) (- 0{,}317) = - 7{,}83 \text{ tm}$$
$$(+ 24{,}00 + 7{,}36 - 6{,}64) (- 0{,}564) (- 0{,}506) = + 7{,}04 \text{ tm}$$

Knoten 3:
$$(- 24{,}00 - 7{,}83 + 7{,}04) (- 0{,}297) = + 7{,}36 \text{ tm}$$
$$(- 24{,}00 - 7{,}83 + 7{,}04) (- 0{,}765) (- 0{,}350) = - 6{,}64 \text{ tm}$$

E-**Figur** (Abb. 101). Die Beträge *A*, *B* und *C* werden eingetragen.
In Zeile D werden die gesamten Ausgleichbeträge eingeschrieben:

Knoten 2:

$(+ 24{,}00 + 7{,}36 - 6{,}64)$

$(- 0{,}634) = - 15{,}66 \text{ tm}$

$(+ 24{,}00 + 7{,}36 - 6{,}64)$

$(- 0{,}366) = - 9{,}06 \text{ tm}$

Knoten 3:

$(- 24{,}00 - 7{,}83 + 7{,}04)$

$(- 0{,}594) = + 14{,}70 \text{ tm}$

$(- 24{,}00 - 7{,}83 + 7{,}04)$

$(- 0{,}405) = + 10{,}09 \text{ tm}$

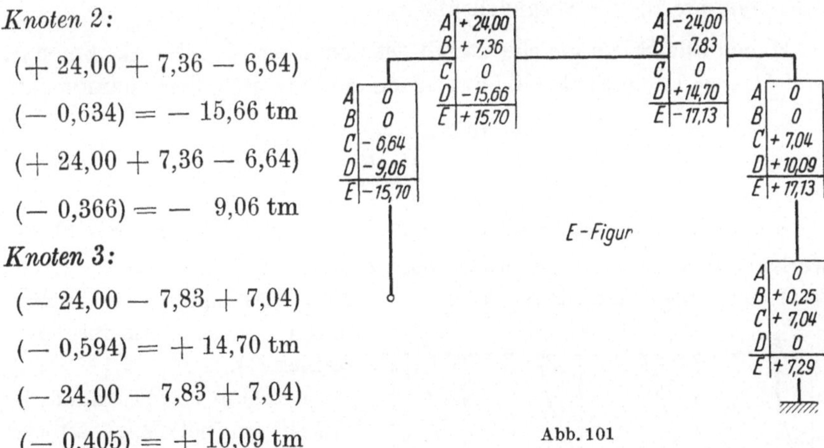

Die Addition $\sum (A + B + C + D)$ ergibt die Ergebnisse in Zeile E.

Stockwerksprobe:

$$- 15{,}70 + (17{,}13 + 7{,}29)\, 0{,}643 = 0.$$

6.54 Beispiel wie 6.52 und 6.53, aber mit Teilverformung VI

6.541 Allgemeines. Bei eingeschossigen Rahmenwerken mit Stabdrehwinkeln ist es nicht immer zweckmäßig, nach dem in Kap. 6.52 oder

6.53 beschriebenen Cross-Verfahren in den gewöhnlichen Formen vorzugehen. Hier empfiehlt sich, mit Teilverformungen I und VI in folgender Weise zu arbeiten:

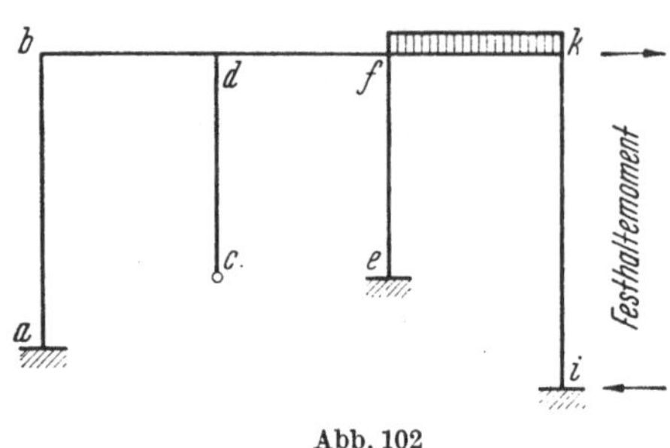

Abb. 102

1. Bestimmung der Stabendmomente infolge der Belastung bei durch ein Festhaltemoment verhinderten Stabdrehungen (Abb. 102) mit Teilverformung I.

Das innere Stockwerksmoment ist, wenn als Bezugsstab $i\,k$ gewählt wird,

$$\overline{M}_{(ik)} = (M_{ab} + M_{ba})\frac{l_{ik}}{l_{ab}} + M_{dc}\frac{l_{ik}}{l_{cd}} + (M_{ef} + M_{fe})\frac{l_{ik}}{l_{ef}} + M_{ik} + M_{ki}$$

oder allgemein

$$\overline{M}_{(ik)} = \sum_{\substack{\text{über alle Stäbe}\\\text{des Stockwerks}}} (M_{mn} + M_{nm})\,\Theta_{mn}.$$

Dieses Stockwerksmoment ist noch auszugleichen. Wir ermitteln daher entsprechende Ausgleichzahlen.

Haben alle Stiele gleiche Länge, ist das innere Stockwerksmoment, weil $\Theta_{mn} = 1$, gleich der algebraischen Summe aller Stielendmomente

$$\overline{M} = \sum_{\substack{\text{über alle}\\\text{Stielenden}}} M_{mn}$$

2. Bestimmung der Stabendmomente, die zu einem inneren Stockwerksmoment $\overline{M} = -1$ gehören (oder zu einem äußeren von der Größe $+1$) ebenfalls nach dem Cross-Verfahren (Bestimmung der absoluten Stockwerksausgleichzahlen ν').

a) Man läßt zunächst durch ein beliebiges äußeres Stockwerksmoment C eine Stieldrehung entstehen, d. h., man gleicht es mittels der Stockwerksausgleichzahlen ν aus, ohne eine Knotendrehung zuzulassen. Das dabei entste-

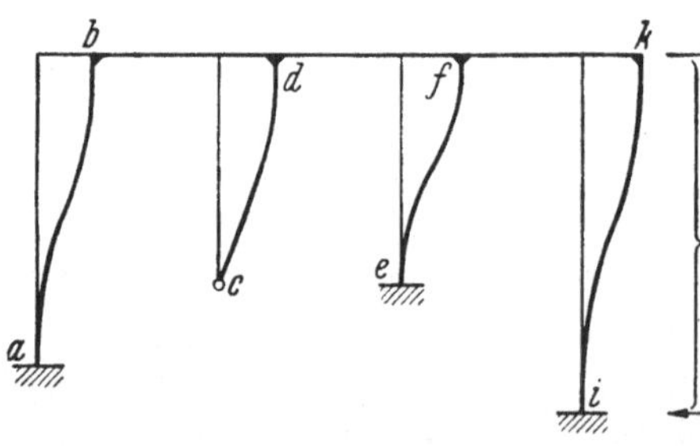

Abb. 103

hende innere Stockwerksmoment ist $-C$. Die zugeordneten Stielendmomente sind (Abb. 103):

$$M^0_{ab} = M^0_{ba} = \nu_{ab}\,C \quad \text{usw. usw.}$$

Wenn C negativ (rechtsdrehend) angenommen ist, sind die M positiv, andernfalls negativ.

b) Jede weitere Stabdrehung wird nun unterbunden gedacht, aber die Knoten dürfen sich drehen. Eine gewöhnliche Crosssche Iteration liefert die richtigen Stabendmomente für diese Verformung.

Das anfangs angreifende äußere Stockwerksmoment C hat den Charakter eines Festhaltemomentes bekommen und sich während der Knotendrehungen nach Bedarf etwas geändert, da sich die Stabendmomente und mit ihnen das innere Stockwerksmoment ändern.

Letzteres habe den Wert $- C'$ angenommen.

c) Da wir die Stabendmomente für ein inneres Stockwerksmoment von der Größe -1 statt für $- C'$ haben wollen, haben wir sie alle durch C' zu teilen:

$$v'_{ab} = \frac{M_{ab}}{C'} \qquad v'_{ba} = \frac{M_{ba}}{C'} \qquad \text{usw.}$$

Sie werden in jedem Fall negativ, da die C' und die M immer verschiedene Vorzeichen haben müssen.

3. Die nach 2b) gewonnenen Ausgleichzahlen können zum Ausgleichen des nach 1 errechneten Stockwerksmomentes dienen.

Im Sinne der allgemeinen Kennzeichnung des Cross-Verfahrens wird im ersten Schritt eine Verformung zugelassen, die nur Knotendrehungen infolge der äußeren Belastung freigibt (Teilverformungsbild I, Abb. 23). Ausgleichzahlen μ und Fortleitungszahlen γ; der zweite Schritt bedeutet eine Verformung, die Knoten- und Stabdrehungen infolge eines Stockwerksmomentes umfaßt (Teilverformungsbild VI, Abb. 34), wobei besondere Stockwerksausgleichzahlen v' (die von den früher benutzten verschieden sind!) benutzt werden.

6.542 Beispiel. Für die erste Phase können wir die Ergebnisse aus 6.51 benutzen, wo ja derselbe Rahmen mit unverschiebbaren Knoten berechnet worden ist. In Abb. 105 sind die dabei ermittelten Stabendmomente in Zeile 1 eingetragen, wobei jedoch die Zahlen abgerundet werden.

Für die zweite Phase, die Bestimmung der absoluten Stockwerksausgleichzahlen, soll zunächst ein äußeres Stockwerksmoment von $-10{,}0$ tm angreifen (rechtsdrehend). Es

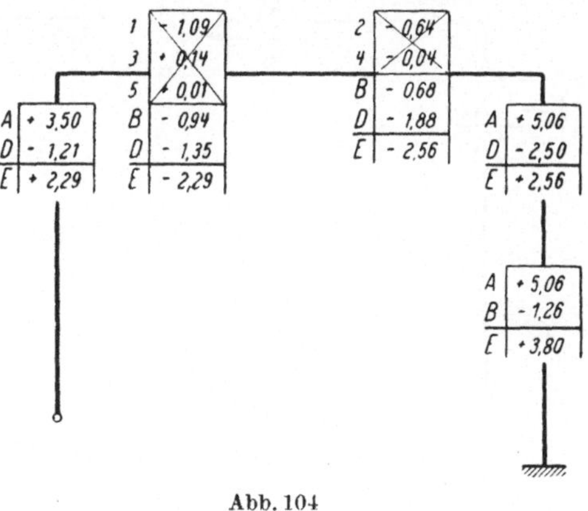

Abb. 104

wird mittels der gewöhnlichen Stockwerksausgleichzahlen v des Beispiels 6.52 ausgeglichen; die dabei wachgerufenen Stabendmomente stehen in Abb. 104 in Zeile A:

$$M_{21} = (-10,0)(-0,350) = +3,50 \text{ tm},$$

$$M_{34} = M_{43} = (-10,0)(-0,506) = +5,06 \text{ tm}.$$

Es folgt die Iteration mit Teilverformungen I wie üblich, während der Riegel liegen bleibt (Zeilen 1 bis 5 und Addition in Zeile B, Kontrolle der Werte in B, Ausgleich D und Ergebnis dieses Teiles der Aufgabe in E).

Das innere Stockwerksmoment ergibt sich jetzt statt zu $+10,0$ tm nur noch zu

$$\overline{M}_{(12)} = +2,29 + (2,56 + 3,80)\frac{4,50}{7,00} = +6,38 \text{ tm};$$

das festhaltende äußere ist entsprechend

$$M^0_{(12)} = -6,38 \text{ tm}.$$

Man benötigt aber die Stabendmomente für $\overline{M}^0_{(12)} = +1$. Daher werden alle Stabendmomente dieser vorerst beliebigen Stieldrehung

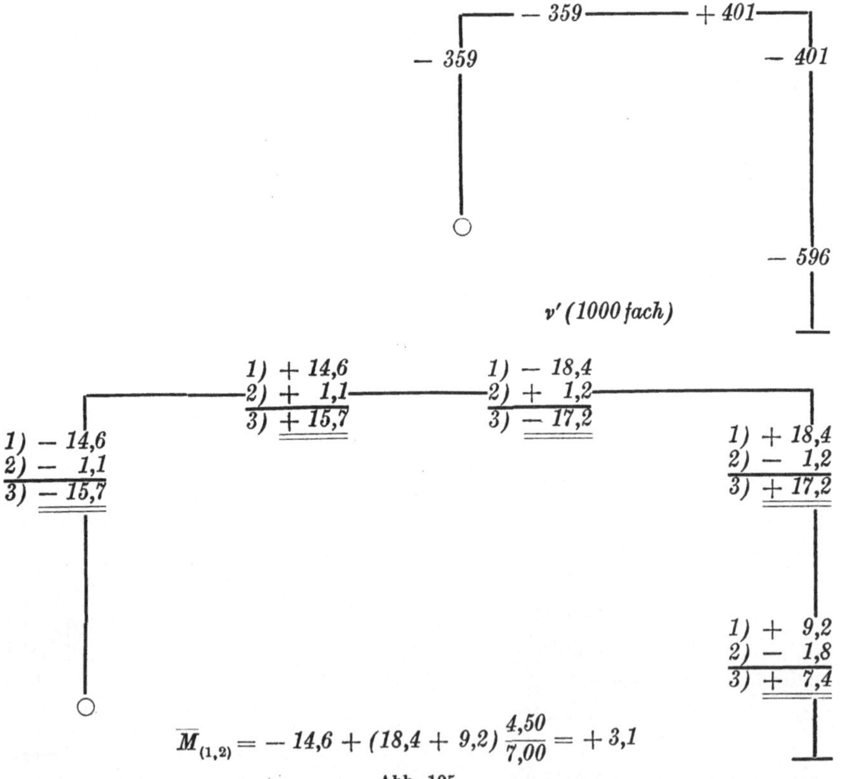

$$\overline{M}_{(1,2)} = -14,6 + (18,4 + 9,2)\frac{4,50}{7,00} = +3,1$$

Abb. 105

durch —6,38 dividiert. Wir nennen sie nun „absolute" Stockwerksausgleichzahlen (Abb. 105 oben), weil sie von den gewöhnlichen Stockwerksausgleichzahlen v zu unterscheiden und ohne weiteres zum Ausgleich eines inneren Stockwerksmomentes verwendbar sind, indem es mit ihnen multipliziert wird.

Wir führen den Ausgleich in Abb. 105 aus.

Erläuterungen zu Abb. 105

Zeile 1: Stabendmomente infolge der äußeren Belastung bei nicht drehbaren Stielen (nicht verschiebbarem Riegel). Unterhalb der Abbildung ist das — innere — Stockwerksmoment $\overline{M}_{(12)}$ ermittelt, das auszugleichen ist.

Zeile 2: Das innere Stockwerksmoment wird mittels der zuvor ermittelten absoluten Stockwerksausgleichzahlen ausgeglichen.

Zeile 3: Addition der Werte in den Zeilen 1 und 2. Es ergeben sich, abgesehen von Abrundungseinflüssen, die bereits in Beispiel 6.53 ermittelten Stabendmomente.

Auf diese Weise können beliebig viele Belastungsfälle bearbeitet werden. Man bestimmt dann besser zuerst die absoluten Stockwerksausgleichzahlen, untersucht jeden Fall senkrechter Belastung zunächst mit nicht drehbaren Stielen, stellt das dabei vorhandene Stockwerksmoment zusammen und gleicht es in derselben Skizze aus.

Jeder Fall horizontaler Belastung durch eine Einzellast in Riegelhöhe läßt sich ohne weiteres als Belastung durch ein Stockwerksmoment deuten, das also dann nur auszugleichen ist.

6.6 Allgemeine Verfahrensregel
(Berechnungsnormung)

Die Berechnung besteht aus diesen einzelnen Phasen:

1. Zeichnen der Rahmenskizze,

2. Auswahl der Teilverformungsart nach der Rahmenform (Knoten verschiebbar oder nicht verschiebbar),

3. Berechnung der Arbeitszahlen (Festwerte),

4. Berechnung der Ausgangsmomente,

5. Iteration = Folge der Ausgleichoperationen,

6. Kontrolle der Iteration,

7. Darstellung der Ergebnisse.

Ich gehe jetzt genauer auf diese einzelnen Phasen ein.

6.61 Anfertigen einer Rahmenskizze

mit Angabe der Stablängen, Stabneigungen, Querschnitte und Belastungen.

6.62 Auswahl der Teilverformungsart

Man wird sich je nach der Aufgabe klar über die Art der Teilverformung, die man anzuwenden hat, u. U. mehrere, die man abwechseln läßt. Damit liegt auch fest, welche Arbeitszahlen zu ermitteln sind (Abb. 106).

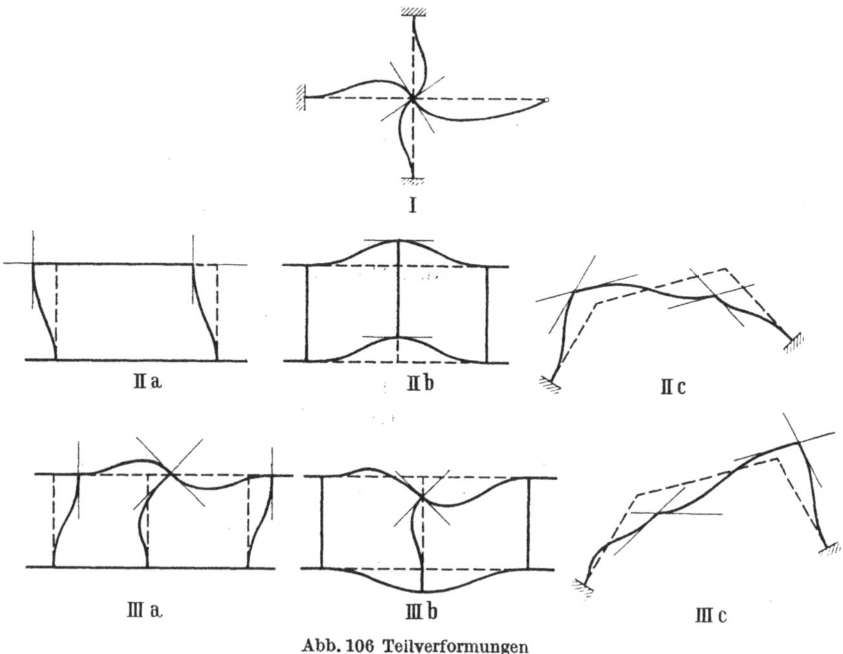

Abb. 106 Teilverformungen

Je nach dem Rahmen wählt man

A. bei Rahmen mit unverschiebbaren Knoten (nicht drehbaren Stäben)

Teilverformung I,

B. bei Rahmen mit verschiebbaren Knoten, sofern diese eine merkliche Rolle spielen (dies ist bei Stockwerkrahmen mit 4 und mehr Stielen unter senkrechten Lasten in der Regel nicht der Fall!)

Teilverformungen I und II

abwechselnd oder

Teilverformung III

mit ihrer viel besseren Konvergenz.

Mit der Wahl der zu benutzenden Teilverformungen entscheidet man sich entweder für eine längere Iteration bei weniger Arbeitszahlen oder für eine kürzere mit mehr Arbeitszahlen. Man hüte sich, das eine ohne weiteres gegen das andere aufwiegen zu wollen. Die Berechnung von weiteren Arbeitszahlen, z. B. für Teilverformung III ist meist so einfach, daß dieser Mehraufwand wegen der viel weniger zahlengefüllten und daher übersichtlicheren Iterationsskizze häufig gern hingenommen wird. Aber es mag dem Geschmack des einzelnen überlassen bleiben, denn es gibt Rahmensysteme, bei denen die Teilverformungen III leicht Verwirrung hervorrufen könnten, der man bei Ermüdung besser aus dem Weg geht. Die Beispiele enthalten beide Lösungsrezepte.

6.63 Vorbereitung der Arbeitszahlen

Man berechnet die Arbeitszahlen und setzt sie in Arbeitszahlenskizzen ein, wie ich sie hier für den häufigsten Fall, daß das Trägheitsmoment stabweise konstant sei, angebe:

Bei Teilverformungen I. a) Berechnung der k in einer Tabelle mit dem Kopf der Tab. 8. Eintragen der k in eine k-Skizze und Eintragen der Knotensteifigkeiten K in die Knotenkreise (Abb. 107).

b) Aus den k und K berechnet man mit dem Rechenschieber die μ und $\mu\gamma$ und trägt sie in die μ-Skizze und die $\mu\gamma$-Skizze ein (Abb. 108 und Abb. 109).

Tabelle 8

Stab	a	I dm⁴	l m	k

Bei Teilverformungen II, die mit Teilverformungen I abwechseln werden, muß man außer den k auch die R berechnen und benutzt eine Tabelle mit dem Kopf der Tab. 9. Hier gruppiert man die Stäbe nach

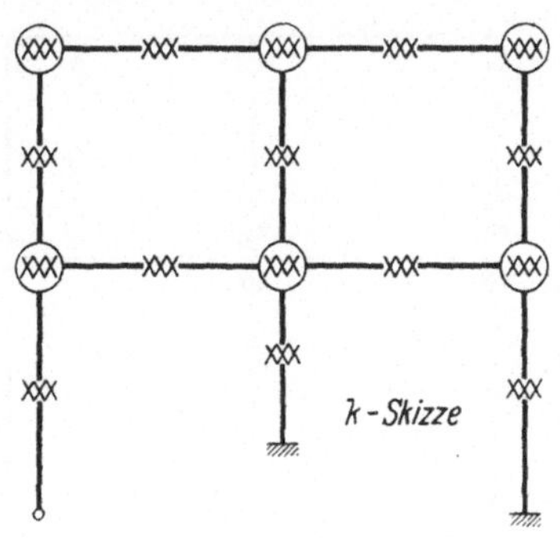

Abb. 107

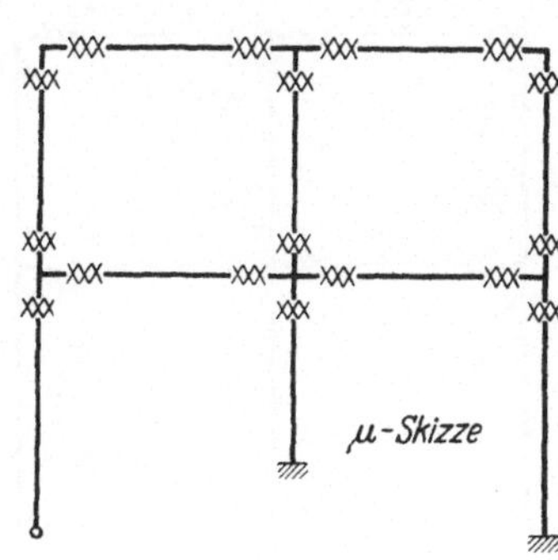

Abb. 108

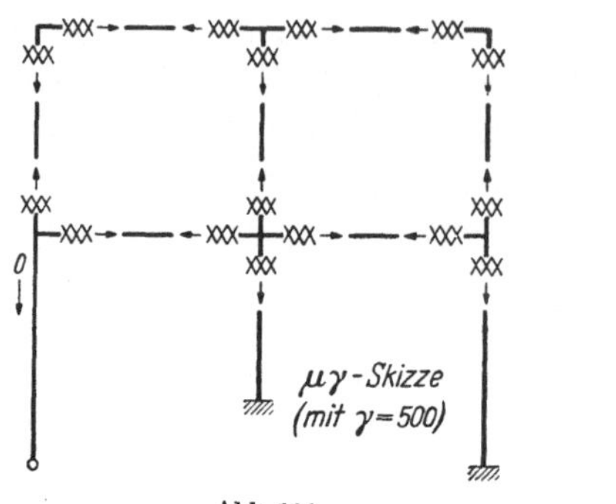

Abb. 109

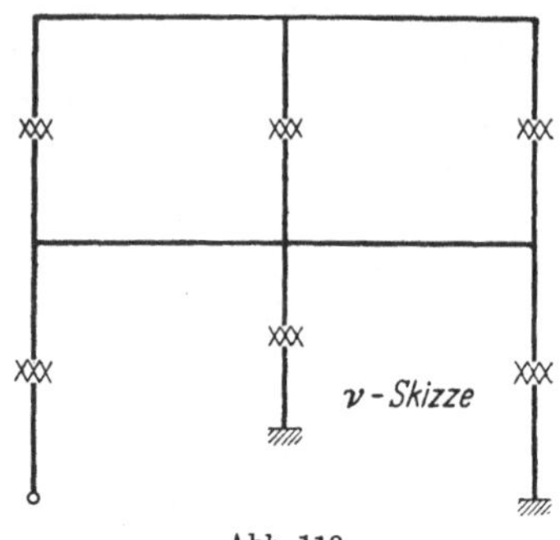

Abb. 110

Stockwerken und berechnet in der Tabelle sogleich die ν, die man in der ν-Skizze zusammenstellt (Abb. 110). Außerdem braucht man die k-Skizze, die μ-Skizze und die $\mu\gamma$-Skizze wie vorher.

Tabelle 9. *Tabellenkopf für Teilverformungen II*

Stock-werk	Stab	a	I dm⁴	l m	k	Θ	r	$\bar{r}$	$\bar{\bar{r}}$	R	ν
I	$a-b$ $i-k$ $p-q$										
II											

Bei manchen Rahmenwerken ist es notwendig, die einzelnen Stockwerke mit ihren Arbeitszahlen getrennt aufzuskizzieren (s. Beispiel D 15).

Bei Teilverformungen III braucht man den Kopf nach Tab. 10, in der man die Stäbe wieder nach Stockwerken gruppiert. Danach fertigt man nacheinander die folgenden Skizzen an:

a) k-Skizze (mit allen k, k^* und K),

b) μ-Skizze mit den μ und μ^*, zugleich mit den γ und γ^* (Abb. 111).

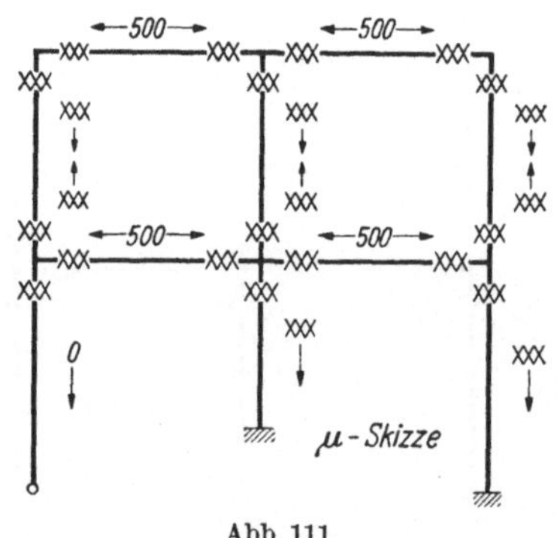

Abb. 111

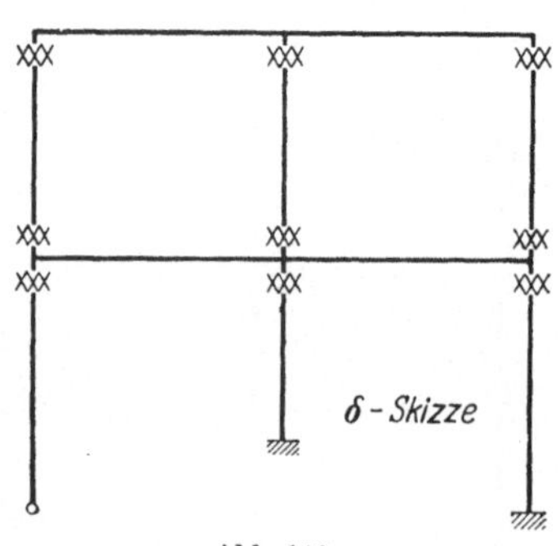

Abb. 112

Tabelle 10. *Tabellenkopf für Arbeitszahlen zu Teilverformung III*

Stock-werk	Stab-ende	Θ	k	r	$\bar r$	$\bar{\bar r}$	R	v_{mn}	$S=\Sigma \bar r$	$v_{mn}S$	k^*	γk	$v_{nm}S$	$\gamma k+v_{nm}S$	γ^*	K_m	$\delta_m=-\dfrac{S_m}{K_m}$
1	2	3	4	5	6	7	8	9	10	11	12	13	14	15	16	17	18
I	$m\,n$																
	$n\,m$																
	$\cdots$																
II	$\cdots$																
	$\cdots$																

Achtung: Falls $J \neq$ const, sind die v in Spalte 9 und 14 verschieden; für jeden Stab sind dann zwei Zeilen ($m\,n$ und $n\,m$) erforderlich, die zwar in Spalte 3 und 13 bis 15 gleiche Werte enthalten. Spalte 8 erhält nur einen Wert je Stockwerk.

Oft mögliche Vereinfachungen:

Stock-werk	Stab	Θ	k	r	$\bar r$	$\bar{\bar r}$	R	v	Spalte fehlt	$v\bar r$	k^*	γk	Spalte fehlt	$\gamma k+v\bar r$	γ^*	K_m	$\delta_m=-\dfrac{S_m}{K_m}$
1	2	3	4	5	6	7	8	9	10	11	12	13	14	15	16	17	18
I	$m\,n$																
	$\cdots$																
	$\cdots$																
II	$\cdots$																
	$\cdots$																

1. Wenn nur einer der vom Knoten m ausgehenden Stäbe sich im Stockwerk dreht, ist $S = \bar r$.
2. Wenn $J =$ const, ist v in Spalte 9, 11 und 15 derselbe Wert, da $v_{mn} = v_{nm}$.

Die meisten Zahlen haben die Form 0, ... z. B. —0,278, so daß es
möglich ist, nur —278 zu schreiben. Daher steht an den Riegeln für
$\gamma = + 0{,}500$ nur 500,

 c) v-Skizze, wie zuvor.

 d) δ-Skizze (Abb. 112).

In einigen einfachen Fällen kann man die entsprechenden v und δ
schon vorab in einer Skizze zu Produkten $v\,\delta$ zusammenfassen, z. B.
bei zweistieligen Rahmen. Bei größeren Rahmenwerken wird dadurch
wohl an Übersichtlichkeit nicht immer gewonnen.

Bei Teilverformungen IV schreibt man an jede Teilbereichsskizze die
Steifigkeiten k und k''' an wie in Abb. 113, wenn die Stablängen und
Lagerungsbedingungen überall dieselben sind. Man gewinnt daraus die
Knotensteifigkeiten K und die an jedem Knoten auszugleichenden
Anteile der Momentensumme aller Riegelknoten:

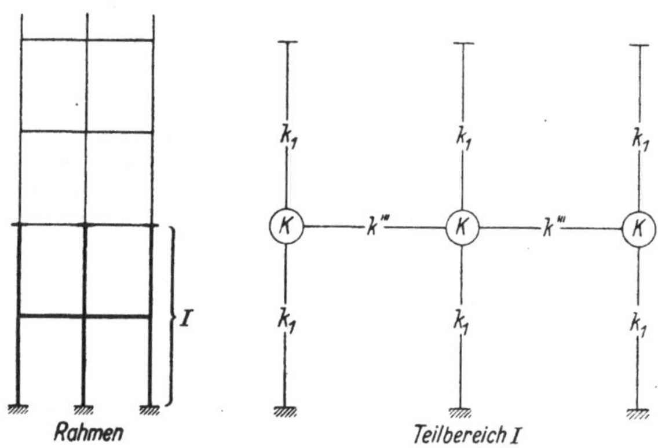

Abb. 113

$$M_p = \frac{K_p}{\underset{p,\,q,\,r}{\sum K}} \underset{p,\,q,\,r}{\sum} \left(\sum M\right) = \mathsf{M}_p \sum \left(\sum M\right)$$

mit
$$\mathsf{M}_p = + \frac{K_p}{\underset{p,\,q,\,r}{\sum K}}\,.$$

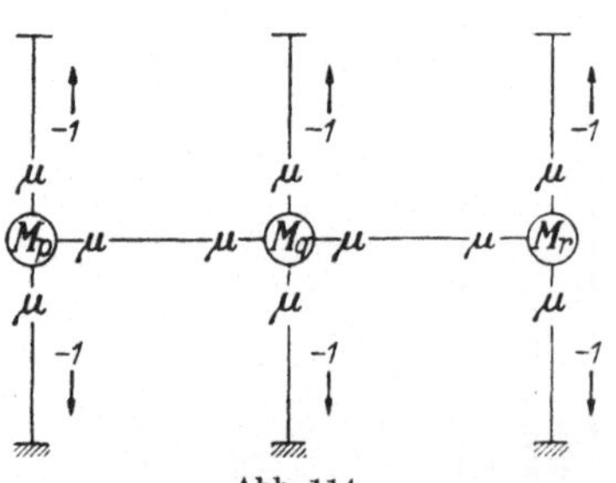

Abb. 114

Diese trägt man in die μ-Skizze dieses
Teilbereiches mit ein (Abb. 114). Die
Übertragungszahlen können nur —1
sein.

Umständlicher wird die Berechnung dieser Zahlen im allgemeinen
Fall, daß die Stiele verschiedene
Länge haben. Dann kann nur einer
der Stiele, der Bezugsstab des Stockwerks, beispielsweise Stab $i\,k$, mit

der Knotendrehung $\varphi = 1$ den Stabdrehwinkel $\vartheta = -\dfrac{\varphi}{2}$ haben. Alle anderen Stiele haben andere Stabdrehwinkel von der Größe $-\dfrac{\Theta\,\varphi}{2}$

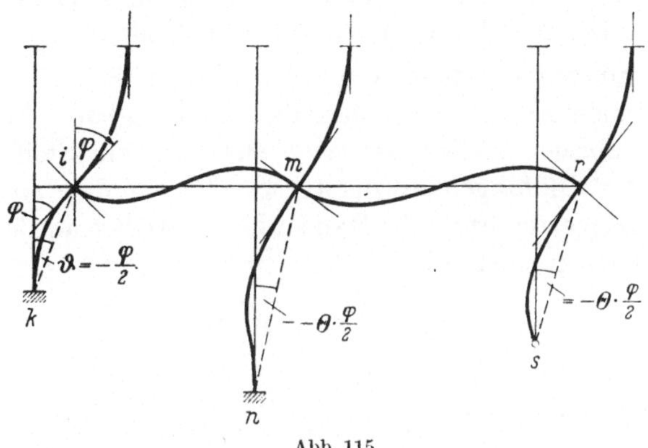

Abb. 115

(Abb. 115). Daher hat nur der Bezugsstiel für $\varphi = 1$ die Steifigkeit $k_1 = \dfrac{1\,E\,I}{l}$, während die anderen die Steifigkeit

$$k^{**} = k\,\varphi + r\,\vartheta = k - \frac{\Theta}{2}\,r = k - \frac{\bar{r}}{2}$$

haben. Auch γ ist nur am Stab $i\,k = -1$; an den anderen Stäben ist

$$\gamma^{**} = \frac{k\,\gamma - \bar{r}/2}{k - \bar{r}/2} = \frac{k\,\gamma - \bar{r}/2}{k^{**}}.$$

Bei Teilverformungen V verfährt man sinngemäß wie bei IV. In Abb. 116 sind die Steifigkeiten für den einfachen Fall des zweistieligen symmetrischen Rahmens angeschrieben.

Bei Teilverformungen VI, die sich in erster Linie bei eingeschossigen Rahmen gut anwenden lassen, zeichnet man eine k-Skizze, eine μ-Skizze, berechnet in einer Tabelle die ν, zeichnet eine ν-Skizze und berechnet damit die absoluten Stockwerksausgleichzahlen ν', wie in 6.54 gezeigt wurde. Die Bearbeitung der verschiedenen Belastungsfälle wird nur an Hand der μ-Skizze und der ν'-Skizze vorgenommen.

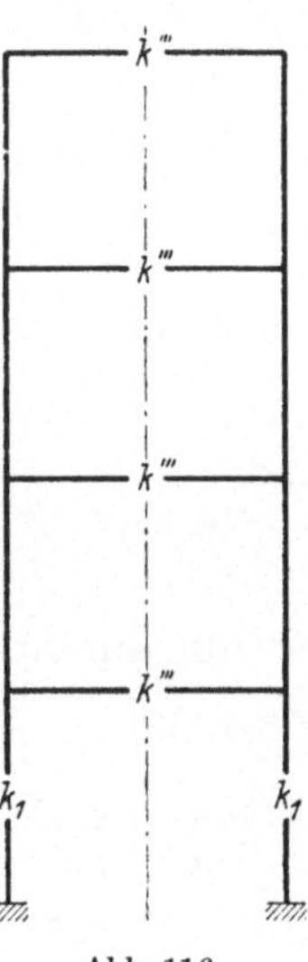

Abb. 116

6.64 Berechnung der Ausgangsmomente

Man berechnet die Stabendmomente infolge der äußeren Lasten unter der Voraussetzung unverrückbarer Knoten sowie die äußeren Stockwerksmomente $\overline{M}_s^0$.

Stabendmomente. Es handelt sich um die Berechnung der Stabendmomente bei einseitiger oder beidseitiger fester Einspannung, eine einfach oder zweifach statisch unbestimmte Aufgabe, deren Lösungen für den Fall $I =$ const aus zahlreichen, überall verfügbaren Tabellen entnommen werden kann. Der Abschn. E dieses Buches enthält sie in Tab. II.

Dagegen müssen wir diese Aufgabe im Fall $I \neq$ const meist selbst lösen und können nur einige Sonderfälle den verfügbaren Tabellen entnehmen. Im übrigen stellen wir sie ebenso wie die Steifigkeiten als Funktionen der Endtangentenwinkel α, β, α^0, β^0 an dem an den Enden frei drehbar gelagerten Stab. An Hand Abb. 61 stellt man für die Enden a und b die Gleichungen auf:

$$X_a\,\alpha_a + X_b\,\beta + \alpha_a^0 = 0,$$
$$X_a\,\beta + X_b\,\alpha_b + \alpha_b^0 = 0.$$

Die Lösungen sind

$$X_a = \frac{-\alpha_a^0\,\alpha_b + \alpha_b^0\,\beta}{\alpha_a\,\alpha_b - \beta^2},$$
$$X_b = \frac{-\alpha_b^0\,\alpha_a + \alpha_a^0\,\beta}{\alpha_a\,\alpha_b - \beta^2}.$$

Wir schreiben wie sonst statt X jetzt M^0 und stellen die Vorzeichen auf Regel A um, indem wir bei a das Vorzeichen ändern:

$$M_{ab}^0 = \frac{\alpha_a^0\,\alpha_b - \alpha_b^0\,\beta}{\alpha_a\,\alpha_b - \beta^2},$$
$$M_{ba}^0 = \frac{-\alpha_b^0\,\alpha_a + \alpha_a^0\,\beta}{\alpha_a\,\alpha_b - \beta^2}.$$

Bei symmetrischen Trägern und symmetrischer Belastung gilt

$$\alpha_a^0 = \alpha_b^0 = \alpha^0; \quad \alpha_a = \alpha_b = \alpha$$

und

$$M_{ab}^0 = -\,M_{ba}^0 = \frac{\alpha_0\,\alpha - \alpha_0\,\beta}{\alpha^2 - \beta^2} = \frac{\alpha_0}{\alpha + \beta}\,\frac{[tm^2]}{[m]}.$$

Ist nur einseitige Einspannung bei a gegeben, so ist $X_b = 0$ und

$$X_a = M_{ab}^0 = \frac{\alpha_a^0}{\alpha_a}.$$

Wie die Endtangentenwinkel erhalten werden, wenn sie nicht aus den Tabellen des Abschn. E entnommen werden können, wurde in Abschn. 5.432 erklärt.

Behandlung von Kragträgern. Kragarme haben die Steifigkeit 0, da sie keinen Widerstand entgegensetzen, wenn sie von der Einspannungsstelle her gedreht werden sollen (Abb. 117). Ein Ausgleich am Knoten m ändert nur die Stabendmomente bei $m\,n$, $m\,p$ und $m\,q$. Der Kragarm bleibt gerade (Abb. 117a).

Steht eine Last auf dem Kragarm (Abb. 117b), so entsteht ein Einspannungsmoment, das sich ebenfalls beim Ausgleich nur in die

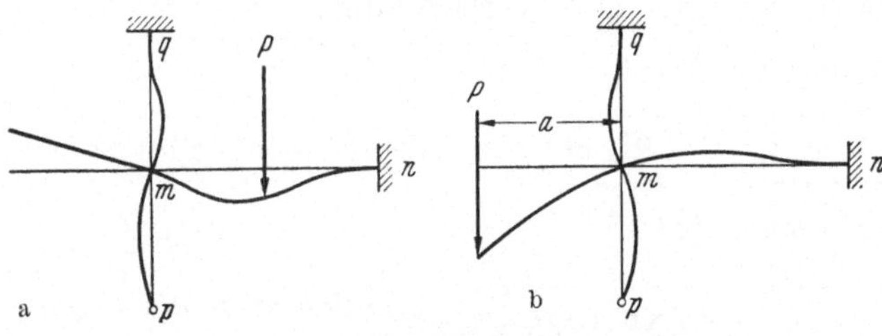

Abb. 117 a u. b

anderen Stäbe hinein auswirkt. Es behält am Kragarm unverändert die Größe $M_k = -Pa$, während an den anderen Stäben die Beträge

$$\mu_{mn}\,(-Pa),\ \mu_{mp}\,(-Pa)\ \text{und}\ \mu_{mq}\,(-Pa)$$

zusammen von der Größe $+Pa$, anzuschreiben sind.

Stockwerksmomente infolge äußerer Lasten. Bei Stockwerkrahmen mit rechtwinkligen Gefachen ist das Stockwerksmoment die mit der Bezugsstablänge vervielfachte, in Höhe des oberen Riegels angreifende Last (Abb. 50).

Greift die Last über die Stielhöhe verteilt an, so ist deren Auflagerkraft in Riegelhöhe einzusetzen, berechnet am System mit unverrückbaren Knoten (Abb. 118), d. h. diejenige Kraft, der man zunächst die Festhaltekraft entgegensetzen müßte.

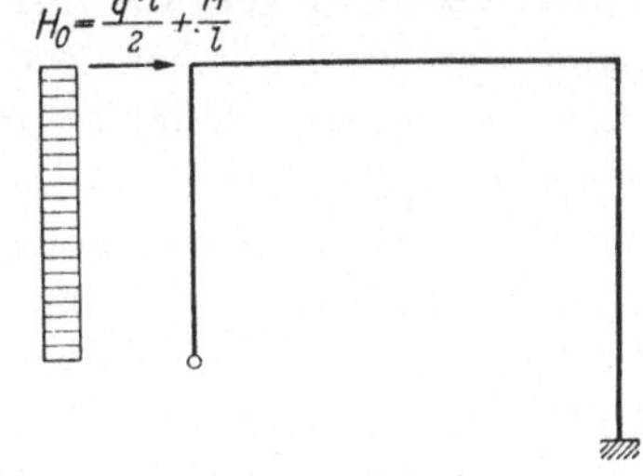

Abb. 118

Ganz allgemein, vor allem bei schiefwinkligen biegesteifen Stabwerken (Abb. 27), ist die Knotenlast in ihre Komponenten senkrecht zu zwei Stäben zu zerlegen, jeder Anteil ist mit deren Länge und ihrem Stabwinkel Θ zu vervielfachen. Man hat dann das auf den Bezugsstab reduzierte Stockwerksmoment.

6.65 Iteration

A. Arbeitsformeln. Die Teilverformungen werden durch Anschreiben der zugeordneten Stabendmomente in einer Rahmenskizze, die wir AB-Figur nennen wollen, vorgenommen, wobei man nach den Arbeitsformeln vorgeht, die man an Hand der Arbeitszahlenskizzen anwendet:

Teilverformung I:

$$\boxed{\Delta^{(2)}M_{nm} = \mu_{mn}\,\gamma_{mn}\sum_{k=n,\ldots}\Delta^{(1)}M_{mk}}$$
an allen Stabenden, die Knoten m gegenüber liegen.

$\varDelta^{(1)}$ sei die vorhergehende Verbesserung oder am Anfang auch das Stabendmoment für volle Einspannung.

$\varDelta^{(2)}$ ist die jeweilige neue Verbesserung.

Teilverformung II:

$$\boxed{\varDelta^{(2)} M_{pq}^{s} = v_{pq} \sum \varDelta^{(1)} M_{pq}^{s}\, \Theta}$$ an allen Stabenden im Stockwerk s

Teilverformung III:

$$\boxed{\begin{aligned} \varDelta^{(2)} M_{nm} &= \mu_{mn}^{*}\, \gamma_{mn}^{*} \sum_{k=n,\dots} \varDelta^{(1)} M_{mk} \\[2mm] \varDelta^{(2)} M_{pq}^{s} &= v_{pq}\, \delta_{m}^{s} \sum_{k=n,\dots} \varDelta^{(1)} M_{mk} \end{aligned}}$$

an allen Stabenden gegenüber Knoten m,

an allen Stabenden der Stockwerke, zu denen Knoten m gehört, außer denen, die m gegenüber liegen.

Die Teilverformungen IV, V und VI nehmen wir bei diesen allgemeinen Anweisungen aus. Ihre Handhabung geht aus den einschlägigen Beispielen hervor (Teil D).

B. *AB*-Figur. Für die *A B*-Figur ist die in Abb. 9 dargestellte Anordnung der Zahlenfächer zweckmäßig. Durch Knotendrehungen entstandene Beträge kommen in die einfach berandeten Fächer, durch Stabdrehungen verursachte kommen in die doppelt berandeten. Da man die *A B*-Figur in dieser Form oft nicht in die Reinschrift übernimmt, benutze man ein recht großes Blatt. Die Zeile A der einfach berandeten Fächer, die erste neben den Knoten, ist für die Ausgangsmomente bestimmt. Die folgenden Zeilen gibt es nur im Konzept. Sie zu numerieren ist zweckmäßig, soweit sie durch Knotendrehungen und etwa zugeordnete Verschiebungen entstehen. Durch reine Stockwerksausgleiche entstandene Stabendmomente zählt man im Gegensatz dazu mit Buchstaben.

Alle in die Fächer eingeschriebenen Beträge sind Stabendmomente. Die von Stockwerksausgleichen herrührenden gelten, falls $I = \text{const.}$ für *beide* Stabenden; man muß, falls $I \neq \text{const.}$, zu jedem Stab zwei Stockwerksausgleichfächer benutzen (s. Beispiel D 19).

Die bei einem Ausgleich berücksichtigten Beträge werden unterstrichen oder durch Kreuzchen markiert. Kreuzchen benutzt man u. U. für die dem Stockwerksausgleich unterzogenen Anteile, die von Knotendrehungen herrühren.

C. Tabellen-Iteration. Mehrere Autoren empfehlen die Ausführung der Iteration in einer Tabelle. Vielfach gehen sie dabei von der dadurch angeblich erzielbaren Erleichterung der statischen Prüfung aus. Dieses

Argument ist überholt, weil der Prüfingenieur nicht mehr nötig hat, die Iteration Schritt für Schritt nachzurechnen, sondern die totalen Verbesserungen in Zeil B kontrolliert. Im übrigen beobachte ich, daß in der Praxis Tabellen kaum je angewendet werden. Sie sind auch in der Tat unanschaulich, man muß darin ständig nach dem nächsten Stabende suchen. Wenn man für die $A\,B$-Figur ein genügend großes Blatt nimmt — man kann dies ja tun, da man es nach der Übernahme der Werte in die E-Figur fortwirft —, gibt es auch keinen Raummangel.

Sehr zu empfehlen ist, die Reihenfolge ganz streng einzuhalten. Cross und andere hielten für tunlich, immer an dem Knoten auszugleichen, der die größte unausgeglichene Momentensumme hatte. Das ist unzweckmäßig, da man diesen Knoten erst heraussuchen muß und weil eine ungeordnete Reihenfolge verwirrend wirkt, selbst wenn der Prüfingenieur jetzt nicht mehr nötig hat, Schritt für Schritt nachzugehen.

Man gehe mit unbeugsamer Folgerichtigkeit von links oben nach rechts und von oben nach unten von Knoten zu Knoten oder von Stockwerk zu Stockwerk und behalte diese Folge während aller Durchgänge bei. Nur den Beginn verlegt man an eine der Stellen mit einem großen unausgeglichenen Momentenüberschuß.

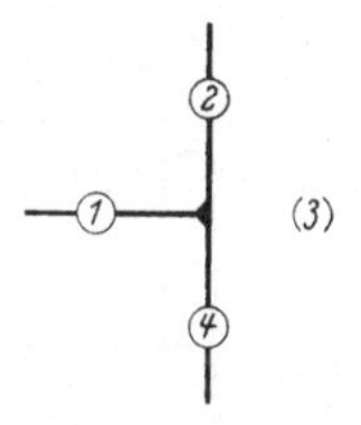

Man gehe ferner um jeden Knoten in der Folge links — oben — rechts — unten herum (Abb. 119). Dadurch erhält die Arbeit einen geordneten Ablauf, weil dem Rechner Entscheidungen erspart werden, die ihm ohnehin keinen durchschlagenden Erfolg bringen.

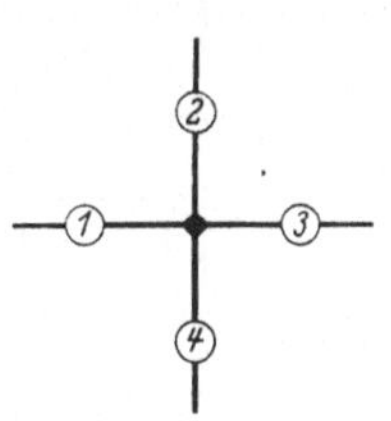

Zur Bildung der verschiedenen Summenwerte benutzt man einen Taschenaddiator.

D. Reihenfolge der Teilverformungen verschiedener Art. Arbeitet man mit Teilverformungen verschiedener Art, etwa I und II abwechselnd, so ist die Reihenfolge diese:

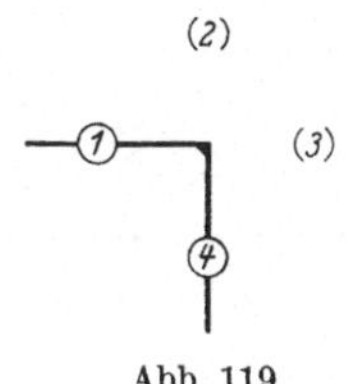

Abb. 119

1. Teilverformung II zum Ausgleich der äußeren Stockwerksmomente,

2. Teilverformungen I an jedem Knoten des Rahmenwerks einmal.

3. Teilverformungen II in iedem Stockwerk des Rahmenwerks einmal.

4. Wiederholung wie 2.

5. Wiederholung wie 3.

usw. abwechselnd wie 2. und 3.

Benutzt man Teilverformungen III, so beginnt man mit einer ersten Teilverformung II, wie soeben unter 1. gesagt. Das weitere hängt nun davon ab, ob die Teilbereiche III Stäbe haben, die zwei benachbarten Stockwerken angehören. Dies ist dann nicht der Fall, wenn die gesamte äußere Stützung des Rahmens an *einem* der Stockwerke angebracht ist,

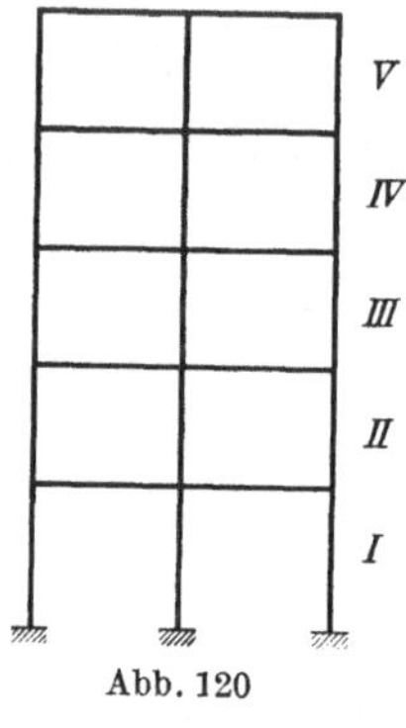

Abb. 120

also bei Stockwerkrahmen (Abb. 120). Hier sind alle Stockwerke voneinander mit ihren drehbaren Stäben völlig unabhängig. Anders ist es bei Rahmenträgern und deren Abarten wie dem Balken auf elastisch senkbaren Stützen (Abb. 121 und 122). Hier macht man sich die Anzahl der unabhängigen Stockwerke am besten an einer Figur klar, in der die federnden Auflager durch sich biegende Stäbe ersetzt sind. Die Stäbe $m\,n$ bei diesen Tragwerken gehören zwei Stockwerken an, nämlich in beiden Fällen II und III.

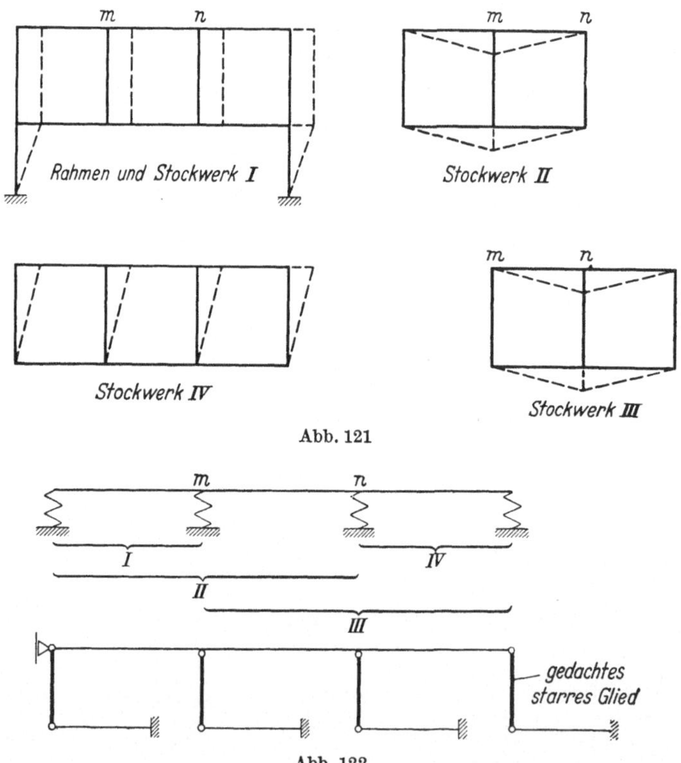

Abb. 121

Abb. 122

Das bedeutet, daß ein in Stockwerk III vorgenommener Ausgleich an diesem Stab Endmomente erzeugt, die, wenn man sodann nach dem

Gleichgewicht im Stockwerk II fragt, dort eine Gleichgewichtsstörung bedeuten. Man muß also nunmehr in II ausgleichen und dabei die vom Ausgleich in III herrührenden Stabendmomente mitnehmen. Bekanntlich laufen die Iterationen mit Teilverformungen I und II ineinander verschränkt einher. Auch wenn mit Teilverformungen III gearbeitet wird, sind zwischengeschaltete Teilverformungen II notwendig, um Änderungen von Stabendmomenten auszugleichen, die durch die erwähnten Stäbe $m\,n$ in Abb. 121 und Abb. 122 auch in einem Nachbarstockwerk mitzurechnen sind.

Ob es in einem solchen Fall nicht zweckmäßig ist, der Klarheit der Notierung und der Iterationsfolge halber von der abwechselnden Anwendung von Teilverformungen II und III abzusehen, steht dahin. Es scheint, als könne man genausogut mit Teilverformungen II und I arbeiten. Es ist zu entgegnen, daß diese Rahmenwerke in der Regel ganz ungünstige Konvergenzverhältnisse haben, so daß jede Konvergenzverbesserung, wie sie die Teilverformungen III mit sich bringen, sehr erwünscht ist.

Jedenfalls aber sind bei einem umfangreicheren Rahmenwerk sehr viel Sorgfalt und Gedankenzucht notwendig, um eine solche Iteration mit Teilverformungen II und III abzuwickeln. Mit Teilverformungen II und I wird der Prozeß länger, aber besser gedanklich mechanisierbar.

6.66 Kontrolle der Iteration

Alle bei den Ausgleichen erzielten Verbesserungsbeträge werden zum Schluß addiert (also ohne Betrag A). Die Summen kommen in die Zeilen B und C. Man kontrolliert in folgender Weise:

Teilverformungen I und II:

An jedem Knoten muß

$$\mu_{mn}\,\gamma_{mn}\underset{\substack{\text{rings um den}\\\text{Knoten } m}}{\sum}(A+B+C)$$

den Betrag B_n des Nachbarknotens geben, und in jedem Stockwerk muß

$$\nu_{pq}\underset{\substack{\text{über alle}\\\text{drehbaren Stäbe}\\\text{des ganzen}\\\text{Stockwerks}}}{\sum}(A+B)\,\Theta=C_{pq}$$

sein.

Bei Teilverformung III gilt

$$\mu^{*}_{mn}\,\gamma^{*}_{mn}\underset{\substack{\text{rings um den}\\\text{Knoten } m}}{\sum}(A+B+C)=B_n$$

und

$$\nu_{pq}\,\delta_m\underset{\substack{\text{über alle drehbaren}\\\text{Knoten des Stock-}\\\text{werkes, zu dem}\\\text{Knoten } m \text{ gehört}}}{\sum}(A+B+C)=C_{pq,\,m}$$

Bei Teilverformungen III erhält man von jedem Knoten Mitdrehungsbeträge, die an einem knotenfremden Stab erst alle zusammen den
Gesamtbetrag C_{pq} ergeben. Die Einzelbeträge $C_{pq,m}$ notiert man am
besten in der hiernach beschriebenen E-Figur gesondert, um sie danach
zu addieren und um die Summe mit C_{pq} zu vergleichen.

6.67 Ergebnisfigur (E-Figur)

Nachdem die Beträge B und C gefunden und kontrolliert sind, ist
die AB-Figur überflüssig und kann vernichtet werden. Für die Reinschrift und insbesondere für die statische Prüfung trägt man die Werte
A, B und C in eine neue Rahmenskizze ein, deren Platzbedarf man nun
übersieht und die man gerade hinreichend groß bemißt. In die nächste
Zeile D kommen die gesamten Ausgleichbeträge der Knotendrehungen
nach der Arbeitsformel:

$$\mu_{mn} \sum_{\substack{\text{über alle Stabenden} \\ \text{dieses Knotens } m}} (A + B + C)$$

Die Summierung $\sum (A + B + C + D)$ liefert das Ergebnis E.

6.7 Rechenproben für Aufstellung und Prüfung

6.71 Allgemeines

Schon bei der Aufstellung müssen alle Berechnungen möglichst zahlreichen und durchgreifenden Kontrollen unterworfen werden.

Bloßes Nachrechnen der vorhandenen Ansätze ist zu unsicher, weil
die Suggestion durch die vorhandenen Zahlen allzuleicht denselben Fehler
durchgehen läßt. Man gehe möglichst einen Weg mit ganz anderen
Zahlen.

Zu kontrollieren sind

a) die Festwerte,	d) der Ausgleich,
b) die Ausgangsmomente,	e) das Endergebnis.
c) die Iteration,	

6.72. Die Kontrolle der Festwerte

entspricht genau der Nachprüfung der Koeffizienten eines Gleichungssystems. Sie unmittelbar auf einem zweiten Weg vorzunehmen ist schwer
möglich. Die Festwerte, die ja auf den Abmessungen und Lagerungsbedingungen des Rahmenwerkes beruhen, werden aber von Formänderungsproben miterfaßt, bei denen meist alle Systemwerte von
Anfang an in neuer Form, also mit denselben Ausgangszahlen, aber in
andersartiger Anordnung, angesetzt werden können. Man wird sie außerdem in der Regel wenigstens durch gegenseitigen Vergleich und qualita-

tive Nachprüfung der Gründe für ihre Unterschiede (Stablängen-
vergleich, Querschnittsvergleich) der Größenordnung nach annähernd
sichern.

Viele Fehler an den Arbeitszahlen lassen sich durch ihren gegenseitigen Vergleich mit hoher Wahrscheinlichkeit beseitigen. Man prüft,
ob bei Teilverformung I

$$\sum_k \mu_{mk} = -1$$

und bei Teilverformung II

$$\sum_s v_{pq}\,\Theta_{pq} = -1,$$

d. h. die Summe der (bezogenen) Ausgleichzahlen für Momente — Knoten-
oder Stockwerksmomente — ist −1.

Bei Teilverformung III ist außerdem in jedem Stockwerk

$$\sum_s \mu_{ml}^* \, (1 + \gamma_{ml}^*)\,\Theta_{ml} + \sum \delta_m \, v_{pq}\,\Theta_{pq} = 0.$$

Natürlich greifen diese Kontrollen nicht ganz durch, da sie auch bei
falscher Berechnung der k stimmen können.

Diese Kontrollen sind bei einigen der Beispiele vorgeführt (s. D 8,
D 15).

6.73 Ausgangsmomente

Dasselbe wie für die Festwerte gilt für die *Ausgangsmomente*. Man
erkennt also den überragenden Wert von Formänderungsproben, die
am Schluß mit dem Ergebnis vorgenommen werden, da sie die einzige
ganz durchgreifende Kontrolle bieten.

6.74 Die Kontrolle der Iteration

ist wie das Einsetzen der ausgerechneten Unbekannten in die Gleichungen. Wie sie vorgenommen wird, wurde in 6.66 beschrieben.

Wem die Drehwinkelgleichungen bekannt sind — ich komme in
Kap. 7 auf sie zurück —, der erkennt die Zusammenhänge bei der
Iterationskontrolle beispielsweise bei Teilverformungen I/II: Der
Knotengleichung

$$K_m\,\varphi_m + \sum_{k=n,\dots} \gamma_{km}\,k_{km}\,\varphi_k + \sum_{\text{bei }m} \bar{r}_{ml}\,\vartheta_s = -\sum_{k=n,\dots} M_{mk}^0$$

$$\updownarrow \qquad\qquad \updownarrow \text{ entspricht } \updownarrow \qquad\qquad \updownarrow$$

$$-B_n\,\frac{1}{\mu_{mn}\gamma_{mn}} \qquad + \sum B_m + \sum C_m \qquad = -\sum A_m,$$

und dieser Ausdruck läßt sich leicht in die Kontrollformel

$$\mu_{mn}\gamma_{mn}\,\sum (A_m + B_m + C_m) = B_n$$

8*

umbauen, denn

$$B_n = \gamma_{mn}\, k_{mn}\, \varphi_m = \frac{k_{mn}}{K_m}\, K_m\, \gamma_{mn}\, \varphi_m$$

und wegen

$$\mu_{mn} = -\,\frac{k_{mn}}{K_m}$$

ist

$$K_m\, \varphi_m = -\,\frac{B_n}{\mu_{mn}\, \gamma_{mn}}\,.$$

Die Stockwerkskontrollen sind ebenso als Einsetzen in die Stockwerksgleichungen zu deuten. Wir unterlassen es hier, dies noch anzuschreiben.

6.75 Der Schlußausgleich

muß die Momentensumme am Knoten zum Verschwinden bringen. Bekanntlich waren die Momente für feste Einspannung (Zeile A) zunächst nicht ausgeglichen. Dann traten die Drehwirkungen B der Nachbarknoten und C der Stockwerke hinzu und machten die Abweichung von Null u. U. noch größer. Der am Ende vorgenommene Ausgleich (Zeile D) ist aber derart, daß die ihm entsprechende Knotendrehung mit den Werten B_n der Nachbarknoten zusammenpaßt und umgekehrt.

Eine Kontrolle ergibt sich daher beim Ausgleich nicht durch $\sum M_{mk}$: denn das ist gerade die Operation, die man vornimmt. Doch besteht ein Zusammenhang zwischen D_{mn} und B_{nm} durch

$$B_{nm} \cdot \frac{1}{\gamma_{mn}} = D_{mn}\,.$$

Diese Kontrolle ist nicht weit durchgreifend, deckt aber gelegentliche Fehler noch auf.

Beim Kani-Verfahren geht man umgekehrt vor, indem man den Ausgleichbetrag durch diesen Ansatz für D_{mn} berechnet und dann zur Kontrolle feststellt, daß $\sum M_{mk} = 0$. Das ist in mathematischer Hinsicht natürlich dasselbe.

6.76 Das Endergebnis

sollte durch Formänderungskontrollen von Grund auf wenigstens stichprobenweise kontrolliert werden, und zwar durch Gleichgewichts- und Formänderungskontrollen.

Daß sich nach dem Ausgleich am Knoten das Gleichgewicht durch $\sum M = 0$ erweisen muß, wurde schon erwähnt. Wenn dies auch im Grunde keine Kontrolle ist, so kann doch ein Versehen vorkommen, und der guten Ordnung halber wird man sogar die notwendigen Zahlenabrundungen so steuern, daß $\sum M = 0$ bis zur letzten geltenden Ziffer stimmt.

Auch im Stockwerk muß Gleichgewicht herrschen. Mit der Probe $\overline{M}_{(ik)} = 0$ erfaßt man nochmals gleichzeitig alle Stabendmomente im Stockwerk zusammen mit den äußeren Stockwerksbelastungen. Diese Kontrolle erfaßt die richtige und vollständige Eintragung der C-Werte an den Knoten und ihre Einbeziehung in die Ausgleiche, denn das eigentliche Gleichgewichtskriterium ist schon die Stockwerkskontrolle nach der Iteration.

6.77 Formänderungskontrollen

Sie können auch Verträglichkeitsproben genannt werden. Sie bestehen darin, daß man die Formänderungen — meist Stabendtangentendrehwinkel oder Knotendrehwinkel — mehrmals aus verschiedenen Ansätzen unabhängig voneinander berechnet und zusieht, ob sie im Hinblick auf den geometrischen Aufbau des Rahmenwerkes zusammenpassen.

Wir unterscheiden die Kontrolle der Knoten- und Stabdrehwinkel sowie die der Stabendtangentendrehungen.

6.771 Kontrolle der Knoten- und Stabdrehwinkel. Sie wird häufig empfohlen, ist aber nichts wesentlich anderes als eine Iterationskontrolle, die man nach den in diesem Buch gegebenen Anweisungen schon vollzogen haben sollte, wenn das zu prüfende Ergebnis vorliegt. Dennoch kann man sie so einrichten, daß man die Koeffizienten nochmals mitkontrolliert und auch der Ausgleich miteinbezogen ist. Sie besteht darin, daß man die Knoten- und Stabdrehwinkel aus den errechneten Stabendmomenten rückläufig auf verschiedene Weise ausrechnet und vergleicht. Diese Kontrollmöglichkeit erwähnte früher bereits KUPFERSCHMID [*18*]. Wenn man statt der Steifigkeiten selbst unmittelbar I und l einsetzt, werden auch die Steifigkeiten k mitkontrolliert.

a) Rahmenwerke mit unverschiebbaren Knoten. Man kann jeden Knotendrehwinkel sooft unabhängig ausrechnen, wie Stäbe von diesen Knoten ausgehen und gewinnt ebensoviele Vergleichsmöglichkeiten. Im Falle $I = $ const gilt für die Stabendmomente des Stabes m—n

$$M_{mn} = M_{mn}^{C} + k_{mn}\,\varphi_m + \frac{1}{2}\,k_{mn}\,\varphi_n$$

und

$$M_{nm} = M_{nm}^{0} + \frac{1}{2}\,k_{mn}\,\varphi_m + k_{mn}\,\varphi_n .$$

Daraus bestimmt man durch die Gleichungen mit der folgenden Matrix:

$$
\begin{array}{cc|c}
\varphi_m & \varphi_n & \\
\hline
k_{mn} & \dfrac{1}{2}\,k_{mn} & M_{mn} - M^0_{mn} \\[2ex]
\dfrac{1}{2}\,k_{mn} & k_{mn} & M_{nm} - M^0_{nm}
\end{array}
$$

$$
\varphi_m = \frac{(M_{mn} - M^0_{mn})\,k_{mn} - (M_{nm} - M^0_{nm})\,\dfrac{k_{mn}}{2}}{k^2_{mn} - \dfrac{1}{4}\,k^2_{mn}}
$$

und daraus mit

$$
M_{mn} - M^0_{mn} = \Delta M_{mn}
$$

sowie

$$
M_{nm} - M^0_{nm} = \Delta M_{nm}
$$

$$
\varphi_m = \frac{\Delta M_{mn} - \dfrac{1}{2}\,\Delta M_{nm}}{\dfrac{3}{4}\,k_{mn}}
$$

und wegen $k = 4EI : l$:

$$
\boxed{\;\varphi_m = \frac{l}{3EI}\left(\Delta M_{mn} - \frac{1}{2}\,\Delta M_{nm}\right)\;} .
$$

Beispiel:

Knotendrehwinkelkontrolle zum Beispiel D 6:

Stab 1—3:

$$
3E\,\varphi_3 = \frac{5,00}{50,0}\left(-\,8,80 + 3,20 - \frac{1}{2}\,(-\,4,00 + 1,20)\right)
$$

$$
= 0,100\,(-\,5,60 + 1,40) = -\,\underline{0,420}.
$$

Stab 3—6:

$$
3E\,\varphi_3 = \frac{5,00}{40,0}\left(-\,4,47 - \frac{1}{2}\,(-\,2,22)\right)
$$

$$
= 0,125\,(-\,4,47 + 1,11) = -\,\underline{0,418}.
$$

Stab 3—4:

$$
3E\,\varphi_3 = \frac{8,00}{100,0}\left(+\,21,23 - 26,66 - \frac{1}{2}\,(-\,27,04 + 26,66)\right)
$$

$$
= 0,080\,(-\,5,43 + 0,19) = -\,\underline{0,418}.
$$

Im Falle eines Durchlaufträgers ordnet man diese Kontrolle der Anordnung der Berechnungsskizze gemäß an und vereinfacht im Falle durchweg gleicher Trägheitsmomente dadurch, daß man

$$3\,E\,I\,\varphi_m = l\left(\Delta M_{mn} - \frac{1}{2}\Delta M_{nm}\right)$$

ermittelt.

Beispiel:

Drehwinkelkontrolle zur Durchlaufplatte von 6.3:

	3,60	(2) 6,20		(3) 6,20	
l	3,60		6,20		6,20
M_0		$-\,0{,}61$	$+\,3{,}27$	$-\,3{,}27$	$+\,2{,}50$
M		$-\,1{,}75$	$+\,1{,}75$	$-\,3{,}26$	$+\,3{,}26$
$M - M^0$		$-\,1{,}14$	$-\,1{,}52$	$+\,0{,}01$	$+\,0{,}76$
$-\frac{1}{2}(M - M^0)$ vom Gegenknoten			$-\,0{,}01$	$+\,0{,}76$	
$(\dots\dots\dots)$		$-\,1{,}14$	$-\,1{,}53$	$+\,0{,}77$	$+\,0{,}76$
$l:I$	2,43		1,82		1,82
$3\,E\,\varphi$		$-\,2{,}77$	$-\,2{,}78$	$+\,1{,}40$	$+\,1{,}38$

An den Vorzeichen von $3\,E\,\varphi$ ist zu erkennen, daß Knoten 2 rechtsherum, Knoten 3 linksherum gedreht wird, was man an der Systemskizze als offenbar richtig einsieht.

b) Rahmenwerke mit verschiebbaren Knoten. Hier ist bei denjenigen Stäben, die drehbar sind bzw. deren Knoten sich gegeneinander verschieben,

$$\varphi_m = \frac{l}{3\,E\,I}\left(\Delta M_{mn} - \frac{1}{2}\Delta M_{nm}\right) - \vartheta_s\,\Theta_{mn}.$$

Das läßt sich an Abb. 75 ohne weiteres einsehen, wenn man bedenkt, daß für ϑ ein anderer Drehsinn bei der Vorzeichenregel gilt. Da ϑ_s der Drehwinkel des Bezugsstabes im Stockwerk sein soll, ist der wirkliche Drehwinkel des betrachteten Stabes $m\!-\!n$

$$\vartheta_s\,\Theta_{mn}.$$

Man geht zur Kontrolle folgendermaßen vor:

1. Benutzung aller nicht drehbaren Stäbe zur Berechnung der Knotendrehwinkel nach der Formel für φ, wobei $\vartheta = 0$.

2. a) Benutzung eines jeden der drehbaren Stäbe der Stockwerke zur Berechnung der Stabdrehwinkel, wobei die Knotendrehwinkel als bekannt eingesetzt werden:

$$\vartheta_s = \frac{1}{\Theta_{mn}}\left[\frac{l\left(\Delta M_{mn} - \frac{1}{2}\Delta M_{nm}\right)}{3\,E\,I} - \varphi_m\right].$$

b) Sollte sich gar kein nicht drehbarer Stiel, also kein unverschieblicher Knoten, im Stockwerk befinden, muß man zunächst den Winkel

$$\varphi_m + \Theta_{mn}\,\vartheta_s = \frac{l\left(\varDelta M_{mn} - \frac{1}{2}\varDelta M_{nm}\right)}{3EI}$$

von allen Knoten aus so oft wie möglich berechnen und dann dadurch einen Vergleich der Stabdrehwinkel anstellen, indem man die als gleich vorauszusetzenden Knotendrehwinkel mit gleichem Index eliminiert.

Beispiel:

Um diese Probe bei Rahmen mit verschiebbaren Knoten zu zeigen wird der Rahmen des Beispiels unter 3.3 und 3.4 kontrolliert:

Stab d—e:

$$3E\,\varphi_d = \frac{6,00}{150}\cdot\left[-6,23 - 6,00 - \frac{1}{2}(-12,04 + 6,00)\right] = -0,368$$

$$3E\,\varphi_e = \frac{6,00}{150}\cdot\left[-12,04 + 6,00 - \frac{1}{2}(6,23 - 6,00)\right] = +0,003.$$

Stab e—f:

$$3E\,\varphi_e = \frac{6,00}{100}\left(-4,13 + \frac{1}{2}\,8,36\right) = +0,003$$

$$3E\,\varphi_f = \frac{6,00}{100}\left(-8,36 + \frac{1}{2}\,4,13\right) = -0,377.$$

Stab g—h:

$$3E\,\varphi_g = \frac{6,00}{120}\left[+2,25 - 7,50 - \frac{1}{2}(-5,83 + 7,50)\right]$$

$$= 0,05\left[-5,25 - 0,84\right] = -0,304$$

$$3E\,\varphi_h = 0,05\left[-5,83 + 7,50 - \frac{1}{2}(+2,25 - 7,50)\right]$$

$$= 0,05\left[+1,67 + 2,63\right] = +0,215.$$

Stab a—d: ($\Theta = 1$, Bezugsstab)

$$3E\,\vartheta_{II} = \frac{8,00}{160}\left[+6,23 - \frac{1}{2}\,11,13\right] - 3E\,\varphi_d$$

$$= +0,033 + 0,368 = +0,401.$$

Stab b—e:

$$3E\,\vartheta_{II} = \frac{1}{1,60}\left[\frac{5,00}{90}\,11,68 - 3E\,\varphi_e\right]$$

$$= 0,625\left[0,648 - 0,003\right] = +0,403.$$

Stab c—f:

$$3E\,\vartheta_{II} = \frac{1}{1,333}\left[\frac{6,00}{90}\left(+8,49 - \frac{1}{2}\,12,31\right) + 0,377\right]$$

$$= 0,75\left[+0,155 + 0,377\right] = +0,399.$$

Man stellt jetzt für Stockwerk II fest $\vartheta_{II} \approx 0,401 \approx 0,403 \approx 0,399$. Alle Abweichungen dieses Ausmaßes lassen sich noch durch die Genauigkeitsgrenze des Rechenschiebers erklären.

Stab e—g:

$$3\,E\,\vartheta_{I} = \frac{4,00}{80}\left[+\,4,49 - 1,33 - \frac{1}{2}\,(-\,2,25 + 1,33)\right] - 3\,E\,\varphi_{e}$$

$$= 0,05\,[3,16 + 0,46] - 0,003$$

$$= +0,181 - 0,003 = \underline{+\,0,178}$$

oder

$$3\,E\,\vartheta_{I} = \frac{4,00}{80}\left[-\,2,25 + 1,33 - \frac{1}{2}\,(4,49 - 1,33)\right] - 3\,E\,\varphi_{g}$$

$$= 0,05\,[-\,0,92 - 1,58] + 0,304$$

$$= -\,0,125 + 0,304 = \underline{+\,0,179}.$$

Stab h—f:

$$3\,E\,\vartheta_{I} = \frac{4,00}{60}\left[+\,5,83 + \frac{1}{2}\cdot 0,13\right] - 3\,E\,\varphi_{h}$$

$$= +\,0,0667 \cdot 5,90 - 0,215$$

$$= +\,0,393 - 0,215 = \underline{+\,0,178}$$

oder

$$3\,E\,\vartheta_{I} = \frac{4,00}{60}\left[-\,0,13 - \frac{1}{2}\cdot 5,83\right] - 3\,E\,\varphi_{f}$$

$$= -\,0,0667 \cdot 3,05 + 0,377$$

$$= -\,0,203 + 0,377 = \underline{+\,0,174}.$$

Die Übereinstimmung der vier Werte

$$3\,E\,\vartheta_{I} \approx 0,178 \approx 0,179 \approx 0,178 \approx 0,174$$

ist wenigstens so befriedigend, daß man nicht neu rechnen muß. Diese Proben sind sehr empfindlich, da sich die Endbeträge meist aus Differenzen von Zahlen annähernd gleicher Größenordnung ergeben.

Um den Formelbestand zu vervollständigen, gebe ich auch die Ausdrücke für die Drehwinkel für den Fall $I \neq$ const an:

$$\varphi_{m} = \frac{\Delta M_{mn} - \gamma_{nm}\,\Delta M_{nm}}{k_{mn}\,(1 - \gamma_{mn}\,\gamma_{nm})} - \vartheta_{S}\,\Theta_{mn}.$$

6.772 Kontrolle der Stabendtangenten-Drehwinkel. Es ist die altbekannte Formänderungsprobe, die man beim Kraftgrößenverfahren immer schon anwendete. Die Probe hat — das muß erkannt werden — nicht das geringste mit dem Rechenverfahren zu tun, das zur Ermittlung der Ergebnisse geführt hat. Sie muß ganz unabhängig sein. Daher ist es nur natürlich, daß bei der Behandlung des Cross-Verfahrens, das mit dem Kraftgrößenverfahren nicht verwandt ist, doch dieselben Kontrolltechniken beschrieben werden müssen, die man von daher schon kannte.

Diese Probe besteht darin, daß man zwischen je zwei an einem Knoten anschließenden Stäben die Spreizwinkel für den Fall eines zwischen ihnen gedachten Gelenkes berechnet, wenn die wirklichen Biegungsmomente im ganzen System, also auch im Gelenk — hier natürlich als äußere Momente — vorhanden sind. Die Spreizwinkel müssen sich zu 0 ergeben.

Die Aufgabe dieses Buches besteht nicht in der Besprechung des Prinzips der virtuellen Verrückungen, der Arbeitsgleichung, des Reduktionssatzes und der Berechnung der Formänderungen. Ich behandle daher diese Dinge hier nicht und muß ausnahmsweise an dieser Stelle den Rahmen der beim Leser vorausgesetzten Vorkenntnisse überschreiten.

Für Leser, die hiervon einiges wissen, führe ich die Probe am Beispiel des Rahmens aus Abschn. 3.3 und 3.4 vor. Man darf aber den Wert dieser Proben nicht unterschätzen. Da man in allen Fällen bis unmittelbar auf die Systemwerte (l, I) und die gegebenen Lasten zurückgeht, ist diese Probe die einzige, die bis dahin durchgreift, also auch die Ausgangsmomente und alle Steifigkeiten erfaßt.

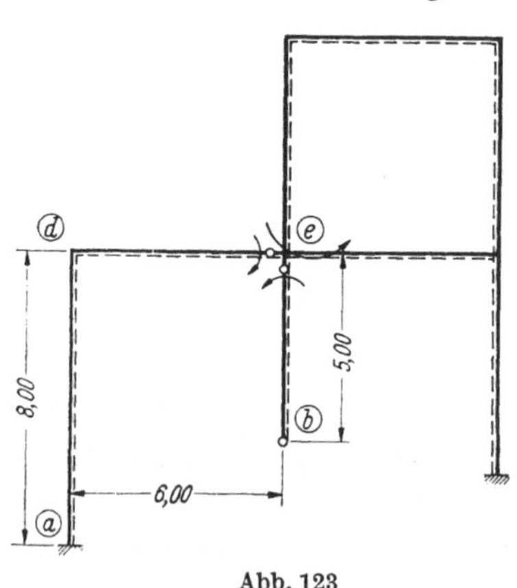

Abb. 123

Kontrollen am Rahmen Abb. 17. Daß er verschiebbare Knoten hat, ist nichts Besonderes. Zunächst denken wir uns im Rahmen den biegungssteifen Zusammenhang zwischen den Stäben e—d und e—b einerseits und dem Knoten e andererseits durch Gelenke aufgehoben, und bringen aber an den Stabenden bzw. dem Knotenrest die bekannten Stabendmomente an (Abb. 123). Wir haben nun den Spreizwinkel $\delta_{ed,eb}$ zu berechnen und benutzen dazu das Prinzip der virtuellen Verrückungen, also die Arbeitsgleichung, indem wir zwischen $e\,b$ und $e\,d$ ein Spreizmoment von der Größe $\overline{\overline{1}}$ anbringen und

$$\overline{\overline{1}} \cdot \delta_{ed,eb} = \frac{1}{E} \int \frac{M\,\overline{\overline{M}}}{I}\,dx$$

aus den Momentenflächen ermitteln. Dabei machen wir vom Reduktionssatz Gebrauch, der es erlaubt, den gedachten Belastungszustand

$\bar{\bar{M}}_{ed,eb} = 1$ an einem aus dem gegebenen Rahmenwerk gebildeten statisch bestimmten Hauptsystem anzubringen und die zugeordneten Momentenflächen zu benutzen. Wir wählen das Hauptsystem in Abb. 124.

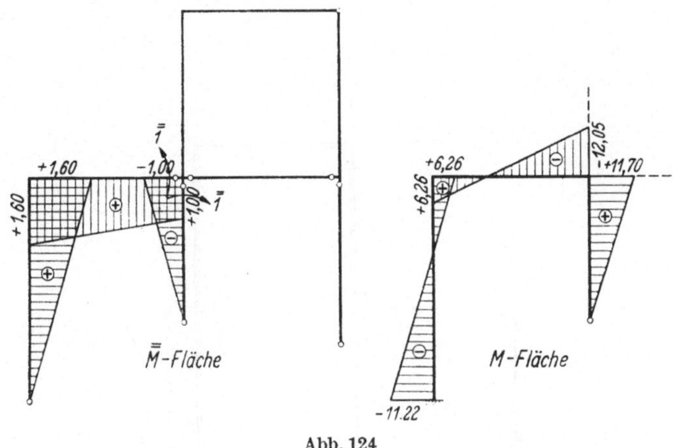

Abb. 124

Der Reduktionssatz erlaubt also, die Momente $\bar{\bar{M}}$ sehr einfach auszurechnen. Damit wird

$$E\,\delta_{ed,eb} = \frac{1}{6} \cdot \frac{8,00}{160}\,(2 \cdot 6,26 - 11,22)\,(+1,60)\ \dots\ \dots\ +0,017$$

$$+\frac{1}{6} \cdot \frac{6,00}{150}\,(+2 \cdot 6,26 \cdot 1,60$$

$$-1,60 \cdot 12,05$$

$$+1,00 \cdot 6,26$$

$$-2 \cdot 1,00 \cdot 12,05)\ \dots\ \dots\ \dots\ -0,114$$

$$*)\ +\frac{1}{3} \cdot \frac{6,00}{150} \cdot \frac{2,00 \cdot 6,0^2}{8}\,(1,600 + 1,00)\ \dots\ \dots\ +0,312$$

$$-\frac{1}{3} \cdot \frac{5,00}{90} \cdot 11,70 \cdot 1,00\ \dots\ \dots\ \dots\ \dots\ -0,217$$

$$\overline{}$$

$$-0,002$$

$$\approx 0$$

Zur Kontrolle an Knoten f kann man ein etwas bequemeres Hauptsystem für den gedachten Belastungszustand wählen (Abb. 126), so daß

---

*) Anteil aus der in Abb. 124 nicht dargestellten Momentenparabel des Riegels infolge q.

nur die M-Flächen zweier Stäbe zu überlagern sind

$$E\,\delta_{fe,fc} = \frac{1}{6} \cdot \frac{6,00}{100}\,(4,17 - 2 \cdot 8,44) \cdot 1,0 \;\ldots\ldots\; - 0,1271$$

$$+ \frac{1}{2} \cdot \frac{6,00}{90}\,(12,33 - 8,53) \cdot 1,0 \;\ldots\ldots\; + 0,1268$$

$$- 0,0003$$

$$\approx 0.$$

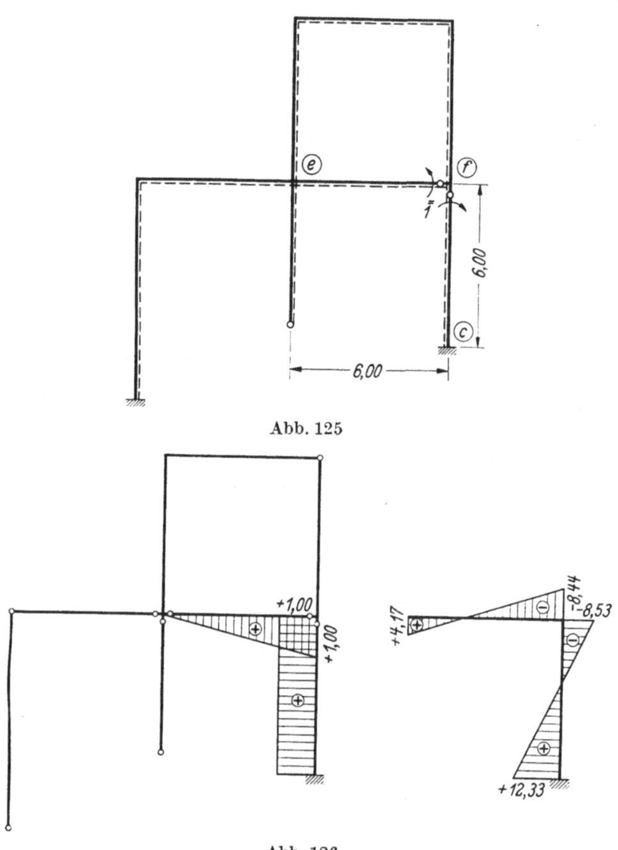

Abb. 125

Abb. 126

6.8 Verfahren bei veränderlichem Stabquerschnitt $I \neq$ const

Im Verfahren ergeben sich überhaupt keine Änderungen. Die Arbeitszahlen sind nach denselben Formeln zu berechnen, als wäre das Trägheitsmoment stabweise konstant. Nur die Stabfestwerte k, γ und r und schließlich auch die Ausgangsmomente sind anders zu berechnen, als oben beschrieben. Sind diese einmal da, vollzieht sich die weitere Rechnung, also z. B. auch die Bestimmung der k^*, γ^* und δ genau wie sonst. Bei unsymmetrischem Verlauf der I-Funktion erhält man aber für jedes Stabende eigene k, r, γ, ν, k^* und γ^*. Die Anzahl der Operationszahlen wird also größer. Man erhält auch nicht mehr die Stabendmomente aus den Stockwerksausgleichen für beide Enden zugleich, sondern muß an jedem drehbaren Stab zwei Fächer mit doppelt gestrichenem Rand einrichten. Hierdurch wird selbstverständlich der Arbeitsaufwand größer; das bedeutet aber nicht, daß solche Aufgaben schwieriger sind. Die größere Genauigkeit bei der Berücksichtigung der Eigenschaften des Systems muß durch mehr Arbeit erkauft werden.

Im übrigen verweise ich auf die Beispiele in Teil D.

6.9 Ausnutzung besonderer Vorteile der Iterationsverfahren

6.91 Vorgriffe im allgemeinen

Da das Cross-Verfahren darin besteht, durch Teilverformungen allmählich den endgültigen Verformungszustand zu erreichen und diesen Gang durch Anschreiben der zugeordneten Momentenänderungen zu verfolgen, muß jeder Einzelschritt mit dem System verträglich sein, und die dazu angeschriebenen Stabendmomente müssen gerade diese Teilverformung einschließlich der Festhaltungen bewirken. Insofern ist also keiner der Schritte willkürlich. Man kann eine Reihe von solchen Teilverformungen beliebiger Größe in mehreren oder allen in Betracht kommenden Teilbereichen vornehmen, um dem Ende der Iteration näher zu kommen, ohne schon sogleich genau rechnen zu müssen. Das einer solchen Teilverformung zugeordnete erzeugende Moment nimmt einen Teil des Ausgleichs vorweg, weshalb dieser Anteil nicht mehr bei den zum Nachbarknoten zu übertragenden Anteilen zu berücksichtigen ist.

Um das Grundsätzliche hieran zu zeigen, führe ich das am Beispiel 6.3 vor:

		②		③	
μ	$-\,360$	$-\,640$		$-\,571$	$-\,429$
$\mu\,\gamma$		$-\,320$	$\to\ \leftarrow$	$-\,286$	
A	$-\,0{,}61$	$+\,3{,}27$		$-\,3{,}27$	$+\,2{,}50$

Es folgt nun ein Vorgriff durch Drehung bei 2 rechts herum entsprechend einem auszugleichenden Knotenmoment von $+\,3{,}00$ tm. Man nimmt möglichst eine runde Zahl, die dem Festhaltemoment $-\,(+\,3{,}27-0{,}61)=-\,2{,}66$ etwa entspricht, aber so abgerundet ist, daß sie die Drehung des Knotens 3, soweit sie sekundär durch Drehung bei 2 bewirkt wird, vorwegnimmt, also $+\,3{,}00$ tm.

	$-\,1{,}08$	$-\,1{,}92$	$\to$	$-\,0{,}96$	

Entsprechend wird bei 3 der Betrag — 1,50 schon vorab ausgeglichen.

| | | | $+0,43$ $\leftarrow$ | $+0,86$ | $+0,64$ |

Nun setzt die Iteration ein:

				$-0,03$	
			$+0,07$		
				$-0,02$	
			$+0,01$		
D		$-0,06$	$-0,11$	$+0,16$	$+0,12$
E		$-1,75$	$+1,75$	$-3,26$	$+3,26$

Dieses Beispiel zeigt, obwohl die Iteration einen Schritt kürzer wird, daß es sich nicht häufig lohnen wird, die Überlegungen für einen günstigen Vorgriff anzustellen, wenn die Knoten unverschiebbar sind. Dagegen kann es bei Rahmen mit verschiebbaren Knoten eher der Fall sein.

Nach KANI würde sich das Vorgreifen in diesem Beispiel so darstellen (Anschreibestellen vertauscht) (Abb. 127):

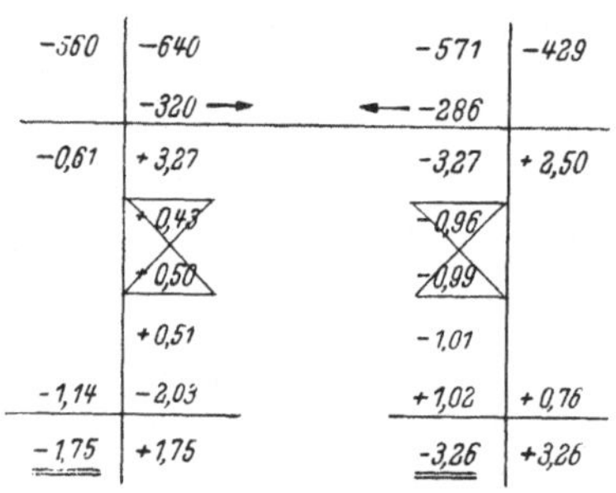

Abb. 127

Man kann hier auskommen, ohne die schon durch die Vorgriffe ausgeglichenen Anteile besonders zu notieren, da man in jedem Schritt ohnehin den jeweiligen Gesamtbetrag immer wieder nochmals ausgleicht. Hier arbeitet das KANI-Verfahren übersichtlicher, aber natürlich ist die Anzahl der Ausgleichschritte dieselbe, was man an den Zahlen feststellen kann.

Die weiter oben beschriebenen Teilverformungen IV und V sind besonders gut zu Vorgriffen verwendbar.

6.92 Berechnete Vorgriffe

6.921 Bei Teilverformungen I. Am besten sind Vorgriffe dort angebracht, wo man nicht besonders überlegen muß, sie richtig zu schätzen. Beim Tragwerk mit nur zwei drehbaren und nicht verschiebbaren Knoten läßt sich genau angeben, daß man an jedem Knoten m um das $\varkappa$-fache vorgreifen muß, wenn

$$\varkappa_{mn} = \frac{\mu_{mn}\,\gamma_{mn}\,\mu_{nm}\,\gamma_{nm}}{1 - \mu_{mn}\,\gamma_{mn}\,\mu_{nm}\,\gamma_{nm}} \;;$$

denn die zum Nachbarknoten n übertragenen Beträge

$$\mu_{mn}\,\gamma_{mn}\,\sum M^0_{mk}$$

kommen in der Größe

$$\mu_{nm}\,\gamma_{nm}\,\mu_{mn}\,\gamma_{mn}\,\sum M^0_{mk}$$

zu m zurück und bilden nach neuerlichem Ausgleich die Reihe

$$\mu\,\gamma\,\mu\,\gamma\,\sum M^0_{mk} + (\mu\,\gamma\,\mu\,\gamma)^2\,\sum M^0_{mk} + \cdots,$$

da wir ja die Ausgleichbeträge selbst vorerst nicht notieren. Das ist eine geometrische Reihe mit dem Quotienten $\mu\,\gamma\,\mu\,\gamma$ der aufeinanderfolgenden Glieder. Die Summe ist also insgesamt

$$(1 + \varkappa)\,\sum M^0_{mk}.$$

Dies setzt zwar voraus, daß die Knoten getrennt behandelt werden (Abb. 128).

Diese Vorgriffstechnik noch weiterzuentwickeln, indem bei längeren Trägern die Bewegungen noch mehrerer Knoten einbezogen werden, verspricht praktisch zu wenig Vorteile, vielmehr droht ein Verlust an Einfachheit des Verfahrens.

μ	-360	$+640$		-571	-429
$\mu\gamma$		$-320 \longrightarrow$	$\varkappa = 0{,}101$ $\longleftarrow -286$		
A	$-0{,}61$	$+3{,}27$		$-3{,}27$	$+2{,}50$
1		$+0{,}27$		$-0{,}94$	
2		$+0{,}24$		$-0{,}08$	
B		$+0{,}51$		$-1{,}02$	
D	$-1{,}14$	$-2{,}03$		$+1{,}02$	$+0{,}77$
E	$-1{,}75$	$+1{,}75$		$-3{,}27$	$+3{,}27$

Abb. 128

Erläuterungen zu Abb. 128:

$$\varkappa = \frac{0{,}320 \cdot 0{,}286}{1 - 0{,}320 \cdot 0{,}286} = 0{,}101$$

Zeile 1: $\qquad (-\,0{,}61 + 3{,}27)\,(1 + 0{,}101)\,(-\,0{,}320) = -\,0{,}94$

und

$$-\,0{,}94 \cdot (-\,0{,}286) \qquad = +\,0{,}27$$

Zeile 2: $\qquad (-\,3{,}27 + 2{,}50)\,(1 + 0{,}101)\,(-\,0{,}286) = +\,0{,}24$

und

$$+\,0{,}24 \cdot (-\,0{,}320) = -\,0{,}08$$

Zeilen B, D und E wie sonst. Wenn die letzten Stellen hier von denen in Beispiel 6.3 abweichen, so liegt das an den dort weniger bequem vermeidbaren Abrundungsfehlern. Das Ergebnis ist insofern hier genauer, doch hat das keine praktische Bedeutung.

6.922 Bei Teilverformungen II. Ebenso wie man den Vorgriff bei
Teilverformungen I aus der geometrischen Reihe ermitteln kann, wenn
es sich um zwei einander benachbarte Knoten handelt, kann man das
bei benachbarten Stockwerken tun. Ebenso wie ein Stab beiden Knoten-
Stabgruppen angehören muß, müssen die Stockwerke einen Stab gemein-
sam haben (Abb. 129). Es sei dies der Stab $m\,n$.

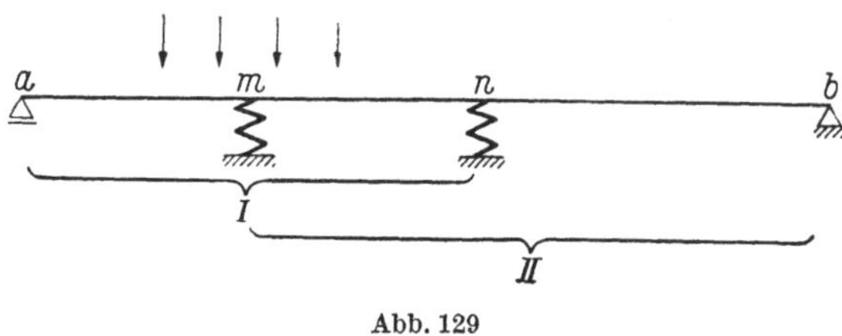

Abb. 129

Wir nehmen an, daß ein äußeres Stockwerksmoment $\bar{M}_\mathrm{I}^0$ im Stockwerk I mit den Stockwerksausgleichzahlen $_\mathrm{I}\nu$ ausgeglichen sei. Am Stab
$m\,n$ seien dann Stabendmomente $_\mathrm{I}\nu_{mn}\,\bar{M}_\mathrm{I}^0$ und $_\mathrm{I}\nu_{nm}\,\bar{M}_\mathrm{I}^0$ entstanden. Sie
sind verschieden, wenn $I \neq$ const. Betrachtet man nun Stockwerk II,
so herrscht dort kein Gleichgewicht. Störend wirkt der Betrag

$$\bar{M}_\mathrm{II}^{(1)} = \sum_{\text{Stab } m\,n} {}_\mathrm{I}\nu\,\Theta_{mn}\,\bar{M}_\mathrm{I}^0.$$

Daher ist dieser auszugleichen. Dazu gehören die Ausgleichszahlen
$_\mathrm{II}\nu_{mn}$ und $_\mathrm{II}\nu_{nm}$. Die am Stab $m\,n$ entstehenden Stabendmomente sind
$_\mathrm{II}\nu \sum {}_\mathrm{I}\nu\,\Theta\,\bar{M}_\mathrm{I}^0$.

Betrachtet man jetzt wieder Stockwerk I, so erkennt man einen das
Gleichgewicht nun wieder hier störenden Betrag

$$\bar{M}_\mathrm{I}^{(2)} = \sum \nu_\mathrm{II}\,\Theta_{mn}\sum {}_\mathrm{I}\nu\,\Theta_{mn}\,\bar{M}_\mathrm{I}^0 = \bar{M}_\mathrm{I}^0\,\Theta_{mn}^2 \sum {}_\mathrm{I}\nu \sum {}_\mathrm{II}\nu.$$

Wenn vorher die Stabendmomente an Stab $m\,n$ in Stockwerk I — man
muß natürlich die zu Stab $m\,n$ aus verschiedenen Stockwerken herrührenden Beträge getrennt notieren —

$$_\mathrm{I}\nu\,\bar{M}_\mathrm{I}^0$$

betrugen, so tritt nun

$$_\mathrm{I}\nu\,\bar{M}_\mathrm{I}^0\,(\Theta_{mn}^2 \sum {}_\mathrm{I}\nu \sum {}_\mathrm{II}\nu)$$

hinzu, so daß sich eine geometrische Reihe von der Form

$$\sum_{p=0,1,2\ldots} {}_\mathrm{I}\nu\,\bar{M}_\mathrm{I}^0\,(\Theta_{mn}^2 \sum {}_\mathrm{I}\nu \sum {}_\mathrm{II}\nu)^p$$

bildet, deren Summe $(1 + \lambda)\,{}_\mathrm{I}\nu\,\bar{M}_\mathrm{I}^0$ mit

$$\lambda = \frac{\Theta^2 \sum \nu_\mathrm{I} \sum \nu_\mathrm{II}}{1 - \Theta^2 \sum \nu \sum \nu}$$

ist. So erhält man eine neue Art von Stockwerksausgleichzahlen für ein auszugleichendes Moment $\overline{M}_I = 1$, nämlich

$$_I\overline{\nu} = {_I\nu}(1 + \lambda_{mn}).$$

Dazu gehören in Stockwerk II

$$_I\overline{\nu} = {_{II}\nu} \, \Theta \sum {_I\overline{\nu}}.$$

Die Übereinstimmung der Form mit dem Vorgehen bei Teilverformungen I ist offenkundig. Unter

$$\sum {_I\nu} \sum {_{II}\nu} \quad \text{ist} \quad (_I\nu_{mn} + {_I\nu_{nm}})\,(_{II}\nu_{mn} + {_{II}\nu_{nm}})$$

zu verstehen; dieser Ausdruck wird im Falle $I = $ const zu $4\,{_I\nu}{_{II}\nu}$. Abb. 130 liefert eine Übersicht.

Übersicht

gewöhnliche Ausgleichszahlen ν:

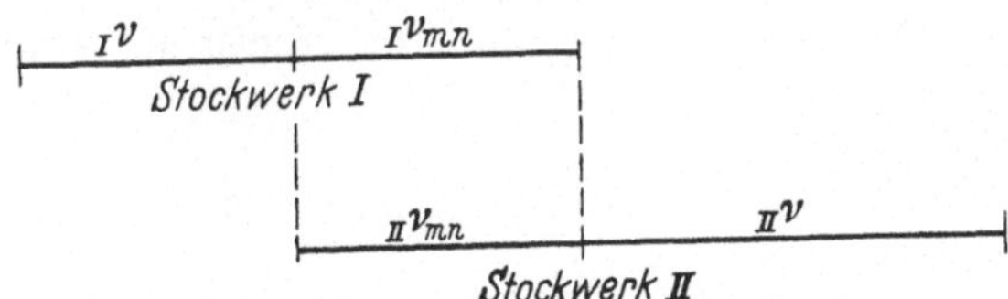

totale Ausgleichszahlen $\overline{\nu}$:
Fall I Auszugleichendes Stockwerksmoment $\overline{M}_I = 1$:

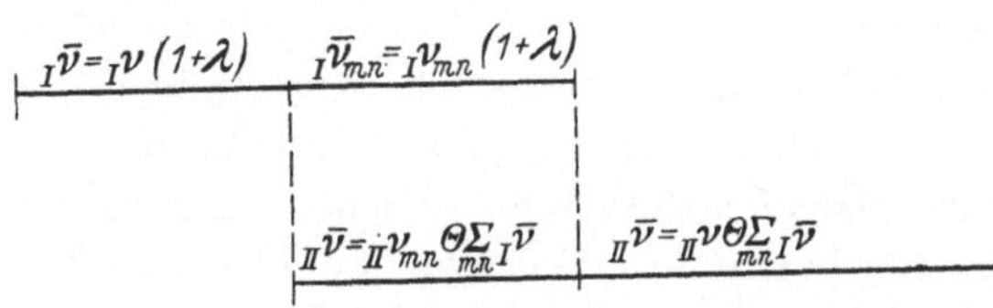

Fall II Auszugleichendes Stockwerksmoment $\overline{M}_{II} = 1$:

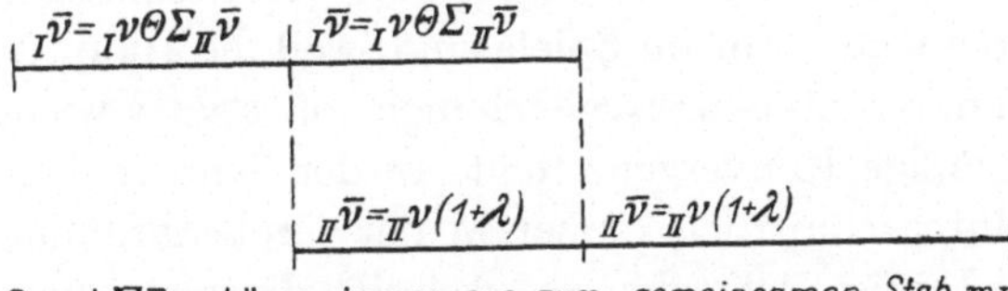

Abb. 130

Der Berechnung dieser neuen Stockwerksausgleichzahlen $\overline{\nu}$ läßt man eine Kontrolle folgen. Man bildet in jedem Stockwerk aus allen dort vorhandenen Stabendmomenten — das sind die Ausgleichzahlen! — die Stockwerksmomente und muß im einen Stockwerk 0 und in dem mit dem auszugleichenden Moment −1 erhalten. Man darf dabei nicht übersehen, daß in beiden Stockwerksmomenten von Stab $m\,n$ *alle* Ausgleichzahlen vorkommen müssen.

In Beispiel D 15 ist dieses Verfahren benutzt.

6.93 Änderung der Querschnittsabmessungen des Rahmens

Stellt sich nach der ersten Berechnung des Rahmens heraus, daß man die Querschnitte falsch geschätzt hat und sie für die endgültige Berechnung ändern muß, so daß sich mehrere Festwerte ändern, so nimmt man die Werte aus Zeile B der ersten Berechnung als Vorgriffe. Damit spart man sich einen großen Teil der Iteration, nachdem man jedoch die Arbeitszahlen neu errechnet hat.

Man wird dann im Sinne von Kani mit den Gesamtwerten immer neue und genauere Werte B ermitteln, die von den ersten nur im Bereich der geänderten Querschnitte, aber auch hier meist nur wenig abweichen werden.

7 Ableitung des Verfahrens von Cross parallel mit dem von Kani aus dem Drehwinkelverfahren

Während das Kani-Verfahren von Anfang an aus dem Drehwinkelverfahren abgeleitet wurde, tat man beim Cross-Verfahren allgemein so, als sei es überhaupt nur anschaulich zu verstehen und zu beweisen. Ich erwähnte aber schon, daß man das Cross-Verfahren als die Iterationslösung eines Gleichungssystems ansehen kann, deren Konvergenz bereits Gauss für bestimmte Bedingungen bewiesen hat. Die Bedingungen, nämlich — vereinfacht ausgedrückt — das Überwiegen der Hauptdiagonal-Koeffizienten, sind bei diesem Gleichungssystem, das nach dem Drehwinkelverfahren aufzustellen ist, meist mehr oder weniger gut erfüllt, und zwar weniger gut, wenn Knotenverschiebungen (oder Stabdrehungen) mit im Spiele sind, weil die Hauptdiagonalglieder in den sogenannten Stockwerksgleichungen oft relativ wenig überwiegen, woraus die mäßige Konvergenz folgt. In den Knotengleichungen überwiegen sie durchschnittlich immer in der Größenordnung von mindestens 4 : 1, und meist viel mehr, wodurch sich die vorzügliche Konvergenz erklärt, die sowohl das Cross- als auch das Kani-Verfahren für Rahmen mit unverschieblichen Knoten so beliebt gemacht hat, während man gern die genaue Berechnung der Rahmenwerke mit Knotenverschiebungen vermeidet, trotz aller Lobpreisungen der hierfür verfügbaren Verfahren.

Immerhin ist festzustellen, daß das Cross-Verfahren bisher in seiner Anwendung auf Rahmenwerke mit verschiebbaren Knoten viel zu wenig gebräuchlich geworden ist. Selbstverständlich ist es dabei ebenso anwendbar wie das Kani-Verfahren, obwohl dies noch heute geleugnet wird. Die Crosssche Iteration ist aber so viel leichter durchzuführen als die nach Kani, weil die zu rechnenden Beträge immer kleiner werden, so daß hier m. E. eine Möglichkeit liegt, die bedauerliche Scheu vor der genauen Berechnung solcher Rahmenwerke allgemeinerer Form zu vertreiben.

Um das Vorurteil gegen das Cross-Verfahren zu widerlegen, leite ich es parallel mit dem von Kani aus dem Knotendrehwinkel-Verfahren ab.

7.1 Gleichungen des Drehwinkelverfahrens

a) Das nach einer Belastung des Stabes, nach einer Drehung der Knoten m und n und einer Verschiebung des Knotens m gegen den

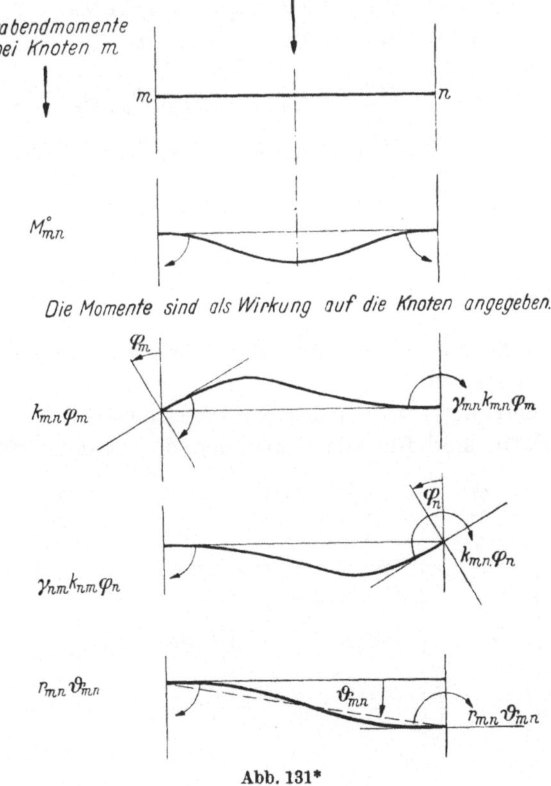

Abb. 131*

---

* In den beiden unteren Skizzen rechts lies k_{nm} und r_{nm} statt k_{mn} und r_{mn}.

9*

Knoten n (oder umgekehrt) am Stabende mn vorhandene Stabendmoment ist (Abb. 131)

$$M_{mn} = M^0_{mn} + k_{mn}\,\varphi_m + k_{nm}\,\gamma_{nm}\,\varphi_n + r_{mn}\,\vartheta_{mn}. \qquad (0)$$

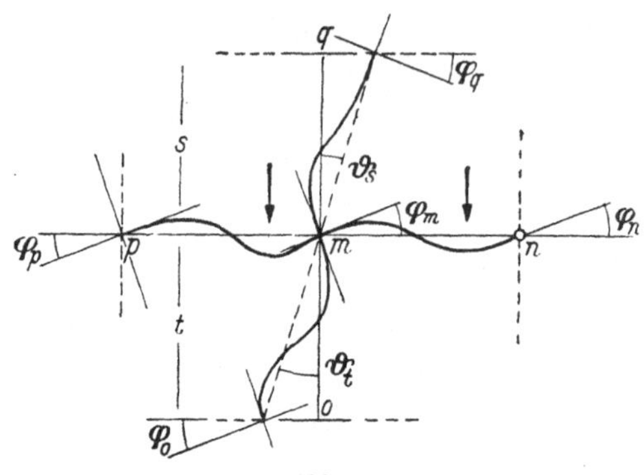

Abb. 132

b) Treten an einem Knoten mehrere Stäbe mk zusammen, so gilt an ihm $\sum M_{mk} = 0$, da er ja unter allen auftretenden Wirkungen in Ruhe bleibt (Abb. 132). Daraus entsteht für den Knoten m eine Knotengleichung mit den Größen

$$\varphi_m,\ \varphi_n,\ \varphi_o,\ \varphi_p,\ \varphi_q,\ \vartheta_s,\ \vartheta_t,$$

die in dieser Gleichung unbekannt sind:

$$M_{mn} = M^0_{mn} + k_{mn}\,\varphi_m + \gamma_{nm}\,k_{nm}\,\varphi_n$$

$$M_{mo} = M^0_{mo} + k_{mo}\,\varphi_m + \gamma_{om}\,k_{om}\,\varphi_o + r_{mo}\,\vartheta_{mo}$$

$$M_{mp} = M^0_{mp} + k_{mp}\,\varphi_m + \gamma_{pm}\,k_{pm}\,\varphi_p$$

$$M_{mq} = M^0_{mq} + k_{mq}\,\varphi_m + \gamma_{qm}\,k_{qm}\,\varphi_q + r_{mq}\,\vartheta_{mq}$$

$$\sum_k M_{mk} = 0 = \sum_{k=n,o,p,q} M^0_{mk} + \varphi_m \sum_k k_{mk} + \sum_k \gamma_{km}\,k_{km}\,\varphi_k + \sum r_{ml}\,\vartheta_{ml} \qquad (1)$$

oder

$$K_m\,\varphi_m + \sum_k k_{km}\,\gamma_{km}\,\varphi_k + \sum_l r_{ml}\,\vartheta_s = -\sum_k M^0_{mk}. \qquad (1a)$$

($r_{ml}\,\vartheta_s$ für $r_{ml}\,\vartheta_{ml}$ im allgemeinen Fall, daß ml nicht Bezugsstab in irgendeinem Stockwerk s ist.)

Entsprechend entsteht für jedes Stockwerk eine Stockwerksgleichung (Abb. 133). Darin sind für alle Stabenden die Ansätze (0) sinngemäß

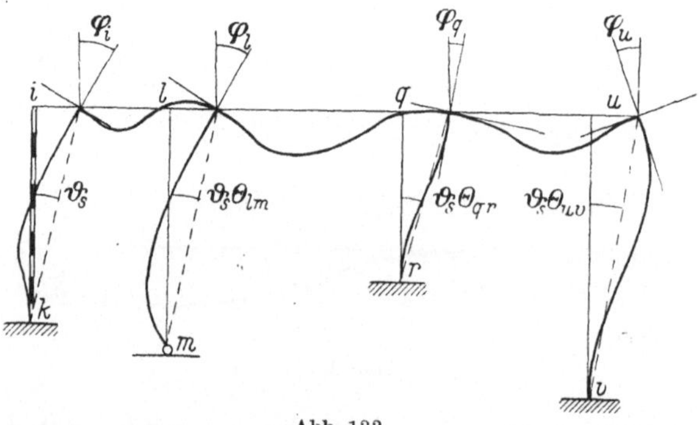

Abb. 133

einzusetzen; für Stabende $m\,l$ steht natürlich wegen des Gelenkes kein Betrag. Wegen der zwangläufigen Kopplung können alle Stabdrehwinkel auf einen, nämlich den des Bezugsstabes zurückgeführt werden. Da es hier nicht darauf ankommt, die Herleitung der Drehwinkelgleichung zu zeigen, schreiben wir die Stockwerksgleichung ohne weiteres hin (gültig für das Stockwerk s mit dem Bezugsstab $i\,k$):

$$\sum_{\text{im Stockwerk}} \varphi_{ml}\,\bar{r}_{ml} + \vartheta_s\,R_{s(ik)} = -\,\overline{M}^0_{s(ik)}\,. \tag{2}$$

Man ordnet diese Gleichungen in einer Matrix mit den Zeilen und Spalten k (der Reihe nach alle Knotenbezeichnungen) und s (der Reihe nach alle Stockwerksbezeichnungen). Die Diagonalglieder sind die Koeffizienten K_m und R_s. Die K_m überwiegen die $k_{nm}\cdot\gamma_{nm}$ immer merklich, weniger dagegen die $\bar{r}$ (Tab. 11).

Tabelle 11

Knoten Stock-werk	φ_1	φ_2	φ_3	φ_4	φ			ϑ_I	ϑ_II		rechte Seite
1	K_1	$\gamma_{21}\,k_{21}$		$\gamma_{41}\,k_{41}$				$\bar{r}$			$-\sum_1 M^\circ$
2	$\gamma_{12}\,k_{12}$	K_2	$\gamma_{32}\,k_{32}$		$+$			$\bar{r}$			$-\sum_2 M^\circ$
3		$\gamma_{23}\,k_{23}$	K_3			$+$		$\bar{r}$			$-\sum_3 M^\circ$
4	$\gamma_{14}\,k_{14}$			K_4	$+$		$+$	$\bar{r}$	$\bar{r}$		$+$
$\cdots$		$+$		$+$	K	$+$		$+$	$+$		$+$
			$+$		$+$	K		$+$	$+$		$+$
				$+$			K		$+$		$+$
I	$\bar{r}$	$\bar{r}$	$\bar{r}$	r	$+$	$+$		R_I			$-\overline{M}^0_\mathrm{I}$
II				$\bar{r}$	$+$	$+$	$+$		R_II		$-\overline{M}^0_\mathrm{II}$

7.2 Iterative Lösung dieser Drehwinkelgleichungen

7.21 Gauß-Seidel-Verfahren

Erste Näherungsschrittserie. In der Gleichung des Gleichungssystems gemäß (1a) (2) werden alle

$$\varphi_k = 0 \qquad (k \neq m)$$

$$\vartheta_{ml} = 0$$

gesetzt. Die dann verbleibende Gleichung der einer einzigen Unbekannten φ_m liefert

$$\varphi_m^{(1)} = -\,\frac{\sum M^0_{mk}}{K_m} \tag{3}$$

als ersten Näherungswert.

Nun werden in der zweiten Gleichung des Gleichungssystems (m ist jetzt eine andere Bezeichnung; das m der vorigen Gleichung tritt nun unter den n auf) wieder alle φ_k und $\vartheta_{ml} = 0$ gesetzt mit der einen Ausnahme des φ_k, das vorher als φ_m lief und für das ein Näherungswert bereits vorliegt:

$$\varphi_m^{(1)} = - \frac{\Sigma\, k_{km}\, \gamma_{km}\, \varphi_k^{(1)} + \Sigma\, M_{mk}^0}{K_m}. \tag{4}$$

In dieser Weise werden erste Näherungswerte für alle φ gewonnen, wobei die jeweils später berechneten φ schon die Näherungswerte der zuvor berechneten enthalten. Alle ϑ blieben zunächst noch unberücksichtigt.

Zweite Näherungsschrittserie. Aus den Gln. (2) werden nun die $\vartheta_s^{(1)}$ für jedes Stockwerk berechnet, wobei die Näherungswerte für die Knotendrehwinkel $\varphi^{(1)}$ eingesetzt werden:

$$\vartheta_s^{(1)} = - \frac{\Sigma\, \varphi_m^{(1)}\, r_{ml} + \overline{M}_s^0}{R_s}. \tag{5}$$

Dritte Näherungsschrittserie. Es werden wieder die Gln. (1a) nacheinander vorgenommen, wobei jetzt aber schon die für die Stabdrehwinkel gewonnenen Näherungswerte eingesetzt werden können:

$$\varphi_m^{(2)} = - \frac{\Sigma\, k_{km}\gamma_{km}\, \varphi_k^{(1)} + \Sigma\, \overline{r}_{ml}\, \vartheta_s^{(1)} + \Sigma\, M_{mk}^0}{K_m}. \tag{6}$$

Vierte Näherungsschrittserie. Wieder werden die Gln. (2a) vorgenommen:

$$\vartheta_s^{(2)} = - \frac{\Sigma\, \varphi_m^{(2)}\, \overline{r}_{ml} + \overline{M}_s^0}{R_s}. \tag{7}$$

Dieses Verfahren konvergiert, wie Gauss und Seidel nachgewiesen haben. (6) und (7) sind die Richtformeln für die einzelnen Schritte.

Zum Schluß gewinnt man aus (0) die richtigen Stabendmomente. So verfährt man etwa wie Glatz [5].

7.22 Gauß-Southwellsches Verfahren

(Relaxationsverfahren)

Erste Näherungsschrittserie. Sie vollzieht sich wie unter 7.21 beschrieben mit Formel (4).

Zweite Näherungsschrittserie. Ebenfalls wie 7.21 mit Formel (5).

Dritte Näherungsschrittserie. Man schreibt nur die Änderungsbeträge der Drehwinkel an [mit (6)]:

$$\varphi_m^{(2)} - \varphi_m^{(1)} = - \frac{\Sigma\, k_{km}\gamma_{km}\, (\varphi_k^{(2)} - \varphi_k^{(1)}) + \Sigma\, \overline{r}_{ml}\, (\vartheta_s^{(2)} - \vartheta_s^{(1)})}{K_m} \tag{8}$$

$$\vartheta_s^{(2)} - \vartheta_s^{(1)} = - \frac{\Sigma\, \overline{r}_{ml}\, (\varphi_m^{(2)} - \varphi_m^{(1)})}{R_s}. \tag{9}$$

Da [2] die Ordnungszahl eines neuen Näherungsschrittes und [1] die des unmittelbar vorhergehenden allgemein bedeuten sollen, durfte in (8) für die Stabdrehwinkel bereits $\vartheta_s^{(1)}$ geschrieben werden.

Da zum Schluß alle Änderungen und die Anfangswerte addiert werden, wobei die Zwischennäherungen herausfallen, unterscheidet sich das Ergebnis nach 7.22 nicht von dem nach 7.21.

7.23 Verfahren der Drehwinkeliteration

Wenn man die Iterationsverfahren nach 7.21 und 7.22 durchführt, muß man die φ_m und ϑ_s irgendwo in einer Tabelle oder auch an den Stellen einer Rahmenskizze, denen sie zugeordnet sind, aufschreiben.

Tut man dies, so vollzieht man eine Lösung nach dem Verfahren, das unter der speziellen Bezeichnung „Drehwinkeliteration" aus dem Schrifttum bekannt ist [15].

7.3 Kani-Verfahren

Dieses Verfahren ist in mathematischer Hinsicht mit dem unter 7.21 beschriebenen identisch. Der äußerliche Unterschied besteht darin, daß bei der Notierung im Rahmenschema nicht die Werte φ und ϑ selbst, sondern diese mit bestimmten konstanten Faktoren multipliziert aufgeschrieben werden, was natürlich keinen Unterschied dem Wesen nach ausmacht. Statt φ_m heißt es

$$\gamma_{mn}\, k_{mn}\, \varphi_m \qquad \text{(Drehungsanteil)}$$

und statt ϑ_s heißt es

$$\bar{r}_{ml}\, \vartheta_s \qquad \text{(Verschiebungsanteil)}.$$

Bei dieser Form der Notierung wird jede Unbekannte φ so oft angeschrieben, als es Stabenden gibt, auf die sie Einfluß nimmt. Darin besteht gerade der Unterschied gegen die unmittelbare Drehwinkeliteration, die in der Tat eine frappierend knappe Notierung benötigt. Dafür mag sie wohl nicht als so anschaulich empfunden werden.

Um die Beziehung zwischen der Drehwinkeliteration und dem Kani-Verfahren zu verdeutlichen, multiplizieren wir den Ausdruck (6) mit $\gamma_{mn}\, k_{mn}$ und schreiben die dem Wert nach gleich großen Kanischen Ausdrücke darunter (Indizes abgestimmt):

$$\gamma_{mn}\, k_{mn}\, \varphi_m = -\frac{\gamma_{mn}\, k_{mn}}{K_m}\left(\sum M_{mk}^0 + \sum k_{km}\, \gamma_{km}\, \varphi_k + \sum \bar{r}_{ml}\, \vartheta_s\right)$$

$$M'_{nm} = \mu_{mn}\left(\sum M_{mk}^0 + \sum M'_{km} + \sum M''_{ml}\, b_{ml}\right). \tag{10}$$

Ebenso kann man es mit Ausdruck (7) machen, den man zuvor mit $\bar r$ multipliziert:

$$\bar r_{ml}\, \vartheta_s = - \frac{\bar r_{ml}}{R_s}\left(\overline{M}{}^0_s + \Sigma\, \varphi_m\, \bar r_{ml}\right) \tag{11}$$

oder

$$= \nu_{ml}\left(\overline{M}{}^0_s + \Sigma\, \varphi_m\, \bar r_{ml}\right).$$

$$M''_{ml}\, b_{ml} = \nu_{ml}\, b_{ml}\left(\overline{M}{}^0_s + \Sigma\, k_{ml}\, \varphi_m\, \frac{1 + a_{ml}}{a_{ml}} \cdot \frac{h_{ik}}{h_{ml}}\right)$$

$$= \cdots \left(\cdots + 3\,\Sigma\, \frac{k_{ml}\,\varphi_m}{a_{ml}}\, c_{ml}\right)$$

$$= 3\,\nu_{ml}\, b_{ml}\left(\frac{1}{3}\,\overline{M}{}^0_s + \Sigma\, M'_{ml}\, c_{ml}\right).$$

Die Kanischen Werte ν sind tatsächlich dreimal so groß wie die in diesem Buch benutzten Stockwerksausgleichzahlen, und das Stockwerksmoment ist bei Kani zum dritten Teil einzusetzen.

Die richtigen Stabendmomente gewinnt man zum Schluß aus (0), wobei dieser Ausdruck, weil man ja statt φ und ϑ nur alle $(\gamma_{mn}\, k_{mn}\, \varphi_m)$, $(\gamma_{mo}\, k_{mo}\, \varphi_m)$ usw. sowie $(\bar r_{ml}\,\vartheta_s)$ usw. besitzt, umgeformt werden muß zu

$$M_{mn} = M^0_{mn} + \frac{(\gamma_{mn}\, k_{mn}\, \varphi_m)}{\gamma_{mn}} + (\gamma_{nm}\, k_{nm}\, \varphi_n) + (\bar r_{mn}\, \vartheta_s)$$

$$= M^0_{mn} + M'_{mn}\, a_{mn} \quad + M'_{nm} \quad\quad + M''_{mn}\, b_{mn}.$$

7.4 Cross-Verfahren

Dieses Verfahren ist in mathematischer Hinsicht mit dem unter 7.22 beschriebenen identisch. Genau wie beim Kani-Verfahren werden bei der Notierung im Rahmenschema die Beträge

$$\gamma_{mn}\, k_{mn}\, \varphi_m^{(1)} \quad\quad \text{und} \quad\quad \bar r_{ml}\, \vartheta_s^{(1)}$$

als erste Näherungen angeschrieben. Die nächsten Beträge sind immer nur die Änderungen, die sich aus den besseren Näherungsbeträgen ergeben, nämlich

$$\gamma_{mn}\, k_{mn}\,(\varphi_m^{(2)} - \varphi_m^{(1)})$$

und

$$\bar r_{mn}\,(\vartheta_s^{(2)} - \vartheta_s^{(1)}).$$

Die richtigen Stabendmomente werden der Form nach etwas anders gewonnen als bei Kani, nämlich durch einen Ausgleich.

Zuvor kann man sich alle Änderungsbeträge aufaddiert denken zu $\gamma_{mn}\, k_{mn}\, \varphi_m$ und $\bar r_{ml}\,\vartheta_s$, was man zwar bei der bisher allgemein üblichen Berechnungsform nicht tut. Sodann wird gerechnet:

$$M_{mn} = M^0_{mn} + [\gamma_{nm}\, k_{nm}\, \varphi_n] + [\bar r_{mn}\, \vartheta_s]$$

$$- \frac{k_{mn}}{K_m}\left(\Sigma\, M^0_{mk} + \Sigma\, [\gamma_{km}\, k_{km}\, \varphi_k]\right.$$

$$\left. + \Sigma\, [\bar r_{ml}\, \vartheta_s]\right).$$

Nach (10) (s. in 7.3) ist aber

$$-\frac{k_{mn}}{K_m}\left(\sum M^0_{mk} + \sum [\gamma_{km} k_{km} \varphi_k] + \sum [\bar{r}_{ml} \vartheta_s]\right)$$

der durch γ_{mn} geteilte bekannte Betrag $[\gamma_{mn} k_{mn} \varphi_m]$ nämlich $k_{mn} \varphi_m$, so daß der Ausdruck (0) entsteht.

Man sieht die zwar nicht überraschende Übereinstimmung zwischen CROSS und KANI. Der wesentliche Unterschied besteht darin, daß bei KANI die gesamten Näherungswerte bei jedem neuen Schritt mit hinein genommen werden, bei CROSS dagegen nur die Änderungen, was dieses Verfahren während der Iteration so viel handlicher macht.

Kontrolle der Crossschen Iteration. Macht man sich zur Regel, die Änderungsbeträge aufzuaddieren und gesondert hinzuschreiben, gewinnt man dieselben genauen Beträge der Unbekannten $\gamma_{mn} k_{mn} \varphi_m$ und $\bar{r}_{ml} \vartheta_s$ wie bei KANI. Damit kann man einen nochmaligen Gesamtschritt vornehmen und gewinnt dadurch die Kontrolle, die einer Einsetzkontrolle bei der Lösung von Gleichungssystemen entspricht.

Außerdem kann man ganz zuletzt den Ausgleichbetrag

$$-\frac{k_{mn}}{K_m}\left(\sum M^0_{mk} + \sum \gamma_{nm} k_{nm} \varphi_n \right.$$
$$\left. + \sum \bar{r}_{ml} \vartheta_s\right)$$

mit γ_{mn} multiplizieren und vergleichen, ob man den bei der Iteration ermittelten Betrag $[\gamma_{mn} k_{mn} \varphi_m]$ herausbekommt.

Nach der erkannten Verwandtschaft der beiden Verfahren mutet es fast sonderbar an, daß ein weiterer Unterschied in der Notierung beider Verfahren darin besteht, daß die Drehungsanteile, das sind die Beträge $[\gamma_{nm} k_{nm} \varphi_n]$ bei CROSS an dem Stabende angeschrieben werden, wo sie als Stabendmomente auftreten, also bei m, wo sie anschaulich richtig untergebracht sind, bei KANI jedoch an der Gegenseite.

8 Besonderheiten symmetrischer Rahmenwerke

8.1 Belastungsumordnung

Ist ein symmetrisches Tragwerk symmetrisch oder antimetrisch belastet (Abb. 134), so genügt die Untersuchung der einen Tragwerkshälfte, da man weiß, daß in der anderen die gleichen oder die entgegen-

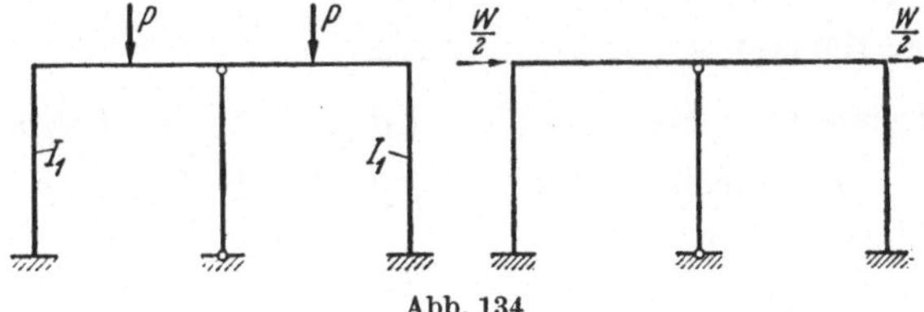

Abb. 134

gesetzt gleichen Schnittkräfte entstehen. Viele der praktisch vorkommenden Belastungsfälle sind bereits symmetrisch, z. B. ständige Last. Der Fall einer einseitig angreifenden Windlast W läßt sich dadurch zu einem antimetrischen umformen, daß jeder Tragwerkshälfte die halbe Last zugewiesen wird, was die Biegungsmomente nicht ändert.

Jede allgemeine unsymmetrische Belastung eines symmetrischen Tragwerkes läßt sich immer auf genau eine Weise in einen symmetrischen und einen antimetrischen Anteil zerlegen (Abb. 135).

Man untersucht beide Anteile getrennt und addiert die erhaltenen Schnittkräfte.

Regeln für Aufteilung

Der $\dfrac{symmetrische}{antimetrische}$ Belastungsteil ist gleich der halben $\dfrac{Summe}{Differenz}$ der symmetrisch stehenden Belastungen.

Da oft nur die Belastung je eines Feldes untersucht wird, vereinfacht sich der Ansatz zu den Werten $P/2$ oder $p/2$ symmetrisch und $\pm\,P/2$ oder $\pm\,p/2$ antimetrisch (Abb. 135).

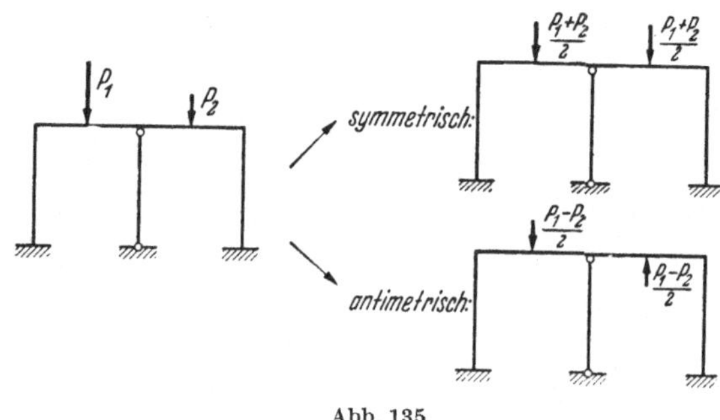

Abb. 135

8.2 Ansatz der Steifigkeiten, wenn Stabdrehwinkel nicht vorhanden sind

Nur bei den Stäben unmittelbar an der Symmetrieachse des Tragwerks sind die Steifigkeiten in besonderer Weise anzusetzen.

Symmetrische Belastung und Verformung

a) *Die Symmetrieachse s—s scheidet den Stab m m'* (Abb. 136).

Riegel k''. Dies erscheint rechnerisch oft als Ansatz von $k''/2 = k_1$ für den halbierten Riegel.

Stiele: k oder k'.

b) Die Symmetrieachse s—s geht durch die Knoten (Abb. 137).
Riegel: k
Stiele: für $m\,p : k$ oder k'.
Die Stiele auf $s—s$ verformen sich nicht.

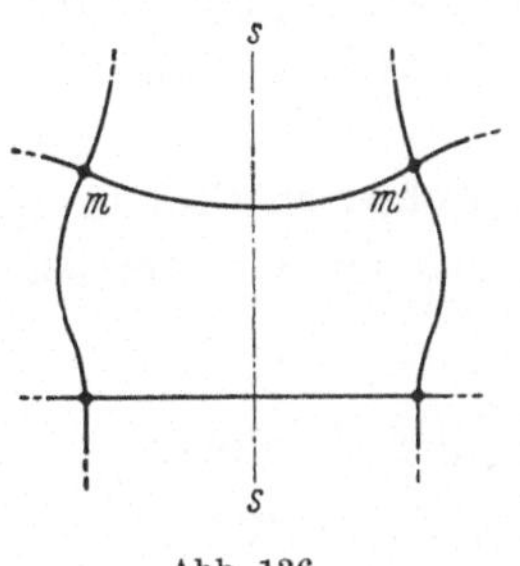

Abb. 136

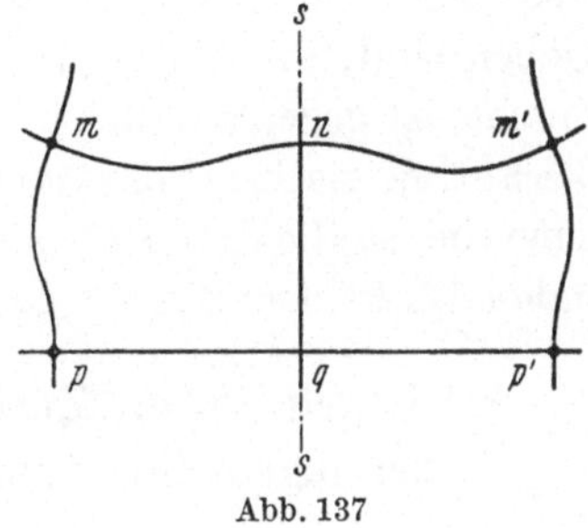

Abb. 137

Antimetrische Belastung und Verformung

a) Die Symmetrieachse s—s schneidet den Stab m m' (Abb. 138).
Riegel: k'''. Rechnerisch erscheint dieser Ansatz oft als k' für den halbierten Stab, als ob er in der Mitte ein fest gestütztes Gelenk hätte.
Stiele: k.

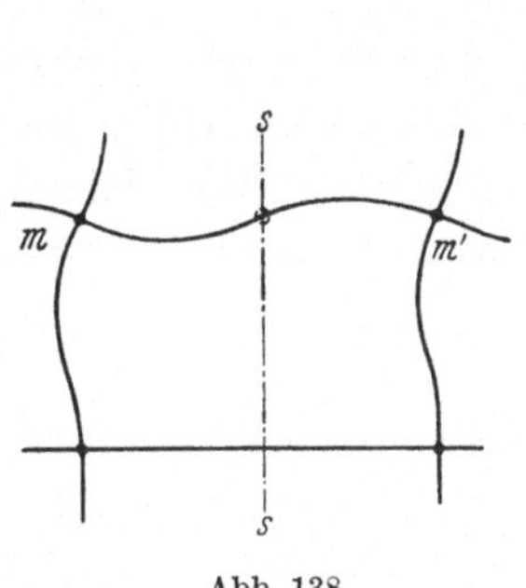

Abb. 138

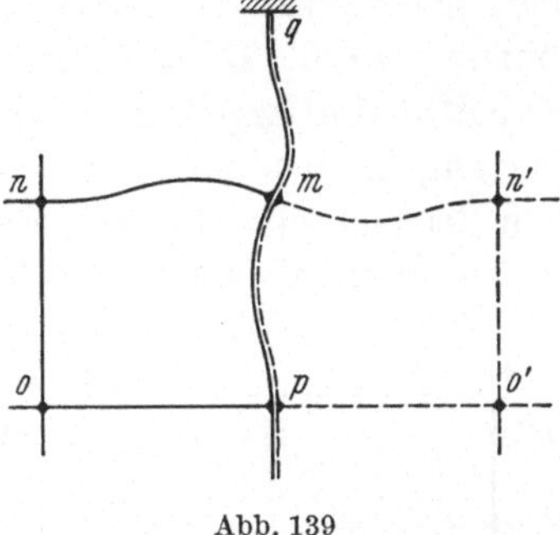

Abb. 139

b) Die Symmetrieachse s—s geht durch den Knoten (Abb. 139).
Riegel: k oder k'.
Stiele: $n\,o : k$ oder k'; $m\,q$ und $m\,q : k/2$ oder $k'/2$.

Die auf der Symmetrieachse liegenden Stäbe sind also mit ihrer Steifigkeit je einer der beiden Tragwerkshälften zugeteilt. Die auf sie entfallenden Momente sind am Schluß zu verdoppeln.

8.3 Ansatz der Steifigkeiten, wenn Stabdrehwinkel vorhanden sind

Die symmetrischen Belastungsfälle bewirken nur Stabdrehwinkel, wenn die drehbaren Stäbe senkrecht zur Symmetrieachse liegen, z. B. bei Stützensenkungen eines Durchlaufträgers oder bei Rahmenträgern.

Solche Systeme mögen hier vorerst außer Betracht bleiben. Bei Stockwerkrahmen, wo die drehbaren Stäbe meist der Symmetrieachse parallel angeordnet sind, können bei symmetrischer Belastung keine Stabdrehungen entstehen. Für symmetrische Belastungen gelten daher bei allen solchen symmetrischen Systemen die Steifigkeiten, die in Abs. 8.2 angegeben sind; die Unterscheidung, ob Stabdrehwinkel möglich sind oder nicht, ist gegenstandlos.

Bei antimetrischer Belastung sind bei den drehbaren Stäben dieser Systeme die Steifigkeiten k^* oder k'^*, bei den auf der Symmetrieachse liegenden $1/2\,k^*$ oder $1/2\,k'^*$ zu nehmen.

8.4 Regeln für die Zusammensetzung der Ergebnisse bei allgemeiner (unsymmetrischer) Belastung

Bei der Vorzeichenregel A ergibt sich bei $\dfrac{\text{symmetrischer}}{\text{antimetrischer}}$ Belastung für die Stabendmomente eine $\dfrac{\text{antimetrische}}{\text{symmetrische}}$ Anordnung der Vorzeichen. Das liegt daran, daß die Vorzeichenregel A selbst antimetrisch ist und symmetrische Elemente, in antimetrischer Weise behandelt, immer antimetrische Endform bekommen, während Elemente symmetrischer oder antimetrischer Form, in gleichartiger Weise verarbeitet, symmetrische Ergebnisse liefern. Danach benutzt man für die nicht untersuchte Systemhälfte die Ergebnisse des symmetrischen Belastungsfalles mit geändertem, die des antimetrischen mit den gleichen Vorzeichen.

Zum Beispiel seien folgende Ergebnisse ermittelt (Abb. 140). Hieraus ergibt sich unmittelbar (Vorzeichenregel A):

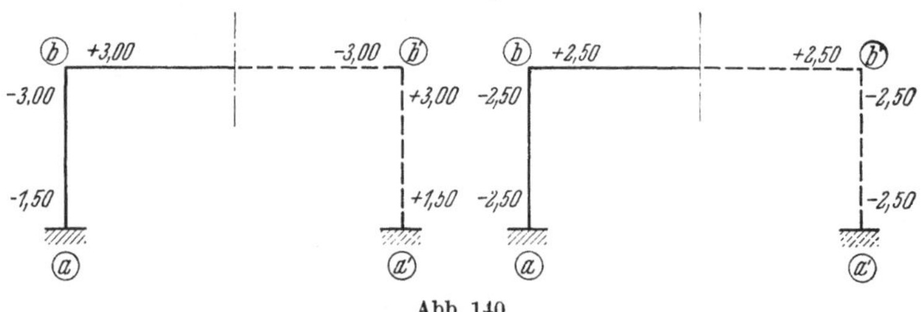

Abb. 140

$$M_{bb'} = +\,3{,}00 + 2{,}50 = +\,5{,}50\ \text{tm},$$
$$M_{ab} = -\,1{,}50 - 2{,}50 = -\,4{,}00\ \text{tm}.$$

Ferner sind für die Stellen a' und b' die Vorzeichen der Ergebnisse des symmetrischen Anteiles zu ändern:

$$M_{b'b} = -\,3{,}00 + 2{,}50 = -\,0{,}50\ \text{tm},$$
$$M_{a'b'} = +\,1{,}50 - 2{,}50 = -\,1{,}00\ \text{tm}.$$

Der rechte Rahmenteil ist in Abb. 140 nur der Vollständigkeit halber gezeichnet. In der Regel darf das unterbleiben.

8.5 Beispiele für die Behandlung symmetrischer Rahmenwerke

8.51 Eingespannter zweistieliger Rahmen

Die Aufgabe ist in Abb. 141 gestellt: Die Steifigkeiten errechnen sich wie folgt:

$$k''_{22'} = \frac{2 \cdot 3{,}00}{6{,}00} = 1{,}00; \quad k_{12} = \frac{4 \cdot 1{,}00}{2{,}50} = 1{,}6.$$

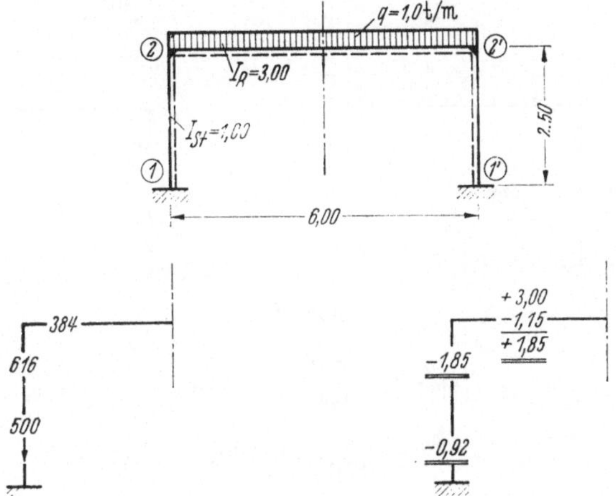

Abb. 141

Das Ausgangsmoment ist

$$M_{22'} = + \frac{1{,}00 \cdot 6{,}00^2}{12} = + 3{,}00 \text{ tm}.$$

Die Festwerte und der damit durchgeführte Momentenausgleich sind in Abb. 141 unten, niedergelegt. Bei einiger Übung wird man in so einfachen Fällen das Ergebnis sofort — nur die Ausgleichzahl am unbelasteten Stab benutzend — anschreiben können, wobei sogleich die Umstellung auf Vorzeichenregel B (Zugspannungen innen +) vorgenommen wird:

$$M_2 = - \frac{1{,}00 \cdot 6{,}00^2}{12} \cdot 0{,}616 = - 1{,}85 \text{ tm},$$

$$M_1 = - 1{,}85 \cdot (- 0{,}500) = + 0{,}92 \text{ tm}.$$

(Beim Rechnen war 1,85 eine nach oben abgerundete Zahl. Der halbe Wert ist daher genauer 0,92 statt 0,93 tm, wie es scheinbar der üblichen Abrundungsregel entspräche.)

8.52 Rahmen wie 8.51 mit Einzellast in einem Viertelspunkt und mit Stabdrehwinkeln

Die Aufgabe geht aus Abb. 142 hervor. Die außer den Steifigkeiten der symmetrischen Verformung noch benötigten Steifigkeiten der antimetrischen Verformung sind:

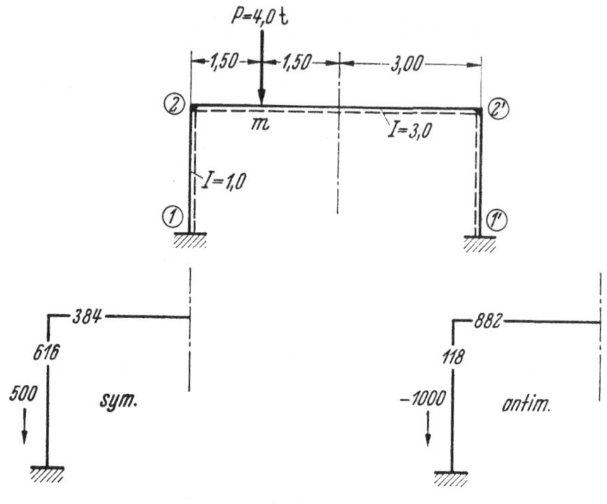

Abb. 142

$$k_{22'}''' = \frac{6 \cdot 3{,}00}{6{,}00} = 3{,}00,$$

$$\frac{k_{12}''}{2} = \frac{1{,}00}{2{,}50} = 0{,}400.$$

Festwerte s. Abb. 142. Es empfiehlt sich, bei Aufstellung statischer Berechnungen links die symmetrischen und rechts die antimetrischen Ansätze anzuschreiben und sie in Seitenmitte zusammenzufügen.

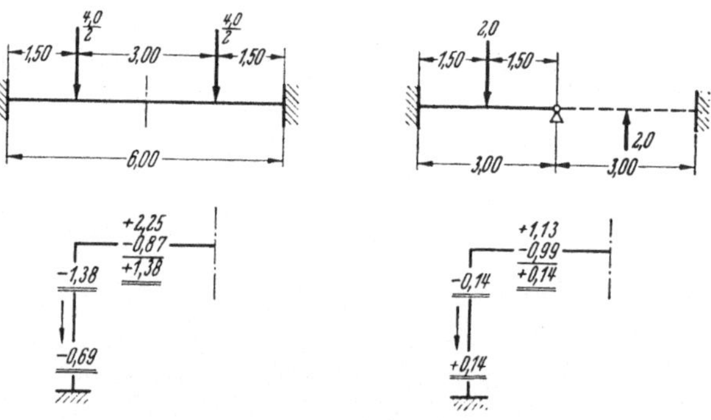

Abb. 143

Die Belastungsfälle für die Ausgangsmomente sind in Abb. 143 dargestellt, wo auch die beiden Momentenausgleiche durchgeführt sind:

$$\text{sym. } M_{22'} = + \frac{4{,}0 \cdot 1 \cdot 3}{2} \cdot \frac{6{,}00}{4 \cdot 4} = +2{,}25 \text{ tm},$$

$$\text{antim. } M_{22'} = + \frac{4{,}0 \cdot 3{,}00 \cdot 3}{2 \cdot 16} = +1{,}13 \text{ tm}.$$

Man erhält durch Addieren unter Beachtung der Vorzeichenhandhaben gemäß 8.4, wobei vorerst Vorzeichenregel A beibehalten wird:

$$M_{12} = -0,69 + 0,14 = -0,55 \text{ tm,}$$
$$M_{21} = -1,38 - 0,14 = -1,52 \text{ tm,}$$
$$M_{2'1'} = +1,38 - 0,14 = +1,24 \text{ tm,}$$
$$M_{1'2'} = +0,69 + 0,14 = +0,83 \text{ tm,}$$

mit Vorzeichenregel B:

$$M_1 = +0,55 \text{ tm;} \quad M_2 = -1,52 \text{ tm;}$$
$$M_{1'} = +0,83 \text{ tm;} \quad M_{2'} = -1,24 \text{ tm;}$$
$$M_m = \frac{4,0 \cdot 1,5 \cdot 4,5}{6,00} - 1,24 \cdot 0,25 - 1,52 \cdot 0,75$$
$$= +3,05 \text{ tm.}$$

Abb. 144 zeigt die Momentenfläche. Eine der üblichen Kontrollen ist:

$$\overline{M} = -0,55 - 1,52$$
$$+ 1,24 + 0,83 = 0.$$

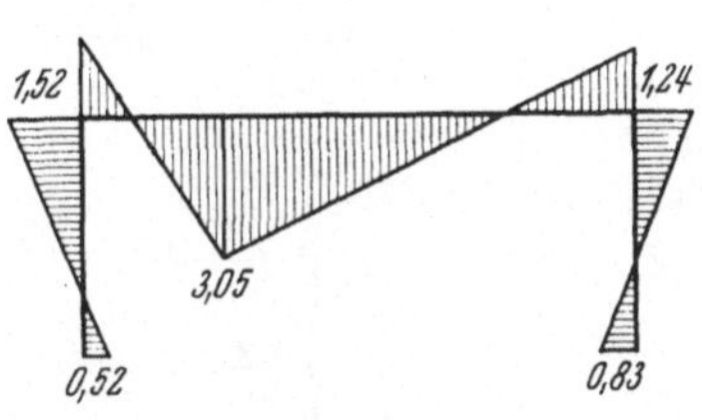

Abb. 144*

8.53 Rahmen wie 8.51 unter Windlast

In Riegelhöhe greift eine Last $W = 1,2$ t an. Es handelt sich um einen rein antimetrischen Fall, weil an jeder Rahmenhälfte die halbe Windlast angreifend gedacht werden kann, vgl. 8.1 (Abb. 134). Die Ausgangslage entsteht durch die gegebene Belastung, wenn nur eine Riegelverschiebung, also eine Stieldrehung zulässig ist.

Dann entstehen an den Stielen die Stabendmomente

$$M_{21} = M_{12} = \frac{1,20}{2} \cdot \frac{2,50}{2} = 0,75 \text{ tm.}$$

Der Momentenausgleich ist in Abb. 145 angeschrieben.

Abb. 145

Ergebnisse:

Vorzeichenregel

	A	B
M_{12}	$= +0,84$	$-0,84$ tm,
M_{21}	$= +0,66$	$+0,66$ tm,
$M_{2'1'}$	$= +0,66$	$-0,66$ tm,
$M_{1'2'}$	$= +0,84$	$+0,84$ tm.

---

* Statt 0,52 lies 0,55.

8.54 Beispiel eines dreistieligen Rahmens

Die Aufgabe geht aus Abb. 146 hervor, der Ansatz der Steifigkeiten und die daraus berechneten Festwerte sind in Abb. 147 angegeben. Die Ergebnisse sind (Vorzeichenregel B, Zug innen positiv):

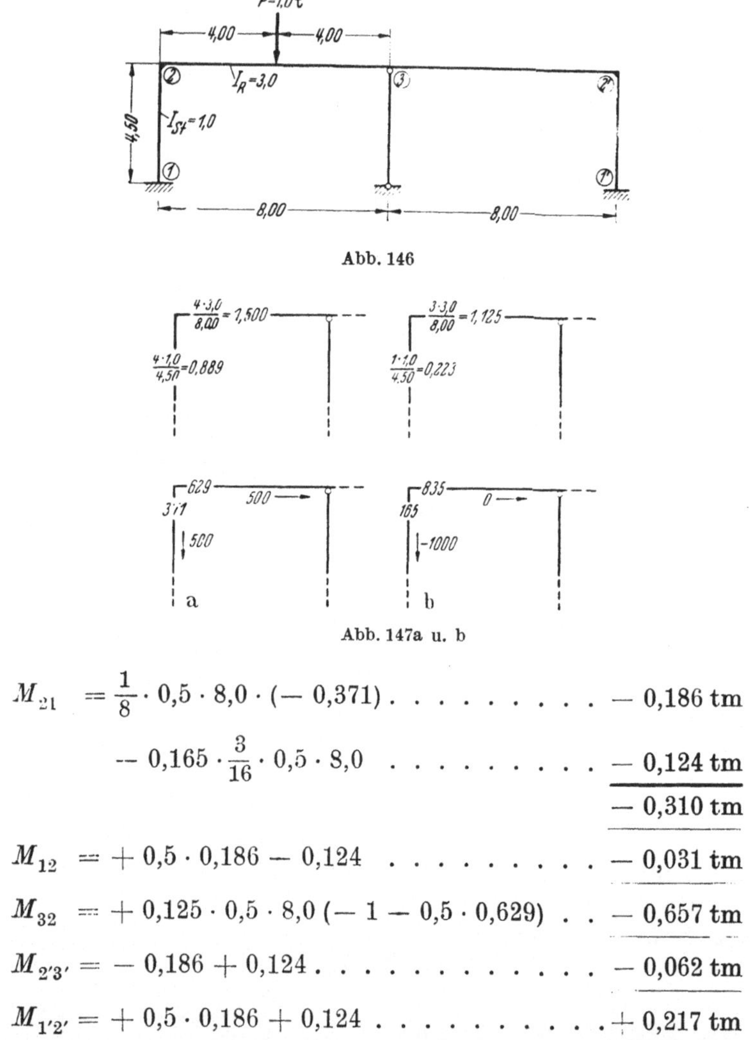

Abb. 146

Abb. 147a u. b

$$M_{21} = \frac{1}{8} \cdot 0,5 \cdot 8,0 \cdot (-0,371) \ldots \ldots \ldots \quad -0,186 \text{ tm}$$

$$-0,165 \cdot \frac{3}{16} \cdot 0,5 \cdot 8,0 \ldots \ldots \ldots \quad -0,124 \text{ tm}$$

$$\overline{ -0,310 \text{ tm}}$$

$$M_{12} = +0,5 \cdot 0,186 - 0,124 \ldots \ldots \ldots \quad -0,031 \text{ tm}$$

$$M_{32} = +0,125 \cdot 0,5 \cdot 8,0 \, (-1 - 0,5 \cdot 0,629) \ldots \quad -0,657 \text{ tm}$$

$$M_{2'3'} = -0,186 + 0,124 \ldots \ldots \ldots \ldots \quad -0,062 \text{ tm}$$

$$M_{1'2'} = +0,5 \cdot 0,186 + 0,124 \ldots \ldots \ldots \quad +0,217 \text{ tm}$$

Erläuterungen. Diese Ergebnisse lassen sich ohne weiteres an Hand von Skizzen entwickeln. Man beginnt bei M_{21} mit den Ansätzen für feste Einspannung infolge der halbierten Lasten und multipliziert mit den Ausgleichzahlen an der unbelasteten Seite des Knotens.

Bei M_{12} stehen die hieraus entstehenden Übertragungsbeträge usw.

8.55 Beispiel. Durchlaufträger mit zwei Feldern

Die Aufgabe geht aus Abb. 148 hervor. Bei symmetrischer Belastung ist nichts zu verteilen, da sich jedes Feld wie ein einseitig eingespannter Träger verhält. Bei antimetrischer Belastung entsteht kein Stützenmoment. Daher ist allein mit dem symmetrischen Belastungsteil zu rechnen:

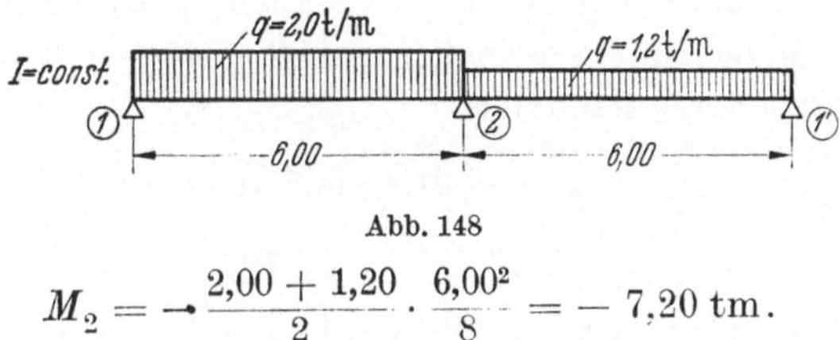

Abb. 148

$$M_2 = -\frac{2,00 + 1,20}{2} \cdot \frac{6,00^2}{8} = -7,20 \text{ tm}.$$

8.56 Durchlaufträger mit drei Feldern

Die Aufgabe geht aus Abb. 149 hervor. Die Steifigkeiten und Ausgleichzahlen sind in Abb. 150 ermittelt. Der Ausgleich ist in Abb. 151 ausführlicher angeschrieben, als man es für gewöhnlich tun wird. Bei nicht drehbaren Knoten gilt sowohl für den symmetrischen als auch für den antimetrischen Belastungsanteil:

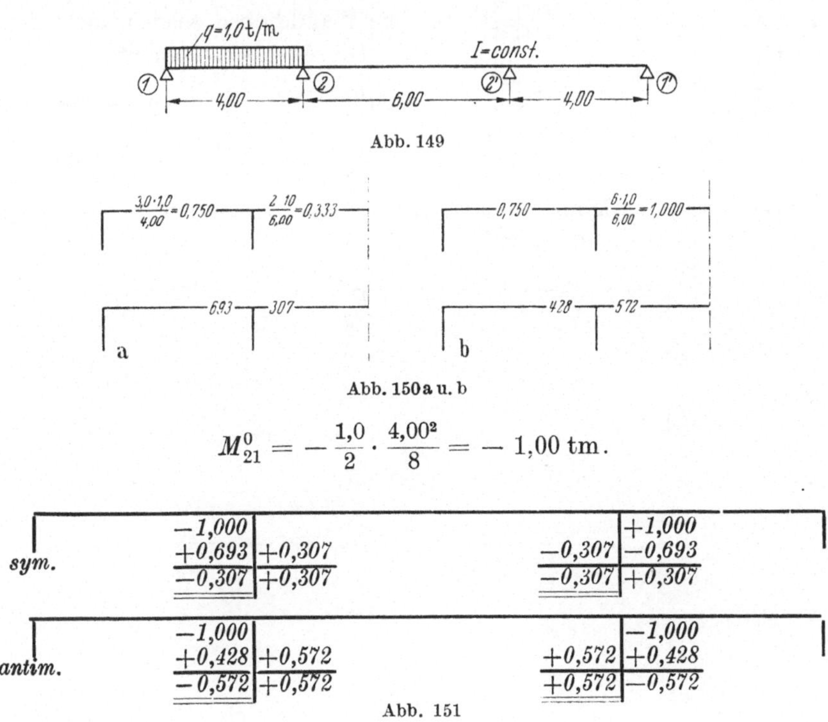

Abb. 149

Abb. 150 a u. b

$$M_{21}^0 = -\frac{1,0}{2} \cdot \frac{4,00^2}{8} = -1,00 \text{ tm}.$$

Abb. 151

Stützenmomente (sogleich mit Vorzeichen nach Regel B):

$$M_2 = -\,0,307 - 0,572 = -\,0,879\ \mathrm{tm}\,;$$
$$M_{2'} = -\,0,307 + 0,572 = +\,0,265\ \mathrm{tm}.$$

In solchen Fällen ist es nicht schwer, die Stützenmomente unmittelbar hinzuschreiben.

Der Ansatz für M_2 erfolgt dann unmittelbar für den in Abb. 151 in ausführlicherer Darstellung rechts von Stütze 2 stehenden Ausgleichbetrag, wobei jedoch das Vorzeichen sofort geändert wird, da es sich um ein linkes Stabende handelt:

$$M_2 = -\,\frac{1,0}{2}\cdot\frac{4,00^2}{8}\,(0,307 + 0,572) = -\,0,879\ \mathrm{tm},$$
$$M_{2'} = -\,\frac{1,0}{2}\cdot\frac{4,00^2}{8}\,(0,307 - 0,572) = +\,0,265\ \mathrm{tm}.$$

Die Belastung 1,0 t/m im Mittelfeld ergibt ohne weiteres (Vorzeichenregel B):

$$M_2 = +\,\frac{1,0\cdot 6,00^2}{12}\,(-\,0,693) = -\,2,08\ \mathrm{tm}.$$

8.57 Beispiel für zweifache Symmetrie: Silozelle

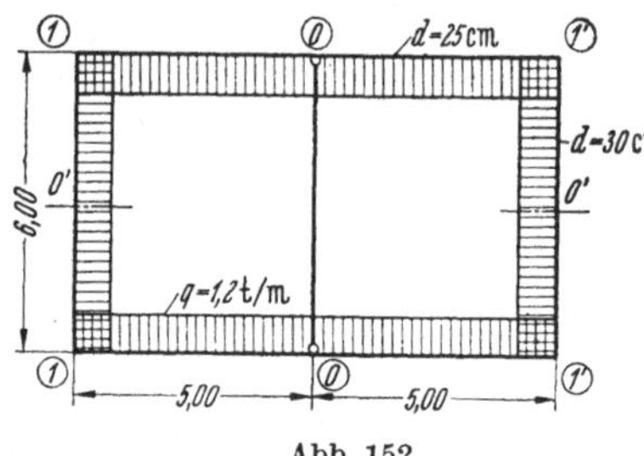

Abb. 152

Der geschlossene, doppelt symmetrische Rechteckrahmen in Abb. 152 habe ein starres Zugband. Die Wanddicken seien verschieden.

Die Ausgangsmomente sind

$$M_{10}^0 = -\,\frac{1,2\cdot 5,00^2}{12} = -\,2,50\ \mathrm{tm},$$
$$M_{10'}^0 = +\,\frac{1,2\cdot 6,00^2}{12} = +\,3,60\ \mathrm{tm}.$$

Der einmalige Momentenausgleich nebst Übertragung nach 0 ist in Abb. 153 unten rechts vorgeführt.

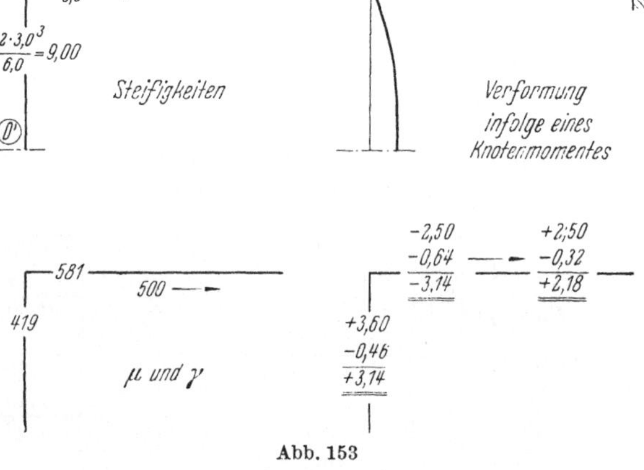

Abb. 153

9 Besondere Belastungsfälle wie Nachgeben von Auflagern, Zugbanddehnung, Nebenspannungen, Temperatureinfluß und Schwinden

9.1 Nachgeben von Auflagern

9.11 Allgemeines

Die innerhalb der Rahmenwerksebene möglichen Auflagerbewegungen sind Setzungen (senkrechte Bewegungen), Verschiebungen (waagerechte Bewegungen) und Drehungen um die Schwerachse der Gründungsfläche.

Die elastische Nachgiebigkeit der Gründung wollen wir hier nicht nach dem vom baugrundkundlichen Standpunkt aus besseren Steifezifferverfahren, sondern nach dem Bettungszifferverfahren einsetzen, da ersteres noch zu schwierig ist. Die Bettungsziffer c ist die Bodenpressung für eine Setzung von 1 Längeneinheit (in kg/cm^3 oder t/m^3 o. ä.).

Mit der Ungenauigkeit des Bettungszifferverfahrens, die in der Schwierigkeit der richtigen Annahme des Betrages der Bettungsziffer und in der vereinfachenden Annahme liegt, daß sie bei einem Baugrund für jede Größe der Bodenpressung konstant sei, wollen wir uns hier

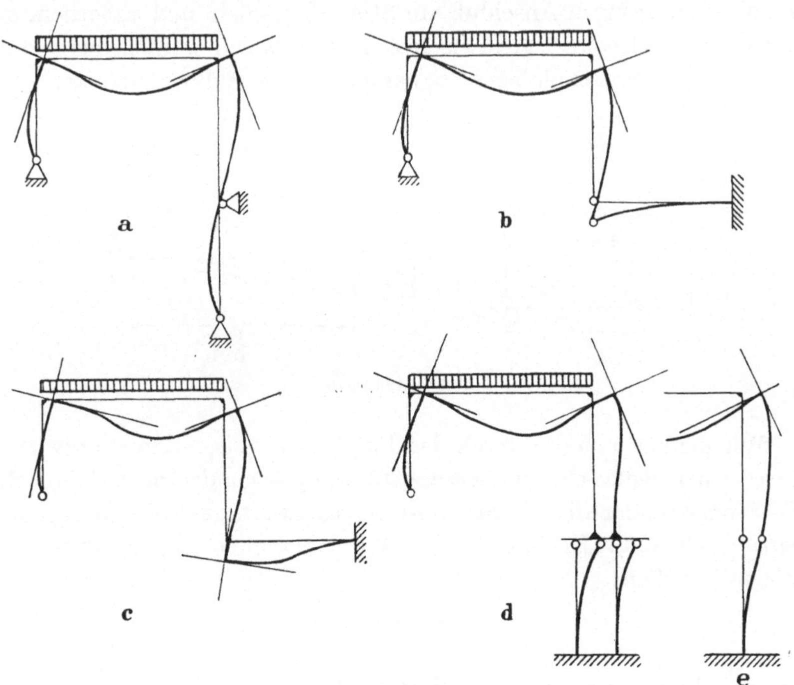

Abb. 154 a—e

10*

abfinden. Immerhin wird die Tendenz des Einflusses einer Auflager-
senkung gut erkennbar sein, wenn man ihn auf dem beschriebenen Weg
überhaupt einmal ausrechnet.

Alle Bewegungen des Fundamentes lassen sich durch die elastische
Biegung von gedachten Stäben repräsentieren, nämlich die Drehung wie
in Abb. 154a, die Setzung wie in Abb. 154b, beides zusammen wie in
Abb. 154c, die Verschiebung wie in Abb. 154d, wenn der Fuß eingespannt ist, und wie in Abb. 154e die Verschiebung eines gelenkig
gelagerten Rahmenfußes.

Man kann diese gedachten Stäbe benutzen, um der Rechnung eine
anschauliche Beziehung unterzulegen. Wir wollen daher davon absehen,
und uns an die wirklich vorhandene Ausführungsform der Bauglieder
halten.

9.12 Fundamentsetzung

Sie spielt in der Praxis meist keine Rolle, solange zu stark setzungs-
fähigem Baugrund nicht auch sehr ungleichmäßige Belastungen des
Rahmenwerkes treten, oder solange der Baugrund unterhalb des
Rahmenwerkes nicht sehr stark in seinen Setzungseigenschaften wechselt.
Wenn Setzungen allein ohne Drehungen auftreten, muß es sich immer
um einen gelenkigen Anschluß am Stielfuß handeln und außerdem muß
der Horizontalschub irgendwie fest aufgenommen werden, etwa durch
ein praktisch unnachgiebiges Zugband oder eine Fußbodenplatte.

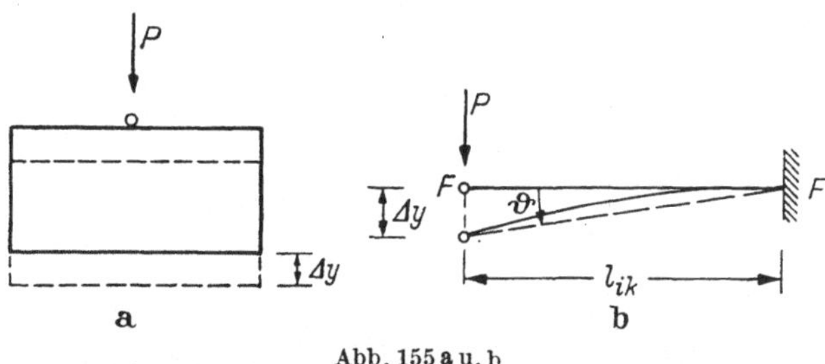

Abb. 155 a u. b

Wir denken uns die durch das Fundament ausgeübte Stützwirkung
durch einen senkrecht zur Setzungsrichtung liegenden biegesteifen Stab
$F\!-\!F$ ersetzt, der die für das Rahmenstockwerk gewählte Bezugslänge
habe (Abb. 155). Er hat eine Stabdrehsteifigkeit r_F; sie ergibt sich
folgendermaßen:

$$\Delta y = \frac{\sigma}{c} = \frac{P}{cF}$$

$$\left(\sigma = \frac{P}{F} \text{ Bodenpressung}, \quad c = \text{Bettungsziffer}, \quad F = \text{Fundamentfläche}\right).$$

Dem Drehungswinkel $\vartheta = 1$ entspricht die Setzung $\Delta y = l_{ik}$ und dieser wiederum die Kraft

$$P = c\,F\,\Delta y = c\,F\,l_{ik}.$$

Wie sonst immer rechnen wir mit der l_{ik}-fachen Kraft

$$\overline{M}_{(ik)} = P\,l_{ik} = c\,F\,l_{ik}^2 = \overline{\overline{c}}.$$

Diese Senkungssteifigkeit wurde bereits unter 5.532 allgemein mit $\overline{\overline{c}}$ bezeichnet. Sie geht in dieser Form in die Stockwerkssteifigkeit $R = \sum \overline{r}, \overline{r}', \overline{\overline{c}}$ mit ein, wobei man ihr den Relativdrehwinkel $\Theta = 1$ oder je nach Lage des Stabes $F{-}F$ im Stockwerk $\Theta = -1$ zuordnen muß und $\overline{\overline{c}}\,\Theta^2 = \overline{\overline{c}}$.

Der dem Fundament bei Stockwerksausgleichen verbleibende Anteil am Stockwerksmoment wird mit der Ausgleichzahl $v_F = \dfrac{\overline{\overline{c}}}{\Theta R}$ bestimmt. Aus dem durch die Iteration am Ersatzstab bestimmten Stabendmoment M_{FF} berechnet man die Fundamentkraft

$$V = \frac{M_{FF}}{l_{ik}}.$$

Beispiel. Es sei der schon früher mit festen Auflagern untersuchte Rahmen Abb. 85 ohne Riegelfesthaltung für den Fall zu berechnen, daß das linke Fundament auf einem Boden mit der sehr geringen Bettungsziffer $c = 2\ \text{kg/cm}^3$ stehe, während das rechte auf praktisch unnachgiebigem Felsen gegründet sei.

Ich schicke voraus, daß man wahrscheinlich gerade diesen Rahmen schneller und einfacher mit dem Kraftgrößenverfahren berechnen würde. Hier liegt mir daran zu zeigen, wie man prinzipiell vorgeht.

Es sind jetzt zwei Stockwerke zu unterscheiden (Abb. 156). Für Stockwerk II sind die v schon von Tab. 6 her bekannt. Für Stockwerk I, das den Fundamentersatzstab enthält, werden sie in Tab. 12 berechnet. Fundamentfläche 1,0 m².

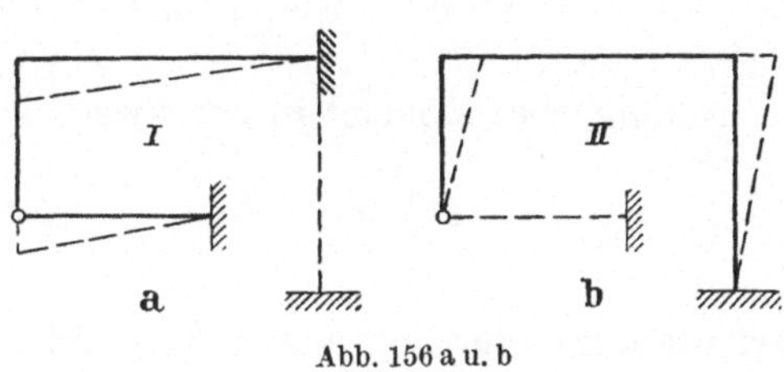

Abb. 156 a u. b

Selbstverständlich kann man nun, weil verschiedene Baustoffe — Boden und Stahlbeton — in Beziehung treten, nicht mehr mit $E = 1\ \text{t/m}^2$ und für I mit Verhältniszahlen rechnen. Wir wollen zwar die Zahlen für r aus Tab. 6 weiter benutzen, müssen aber berücksichtigen, daß die I darin — so nehmen wir jetzt für diese Aufgabe an — 0,05fach und E

mit $1\,\text{t/m}^2$ statt mit $2{,}1 \cdot 10^6\,\text{t/m}^2$ enthalten sind. Insgesamt sind also die r in Tab. 6 $0{,}05 \cdot \dfrac{1}{2{,}1}\,10^{-6}\dfrac{\text{m}^2}{\text{t}}$ -fach eingesetzt, weshalb wir jetzt auch $\bar{\bar{c}}$ ebensovielfach wählen müssen.

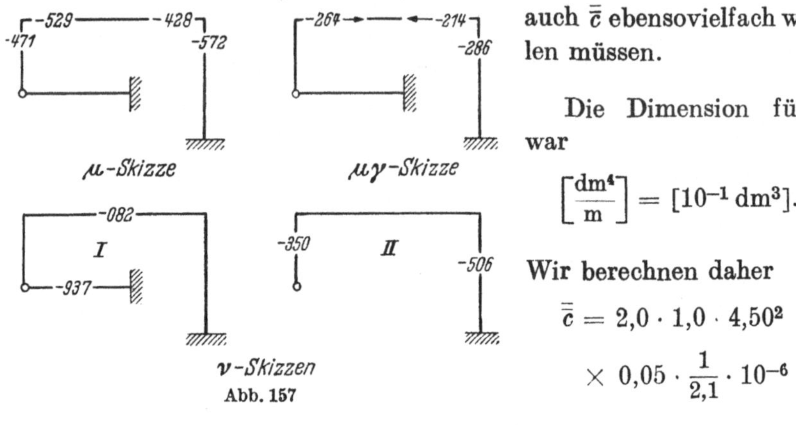

Abb. 157

Die Dimension für r war

$$\left[\frac{\text{dm}^4}{\text{m}}\right] = [10^{-1}\,\text{dm}^3].$$

Wir berechnen daher

$$\bar{\bar{c}} = 2{,}0 \cdot 1{,}0 \cdot 4{,}50^2$$
$$\times\ 0{,}05 \cdot \frac{1}{2{,}1} \cdot 10^{-6}$$

$$\left[\frac{\text{kg m}^2 \cdot \text{m}^4}{\text{cm}^3 \quad \text{t}}\right] = 0{,}964 \cdot 10^{-6} \left[\frac{\text{t dm}^6\ 10^{-3+6}}{\text{t dm}^3\ 10^{-3}}\right] = 9{,}64\ [10^{-1}\,\text{dm}^3]$$

und setzen es so in Tab. 12 ein. Die Arbeitszahlen sind in Abb. 157 zusammengestellt. Die Kontrolle der Zahlen ν aus Tab. 12 liefert

$$\sum \nu\Theta = -\,2 \cdot 0{,}082 \cdot 0{,}375 - 0{,}938 \cdot 1{,}0 = -\,0{,}062 - 0{,}938 = -\,1{,}000.$$

Wir vollziehen abwechselnde Ausgleiche an Knoten und Stockwerk.

Tabelle 12

Stab	Θ	r, f	$\bar{r}$	r	R	ν
1	2	3	4	5	6	7
$2-3$	0,375	2,25	0,84	0,316		$-\,0{,}082$
					10,27	
$F-F$	1,000	9,64	9,64	9,64		$-\,0{,}937$

Anfängliches Moment in Stockwerk I:

$$\bar{M}_\text{I}^0 = +\frac{2{,}0 \cdot 12{,}00}{2} \cdot 4{,}50 = +\,54{,}00\ \text{tm}.$$

Erläuterungen zur Iteration in Abb. 158

Zeile A: Momente für feste Einspannung (wie unter 6.51).
Zeile a): Ausgleich des anfänglichen Stockwerksmomentes

$$\bar{M}_0^\text{I} = +\,54{,}00\ \text{tm}$$
$$\Delta M_{FF} = -\,0{,}957 \cdot 54{,}00 = -\,50{,}60\ \text{tm},$$
$$\Delta M_{12,\text{I}} = -\,0{,}082 \cdot 54{,}00 = -\,4{,}48\ \text{tm}.$$

Wenn jetzt durch diesen Ausgleich in Stockwerk II eine
Störung des Stockwerksgleichgewichts entstanden wäre, hätten
wir diese zunächst auszugleichen. Hier aber beeinflussen sich

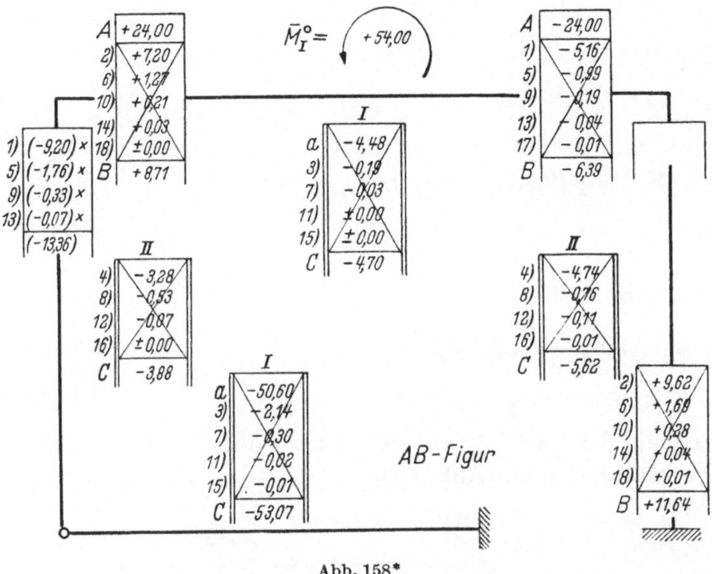

Abb. 158*

die Stockwerksmomente nicht gegenseitig; bei späteren Aufgaben werden wir das erleben. Hier entstehen Stockwerksstörungen nur durch die Knotenausgleiche, die wir nun vornehmen:

Zeile 1: Ausgleich bei Knoten 2:

$$\Delta M_{32} = (24,00 - 4,48)\,(-0,264) = -5,16\ \text{tm},$$

$$\Delta M_{21} = (24,00 - 4,48)\,(-0,471) = -9,20\ \text{tm}.$$

Zeile 2: Ausgleich bei Knoten 3 entsprechend.

Zeilen 3 und 4: Ausgleiche in den Stockwerken I und II. Die entstandenen Störungen des Gleichgewichts sind

$$\overline{M}_{\mathrm{I}} = 3\,(-5,16 + 7,20)\,0,375 = +2,29\ \text{tm},$$

$$\overline{M}_{\mathrm{II}} = 3\,(+9,62)\cdot 0,643 - 9,20 = +9,35.$$

Zeilen 5 bis 18: Nun folgen abwechselnd Knoten und Stockwerksausgleiche, bis die Änderungsbeträge genügend klein sind. Die

---

* Unterhalb Knoten 2 lies (—11,36) statt (—13,36).

dabei ausgeglichenen Stockwerksstörungen sind:

$$7.\quad \overline{M}_{\mathrm{I}} = 3\,(1{,}27 - 0{,}99)\,0{,}375 = +\,0{,}32\ \mathrm{tm},$$

$$8.\quad \overline{M}_{\mathrm{II}} = 3 \cdot 1{,}69 \cdot 0{,}643 - 1{,}76 = 3{,}26 - 1{,}76 = +\,1{,}50\ \mathrm{tm}.$$

$$11.\quad \overline{M}_{\mathrm{I}} = 3\,(0{,}21 - 0{,}19)\,0{,}375 = +\,0{,}02\ \mathrm{tm}.$$

$$12.\quad \overline{M}_{\mathrm{II}} = 3 \cdot 0{,}28 \cdot 0{,}643 - 0{,}33 = +\,0{,}21\ \mathrm{tm}.$$

$$15.\quad \overline{M}_{\mathrm{I}} = 3\,(0{,}03 - 0{,}04)\,0{,}375 = -\,0{,}01\ \mathrm{tm}.$$

$$16.\quad \overline{M}_{\mathrm{II}} = 3 \cdot 0{,}04 \cdot 0{,}643 - 0{,}07 = +\,0{,}01\ \mathrm{tm}.$$

Für die Kontrolle:

$$\overline{M}_{\mathrm{I}} = 3\,(+\,8{,}71 - 6{,}39)\,0{,}375 + 54{,}00 = 2{,}61 + 54{,}00 = 56{,}61\ \mathrm{tm}.$$

$$\overline{M}_{\mathrm{II}} = 3 \cdot 11{,}64 \cdot 0{,}643 - 11{,}36 = 22{,}45 - 11{,}36 = +\,11{,}09\ \mathrm{tm}.$$

Nachdem die Werte in Zeile B und C kontrolliert sind, kann die Ergebnis-figur ausgefüllt werden (Abb. 159).

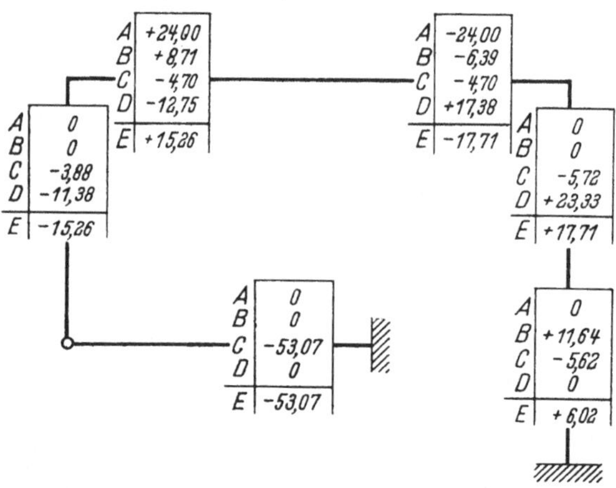

Abb. 159*

Stockwerksproben:

$$\overline{M}_{\mathrm{I}} = (15{,}26 - 17{,}71)\,0{,}375 - 53{,}07 + 54{,}00$$
$$= -\,0{,}92 - 53{,}07 + 54{,}00 = +\,0{,}01 \approx 0$$
$$\overline{M}_{\mathrm{II}} = -\,15{,}26 + (17{,}71 + 6{,}02)\,0{,}643 = 0.$$

Auf dem Fundament steht die Last

$$V = \frac{M_{FF}}{l_{ik}} = \frac{53{,}07}{4{,}50} = 11{,}8\ \mathrm{t}$$

---

* Am rechten Stiel oben lies −5,62 statt −5,72.

oder

$$V = \frac{2{,}0 \cdot 12{,}00}{2} + \frac{15{,}26 - 17{,}71}{12{,}0} = 12{,}00 - 0{,}20 = 11{,}8\ \text{t}.$$

Mit gleichzeitigem Stockwerksausgleich und Knotenausgleich in Stockwerk II wird die Iteration kürzer. Es folgt auf die Knotenausgleiche bei 2 und 3 jedesmal die Berechnung der dadurch für Stockwerk I entstandenen Störung und ihr Ausgleich. Man beginnt natürlich auch hier mit dem Ausgleich des äußeren Stockwerksmomentes in I. Die Niederschrift ersparen wir uns hier.

9.13 Fundamentdrehung

Wenn senkrechte Rahmenbelastungen auftreten, können weder Drehungen des Fundamentes allein noch Setzungen allein auftreten. Strenggenommen wird das auch für Eigenspannungszustände, etwa Temperatureinwirkung, gelten, obwohl hier die reinen Setzungen im Gesamtbetrag der Bewegungen zurücktreten werden. Wir untersuchen daher hier allgemein den Fall der reinen Drehung, überlegen aber im darauf folgenden Beispiel den Fall einer aus Setzung und Drehung zusammengesetzten Bewegung.

Die Tatsache, daß die Steifigkeit des Rahmenstieles zu gering angesetzt wird, wenn man die Drehachse des Fundamentes in dessen Sohle annimmt, soll hier vernachlässigt werden.

An Abb. 155 ist sinngemäß abzulesen:

$$\varphi = \frac{\Delta y}{d/2} \qquad\qquad \Delta y = \frac{\sigma}{c}$$

$$\varphi = \frac{2\sigma}{c\,d} = \frac{2\,M\,d}{c\,d\,I_F\,2} = \frac{M}{c\,I_F}.$$

Für $\varphi = 1$ ist $M = k_F$:

$$k_F = c\,I_F.$$

Im Beispiel wird wieder der in 6.52 und 6.53 untersuchte Rahmen berechnet. Das System mit gedachten Fundamentersatzstäben ist in Abb. 160 gezeichnet; es sei dieses Mal nur das Fundament unter Knoten 4 auf nachgiebigem Baugrund gelagert, $c = 20\ \text{kg/cm}^3$.

Die Stockwerke sind in Abb. 161 dargestellt.

Fundamentquerschnitt $b/d = 50/200$ cm

$$I_F = \frac{2{,}0^3 \cdot 0{,}5}{12} = 0{,}3333\ \text{m}^4 = 3333\ \text{dm}^4.$$

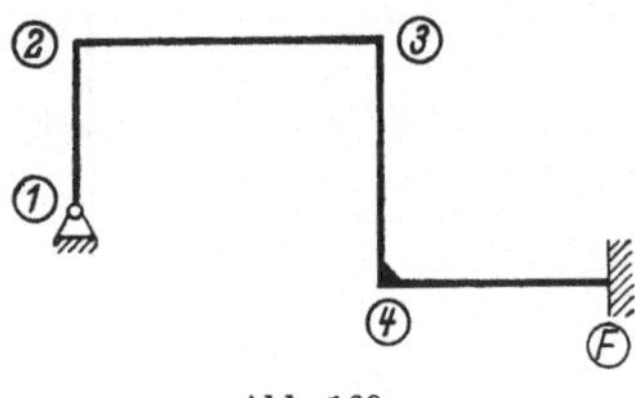

Abb. 160

Die Steifigkeiten der Gründung, die wir nur anschaulich einem Ersatzstab $4—F$ zuordnen, sind — wiederum wie unter 9.12 — multipliziert

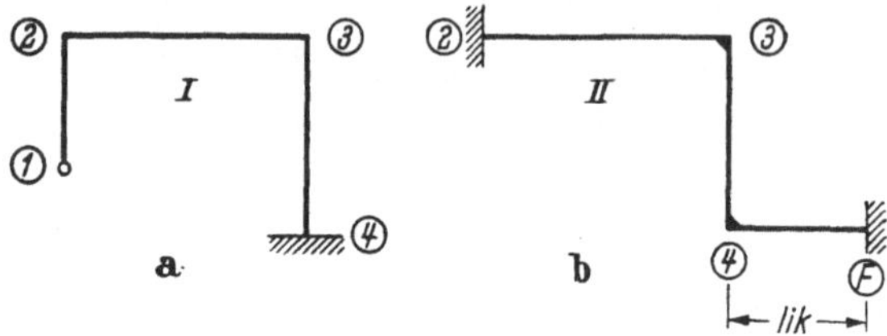

Abb. 161 a u. b

mit dem Faktor

$$0,05 \cdot \frac{1}{2,1} \cdot 10^{-6} \left[\frac{\mathrm{m}^2}{\mathrm{t}}\right] = 0,0238 \cdot 10^{-6} \left[\frac{\mathrm{m}^2}{\mathrm{t}}\right]$$

wegen der in den Ansätzen für die k und r in Tab. 6 benutzten Verhältniszahlen für die I und wegen des fehlenden E-Moduls ($c = 20\ \mathrm{kg/cm^3}$ $= 20\,000\ \mathrm{t/m^3}$)

$$k_F = 20\,000 \cdot 0,3333 \cdot 0,0238 \cdot 10^{-6}\ \mathrm{m}^3$$

$$= 6,667 \cdot 0,0238\ \mathrm{dm}^3$$

$$= 1,587\ [10^{-1}\ \mathrm{dm}^3].$$

Am Vergleich der Steifigkeitswerte erkennt man den neben der Setzung ganz überragenden Einfluß der Drehbarkeit des Fundamentes auf dem Baugrund. Unter 9.12 war $c = 2,0\ \mathrm{kg/cm^3}$ so gering gewählt worden, um eine noch deutlich merkbare Wirkung des Setzungsunterschiedes zwischen beiden Rahmenfüßen zu erhalten. Würden wir jetzt bei der Drehung die Fundamentform und c wie bisher beibehalten, ergäbe sich

$$k_F = 0,04\ [10^{-1}\ \mathrm{dm}^3],$$

ein Betrag, der neben den anderen Steifigkeiten praktisch verschwindet, so daß von Einspannung im Fundament keine Rede mehr ist; es verhält sich wie ein Gelenk. Daher wurde $c = 20\ \mathrm{kg/cm^3}$ gewählt und dem Fundament die für Einspannung am Baugrund konstruktiv bessere lange und schmale Form gegeben.

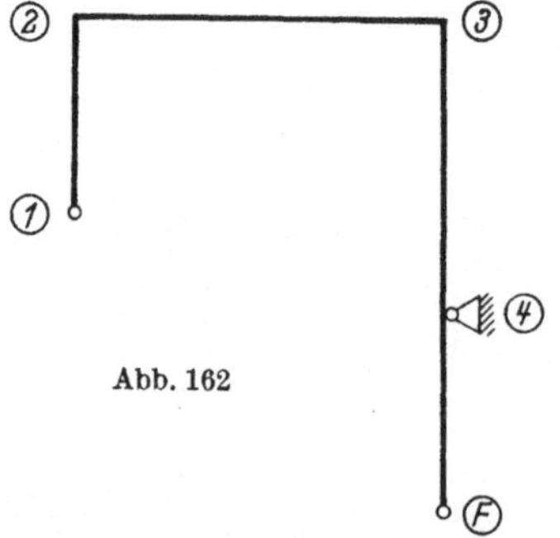

Abb. 162

Da sich nun die Federungszähl gegenüber 9.12 zu

$$\bar{\bar{c}} = f l_{ik}^2 = 96,4\ [10^{-1}\ \mathrm{dm}^3]$$

ergibt, wird der Einfluß der Setzung so gering, daß es zwecklos ist, ihn rechnerisch zu berücksichtigen. Das System des Rahmens ändert sich dann zu dem in Abb. 162 dargestellten.

Zur Berechnung fehlen nur die Ausgleichzahlen an Knoten 4. Wir beabsichtigen, jetzt mit abwechselndem Ausgleich zu arbeiten und gehen von Beispiel 6.53 aus, zu dessen Ergebnis wir die Wirkung der Fundamentdrehung hinzurechnen.

Die Steifigkeit k^* und die Übertragungszahlen γ^* können aus 6.53 übernommen werden. Die neuen Skizzen mit den Arbeitszahlen zeigt Abb. 163.

An Hand Tab. 7 ergibt sich

$$\delta_4 = -\frac{1,929}{2,611} = -\frac{\bar r_{34}}{K_4}.$$

Da mit den δ nur jeweils eine bestimmte Ausgleichzahl ν in Verbindung tritt, kann man sofort die $\delta\nu$ bilden:

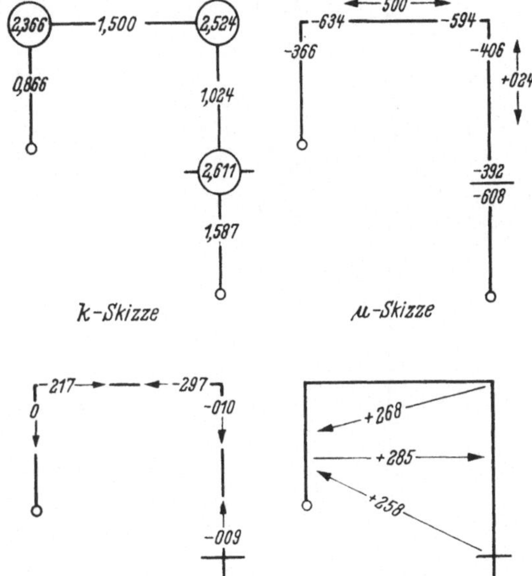

Abb. 163

$$\nu_{21}\,\delta_4 = -\frac{1,929}{2,611}\,(-0,350) = +0,258$$

$$\nu_{21}\,\delta_3 = -\frac{1,929}{2,524}\,(-0,350) = +0,268$$

$$\nu_{34}\,\delta_2 = -\frac{1,333}{2,366}\,(-0,506) = +0,285$$

Die Iteration ist in Abb. 164 durchgeführt. In Zeile A stehen die Ergebnisse aus 6.53. Da jetzt bei Knoten 4 keine feste Einspannung im Fundament mehr möglich sein soll, sondern dieses elastisch drehend nachgibt, ist hier ein Ausgleich notwendig. Die dadurch entstehenden Wirkungen am Gegenknoten

$$7,29 \cdot (-0,010) = -0,07$$

und im anderen Stab des Stockwerks

$$7,29 \cdot 0,258 = +1,88$$

stehen in Zeile 1. Man setzt den Ausgleich an Knoten 2, 3 und 4 fort bis zum Verschwinden der Änderungsbeträge, bildet durch Addition die Zeilen B und C, durch den Ausgleich Zeile D und schließlich E, die üblichen Kontrollen einschaltend. Hier ist davon abgesehen, eine besondere Ergebnisfigur zu zeichnen.

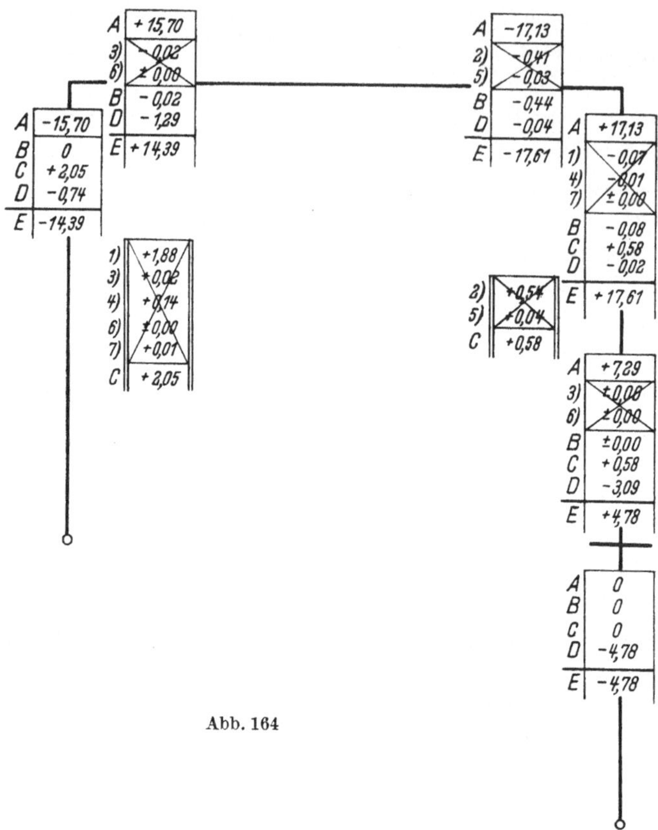

Abb. 164

Man erkennt, daß selbst bei einem recht zuverlässigen Boden noch ein beachtlicher Teil der Einspannung verschwindet. Die Drehung der Fundamentsohle um ihre Schwerachse betrüge

$$\varphi = \frac{7{,}29 - 4{,}78}{2 \cdot 10^4 \cdot 0{,}333} = 3{,}76 \cdot 10^{-4}$$

und die Senkung bzw. Hebung der Kante

$$\Delta y = 3{,}76 \cdot 10^{-4} \cdot 1{,}00\,\mathrm{m} = 0{,}038\,\mathrm{cm}.$$

Dagegen beträgt die Setzung unter der Belastung infolge

$$V = \frac{2{,}0 \cdot 12{,}0}{2} + \frac{17{,}61 - 14{,}39}{12{,}00}$$
$$= 12{,}00 + 0{,}27 = 12{,}27\,\mathrm{t}$$
$$= \frac{12{,}27}{2{,}00 \cdot 0{,}50 \cdot 2 \cdot 10^4}$$
$$= 6{,}14 \cdot 10^{-4}\,\mathrm{m} = 0{,}061\,\mathrm{cm},$$

woran man sieht, daß durch die Drehung hier kein Klaffen der Sohlenfuge hervorgerufen wird, eine günstige Verlagerung der Resultierenden der Bodenpressung also nicht eintritt.

9.14 Durchlaufbalken mit gegebenen Auflagersenkungen

Sind die Auflagersenkungen eines Durchlaufträgers bekannt und nicht von den Momenten abhängig, so lassen sich die Stützenmomente in folgender Weise berechnen (Abb. 165):

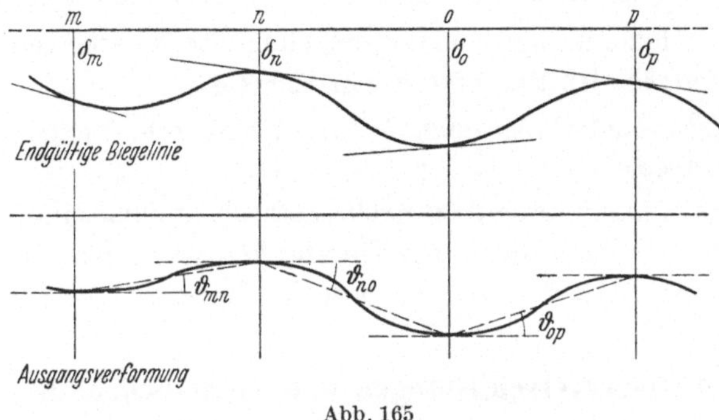

Abb. 165

Man schreibt die Stabendmomente der Ausgangsverformung an:

$$M^0_{mn} = M^0_{nm} = r_{mn}\,\vartheta_{mn} = r_{mn}\,\frac{\delta_n - \delta_m}{l_{mn}}\;(I = \text{const})$$

$$M^0_{no} = M^0_{on} = r_{no}\,\frac{\delta_0 - \delta_n}{l_n}$$

allgemein:

$$M^0_{n,n+1} = M^0_{n+1,n} = r_{n,n+1}\,\frac{\delta_{n+1} - \delta_n}{l_{n,n+1}}.$$

Diese Ausgangsmomente werden behandelt wie üblich, das heißt, ihre unausgeglichenen Summen werden mit Teilverformungen I ausgeglichen.

9.15 Balken auf elastisch senkbaren Stützen

Dieses Tragwerk kann mit Teilverformungen I und II behandelt werden. Abb. 122 zeigt die Anordnung der Stockwerke, für die die Ausgleichzahlen ν getrennt zu berechnen sind. Die Konvergenz ist bei nicht übermäßig großen Federungssteifigkeiten recht mäßig, weshalb der Iterationsprozeß durch geeignete Methoden abgekürzt werden muß. Dazu empfiehlt sich, zunächst nur die Iteration über die Stockwerksbewegungen zu erstrecken, also allein mit Teilverformungen II für ein in jedem Stockwerk angreifendes Einheitsmoment Einflußzahlen für alle Stockwerke zugleich zu berechnen. Man geht also in folgender Weise vor:

1. Ausgleich eines in Stockwerk I angreifenden Stockwerksmomentes $\overline{M}_\mathrm{I} = 1$ tm im ganzen Tragwerk mit Teilverformungen II (also ohne Knotendrehungen).

2. Wie vorstehend. wenn $\overline{M}_{II} = 1\,\mathrm{tm}$,

3. und 4. Wie vorstehend, wenn $\overline{M}_{III} = 1$ und $\overline{M}_{IV} \doteq 1$.

5. Ausgleich der äußeren Stockwerksmomente infolge der Belastungen mit den Ergebnissen von 1. bis 4.,

6. Ausgleich der Knotenmomente mit Teilverformungen I.

7. Ausgleich der infolge 6. in den einzelnen Stockwerken entstandenen Störungen mittels der Ergebnisse von 1. bis 4.

8. usw.; es wiederholen sich 6. und 7. bis zum Verschwinden der Änderungsbeträge.

Wenn die Stützen außerdem noch elastisch drehbar sind, vergrößert sich der Arbeitsumfang nicht. Die Drehbarkeit ist in den für Schritte 6. zu berechnenden Arbeitszahlen zu berücksichtigen.

9.2 Auflagerverschiebungen und Zugbanddehnungen

Im allgemeinen werden Zugbanddehnungen, sofern das Zugband in Fundamenthöhe liegt, mit Auflagerverschiebungen infolge elastischen Nachgebens des Baugrundes entsprechend seiner Schubsteifigkeit zusammen vorkommen. Das Zugband wird also durch den Widerstand des Baugrundes entlastet, wenn nicht durch ein Rollenlager der Verschiebungswiderstand beseitigt wird, soweit die unvermeidbare Rollenreibung es erlaubt. Wir sehen in dem folgenden Beispiel von diesem Umstand ab, obwohl er sich rechnerisch berücksichtigen ließe.

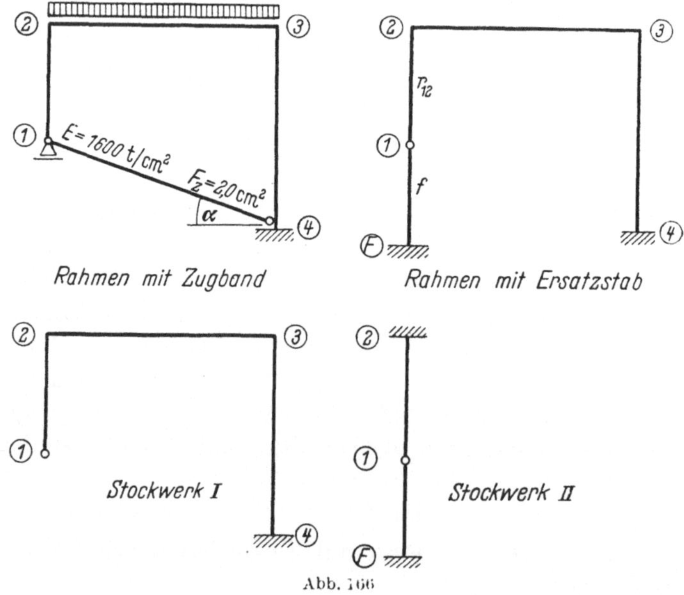

Rahmen mit Zugband   Rahmen mit Ersatzstab

Stockwerk I   Stockwerk II

Abb. 166

Das gegebene Rahmenwerk wird an der nachgiebigen Stelle mit einem Ersatzstab versehen und dann in Stockwerke, d. h. Gruppen von eindeutig drehbaren Stäben eingeteilt. Als Beispiel dient der Rahmen aus 6.53, den wir jetzt nur mit einem schräg liegenden Zugband versehen. Das feste Auflager bleibt bei Knoten 4. Knoten 1 sei waagerecht beweglich (Abb. 166).

In Tab. 13, die Tab. 6 ergänzt, sind die Arbeitszahlen für Stockwerk II ermittelt. Stockwerk I ist der Rahmen aus 6.53, so, wie er dort ist. Knotendrehungen sind niemals so möglich, daß sie im Stockwerk II

Tabelle 13

Stock-werk	Stab	Θ	k	r	$\bar{r}$	$\bar{\bar{r}}$	R	ν
1	2	3	4	5	6	7	8	9
II	1—2	1,000	—	1,333	+1,333	1,333	2,539	—0,525
	1—F	—1,000	—	1,206	—1,206	1,206		+0,475

Gleichgewichtsstörungen hervorrufen, die unmittelbar im selben Schritt auszugleichen wären. Dazu ist jedesmal in Stockwerk II ein eigener reiner Stockwerksausgleich erforderlich, zu dem das auszugleichende Stockwerksmoment erst zu berechnen ist.

Die Federungszahl eines Zugbandes ist

$$f = \frac{E_z F_z}{s},$$

wenn die dehnende Kraft in der Richtung seiner Achse angreift und die Bewegung des losen Endes in gleicher Richtung geschieht. Hier bewegt sich das lose Ende waagerecht und in dieser Richtung ist auch die Kraft anzunehmen. Daher tritt der Faktor $\cos^2 \alpha$ hinzu. Da man auch die wahre Länge s durch die Rahmenstützweite ersetzt, muß es hier heißen (Abb. 167):

$$f = \frac{E_z F_z \cos^3 \alpha}{l}.$$

Denn wenn die Zugbanddehnung Δs so groß ist, daß $1\,1' = 1\,$Längeneinheit (Abb. 167) lang ist, ist sie

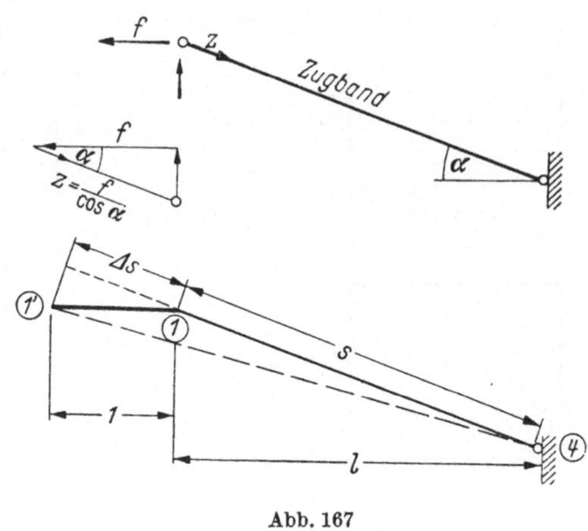

Abb. 167

$$\Delta s = 1 \cdot \cos \alpha.$$

Als dazu in Zugbandrichtung angreifende Last ist $Z = f : \cos \alpha$ erforderlich. Die Zugbandlänge ist $s = l : \cos \alpha$. Daher gilt

$$Z = \frac{E_z\,F_z}{s}\,\Delta s$$

oder

$$f : \cos \alpha = \frac{E_z\,F_z \cos^2 \alpha}{}$$

oder

$$f = \frac{E_z\,F_z \cos^3 \alpha}{l}\,.$$

In Zusammenwirkung mit den Stabsteifigkeiten $r,\ \bar r,\ \bar{\bar r}$ wird immer die umgewandelte Federungszahl $f l_{ik}^2 = \bar{\bar c}$ verwendet. Hier ist, weil $l_{ik} = l_{12}$ und $\cos \alpha = 0{,}979$,

$$\bar{\bar c} = f l_{12}^2 = \frac{1600 \cdot 2{,}0 \cdot 450^2 \cdot 0{,}979^3}{1200} \cdot 10^{-2} \text{ tm } \cdot 0{,}0238 \cdot 10^{-6}\,\frac{m^2}{t}\,.$$

Da die Steifigkeiten in Tab. 6 immer mit $0{,}0238 \cdot 10^{-6}\,\dfrac{m^2}{t}$ multipliziert eingetragen sind, tritt hier derselbe Faktor hinzu. Die Stellenzahl wird so eingerichtet, daß als Benennung $[10^{-1}\ \mathrm{dm^3}]$ verbleibt. Vgl. 9.12.

$$f l_{12}^2 = \bar{\bar c} = 120{,}6 \cdot 10^{-6}\ \mathrm{m^3}$$
$$= 120{,}6 \cdot 10^{-2}\ [10^{-1}\ \mathrm{dm^3}]$$
$$= 1{,}206\ [10^{-1}\ \mathrm{dm^3}]\,.$$

Wenn der Bezugsstab 1—2 eine positive Drehung im Stockwerk II vollzieht, dreht sich der Ersatzstab 1—F in negativem Sinn. Daher setzen wir in Tab. 13 $\Theta_{1F} = -1$, wobei dem Ersatzstab die Länge $l_{1F} = l_{12} = 4{,}50$ m zugedacht ist.

Wir stellen in Abb. 168 die Arbeitszahlen von 6.53 nochmals zusammen und nehmen die Iteration in Abb. 169 vor. Dabei führen wir noch eine Abkürzung der Iteration ein, die sich immer dann empfiehlt, wenn Teilverformungen gleicher Art (hier II) in nur zwei benachbarten

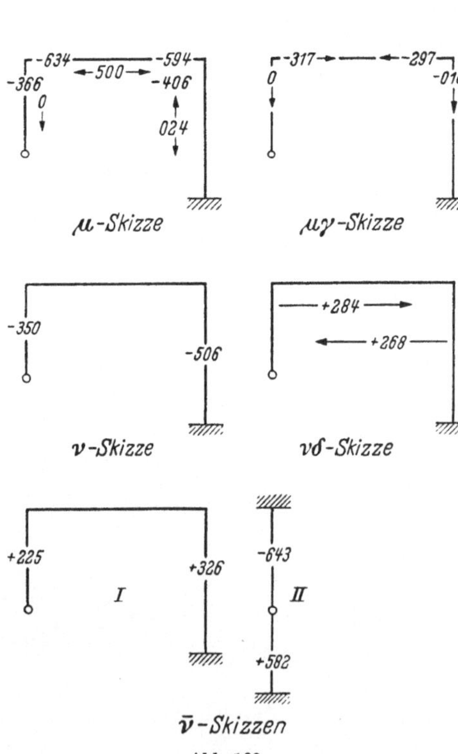

Abb. 168

Teilbereichen, die einander überdecken, abwechseln. Das Verfahren wurde oben unter 6.922 beschrieben. Der beiden Teilbereichen gemeinsame Stab ist 1—2. Da nur Störungen am Stockwerk II auszugleichen sind, berechnen wir nach 6.922, Übersicht, für Stab 1—2 mit $_\mathrm{I}\nu_{12} = -0,350$ und $_\mathrm{II}\nu_{12} = -0,525$:

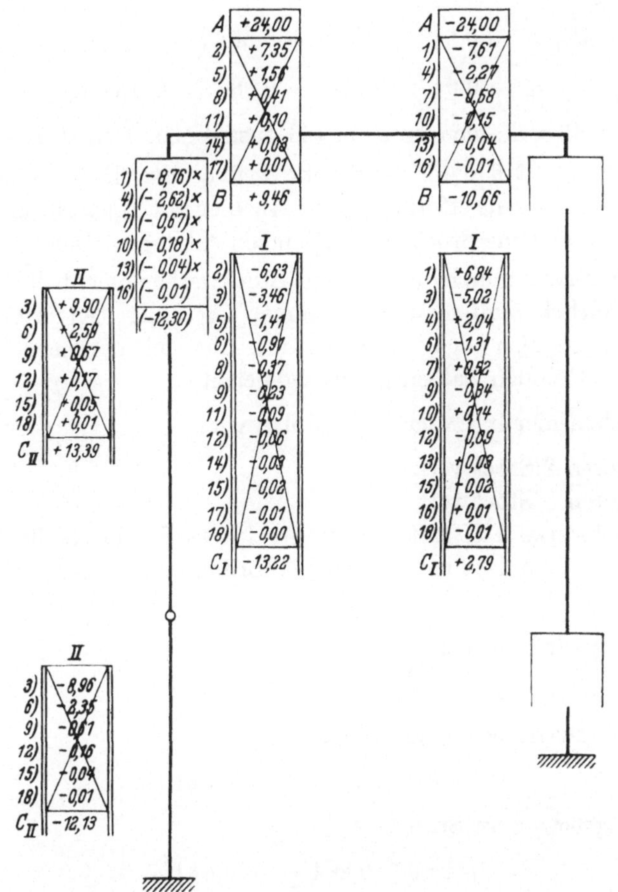

Abb. 169

$$\lambda_{12} = \frac{\Theta^2 \; \Sigma_\mathrm{I}\nu \; \Sigma_\mathrm{II}\nu}{1 - \Theta^2 \, \Sigma_\mathrm{I}\nu \, \Sigma_\mathrm{II}\nu} = \frac{1,0^2 \, (-0,350)(-0,525)}{1 - (-0,350)(-0,525)} = 0,225$$

(am Stab mit Gelenk kommt ν nur einmal vor).

$$_\mathrm{II}\bar{\nu}_{12} = -0,525 \cdot 1,225 = -0,643$$

$$_\mathrm{II}\bar{\nu}_{1F} = +0,475 \cdot 1,225 = +0,582$$

$$_\mathrm{I}\bar{\nu}_{12} = -0,350 \cdot (-0,643) = +0,225$$

$$_\mathrm{I}\bar{\nu}_{1F} = -0,506 \cdot (-0,643) = +0,326.$$

Die Kontrolle dieser modifizierten Stockwerksausgleichzahlen vollzieht
sich so:

$$\overline{M}_{\mathrm{I}} = + \, 0{,}225 - 0{,}643 + 2 \cdot 0{,}326 \cdot 0{,}643$$

$$= + \, 0{,}225 - 0{,}643 + 2 \cdot 0{,}209 = 0$$

$$\overline{M}_{\mathrm{II}} = - \, 0{,}643 + 0{,}225 + 0{,}582 \, (- \, 1{,}0)$$

$$= - \, 0{,}643 + 0{,}225 - 0{,}582 = - \, 1{,}000.$$

Wir stellen diese Zahlen in Abb. 168 zusammen. Den Ausgleich einer
Störung $\overline{M} = - 1{,}000$ in Stockwerk I über das Doppelsystem vorzunehmen, ist niemals erforderlich, da wir hier mit Teilverformungen III
arbeiten, wobei keine Stockwerksstörungen entstehen. Das wäre anders,
wenn äußere Lasten angriffen, die ein Stockwerksmoment $\overline{M}_{\mathrm{I}}$ erzeugen,
und bekanntlich muß man dann immer mit einer Teilverformung II
beginnen, hätte also auch von Stockwerk I her mit den noch für diesen
Fall zu ermittelnden Zahlen $_{\mathrm{I}}\bar{\nu}$ auszugleichen.

Wir gehen hier in dieser Reihenfolge vor:

a) Knoten 2/Stockwerk I,
b) Knoten 3/Stockwerk I,
c) Stockwerke I/II mit der in Stockwerk II durch die Stabendmomente an Stab 1—2 entstandenen Störung.

Erläuterung zur Iteration

Zeile A: Ausgangsmomente wie in Beispiel 6.53.

Zeile 1: Ausgleich am Knoten 2:

$$+ \, 24{,}00 \, (- \, 0{,}317) = - \, 7{,}61 \, \mathrm{tm}.$$

Mitdrehungsbetrag an Stab 3—4:

$$+ \, 24{,}00 \cdot 0{,}284 = + \, 6{,}84 \, \mathrm{tm}.$$

Provisorische Notierung des Ausgleichbetrages an Stabende 2 1, weil
sich bei Knoten 1 ein Gelenk befindet und man diesen Betrag zur
Berechnung der Störung des Stockwerksgleichgewichts braucht:

$$+ \, 24{,}00 \, (- \, 0{,}366) = - \, 8{,}76 \, \mathrm{tm}.$$

Zeile 2: Ausgleich an Knoten 3:

$$(- \, 24{,}00 - 7{,}61 + 6{,}84) \, (- \, 0{,}297) = + \, 7{,}35 \, \mathrm{tm}.$$

Mitdrehungsbetrag an Stab 1—2:

$$(- \, 24{,}00 - 7{,}61 + 6{,}84) \cdot 0{,}268 = - \, 6{,}63 \, \mathrm{tm}.$$

Zeile 3: Ausgleich der Störung des Gleichgewichts in Stockwerk II total innerhalb beider Stockwerke:

$$(- 8,76 - 6,63)\,(+ 0,225) = - 3,46\ \text{tm},$$
$$(- 8,76 - 6,63)\,(+ 0,326) = -- 5,02\ \text{tm},$$
$$(- 8,76 - 6,63)\,(- 0,643) = -+ 9,90\ \text{tm},$$
$$(- 8,76 - 6,63)\,(+ 0,582) = - 8,96\ \text{tm}.$$

Jetzt herrscht Gleichgewicht in jedem der beiden Stockwerke. Gestört ist aber das Gleichgewicht an den Knoten 2 und 3, weshalb sich die Schrittserie 1 ... 3 der Art nach in 4 ... 6, 7 ... 9, 10 ... 12, 13 ... 15 und 16 ... 18 wiederholt. Die Änderungen sind dann genügend klein, so daß man die Iteration als beendet ansehen kann. Man addiert und beginnt die *E*-Figur in den Teilen A, B und C auszufüllen.

Zur Kontrolle stellt man zunächst fest, daß von Knoten 2 und 3 aus

$$(A_m + B_m + C_m)\,\mu_{mn}\,\gamma_{mn} = B_n$$

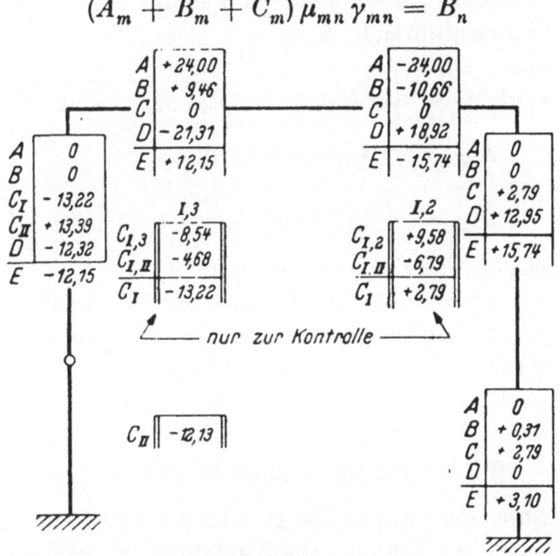

Abb. 170

stimmt, berechnet aber gleichzeitig

$$(A_m + B_m + C_m)\,\delta_m\,\nu_{pq} = C_{pq}$$

und notiert C_{pq} in den Nebenspalten I, 3 und I, 2 (Abb. 170). Außerdem hat man wegen des Gelenkes noch $\mu_2\,(A_2 + B_2 + C_2)$ zu berechnen, weil man sonst wegen des einstweilen fehlenden Ausgleichbetrages nicht zum Stockwerksmoment $\overline{M}_{II}$ kommt. Das ist übrigens hier bereits D_{21}, wenn man von etwa noch nötigen Verbesserungen absieht.

Jetzt ist

$$\overline{M}_{II} = - 12,32 - 8,54 = - 20,86\ \text{tm}.$$

11*

Der Gesamtausgleich in den Stockwerken I und II liefert in den Nebenspalten I, 3 und I, 2 die Beträge für Stockwerk I

$$- 20{,}86 \,(+ 0{,}225) = - 4{,}68$$

und

$$- 20{,}86 \,(+ 0{,}326) = - 6{,}79 \text{ tm}$$

und in Stockwerk II entsprechend

$$- 20{,}86 \,(- 0{,}643) = + 13{,}39 \text{ tm}$$

und

$$- 20{,}86 \,(+ 0{,}582) = - 12{,}13 \text{ tm}.$$

In den Nebenspalten I, 3 und I, 2 ergibt sich ein gesamter C-Betrag, der von den Knotendrehungen und dem Stockwerksausgleich I/II herrührt. Es sind Stabendmomente, die an den Stabenden 2 1, 3 4 und 4 3 angeschrieben werden. An Stabende 2 1 gehört je ein Betrag aus jedem der beiden Stockwerke, da er beiden angehört.

Der danach auszuführende Ausgleich liefert die endgültigen Ergebnisse (Abb. 170).

Die Zugbanddehnung verändert die Rahmeneckmomente wie folgt:

$$M_{21} = - 12{,}15 \text{ tm} \text{ gegen } - 15{,}70 \text{ tm}$$

und

$$M_{32} = - 15{,}74 \text{ tm} \text{ gegen } - 17{,}13 \text{ tm}$$

in Beispiel 6.53. Da das Zugband so dünn ist, wie man es wegen Rostgefahr und aus anderen Gründen kaum herstellen wird und wegen der Schubsteifigkeit des Bodens unter dem für die lotrechten Kräfte notwendigen Fundament, wird in der Regel keine entscheidende Verringerung des Riegelfeldmomentes — auf das kommt es hier an — eintreten.

9.3 Nebenspannungen in Fachwerken

Die Ermittlung der Stabkräfte geschieht im allgemeinen unter der Annahme reibungsloser Gelenke. Die zusätzlichen Spannungen, die durch die in Wirklichkeit steifen Knotenverbindungen entstehen, werden Nebenspannungen genannt. Sie können besonders bei Stahlbetonfachwerken Größen annehmen, die eine Vernachlässigung verbieten. Diese zusätzlichen Spannungen können in sehr einfacher Weise nach dem CROSS-Verfahren ohne Lösung eines umfangreichen Gleichungssystems erfaßt werden.

Wir ermitteln zuerst die Stabkräfte infolge der äußeren Belastung unter der Annahme gelenkiger Stabanschlüsse. Aus den nun gegebenen Kräften S lassen sich mit Hilfe der Beziehung

$$\Delta s = \frac{S s}{E F}$$

die Längenänderungen aller Fachwerkstäbe ermitteln. Nach Kenntnis der Längenänderung Δs können wir einen WILLIOTschen Verschiebungsplan zeichnen, aus dem die gegenseitigen rechtwinkligen Verschiebungen der einzelnen Stäbe entnommen werden. Aus diesem und mit Hilfe der Steifigkeiten r bestimmen wir die Momente M_{mn} am eingespannten System und gleichen sie in üblicher Weise aus. Die ausgeglichenen Momente M' stellen die Zusatzmomente in erster Annäherung dar.

Wir haben hier beim Ausgleich von einer Verschiebung der Knotenpunkte zunächst abgesehen. Ermitteln wir nun aus diesen Momenten am herausgeschnittenen gedachten Stab die Querkräfte, so setzen sich die Querkräfte der in einem Knotenpunkt einmündenden Stäbe zu einer Resultierenden zusammen, s. Abb. 171. Alle an den einzelnen Knotenpunkten des Fachwerkes angreifenden Resultierenden stehen miteinander im Gleichgewicht. Dies ist leicht einzusehen, denn da alle Stäbe nur eine reine Momentenbelastung erfahren, sind jeweils die sich an einem Stab hieraus ergebenden Querkräfte gleich groß und entgegengesetzt gerichtet. Also muß auch die Summe aus gleich großen und entgegengesetzt gerichteten Kräften null sein.

Mit dem durch die Resultierenden (Abb. 171) belasteten System wird nun wieder genau wie bei der Belastung mit äußeren Kräften verfahren, d. h., es werden die Stabkräfte errechnet, hierauf aus einem Verschiebungsplan die gegenseitigen rechtwinkligen Verschiebungen er-

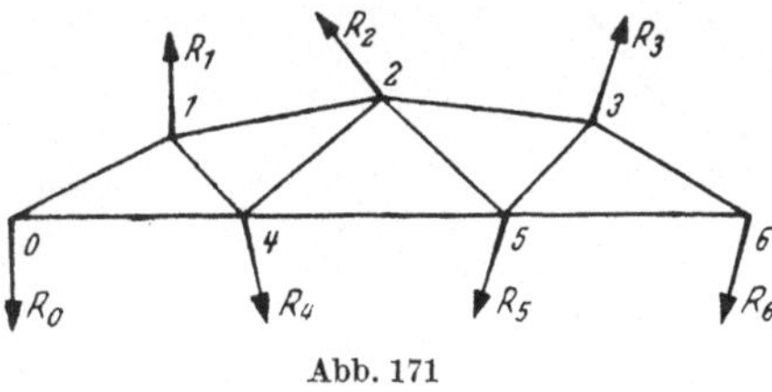
Abb. 171

mittelt. Die durch diese hervorgerufenen Stabendmomente werden in eine Systemskizze eingetragen und ausgeglichen. Die ausgeglichenen Momente M'' bilden zusammen mit den zuerst ermittelten Momenten M' die Zusatzmomente in zweiter Annäherung

$$M_z = M' + M''.$$

Es ließe sich nun in gleicher Weise auch ein drittes Zusatzmoment errechnen, doch ist die Genauigkeit bei zwei Zusatzmomenten völlig ausreichend [1], [24].

Querbelastete Stäbe. Querbelastete Fachwerkstäbe nach Abb. 172 sind im Holzbau, aber auch bei Stahlbetonfachwerken sehr häufig.

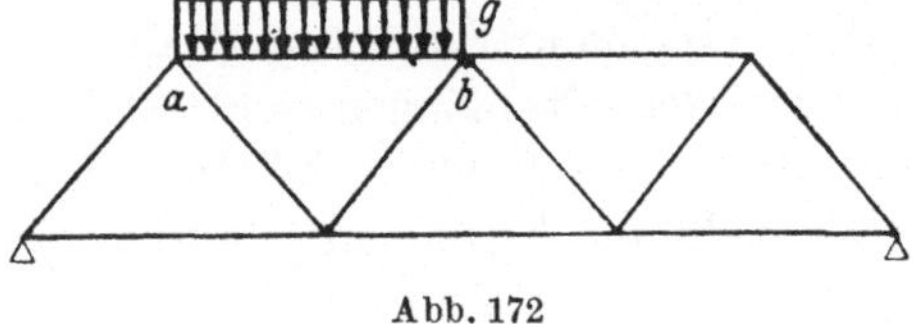
Abb. 172

Handelt es sich nur darum, den Einfluß der Querbelastung auf die Nachbarstäbe zu untersuchen, dann denken wir uns den Stab voll eingespannt und gleichen die Volleinspannungsmomente nach Cross aus.

Werden gleichzeitig auch die Nebenspannungen untersucht, so kann man die Momente M_q der Querbelastung zu den Volleinspannmomenten infolge der Stabendverschiebungen addieren und so beide Momente in einem Zuge ausgleichen.

9.4 Einfluß von Temperaturänderungen, Schwinden und Normalkräften

9.41 Gleichmäßige Temperaturänderung

9.411 Allgemeines. Bei einer gleichmäßigen Erwärmung um $t°$ verlängert sich ein Stab von der Länge s um $\Delta s = \alpha\, s\, t°$, wobei α die Wärmeausdehnungszahl ist. Bei einer Abkühlung um $t°$ verkürzt er sich um

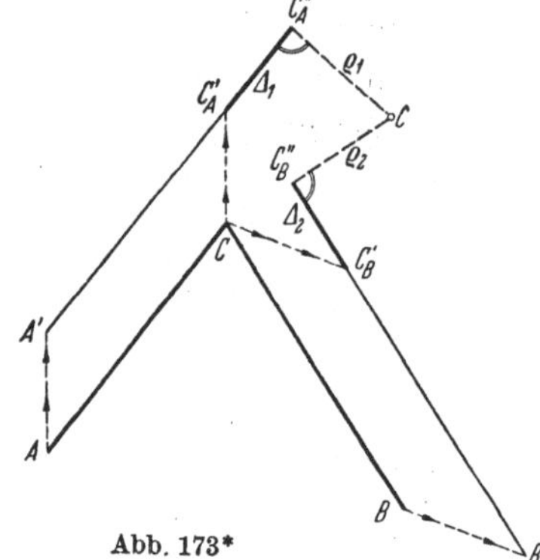

Abb. 173*

das gleiche Maß. Beim Schwinden gilt dies sinngemäß.

Infolge der Verkürzung oder Verlängerung der Stäbe entstehen im Tragwerk Knotenpunktverschiebungen, die im allgemeinen Momente hervorrufen. Die Ermittlung dieser Knotenverschiebungen aus den gegebenen Längenänderungen geschieht durch mehrmalige Anwendung der Grundaufgabe des Williotschen Verschiebungsplanes, die im folgenden kurz dargestellt ist.

Gegeben sei die in Abb. 173 stark ausgezogene Knotenpunktfigur. Gesucht sei die Lage von C, wenn

1. die Stäbe 1 und 2 in die neue Lage $A'\,C'_A$ und $B'\,C'_B$ parallel verschoben werden und

2. die Stäbe 1 und 2 die Längenänderungen Δ_1 und Δ_2 erfahren.

Wir tragen die Verlängerung Δ_1 im vergrößerten Maßstabe am Endpunkte C_A des parallel verschobenen Stabes 1 an und verfahren entsprechend mit Δ_2. Nun schlägt man mit den verlängerten Stablängen $B'\,C'_B + \Delta_2 = B'\,C''_B$ und mit $A'\,C'_A + \Delta_1 = A'\,C''_A$ Kreisbögen um A' und B'.

Der Schnittpunkt C' dieser Kreisbögen ist die endgültige Lage von C. Da die Längenänderungen und die Verschiebungen $A\,A'$ und $B\,B'$ gegenüber den Stablängen sehr klein sind, können die Kreisbögen durch die in den Punkten C''_A bzw. C''_B auf den Geraden $A'\,C''_A$ bzw. $B'\,C''_B$ errichteten Normalen ϱ_1 und ϱ_2 ersetzt werden.

---

* Oben rechts lies C' statt C.

9.412 Bestimmung der Momente infolge Temperaturänderungen. Bei einem Rahmenwerk ist es im allgemeinen nicht möglich, die Knotenverschiebungen infolge Temperaturänderungen mittels des WILLIOTschen Verschiebungsplanes absolut zu bestimmen. Nur bei solchen, die unter äußeren Kräften keine Stabdrehungen (Knotenverschiebungen) erfahren, ist die endgültige Lage der Knoten sofort feststellbar. Bei den übrigen können nur die relativen Verschiebungen der Knoten untereinander bestimmt werden.

9.413 Rahmenwerke ohne Stabdrehungen. Durch die Knotenverschiebungen liegen auch die Stabdrehungen fest (Abb. 174); ihre zur Stabachse senkrechten Komponenten liefern den Stabdrehwinkel $\vartheta_{mn} = \dfrac{\varrho_{mn}}{s_{mn}}$ (hierbei ist im Nenner statt $s_{mn} + \Delta s_{mn}$ nur s_{mn} gesetzt, da $\Delta s_{mn} \ll s_{mn}$).

Die Ausgangsmomente sind durch die Stabdrehungen bestimmt. Da die Steifigkeiten r und r' die Stabendmomente für $\vartheta = 1$ sind (vgl. Kap. 5), gilt hier (Rechtsdrehungen der Stäbe sind positiv):

$$M^0_{14} = r'_{14}\,\vartheta_{14} = r'_{14}\,\frac{\varrho_{14}}{h_{14}}$$

$$M^0_{12} = r_{12}\,\vartheta_{12} = r_{12}\,\frac{\varrho_{12}}{l_{12}} \quad \text{usw.}$$

Diese Momente werden dem Ausgleich wie üblich unterworfen.

9.414 Rahmenwerke mit Stabdrehungen. Aus dem Rahmenwerk in Abb. 174 würde durch Entfernen des horizontalen Auflagers in Riegelhöhe ein Rahmenwerk, das unter äußeren Lasten Stabdrehungen hätte. Bei Temperatureinflüssen würde es sich nach beiden Seiten dehnen oder verkürzen, so daß die absolute Größe der Knotenverschiebungen und Stabdrehungen nicht bekannt wäre. Daher wird das horizontale Lager vorerst angebracht, damit die relativen Verschiebungen und daraus die Ausgangsmomente bestimmt werden können. Die horizontale Stockwerksfesthaltung muß dann ausgeglichen werden.

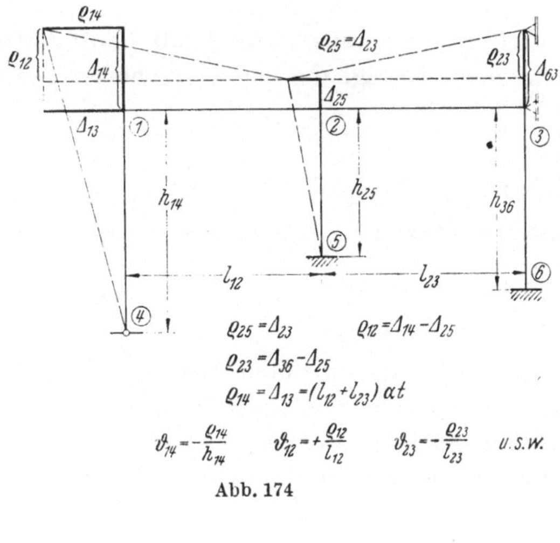

Abb. 174

Dieser Ausgleich wird durch Teilverformungen III zugleich mit den Knotendrehungen durchgeführt oder es werden abwechselnd Knoten- und Stockwerksmomente ausgeglichen. Bei eingeschossigen Rahmen wird die horizontale Stockwerksfesthaltung am besten mit Teilverformungen VI, also den absoluten Stockwerksausgleichzahlen beseitigt.

Für den letzteren Fall führen wir in 9.431 ein Beispiel vor.

Bei symmetrischen Rahmenwerken . ist auch die Temperaturverformung symmetrisch. Man weiß daher, daß die Knotenverschiebungen mit Bezug auf die Symmetrieachse die absoluten sind und kann wie bei Rahmenwerken arbeiten, die unter äußeren Kräften keine Stabdrehungen haben; der Ausgleich der horizontalen Festhaltung entfällt.

9.42 Ungleichmäßige Temperaturänderung

Bisher hatten wir der Untersuchung der Temperatureinflüsse eine über den ganzen Querschnitt gleichmäßig verteilte Erwärmung oder Abkühlung zugrunde gelegt. Doch sind besonders im Industriebau die Fälle sehr häufig, in denen beträchtliche Unterschiede zwischen Außen- und Innentemperaturen bestehen. In diesem Fall erleidet, unter der Annahme einer linearen Temperaturänderung innerhalb des Stabes, ein Stabelement die in Abb. 175 dargestellte Verformung.

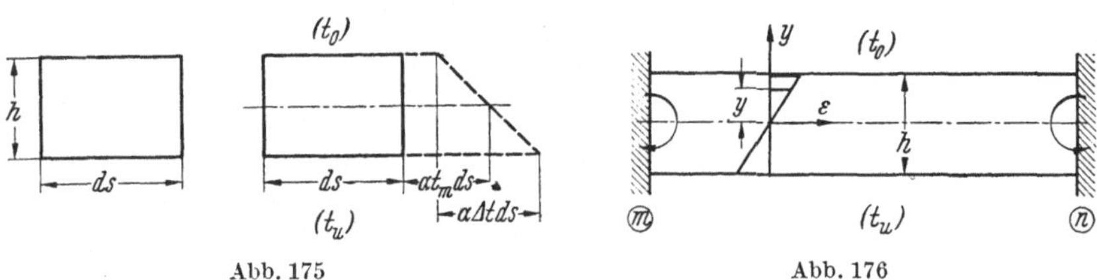

Abb. 175   Abb. 176

Unter der Voraussetzung, daß die Stabachse in halber Querschnittshöhe liegt, beträgt die hier herrschende Temperatur:

$$t_m = \frac{t_o + t_u}{2},$$

wobei t_o die Temperatur an der oberen und t_u die Temperatur an der unteren Faser ist. Also ist die Verlängerung oder Verkürzung in der Stabachse

$$\Delta s = \alpha \, s \, \frac{t_o + t_u}{2} = \alpha \, s \, t_m.$$

Mit der so ermittelten Längenänderung werden die Momente M_t genau wie bei gleichmäßiger Temperaturänderung bestimmt. Wir müssen also nur noch die Momente bestimmen, die infolge der ungleichmäßigen Längenänderung der Randfasern des Stabes entstehen.

Der Stab ist im Ausgangszustand an seinen Enden fest eingespannt
(Abb. 176). Seine Längsfasern können sich also nicht dehnen oder verkürzen. Werden sie erwärmt oder abgekühlt, setzt sich die verhinderte
Dehnung in einen Spannungszustand um. In einer Faser im Abstand y
von der neutralen Faser ist die verhinderte Dehnung an jeder Stelle
der Stablänge

$$\varepsilon_y = \frac{\max \varepsilon}{\max y}\, y = \frac{(t_o - t_u)\,\alpha}{2 \cdot \dfrac{h}{2}}\, y = \frac{\alpha\,\Delta t}{h}\, y\,.$$

In den Randfasern ist sie

$$_{\max}\varepsilon = \frac{\alpha\,\Delta t}{h} \cdot \frac{h}{2} = \alpha\,\frac{\Delta t}{2}\,.$$

Die Spannung ist dort

$$_{\max}\sigma = -\,\frac{\alpha\,\Delta t\,E}{2}\,,$$

und das zugeordnete Moment

$$M^0_{\Delta t_{m\,n}} = {}_{\max}\sigma\,\frac{I}{\dfrac{h}{2}} = -\,\frac{\alpha\,\Delta t\,E\,I}{h}$$

$$M^0_{\Delta t_{n\,m}} = +\,\frac{\alpha\,\Delta t\,E\,I}{h}\,.$$

Die auf diese Weise ermittelten Momente $M^0_{\Delta t}$ addieren wir zu den
Momenten M^0_t infolge der Längenänderung der Stabachse. Hierauf
werden die endgültigen Stabendmomente genau wie die Momente infolge
gleichmäßiger Temperaturänderung errechnet.

9.43 Beispiele über Temperaturänderung

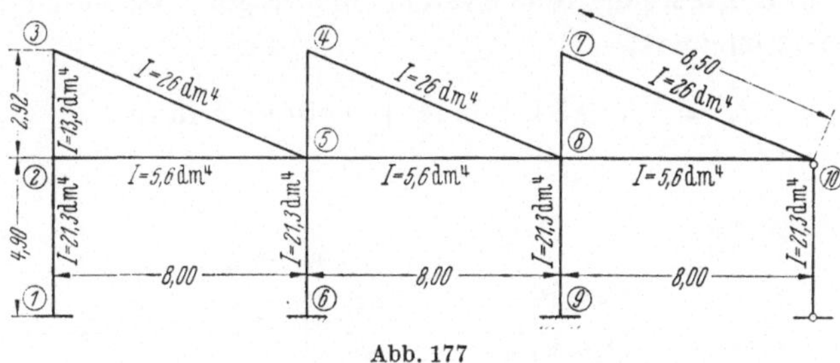

Abb. 177

9.431 Gleichmäßige Erwärmung der Dachstäbe um 15°. In der
Systemskizze Abb. 177 sind die Abmessungen eingetragen. Mit den hier
angegebenen Werten sind die Zahlen der μ-Skizze (Abb. 178) errechnet.

Die Wärmedehnungen der Dachstäbe ergeben sich wie folgt (Abb. 179):

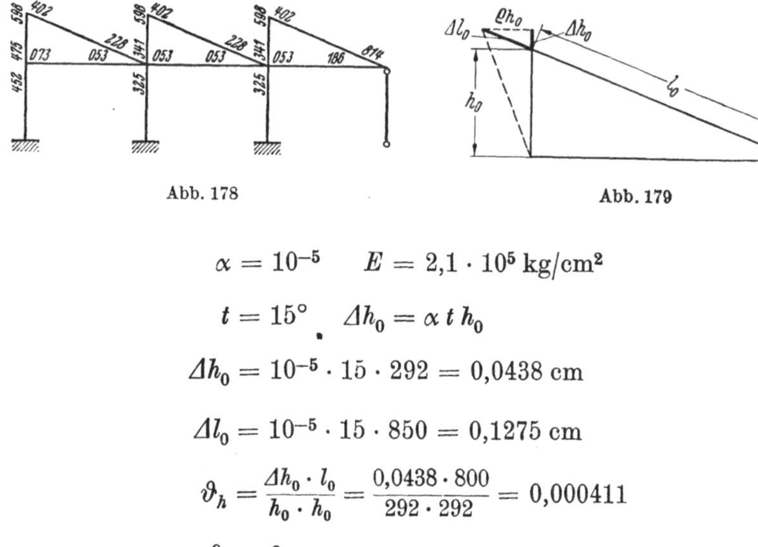

Abb. 178   Abb. 179

$$\alpha = 10^{-5} \qquad E = 2{,}1 \cdot 10^5 \ \text{kg/cm}^2$$

$$t = 15^\circ \ , \quad \Delta h_0 = \alpha\, t\, h_0$$

$$\Delta h_0 = 10^{-5} \cdot 15 \cdot 292 = 0{,}0438 \ \text{cm}$$

$$\Delta l_0 = 10^{-5} \cdot 15 \cdot 850 = 0{,}1275 \ \text{cm}$$

$$\vartheta_h = \frac{\Delta h_0 \cdot l_0}{h_0 \cdot h_0} = \frac{0{,}0438 \cdot 800}{292 \cdot 292} = 0{,}000411$$

$$\vartheta_l = 0 .$$

Die Momente in der Dachsenkrechten 2 3 betragen bei **unverdrehbaren** Knoten:

$$M_{to} = M_{tu} = r\, \vartheta = - \frac{6 \cdot 2{,}1 \cdot 10^5 \cdot 13{,}3 \cdot 10^4 \cdot 0{,}000411}{292}$$

$$= 236\,000 \ \text{kgcm} = 2{,}36 \ \text{tm} .$$

An diesen Momenten wird ein Ausgleich durchgeführt. In Abb. 180 sind, da der Ausgleich selbst nichts Neues bietet, die endgültigen Momente für das festgehaltene System eingetragen. Das auszugleichende Stockwerksmoment ist

$$\overline{M} = 1{,}5 \, (0{,}80 + 0{,}44 + 0{,}40) = 2{,}46 \ \text{tm} .$$

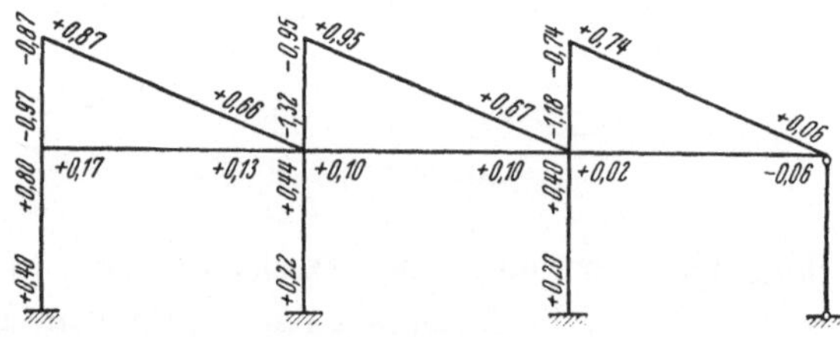

Abb. 180

Berechnung der absoluten Stockwerksausgleichzahlen
für Teilverformungen VI

Es wird im Sinne des in 6.54 Gesagten verfahren, indem ein äußeres Stockwerksmoment von $+10{,}00$ angebracht, und das Rahmenwerk bei unverdrehten Knoten durch reine Stieldrehung verformt wird.

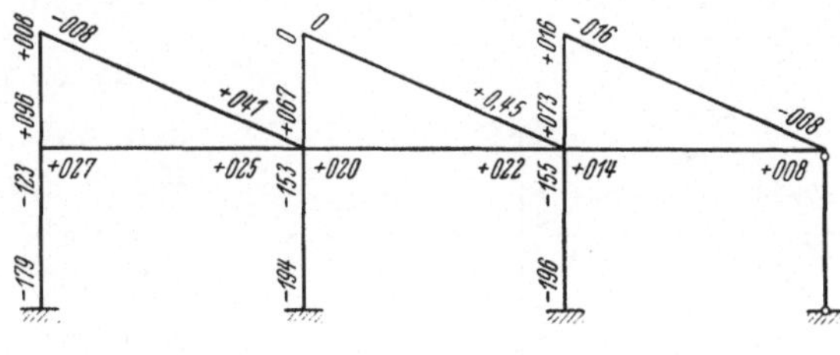

Abb. 181

Dieser Teil der Berechnung wird hier nicht mehr vorgeführt. Abb. 181 enthält die Zusammenstellung der absoluten Stockwerksausgleichzahlen. Die endgültigen Momente ergeben sich aus denen der Abb. 180 und den Ausgleichbeträgen:

$$M_{mn} = M_{mn}^{(1)} + \overline{M}v'_{mn} = M_{mn}^{(1)} + 2{,}46\, v'_{mn},$$

$$M_{23} = -\,0{,}97 + 2{,}46 \cdot 0{,}096 = -\,0{,}73\ \text{tm},$$

$$M_{25} = +\,0{,}17 + 2{,}46 \cdot 0{,}027 = +\,0{,}24\ \text{tm},$$

$$M_{21} = +\,0{,}80 - 2{,}46 \cdot 0{,}123 = +\,0{,}50\ \text{tm}.$$

usw. usw.

9.432. Gleichmäßige Erwärmung des gesamten Tragwerkes um 15°.

Jeder Stiel erfährt die gleiche Längenänderung. Der Riegel erhält deshalb am Grundsystem (s. Abb. 182) keine Momente. Die Längenänderungen der Riegel sind gleich den rechtwinkligen Verschiebungen der Stiele.

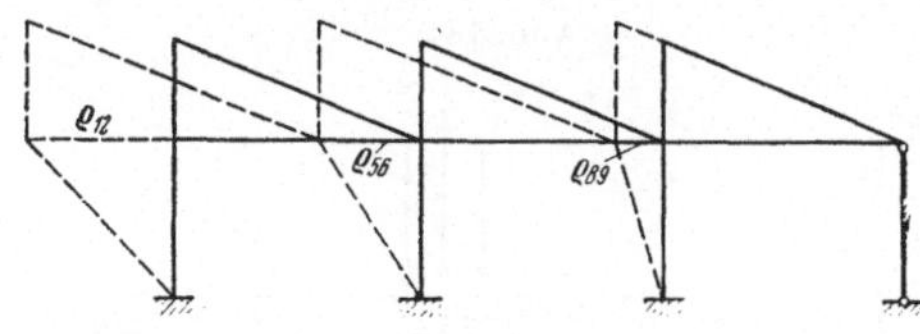

Abb. 182

$$\vartheta_{89} = 10^{-5} \cdot 15 \cdot \frac{800}{490},$$

$$\vartheta_{56} = 10^{-5} \cdot 15 \cdot \frac{1600}{490},$$

$$\vartheta_{12} = 10^{-5} \cdot 15 \cdot \frac{2400}{490}.$$

Hiermit ergeben sich die Momente am eingespannten System:

$$M_{t_{89}}^0 = M_{t_{98}}^0 = -\frac{6 \cdot 2,1 \cdot 21,3 \cdot 10^4 \cdot 15 \cdot 800}{490^2} = -1,34\ \text{tm}$$

$$M_{t_{56}}^0 = M_{t_{65}}^0 = -\frac{6 \cdot 2,1 \cdot 21,3 \cdot 10^4 \cdot 15 \cdot 1600}{490^2} = -2,68\ \text{tm}$$

$$M_{t_{12}}^0 = M_{t_{21}}^0 = -\frac{6 \cdot 2,1 \cdot 21,3 \cdot 10^4 \cdot 15 \cdot 2400}{490^2} = -4,02\ \text{tm}.$$

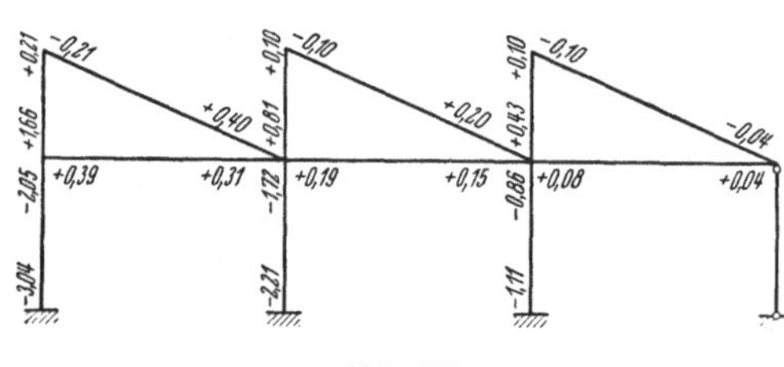

Abb. 183

Diese Momente werden nun in bekannter Weise am System mit unverschieblichem Riegel, also unveränderlichen Stabdrehwinkeln, ausgeglichen. In Abb. 183 sind die ausgeglichenen Momente eingetragen.

Das unausgeglichene (innere) Stockwerksmoment ist

$$\overline{M} = -(3,04 + 2,05 + 2,21 + 1,72 + 1,11 + 0,86) = -10,99\ \text{tm}.$$

Dieses wird mit den schon benutzten absoluten Stockwerksausgleichzahlen ν' (Abb. 181) ebenfalls ausgeglichen:

$$M_{23} = +1,66 - 10,99 \cdot 0,096 = +0,60\ \text{tm},$$

$$M_{25} = +0,39 - 10,99 \cdot 0,027 = +0,10\ \text{tm},$$

$$M_{21} = -2,05 + 10,99 \cdot 0,123 = -0,70\ \text{tm},$$

usw. usw.

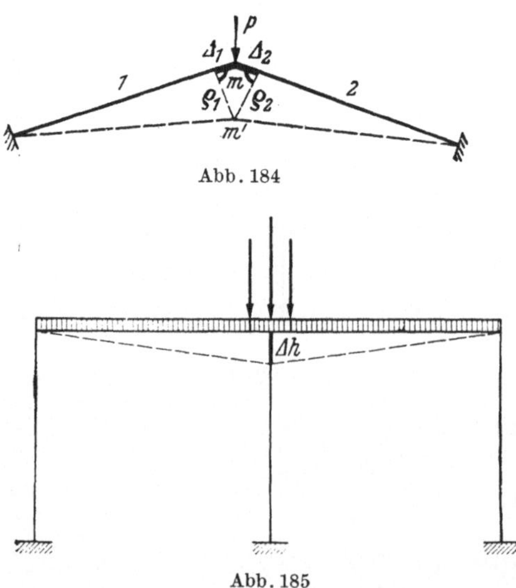

Abb. 184

Abb. 185

9.5 Einfluß von Längenänderungen durch Normalkräfte

Die Normalkräfte beeinflussen den Momentenverlauf im allgemeinen so wenig, daß es üblich ist, sie bei der Momentenermittlung zu vernachlässigen. Doch können die Normalkräfte, d. h. die durch sie hervorgerufenen Längenänderungen der Stabachse, unter gewissen Umständen doch große zusätzliche Momente hervorrufen.

Der in Abb. 184 dargestellte flache Stabzug erhält bei Vernachlässigung der Normalkräfte in den Stäben 1 und 2 keine Momente. In diesem Falle entstehen aber infolge der Verkürzung der Stäbe 1 und 2 und der hierdurch erfolgten Verschiebungen des Punktes m nach m' beträchtliche Zusatzmomente. Ebenso erzeugt eine Belastung der Art, wie sie in Abb. 185 dargestellt ist, durch die Verkürzung der mittleren Säule Momente, die man nicht ohne weiteres vernachlässigen kann. Diese Momente infolge der Normalkräfte lassen sich nach dem CROSS-Verfahren sehr einfach durch einen zusätzlichen Berechnungsgang ermitteln.

Am Tragwerk wird zuerst der Momentenverlauf wie sonst auch ohne Berücksichtigung der Normalkräfte bestimmt. Hierauf ermitteln wir aus den Momenten und der äußeren Belastung die Normalkräfte.

Aus diesen Normalkräften wird nach dem HOOKEschen Gesetz $\Delta s = \dfrac{S\,s}{EF}$ die Längenänderung der einzelnen Stäbe bestimmt. Die Bestimmung der im Tragwerk infolge dieser Längenänderungen auftretenden Momente geschieht in erster Näherung mit Teilverformungen I. Die Lösung ist natürlich nicht streng, da diese Momente wieder Normalkräfte erzeugen, die wiederum Momente hervorrufen usw. Doch sind in allen praktisch vorkommenden Fällen die Normalkräfte, die sich infolge der reinen Momentenbelastung ergeben, so gering, daß die durch sie erzeugten Längenänderungen nur noch Momente hervorrufen, die unterhalb der Rechenschiebergenauigkeit liegen.

10 Einfache Beispiele räumlicher Tragwerke

10.1 Allgemeines

Ich beschränke mich auf wenige ganz einfache charakteristische Fälle, an denen erkennbar ist, wie auch hier das Grundsätzliche wiederkehrt, und zwar die räumliche rechtwinklige Rahmenecke und den in der Grundrißebene geknickten und quer dazu belasteten Durchlaufbalken.

Neu ist das Auftreten der Torsionssteifigkeit. Sie ist das bei Verdrehungen des Stabendquerschnittes um die Stabachse von der Größe $\psi = 1$ auftretende Torsionsmoment. Als Vorzeichenregel gilt die übliche, wobei die Drehsinne rechts und links an der Blickrichtung vom Knoten aus über den Stab hinweg orientiert sind. Das gegenüberliegende Stabende muß so gelagert sein, daß dort Torsionsmomente aufgenommen werden können (Abb. 186). Hiernach ist die Übertragungszahl

$$\gamma_T = -1.$$

Das durch ψ entstehende Torsionsmoment ist

$$M_T = \frac{GD}{l}\,\psi.$$

Darin ist G der Gleitmodul, der durch die Formel

$$G = \frac{E}{2(1 + \mu)}$$

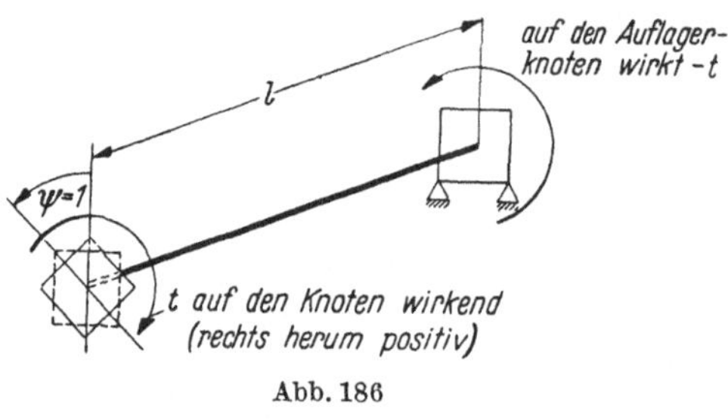

Abb. 186

mit dem Elastizitätsmodul zusammenhängt (μ ist hier die Querdehnungszahl, die für Beton durch DIN 1075 zu 1/6 vorgeschrieben ist). Wir benutzen

$$G = \frac{E}{2\left(1 + \dfrac{1}{6}\right)} = 0{,}43\,E.$$

D ist die Drillungssteifigkeit des Stabquerschnitts im üblichen Sinn, zu berechnen z. B. an Hand des Taschenbuches für Bauingenieure von SCHLEICHER oder Betonkalender. l ist die Stablänge.

Die Torsionssteifigkeit ist

$$t = \frac{GD}{l}.$$

Zur Darstellung der Drehungen und der Momente müssen wir, sobald der Einfluß der verschiedenen Richtungen nicht ohne weiteres zu übersehen ist (in Beispiel 10.3 ist das der Fall, in 10.2 noch nicht), *Vektoren* benutzen, die sowohl die Größe als auch den Drehsinn und die Drehachse der Richtung nach angeben. Wenn sich Drehwinkel oder Momente beliebiger Richtungen überlagern, kann man sie durch Zusammensetzen ihrer Vektoren „addieren" (eigentlich „vektoriell addieren"), wie es von den Kräften her bekannt ist, indem man Vektordreiecke oder Vektorvielecke aus ihnen zeichnet. Ebenso zerlegt man gegebene Momente in gewünschte Komponentenrichtungen (Abb. 187).

10.2 Rechtwinklige räumliche Ecke

In Abb. 188 ist sie isometrisch skizziert. Alle Stäbe seien gegeneinander unter 90° geneigt. Es treten Drehungen um die Achsen der Stäbe 1—2 und 1—3 auf, die sich aber hier nicht gegenseitig stören. Beim schiefwinkligen geknickten Träger ist das anders.

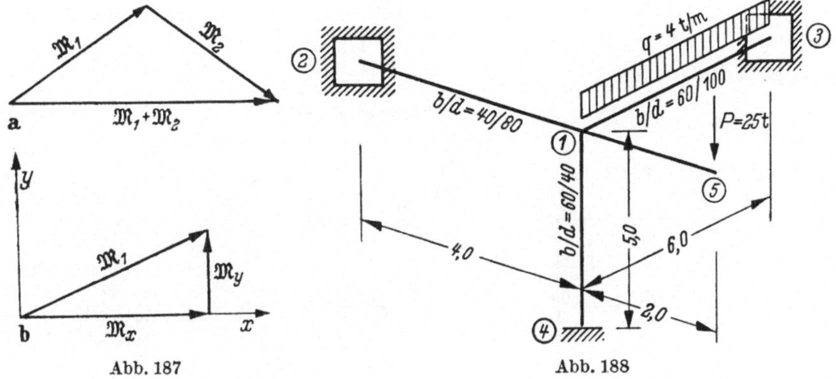

Abb. 187 $\qquad\qquad\qquad\qquad$ Abb. 188

Querschnittswerte der Stäbe:

Stab 1—2

$$I = \frac{4{,}0 \cdot 8{,}0^3}{12} = 171 \text{ dm}^4$$

$$D = 0{,}229 \cdot 4{,}0^3 \cdot 8{,}0 = 117 \text{ dm}^4$$

Stab 1—3

$$I = \frac{6{,}0 \cdot 10{,}0^3}{12} = 500 \text{ dm}^4$$

$$D = 0{,}206 \cdot 6{,}0^3 \cdot 10{,}0 = 445 \text{ dm}^4$$

Stab 1—4

$$I_{412} = \frac{6{,}0^3 \cdot 4{,}0}{12} = 72 \text{ dm}^4$$

$$I_{413} = \frac{4{,}0^3 \cdot 6{,}0}{12} = 32 \text{ dm}^4$$

D_{14} wird nicht gebraucht.

Steifigkeiten ($E = 1$ gesetzt)

$$k_{12} = \frac{4 \cdot 171}{4{,}0} = 171$$

$$t_{12} = \frac{0{,}43 \cdot 117}{4{,}0} = 12{,}6 \approx 13$$

$$k_{13} = \frac{4 \cdot 500}{6{,}0} = 333$$

$$t_{13} = \frac{0{,}43 \cdot 445}{6{,}0} = 31{,}9 \approx 32$$

$$k_{14(12)} = \frac{4 \cdot 72}{5{,}0} = 57{,}6 \approx 58$$

$$k_{14(13)} = \frac{4 \cdot 32}{5{,}0} = 25{,}6 \approx 26.$$

Die Arbeitszahlen sind in den Abb. 189 und 190 zusammengestellt. Da nur ein Ausgleich in jeder der beiden Hauptebenen vorzunehmen ist, genügen die μ allein.

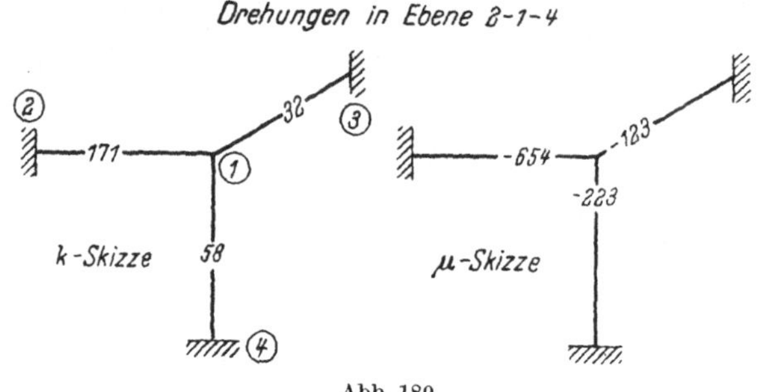

Abb. 189

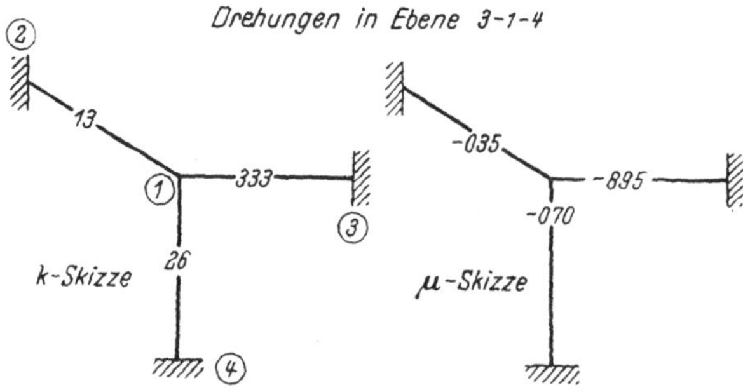

Abb. 190

Ausgangsmomente:

$$M^0_{12} = \frac{4,0 \cdot 6,0^2}{12} = 12,00 \; \text{tm},$$

$$M^0_{15} = 25,0 \cdot 2,0 = 50,0 \; \text{tm}.$$

Ausgleiche:

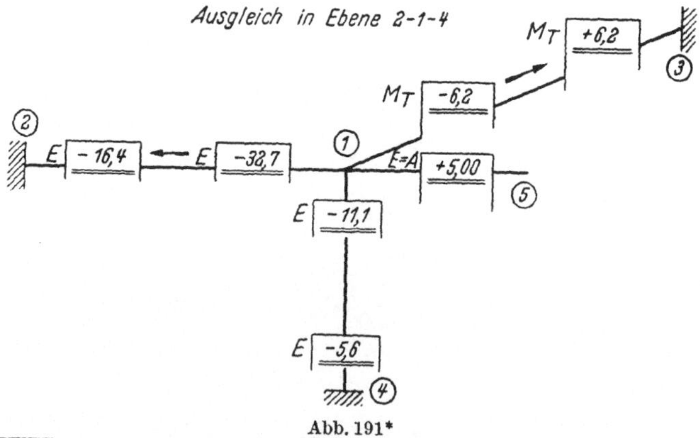

Abb. 191*

* Bei 1—5 lies $+50,0$ statt $+5,00$.

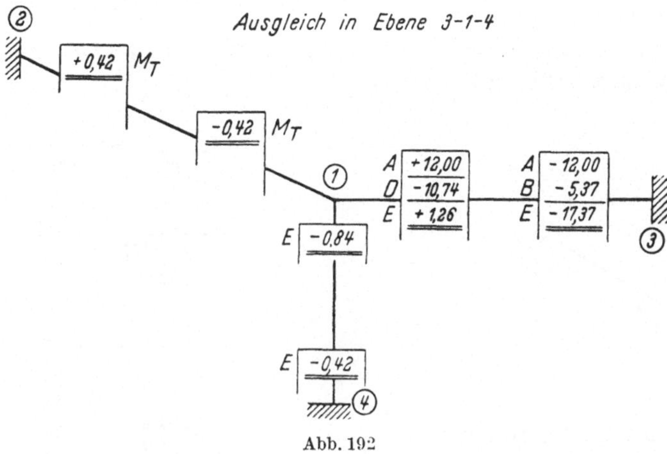

Abb. 192

Solche Aufgaben treten gelegentlich auf, und wenn man die Balken auf Biegung ausnutzt, so entstehen gleichzeitig Torsionsmomente, die wenigstens konstruktiv bei der Anordnung der Bewehrung berücksichtigt werden müssen. Man übersieht bei einer solchen einfachen Rechnung sogleich, ob es erlaubt ist, so eine Ecke isoliert zu betrachten oder ob man die Fortleitung des Einflusses über die hier hilfsweise zunächst als fest angenommenen Auflagerungen noch untersuchen muß.

Andererseits sollte man nicht übertreiben, indem die häufig in Höhe der Balkenoberkante vorhandene Deckenplatte bei der Berechnung von Torsionswirkungen außer acht gelassen wird. Sie wird diese Beanspruchung oft bis zum Verschwinden herabmindern.

10.3 Im Grundriß geknickter Durchlaufträger

10.31 Allgemeine Ableitung der Steifigkeiten

Unter den Steifigkeiten verstehen wir die Momente, die in den Stabenden wachgerufen werden, wenn die Drehung 1 vorgenommen wird. Da es ein System ist, dessen Momente durch Vektoren beliebiger Richtung darzustellen sind — nicht nur durch eine — (beim geraden Durchlaufträger haben alle Momentenvektoren die Richtung senkrecht zur Zeichenebene!), braucht man ein rechtwinkliges Bezugsachsenkreuz. Wir wählen φ und ψ mit dem an sich beliebig zu legenden, hier im Knoten angenommenen Nullpunkt (Abb. 193). Der Stab m—n liegt unter α gegen die φ-Achse. Es sind die Kraftgrößen zu bestimmen, die entstehen, wenn Drehungen $\varphi = 1$ und $\psi = 1$ ausgeführt werden.

Drehung $\varphi = 1$

Sie erzeugt eine Tangentendrehung um $\varphi = \sin \alpha$ und eine Torsion um $\psi = \cos \alpha$ (Abb. 194).

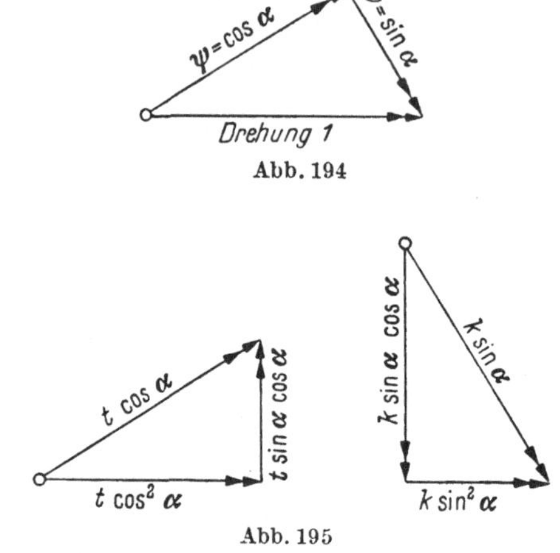

Abb. 194

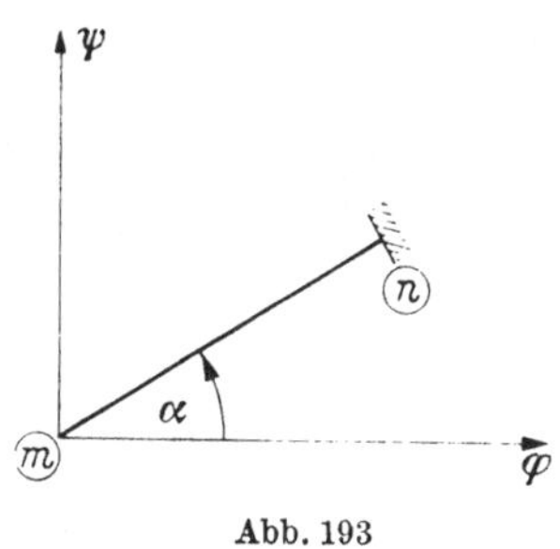

Abb. 193

Die Tangentendrehung um $\varphi = \sin \alpha$ erfordert $k \sin^2\alpha$ und $t \cos^2\alpha$ in der Achse φ (Abb. 195) und ferner $t \sin \alpha \cos \alpha$ sowie $k \sin \alpha \cos \alpha$ in der ψ-Achse:

Abb. 195

$$\text{in } \varphi \quad \big| \quad k \sin^2 \alpha + t \cos^2 \alpha$$

$$\text{in } \psi \quad \big| \quad (t - k) \sin \alpha \cos \alpha.$$

Ebenso erhält man durch Analogie für Drehungen um die ψ-Achse, indem man für α jetzt $\pi/2 - \alpha$ setzt:

$$\text{in } \psi \quad \big| \quad k \cos^2 \alpha + t \sin^2 \alpha$$

$$\text{in } \varphi \quad \big| \quad (t - k) \sin \alpha \cos \alpha.$$

Diese Werte ordnet man in einer Operationsmatrix:

	$\varphi = 1$	$\psi = 1$
	Drehung um φ	Drehung um ψ
in φ	$k \sin^2 \alpha + t \cos^2 \alpha$	$(t - k) \sin \alpha \cos \alpha$
in ψ	$(t - k) \sin \alpha \cos \alpha$	$k \cos^2 \alpha + t \sin^2 \alpha$

Für jeden vom Knoten ausgehenden Stab ist die Komponentenmatrix zu berechnen, wobei man seine Lage durch α, die Neigung gegen die φ-Achse, berücksichtigt. Die Addition aller Glieder an den gleichen Plätzen der Matrix ergibt die Matrix der Knotensteifigkeit:

	φ	ψ
φ	$\sum \left[k \sin^2 \alpha + t \cos^2 \alpha \right]$	$\sum (t - k) \sin \alpha \cos \alpha$
ψ	$\sum (t - k) \sin \alpha \cos \alpha$	$\sum \left[k \cos^2 \alpha + t \sin^2 \alpha \right]$

(Σ über alle Stabenden am Knoten)

Die durch die äußeren Lasten auf den Knoten ausgeübten Momente zerlegt man in Komponenten $\sum M_\varphi$ und $\sum M_\psi$ und gleicht sie mit den Ausgleichzahlen aus, die man aus der Knotenmatrix wie folgt bildet:

$$
\begin{array}{c|c}
\varphi & \psi \\
\hline
+ \dfrac{k \sin \alpha}{\sum [k \sin^2 \alpha + t \cos^2 \alpha]} & - \dfrac{k \cos \alpha}{\sum [k \cos^2 \alpha + t \sin^2 \alpha]} \\[2ex]
- \dfrac{t \cos \alpha}{\sum [k \sin^2 \alpha + t \cos^2 \alpha]} & + \dfrac{t \sin \alpha}{\sum [k \cos^2 \alpha + t \sin^2 \alpha]}
\end{array}
$$

Dies sind die an den Stabenden bei Drehungen 1 wachgerufenen Gegenwirkungen

$$
\begin{array}{c|cc}
 & \varphi = 1 & \psi = 1 \\
\hline
\text{Biegung} & - k \sin \alpha & k \cos \alpha \\
\text{Torsion} & t \cos \alpha & t \sin \alpha
\end{array}
$$

geteilt durch die negativen Hauptdiagonalglieder der Matrix der Knotensteifigkeit.

Außerdem entstehen durch den Ausgleich in einer Achse gleichsam Übertragungsbeträge in der anderen, die man ebenfalls aus der Matrix der Knotensteifigkeiten durch Division der Glieder jeder Spalte durch die negativen Hauptdiagonalglieder bildet:

$$
\begin{array}{c|cc}
 & \varphi & \psi \\
\hline
\varphi & - 1 & - \dfrac{\sum (t - k) \sin \alpha \cos \alpha}{\sum [k \cos^2 \alpha + t \sin^2 \alpha]} \\[2ex]
\psi & - \dfrac{\sum (t - k) \sin \alpha \cos \alpha}{\sum [k \sin^2 \alpha + t \cos^2 \alpha]} & - 1
\end{array}
$$

Wie früher schon angeraten, schreibt man zunächst nur die übertragenen Beträge (in φ und ψ) an und zum Schluß erst die Ausgleichbeträge an den Stabenden.

10.32 Beispiel (Abb. 196)

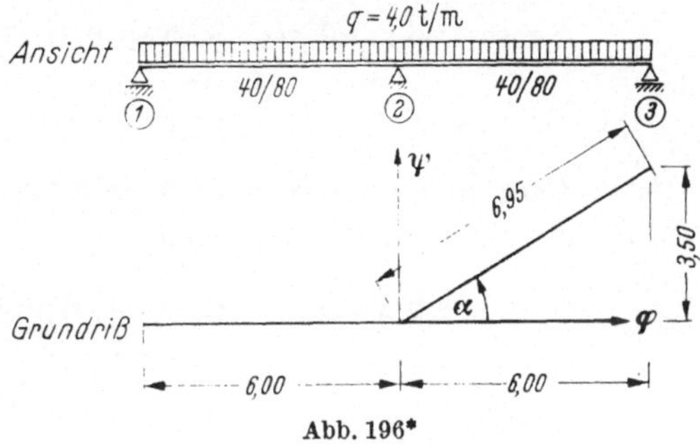

Abb. 196*

* In Abb. 196, Feld 2—3, lies 50/80 statt 40/80.

12*

$$l_{23} = \sqrt{6{,}00^2 + 3{,}50^2} = 6{,}95 \text{ m}$$

$$I_{1-2} = \frac{4{,}0 \cdot 8{,}0^3}{12} = 171 \text{ dm}^4$$

$$I_{2-3} = \frac{5{,}0 \cdot 8{,}0^3}{12} = 213 \text{ dm}^4$$

$$D_{1-2} = 4{,}0^3 \cdot 8{,}0 \cdot 0{,}229 = 117 \text{ dm}^4$$

$$D_{2-3} = 5{,}0^3 \cdot 8{,}0 \cdot 0{,}204 = 204 \text{ dm}^4$$

$$\text{tg } \alpha_{23} = \frac{3{,}50}{6{,}00} = 0{,}583$$

$$\alpha_{23} = 30{,}2°$$

$$\sin \alpha = 0{,}503$$

$$\cos \alpha = 0{,}864$$

$$\sin^2 \alpha = 0{,}252$$

$$\cos^2 \alpha = 0{,}745$$

$$\sin \alpha \cos \alpha = 0{,}434$$

$$k_{12} = \frac{3 \cdot 171 \cdot E}{6{,}00} = 85{,}5 \cdot E$$

$$k_{23} = \frac{3 \cdot 213 \cdot E}{6{,}95} = 92{,}0 \cdot E$$

$$t_{12} = \frac{GD}{l} = \frac{0{,}43 \cdot 117}{6{,}00} E = 8{,}4 \, E$$

$$t_{23} = \frac{0{,}43 \cdot 204}{6{,}95} E = 12{,}6 \cdot E$$

Stab 2—1

$$\alpha = \pi; \ \cos \alpha = -1$$

$$k \sin^2 \alpha + t \cos^2 \alpha = 0 + 8{,}4 = 8{,}4$$

$$(t - k) \sin \alpha \cos \alpha = 0$$

$$k \cos^2 \alpha + t \sin^2 \alpha = 85{,}5 + 0 = 85{,}5$$

Stab 2—3

$$\alpha = 30{,}2°$$

$$k \sin^2 \alpha + t \cos^2 \alpha = 92{,}0 \cdot 0{,}252 + 12{,}6 \cdot 0{,}745$$
$$= 32{,}6$$

$$(t - k) \sin \alpha \cos \alpha = (12{,}6 - 92{,}0)\, 0{,}434$$
$$= -34{,}4$$

$$k \cos^2 \alpha + t \sin^2 \alpha = 92{,}0 \cdot 0{,}745 + 12{,}6 \cdot 0{,}252$$
$$= 68{,}5 + 3{,}2 = 71{,}7$$

Zusammenstellung der Steifigkeiten und Arbeitszahlen

Stab 2—1

	φ	ψ
	8,4	0
	0	85,5

Stab 2—3

	φ	ψ
	$+ 32,6$	$- 34,4$
	$- 34,4$	$+ 71,7$

Knoten 2

	φ	ψ
	$+ 41,0$	$- 34,4$
	$- 34,4$	$+ 157,2$

Übertragungsmatrix:

	φ	ψ
ψ	$- 1$	$+ 0,219$
ψ	$+ 0,838$	$- 1$

Ausgleichmatrizen

Stab 2—1

	φ	ψ
Biegung	0	$+ 0,545$
Torsion	$+ 0,202$	0

Stab 2—3

	φ	ψ
Biegung	$+ 1,127$	$- 0,505$
Torsion	$- 0,266$	$- 0,040$

Wir untersuchen nur den Fall, daß Feld 2—3 belastet sei. Dabei ist Vorzeichenregel A so anzuwenden, daß die Blickrichtung auf den Knoten sich mit α ändert.

Äußeres Knotenmoment: $M_{23}^0 = + \dfrac{4,0 \cdot 6,95^2}{8}$

$$= + 24,2\ \mathrm{tm}$$

$$M_\varphi^0 = - \frac{4,0 \cdot 6,95^2}{8} \cdot 0,503 = - 12,2\ \mathrm{tm}$$

$$M_\psi^0 = +\quad ,,\quad \cdot 0,864 = + 20,9\ \mathrm{tm}$$

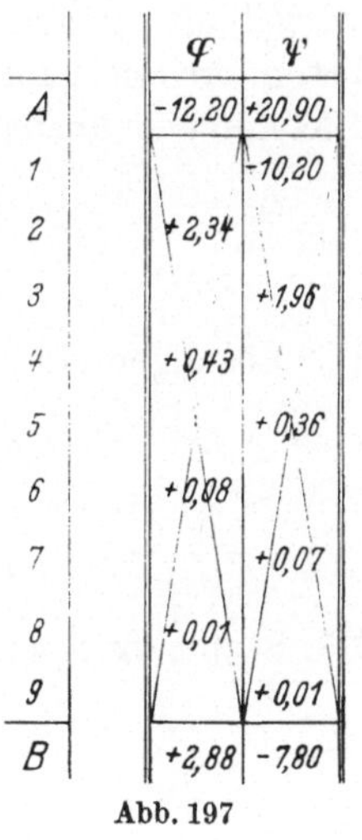

Abb. 197

Iteration (Abb. 198)

	Stab 2—1		φ	ψ	Stab 2—3	
	Biegung	Torsion			Biegung	Torsion
A			$-12,20$	$+20,90$	$+24,20$	
					$-10,51$	$+2,48$
B			$+2,87$	$-7,81$	$-6,61$	$-0,52$
E	$+7,12$	$-1,88$	$-9,33$	$+13,09$	$+7,08$	$+1,96$

Abb. 198

An Hand der in Abb. 198 gezeichneten E-Figur vollzieht sich die *Kontrolle*:

$$(-12,20 + 2,88) \cdot 0,838 = -7,81 \approx -7,80$$

$$(+20,90 - 7,81) \cdot 0,219 = +2,87 \approx +2,88$$

Maßgebend bleiben in der E-Figur die neuen Werte aus der Kontrolle.

Gleichgewichtsproben:

Um die φ-Achse:

$$\sum (M_T \cos \alpha + M \sin \alpha)$$

$$= -1,88 \cdot (-1) - 7,08 \cdot 0,503 + 1,96 \cdot 0,864$$

$$= 1,88 - 3,56 + 1,69 = 0,01 \approx 0.$$

Um die ψ-Achse:

$$\sum (M_T \sin \alpha + M \cos \alpha)$$

$$= +7,12 \cdot (-1) + 7,08 \cdot 0,864 + 1,96 \cdot 0,503$$

$$= -7,12 + 6,12 + 0,99 = -0,01 \approx 0.$$

Mit dieser Iteration werden zwei Gleichungen mit zwei Unbekannten (φ und ψ) gelöst. Ob das CROSS-Verfahren in solchen Fällen besonders vorteilhaft anzuwenden ist, steht dahin. Da diese Aufgabe auch nicht besonders anschaulich darstellbar ist, scheint es hier zweckmäßiger, die Gleichungen anzuschreiben und sie unmittelbar zu lösen. Sie lauten:

$$41,0\,\varphi - 34,4\,\psi = +12,2$$

$$-34,4\,\varphi + 157,2\,\psi = -20,9.$$

Die Lösungen sind:

$$\varphi = \frac{12,2 \cdot 157,2 - 20,9 \cdot 34,4}{41,0 \cdot 157,2 - 34,4^2} = 0,228$$

$$\psi = \frac{-41,0 \cdot 20,9 + 34,4 \cdot 12,2}{41,0 \cdot 157,2 - 34,4^2} = -0,083.$$

Die Stabendmomente sind

$$M_{mn} = k\,(-\varphi \sin \alpha + \psi \cos \alpha)$$

$$M_{Tmn} = t\,(\varphi \cos \alpha + \psi \sin \alpha)$$

Stab 2—1: $\alpha = \pi$

$$M_{21} = 85{,}5 \cdot (-0{,}083)(-1) = +7{,}10 \,\text{tm} \approx +7{,}12 \,\text{tm}$$

$$M_{T,21} = -8{,}4 \cdot 0{,}228 = -1{,}91 \,\text{tm} \approx -1{,}88 \,\text{tm}.$$

Stab 2—3: $\alpha = 30{,}2°$

$$M_{23} = 92{,}0\,(-0{,}228 \cdot 0{,}503 - 0{,}083 \cdot 0{,}864) + 24{,}2$$

$$= -10{,}6 - 6{,}6 + 24{,}2 = +7{,}0 \,\text{tm}.$$

$$M_{T,23} = 12{,}6\,(0{,}228 \cdot 0{,}864 - 0{,}0825 \cdot 0{,}503)$$

$$= +2{,}48 - 0{,}52 = +1{,}96 \,\text{tm}.$$

Daß die Iteration in diesen Fällen nicht immer vorteilhaft sein muß, erkennt man bereits daran, daß die Koeffizienten der Gleichungen nicht besonders stark verschieden sind. Die Konvergenz ist dann schlecht.

11 Einflußlinien

11.1 Allgemeines

Zur Ermittlung der Einflußlinien eignet sich für das Cross-Verfahren am besten die Methode der Einheitsmomentenbelastung. Bei der Auftragung und Auswertung der Einflußlinien ist Vorzeichenregel B anzuwenden. Um das Moment X_m zu bestimmen, denken wir uns im Punkte m ein Gelenk eingeschaltet und hier das Moment $X_m = -1$ angebracht (s. Abb. 199). Dabei gilt Vorzeichenregel B.

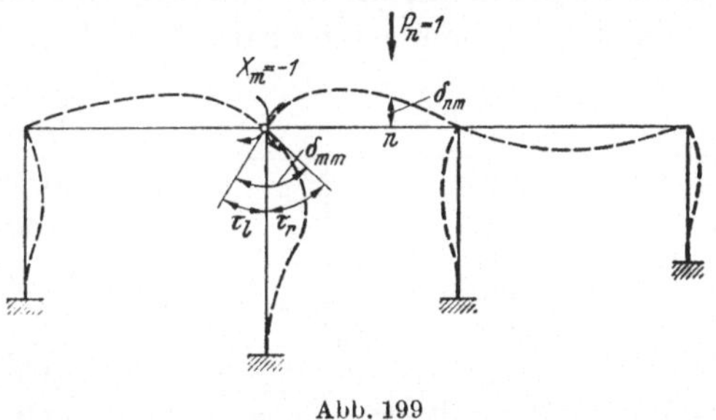

Abb. 199

Die Elastizitätsgleichung zur Bestimmung von X_m an dem nun $(n-1)$-fach statisch unbestimmten System lautet:

$$X_m\,\delta_{mm} - \delta_{mn} = 0,$$

$$X_m = \frac{\delta_{mn}}{\delta_{mm}} = \frac{\delta_{nm}}{\delta_{mm}}.$$

In Worten ausgedrückt: Die Einflußlinie für das Stabendmoment X_m ist gleich der Biegelinie für das Momentenpaar $X_m = -1$, dividiert durch die gegenseitige Verdrehung δ_{mm} der Endquerschnitte. δ_{mm} setzt sich aus den Verdrehungswinkeln $\tau_l + \tau_r$ zusammen. Da der Ausdruck für X_m in Zähler und Nenner eine Verformung enthält, ist es zweckmäßig, nicht mit den wirklichen Verformungen, sondern mit den EI_c-

fachen Werten zu rechnen. Die Ordinaten der Einflußlinie ergeben sich dennoch in wahrer Größe. Die Verdrehungswinkel τ_l und τ_r werden am einfachsten als Auflagerdrücke der Momentenflächen der anschließenden Balken bestimmt (s. Beispiel 11.2). Haben die Riegel verschiedenes Trägheitsmoment, so ist mit den Längen $l' = l\frac{I_c}{I}$ zu rechnen. Die Biegelinie wird, solange es sich um Stäbe mit konstantem Trägheitsmoment handelt, mit Hilfe der im Anhang angegebenen ω-Zahlen ermittelt (Tab. III).

Für Stäbe mit veränderlichem Trägheitsmoment sind in den Tab. X und XI die Einflußlinien für die Verdrehung der Endquerschnitte gegeben. Auf Grund des MAXWELLschen Satzes ist die Verdrehung des Endquerschnittes m infolge der Last 1 im Punkt n gleich der Durchbiegung im Punkt n infolge der Momentenbelastung 1 im Punkt m.

Somit sind die Einflußlinien-Ordinaten gleich den Ordinaten der Biegelinie für die Einheitsbelastung am Stab von der Länge 1. Durch Multiplikation mit l^2 und M erhalten wir die EI_c-fachen Ordinaten für ein gegebenes M und l.

Bei der Ermittlung der Momentenfläche infolge der Einheitsbelastung nach dem CROSS-Verfahren ist zu berücksichtigen, daß sich durch die Einschaltung des Gelenkes die Ausgleichzahlen des Knotens, in dem das Gelenk angebracht wurde, ändern. Sie müssen also für jede Gelenkeinschaltung gesondert bestimmt werden.

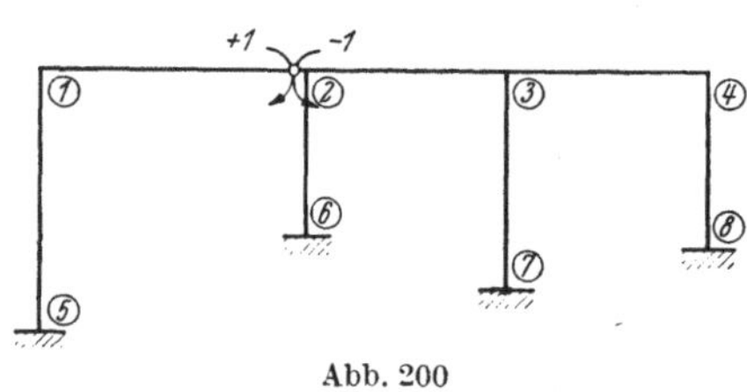

Abb. 200

So ist z. B. in Abb. 200 für die Steifigkeit des Stabes 1 2 k' einzuführen. Durch die Einschaltung des Gelenkes findet zwischen Knoten 1 und 2 keine Übertragung statt. Die Ausgleichzahl μ_{21} wird null, und damit ändern sich auch die übrigen Ausgleichzahlen des Knotens 2 proportional zueinander derart, daß sie beide allein −1 ergeben. Für den Momentenausgleich am System ohne Stabdrehwinkel kann man sich das Tragwerk auch in zwei völlig getrennte Teile zerlegt denken. Für den Ausgleich des Stockwerksmomentes bleibt der durch das Gelenk nicht gestörte längskraftschlüssige Zusammenhang des Riegels jedoch erhalten.

Da die Einflußlinien für die Stabendmomente stets gebraucht werden, ist es am bequemsten, die Einflußlinien für die Feldmomente und Querkräfte aus denen für die Stabendmomente zu entwickeln.

Ein Spreizmoment $X_m = -1$ ist nach Vorzeichenregel A durch zwei äußere Stabendmomente $+1$ und -1 wie in Abb. 200 zu ersetzen.

11.2 Beispiel: Einflußlinie für ein Stabende eines Rahmenriegels

Das Rahmenwerk ist in Abb. 201 dargestellt. Gesucht ist die Einflußlinie für M_{34}.

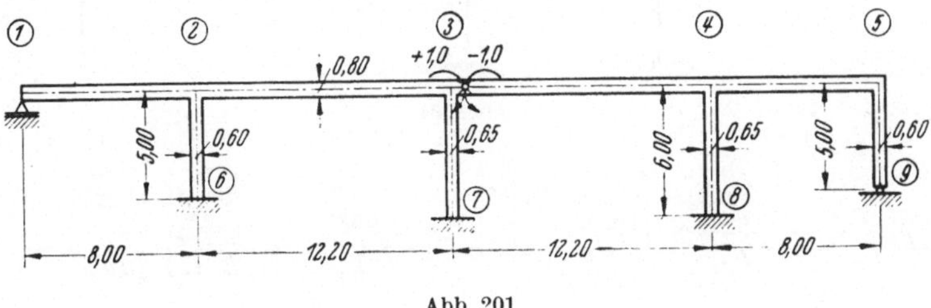

Abb. 201

Im Stabendquerschnitt 3 4 wird ein Gelenk angenommen und ein Spreizmoment von $M_{34} = \pm 1{,}00$ tm (Vorzeichenregel A) angebracht. Das Lager 1 ist beweglich und deshalb treten Stabdrehwinkel auf. Die Momentenzustandslinie wird mit Teilverformungen VI bestimmt, da es sich um ein nur eingeschossiges Rahmenwerk handelt. Die Daten des Tragwerkes, die Steifigkeiten und Ausgleichzahlen sind in Tab. 14 bzw. den Abb. 202 bis 204 wiedergegeben; die Iteration bei nicht drehbaren Stäben ist in Abb. 205 durchgeführt.

Tabelle 14

Stab	a	$I \cdot 10^{-4}$	l	k
1	2	3	4	5
1—2	3	128,0	8,00	48,0
2—6	4	54,0	5,00	43,2
2—3	4	128,0	12,20	42,0
3—7	4	68,6	6,00	45,7
3—4	3	128,0	12,20	31,5
4—8	4	68,6	6,00	45,7
4—5	4	128,0	8,00	64,0
5—9	3	54,0	5,00	32,4

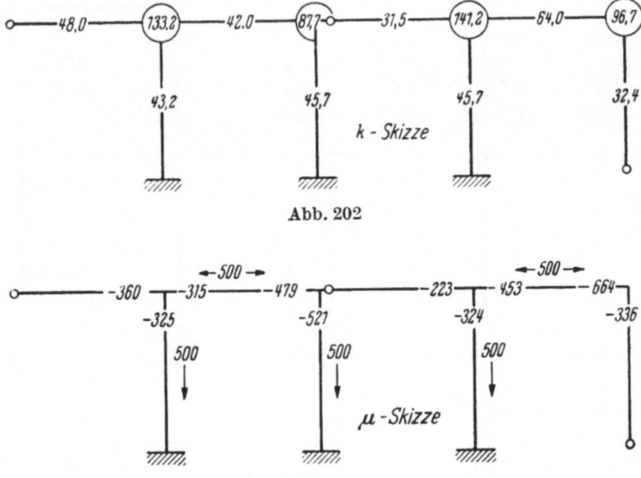

Abb. 202

Abb. 203

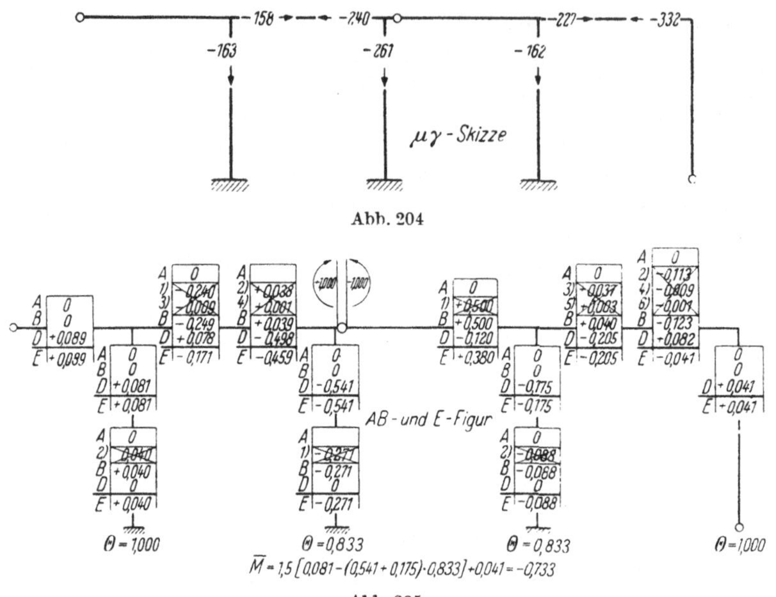

Abb. 204

Abb. 205

Dabei ergibt sich ein noch auszugleichendes Stockwerksmoment von
$-0,733$ tm.

Um es ausgleichen zu können, bestimmen wir die absoluten Stockwerksausgleichzahlen für die Teilverformungen VI (vgl. oben in 6.54).

Tabelle 15. *Bezugsstab ist: $l_{ik} = l_{26} = 5,00$ m*

Stock-werk	Stab	Θ	r	r	r	R	r
	2—6	1,000	64,8	64,8	64,8		0,184
I	3—7	0,833	68,6	57,1	47,6	352,4	0,162
	4—8	0,833	68,6	57,1	47,6		0,162
	5—9	1,000	32,4	32,4	32,4		0,092

Abb. 206

Kontrolle der v aus Tab. 15 und Abb. 206:

$$2 \cdot 0,184 + 0,092 + 0,162 \cdot 4 \cdot \frac{5,00}{6,00} = 0,368 + 0,092 + 0,540 = 1.$$

Die ν dienen dazu, ein Stockwerksmoment $\overline{M}_{(26)} = + 10\,\text{tm}$ durch eine reine Stockwerksdrehung auszugleichen (Abb. 207) und dann einen

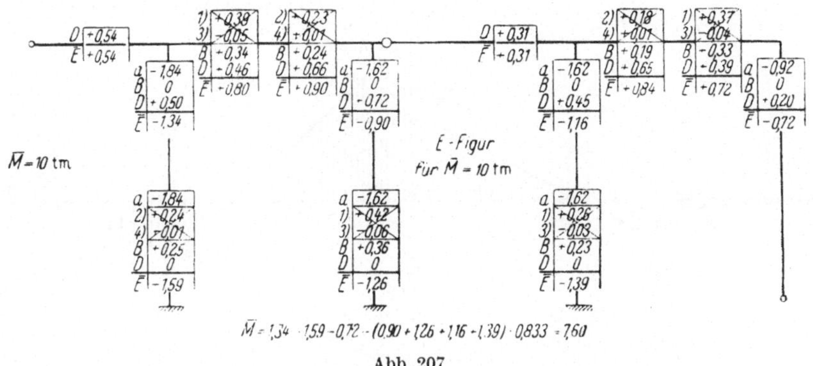

Abb. 207

Ausgleich der Knotenmomente anzuschließen. Das verbleibende innere Stockwerksmoment ist $\overline{M} = - 7,60\,\text{tm}$, so daß sich nach Division durch 7,60 die in Abb. 208 angeschriebenen absoluten Stockwerksausgleichzahlen ν' ergeben. Mit ihnen wird in der Zeile „St. A." der Abb. 209 das störende Stockwerksmoment $-0,733\,\text{tm}$ ausgeglichen.

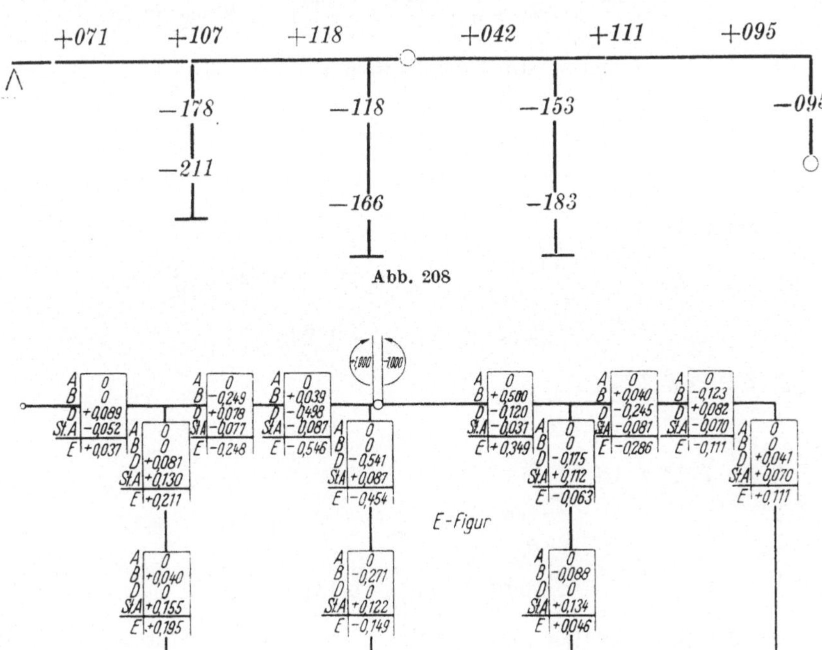

Abb. 208

Abb. 209

Die für die Ermittlung der Einflußlinien erforderlichen Riegelmomente für $X_{34} = -1$ sind in Abb. 210 eingetragen. Die Winkeldrehung $EI\,\delta_{mm}$ (Abb. 211) beträgt:

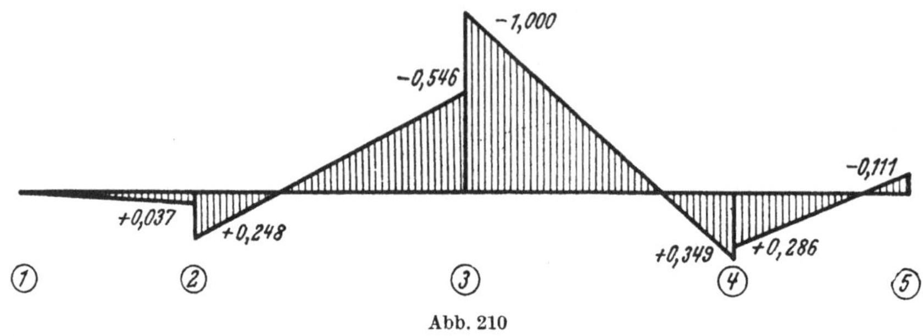

Abb. 210

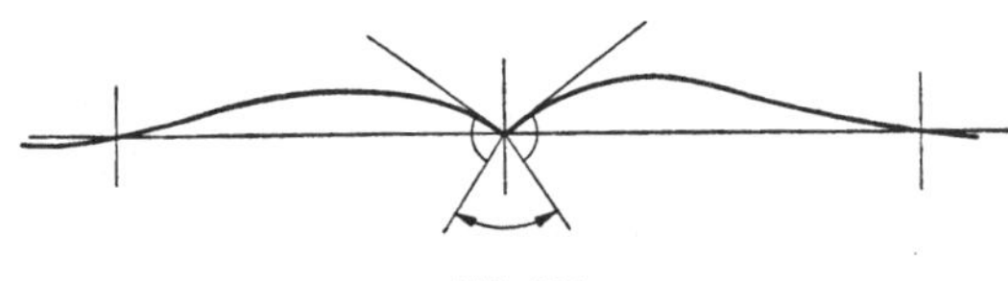

Abb. 211

$$\left(\frac{1}{3} - \frac{0,349}{6}\right)\cdot 12,20 + \left(\frac{0,546}{3} - \frac{0,248}{6}\right)\cdot 12,20 = 5,073.$$

Die Ordinaten der Einflußlinie betragen:

1. Im Feld 1—2:

$$y = \frac{1}{6}\cdot\frac{M\,ll'}{\delta_{mm}}\,\omega_D = \frac{0,037\cdot 8,0\cdot 8,0}{6\cdot 5,073}\,\omega_D = 0,0778\,\omega_D.$$

2. Im Feld 2—3:

$$y = \frac{12,20^2}{6\cdot 5,073}\,(-\omega_D\cdot 0,546 + 0,248\,\omega_D')$$

$$= 4,89\,(-0,546\,\omega_D + 0,248\,\omega_D').$$

3. Im Feld 3—4:

$$y = 4,89\,(-1,0\,\omega_D' + 0,349\,\omega_D).$$

4. Im Feld 4—5:

$$y = \frac{8,00^2}{6\cdot 5,073}\,(0,286\,\omega_D' - 0,111\,\omega_D)$$

$$= 2,10\,(0,286\,\omega_D' - 0,111\,\omega_D).$$

Die Einflußordinaten sind in Tab. 16 errechnet. Für die Felder 3—4 und 4—5 sind nur die endgültigen Werte angegeben.

Tabelle 16

| Punkt | Feld 1,2 | | Feld 2,3 | | | | | Feld 3,4 | Feld 4,5 |
	ω_D	$y = \omega_D \times 0,0778$	$\eta_I = -\omega_D \times 0,546$	ω'_D	$\eta_{II} = \omega'_D \times 0,248$	$(\eta_I + \eta_{II})$	$y = (\eta_I + \eta_{II}) \times 4,89$	y	y
1	0,0990	0,008	−0,0541	0,1710	0,0424	−0,0117	−0,057	−0,667	+0,100
2	0,1920	0,015	−0,1048	0,2880	0,0714	−0,0334	−0,163	−1,071	+0,128
3	0,2730	0,021	−0,1491	0,3570	0,0885	−0,0606	−0,296	−1,280	+0,151
4	0,3360	0,026	−0,1835	0,3840	0,0952	−0,0883	−0,432	−1,305	+0,152
5	0,3750	0,029	−0,2047	0,3750	0,0930	−0,1117	−0,546	−1,194	+0,138
6	0,3840	0,030	−0,2097	0,3360	0,0833	−0,1264	−0,618	−0,988	+0,112
7	0,3570	0,028	−0,1949	0,2730	0,0677	−0,1272	−0,622	−0,726	+0,081
8	0,2880	0,022	−0,1572	0,1920	0,0476	−0,1096	−0,536	−,0447	+0,048
9	0,1710	0,013	−0,0934	0,0990	0,0245	−0,0689	−0,337	−,0192	+0,019

11.3 Beispiel: Rahmenrücke, Einflußlinie für das Stützenmoment 3—4 bei veränderlichem Trägheitsmoment

(vgl. Beispiel D 17, Abb. 297)

Die Steifigkeiten sind in Tab. 17 berechnet und in Abb. 212 zusammengestellt.

Tabelle 17

Stab-ende	a^*	$I_c \cdot 10^{-4}$	l	$\bar{k}$	$k = \bar{k}\,\dfrac{I_c}{l}$
1	2	3	4	5	6
21	3	128,00	8,00	6,882	1,101
26	4	54,00	5,00	7,635	0,825
23=32	4	128,00	12,20	11,920	1,251
37	4	68,66	6,00	6,810	0,779
43	3	128,00	12,20	5,705	0,598
48	4	68,66	6,00	6,810	0,779
45	4	128,00	8,00	11,080	1,773
54	4	128,00	8,00	4,976	0,796
59	3	16,00	5,00	14,680	0,469

Wir verfahren wie in Beispiel 11.2 und bestimmen die Momentenlinie für das Spreizmoment $M_{34} = \pm 1,0$ tm am Gelenk bei 3 mittels einer Crossschen Iteration (Abb. 212) zunächst unter der Voraussetzung nicht drehbarer Stiele.

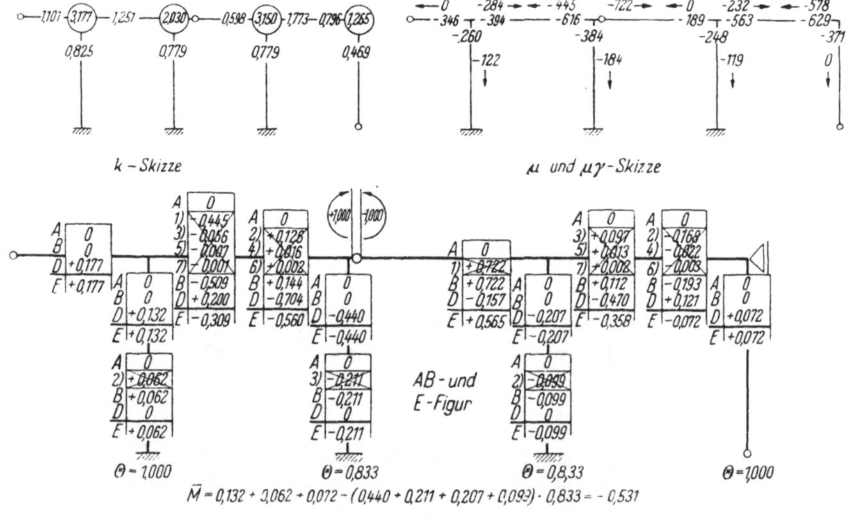

Abb. 212

* Ziffern in Spalte 2 ohne rechnerische Verwendung. Sie kennzeichnen hier nur die Lagerungsart.

Der nächste Berechnungsgang umfaßt die Bestimmung der absoluten Stockwerksausgleichzahlen ν' für eine Teilverformung VI.

Stab 2 6 (Formeln s. in Kap. 5.432)

$$\lambda_{26} = \frac{0{,}75}{5{,}00} = 0{,}150$$

$$\alpha_{26} = \frac{(1 - 0{,}150)^3}{3}\, l_{26} = 0{,}2047\, l_{26}$$

$$\alpha_{62} = \frac{1 - 0{,}150^3}{3}\, l_{26} = 0{,}3321\, l_{26}$$

$$\beta_{62} = \frac{(1 - 0{,}150)^2\,(1 + 2 \cdot 0{,}150)}{6}\, l_{26} = 0{,}1565\, l_{26}\,.$$

Nach 5.433b und mit $E = 1$ und $I_{62} = 54\ \text{dm}^4$:

$$r_{62} = \frac{0{,}2047 + 0{,}1565}{(0{,}2047 \cdot 0{,}3321 - 0{,}1565^2)} \cdot \frac{54}{500} = 0{,}90\,,$$

$$r_{26} = \frac{0{,}3321 + 0{,}1565}{0{,}0435} \cdot \frac{54}{500} = 1{,}21\,.$$

Stäbe 3 7 und 4 8:

Aus Beispiel D 17 werden benutzt:

$$\alpha_3 = 0{,}2233\, l_{37}\,,$$

$$\alpha_7 = 0{,}3328\, l_{37}\,,$$

$$\beta_{37} = 0{,}1595\, l_{37}\,, \quad I_{37} = 68{,}66\ \text{dm}^4\,.$$

Daraus entsteht

$$r_{37} = \frac{0{,}3328 + 0{,}1595}{0{,}2233 \cdot 0{,}3328 - 0{,}1595^2} \cdot \frac{68{,}66}{600} = 1{,}16\,,$$

$$r_{73} = \frac{0{,}2233 + 0{,}1595}{0{,}0487} \cdot \frac{68{,}66}{600} = 0{,}90\,.$$

Stab 5 9:

$$r'_{59} = k'_{59} = \frac{16}{0{,}0681 \cdot 500} = 0{,}469 \quad \text{(s. Tab. VI)}\,.$$

Bezugstab ist $l_{26} = 5{,}00$ m.

Die Stockwerkssteifigkeit ist

$$R_{(26)} = 0{,}90 + 1{,}21 + 2 \cdot (1{,}16 + 0{,}90) \cdot \frac{5{,}00^2}{6{,}00^2} + 0{,}469 = 5{,}44\,.$$

Stockwerksausgleichzahlen:

$$\nu_{26} = -\frac{\bar{r}_{26}}{R} = -\frac{1{,}21}{5{,}44} = -0{,}222\,,$$

$$\nu_{62} = -\frac{\bar{r}_{62}}{R} = -\frac{0{,}90}{5{,}44} = -0{,}166\,,$$

$$\nu_{37} = \nu_{48} = -\frac{1{,}16 \cdot 5{,}00}{5{,}44 \cdot 6{,}00} = -0{,}178\,,$$

$$\nu_{73} = \nu_{84} = -\frac{0{,}90 \cdot 5{,}00}{5{,}44 \cdot 6{,}00} = -0{,}138\,,$$

$$\nu_{59} = -\frac{0{,}469}{5{,}44} = -0{,}086\,.$$

Kontrolle:

$$-\left[0{,}222 + 0{,}166 + (0{,}178 + 0{,}138) \cdot 2 \cdot \frac{5{,}00}{6{,}00} + 0{,}086\right.$$

$$= -\,[0{,}222 + 0{,}166 + 0{,}527 + 0{,}086] = -\,1{,}001 \approx -\,1.$$

Nun wird gemäß Anweisung in 6.54 ein äußeres Stockwerksmoment von
$+10{,}00$ tm mit den Stockwerksausgleichzahlen ν ausgeglichen, und
danach werden bei unverdrehbar gehaltenen Stielen alle Knotenmomente
mit den μ aus Abb. 212 ausgeglichen. Die Ergebnisse sind durch das
am Schluß noch vorhandene Stockwerksmoment zu teilen. Die dadurch
ermittelten absoluten Stockwerksausgleichzahlen sind in Abb. 213 eingetragen und zum Ausgleich des Stockwerksmomentes $-0{,}531$ verwendet.

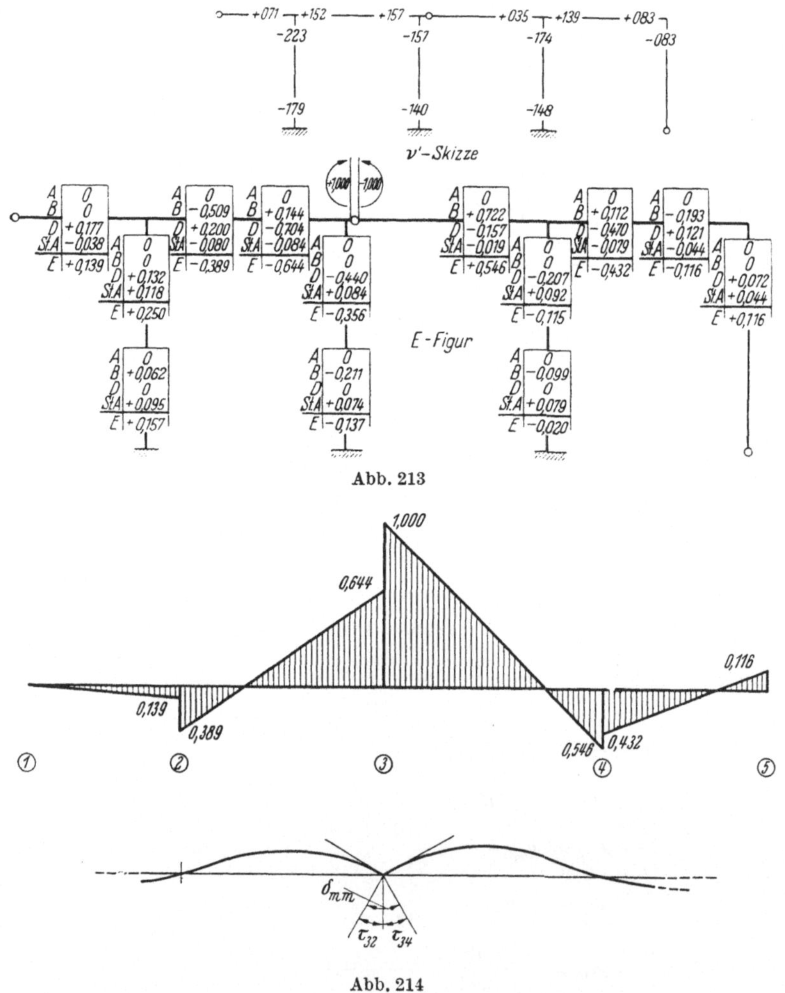

Abb. 213

Abb. 214

In Abb. 214 sind die Riegelmomente für das Spreizmoment

$$M_{34} = \pm 1 \, \text{tm}$$

eingetragen.

$$\delta_{34,34} = \tau_{32} + \tau_{34}$$

$$\tau_{32} = (0{,}644 \, \bar{\alpha}_{32} - 0{,}389 \, \bar{\beta}_{32}) \, l_{32},$$

$$\tau_{34} = (1{,}000 \, \bar{\alpha}_{34} - 0{,}546 \, \bar{\beta}_{32}) \, l_{34}.$$

Für $n = 0{,}10$ und $\lambda = 0{,}3$ finden wir in Tab. IV

$$\bar{\alpha}_{32} = \bar{\alpha}_{34} = 0{,}1753,$$

$$\bar{\beta} = 0{,}1266 \qquad l_{23} = l_{34} = 12{,}20 \, \text{m}.$$

Hiermit ergibt sich

$$\tau_{32} = 0{,}776, \qquad \tau_{34} = 1{,}296,$$

$$\delta_{34,43} = 2{,}072.$$

Die Ordinaten der Einflußlinien sind mit den Tab. X und XI für Stab 1 2:

$$n = 0{,}10, \qquad \lambda = 0{,}40,$$

$$y = \eta_1 \cdot 0{,}139 \cdot \frac{8{,}00^2}{2{,}072} = 4{,}293 \, \eta_1.$$

Stab 2 3:

$$y = \frac{12{,}20^2}{2{,}072} (- \, 0{,}644 \, \eta_2 + 0{,}389 \, \eta_1)$$

$$= 71{,}83 \, (- \, 0{,}644 \, \eta_2 + 0{,}389 \, \eta_1).$$

Stab 3 4:

$$y = 71{,}83 \, (- \, \eta_1 + 0{,}546 \, \eta_2).$$

Stab 4 5:

$$y = \frac{8{,}00^2}{2{,}072} (0{,}432 \, \eta_1 - 0{,}116 \, \eta_2)$$

$$= 30{,}88 \, (0{,}432 \, \eta_1 - 0{,}116 \, \eta_2).$$

Die Ordinaten an den Zehntelpunkten sind in Tab. 18 berechnet. Abb. 215 zeigt die in den beiden Beispielen 11.2 und 11.3 ermittelten

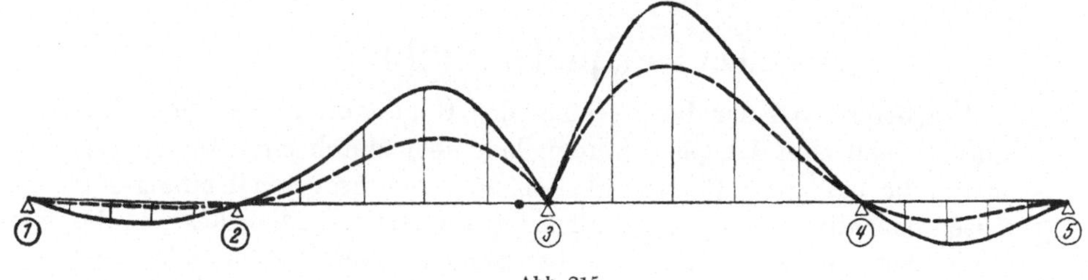

Abb. 215

Einflußlinien. Man erkennt, daß ein Stützenmoment, wenn Auflagerschrägen angeordnet werden, erheblich unterschätzt wird, falls diese im rechnerischen Nachweis vernachlässigt werden.

Tabelle 18

Stab 1,2 ($n = 0,10$; $\lambda = 0,40$) — Stab 3,2 ($n = 0,10$; $\lambda = 0,30$)

Pkt.	η_1	$y = \eta_1 \cdot 4{,}293$	η_2	$-\eta_2 \cdot 0{,}644$	η_1	$\eta_1 \cdot 0{,}389$	$y = (\ ) \cdot 71{,}33$
1	0,0140	**0,060**	0,0126	—0,00811	0,0169	0,00657	**—0,111**
2	0,0265	**0,114**	0,0251	—0,01616	0,0322	0,01252	**—0,261**
3	0,0370	**0,159**	0,0366	—0,02357	0,0443	0,01723	**—0,455**
4	0,0441	**0,189**	0,0455	—0,02930	0,0504	0,01961	**—0,703**
5	0,0459	**0,197**	0,0504	—0,03246	0,0504	0,01961	**—0,923**
6	0,0427	**0,183**	0,0504	—0,03246	0,0455	0,01770	**—1,060**
7	0,0356	**0,153**	0,0443	—0,02853	0,0366	0,01424	**—1,027**
8	0,0254	**0,109**	0,0322	—0,02074	0,0251	0,00976	**—0,789**
9	0,0132	**0,057**	0,0169	—0,01088	0,0126	0,00490	**—0,430**

Stab 3,4 ($n = 0,10$; $\lambda = 0,30$) — Stab 4,5 ($n = 0,10$; $\lambda = 0,40$)

Pkt.	$\eta_2 \cdot 0{,}546$	$y = (\ ) \cdot 71{,}83$	$\eta_1 \cdot 0{,}432$	η_2	$-\eta_2 \cdot 0{,}116$	$y = (\ ) \cdot 30{,}88$
1	0,0068	**—0,718**	0,00605	0,0133	—0,00154	**0,139**
2	0,0137	**—1,329**	0,01145	0,0265	—0,00307	**0,259**
3	0,0200	**—1,746**	0,01598	0,0391	—0,00454	**0,353**
4	0,0248	**—1,839**	0,01905	0,0502	—0,00582	**0,409**
5	0,0275	**—1,645**	0,01983	0,0576	—0,00668	**0,406**
6	0,0275	**—1,293**	0,01845	0,0601	—0,00697	**0,355**
7	0,0242	**—0,891**	0,01538	0,0566	—0,00657	**0,272**
8	0,0176	**—0,539**	0,01097	0,0461	—0,00539	**0,174**
9	0,0092	**—0,244**	0,00570	0,0275	—0,00319	**0,078**

D. Beispielsammlung

Die bereits bei der Besprechung der Handhabung des Cross-Verfahrens benutzten Beispiele werden hier noch durch eine Anzahl vermehrt, die besondere Schwierigkeiten und auch größeren Umfang aufweisen oder die — das gilt vor allem für die ersten — dem Leser in der Praxis der einfachen Fälle mehr Beweglichkeit verschaffen sollen.

D 1 Zweifeldbalken

Der Durchlaufbalken in Kap. 6.12 sei in beiden Feldern belastet (Abb. 216)

$$M_{21}^0 = -\frac{1,2 \cdot 4,50^2}{8} = -3,04 \text{ tm},$$

$$M_{23}^0 = +\frac{2,8 \cdot 6,50^2}{8} = +14,79 \text{ tm}.$$

Erläuterungen:

Zeile A Momente für feste Einspannung.

Zeile D Momentenausgleich.

$$\Delta M_{21} = (14,79 - 3,04)$$

$$\times (-0,591) = -6,94 \text{ tm},$$

$$\Delta M_{23} = (14,79 - 3,04)$$

$$\times (-0,409) = -4,81 \text{ tm}.$$

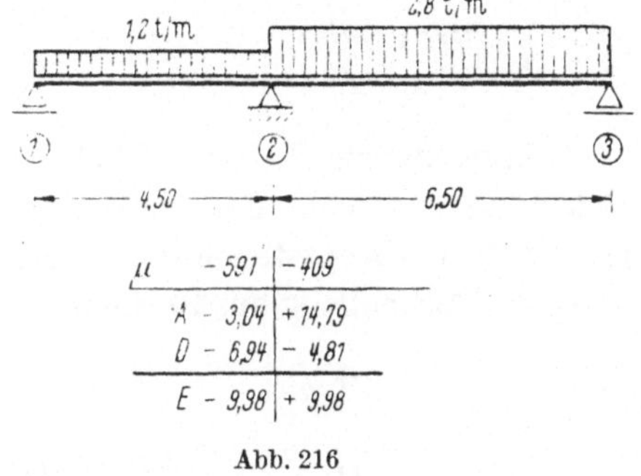

Abb. 216

Zeile E Addition. — Das Moment am rechten Ende des Stabes 1 2 ist zugleich bei Vorzeichenregel B das richtige.

Geübte Rechner können die Lösung kürzer schreiben (Abb. 217):

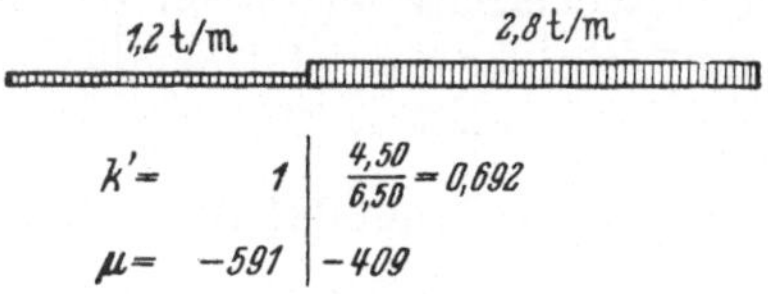

Abb. 217

$$M_2 = -\frac{1,2 \cdot 4,50^2}{8} \cdot 0,409 \ldots \ldots \ldots \ldots -1,24 \text{ tm}$$

$$-\frac{2,8 \cdot 6,50^2}{8} \cdot 0,591 \ldots \ldots \ldots \ldots -8,74 \text{ tm}$$

$$\overline{ -9,98 \text{ tm}}$$

Erläuterungen. Man rechnet das Moment bei voller Einspannung für jedes der Felder aus und multipliziert im gleichen Rechengang mit der auf der anderen Knotenseite stehenden Ausgleichzahl. Auf diese Weise werden mit den gleichen Rechenschiebereinstellungen in der im Beispiel angegebenen Rechenfolge für jedes Feld, falls erforderlich, ständige und veränderliche Last getrennt ermittelt. Dieser Ansatz ist zwar nicht kürzer als der entsprechende, der aus dem Dreimomentenansatz durch Fortfall zweier Stützenmomente gewonnen wird. Man wird ihn aber in dieser Form anwenden, wenn man im allgemeinen mit dem CROSS-Verfahren zu arbeiten pflegt.

13*

D 2 Zweifeldbalken

Der Durchlaufbalken vom Beispiel D 1 ist mit $g_1 = 1,2$ t/m; $g_2 = 1,9$ t/m und feldweise wechselnd mit $p_1 = 1,6$ t/m und $p_2 = 1,3$ t/m belastet (Abb. 218).

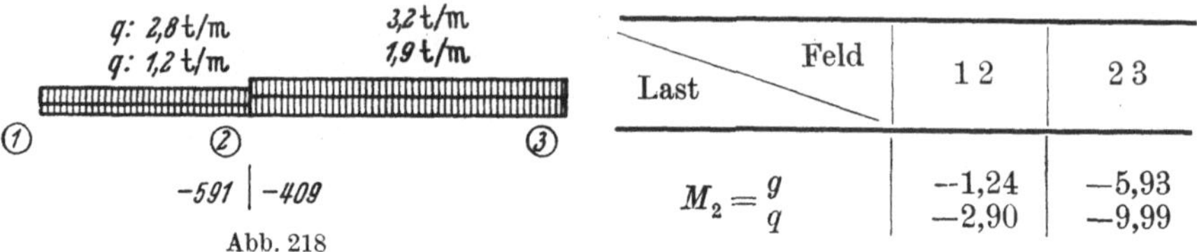

Last　　Feld	1 2	2 3
$M_2 = \begin{array}{c} g \\ q \end{array}$	--1,24 —2,90	—5,93 —9,99

Abb. 218

Erläuterungen. In der Tabelle sind die Stützenmomente für jede Belastung und jedes Feld getrennt zwecks beliebiger Kombination angeschrieben. Es entstehen die Werte in Spalte 1 2 wie folgt, mit einem einzigen Rechengang am Rechenschieber oder mit der Rechenmaschine:

$$M_{2g} = - \frac{4,50^2}{8} \cdot 0,409 \cdot 1,2 = - 1,24 \text{ tm},$$

$$M_{2q} = - \frac{4,50^2}{8} \cdot 0,409 \cdot 2,8 = - 2,90 \text{ tm},$$

ein Rechensatz, der nicht unbedingt vollständig angeschrieben werden muß, weil er eine ein für allemal feststehende Form hat.

D 3 Zweifeldbalken mit einem fest eingespannten Ende

Der Durchlaufbalken ist an einem Ende fest eingespannt (Abb. 219).

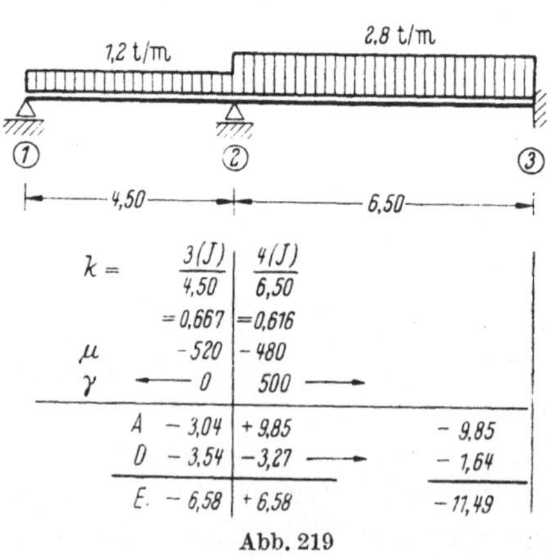

Abb. 219

$$M_{21}^0 = - \frac{1,2 \cdot 4,50^2}{8} = - 3,04 \text{ tm},$$

$$M_{23}^0 = + \frac{2,8 \cdot 6,50^2}{12} = + 9,85 \text{ tm},$$

$$M_{32}^0 = - M_{23}^0.$$

Erläuterungen:

Zeile A Stützenmomente bei voller Einspannung in 2 und 3 (Vorzeichenregel A).

Zeile D Drehung des Knotens 2, d. h. Momentenausgleich:

$$\Delta M_{21} = (9,85 - 3,04)\,(- 0,520) = - 3,54 \text{ tm},$$

$$\Delta M_{23} = (9,85 - 3,04)\,(- 0,480) = - 3,27 \text{ tm}.$$

Gleichzeitig entsteht eine Momentenänderung bei 3:

$$\Delta M_{32} = \Delta M_{23} \cdot \gamma_{23} = -\,3{,}27 \cdot 0{,}500 = -\,1{,}64 \,\mathrm{tm}.$$

Zeile E Addition. — Beim Übergang zur Vorzeichenregel B werden nur die Momente an den rechten Stabenden so verwendet, wie sie sind.

In der Praxis ist zu beobachten, daß einige Rechner auch diese Lösung kurzerhand ohne Systemskizze sofort anschreiben. Im allgemeinen ist wegen der erhöhten Fehlergefahr vor allzu knapper Schreibweise zu warnen. Man muß auch annehmen, daß die Prüfbarkeit der Berechnung beeinträchtigt wird.

D 4 In Säulen eingespanntes Riegelende
(Abb. 220)

Die bekannte und jetzt amtlich außer Kraft gesetzte alte Vorschrift DIN 1045, § 28, bedeutete einen einmaligen Momentenausgleich am Randknoten. Da die Einspannung der abgelegenen Säulenenden ganz

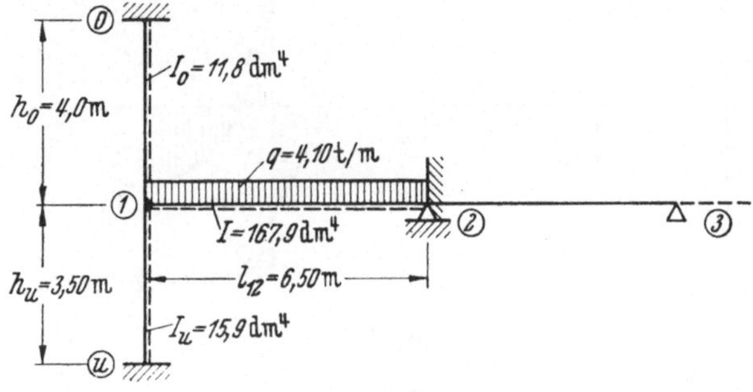

Abb. 220

willkürlich als fest angenommen wurde, ergaben sich natürlich erhebliche Fehler, meist zwar für die Einspannstelle zu hohe Werte, was nicht unbedingt unerwünscht war. Zur Vereinfachung wird sich oft nicht umgehen lassen, Einspannungswirkungen abzuschätzen.

Die Berechnung entsprechend der alten Vorschrift — aber nach den hier gezeigten Regeln — vollzieht sich wie folgt:

Steifigkeiten:

$$k_{1o} = \frac{4 \cdot 11{,}8}{4{,}0} = 11{,}8$$

$$k_{12} = \frac{4 \cdot 167{,}9}{6{,}50} = 103{,}2$$

$$k_{1u} = \frac{4 \cdot 15{,}9}{3{,}50} = \underline{18{,}2}$$

$$K_1 = \sum_1 k = \underline{\underline{133{,}2}}$$

Ausgleichzahlen:

$$\mu_{1o} = -\frac{11,8}{133,2} = -0,089$$

$$\mu_{12} = -\frac{103,2}{133,2} = -0,774$$

$$\mu_{1u} = -\frac{18,2}{133,2} = -0,137$$

$$-1,000 \ (\text{Kontrolle})$$

$$M^0_{12} = +\frac{4,10 \cdot 6,50^2}{12} = +14,44 \ \text{tm}.$$

Die Durchführung des Momentenausgleiches ist aus Abb. 221 zu ersehen.
Die Umstellung auf Vorzeichenregel B ergibt die eingeklammerten
Momentenwerte.

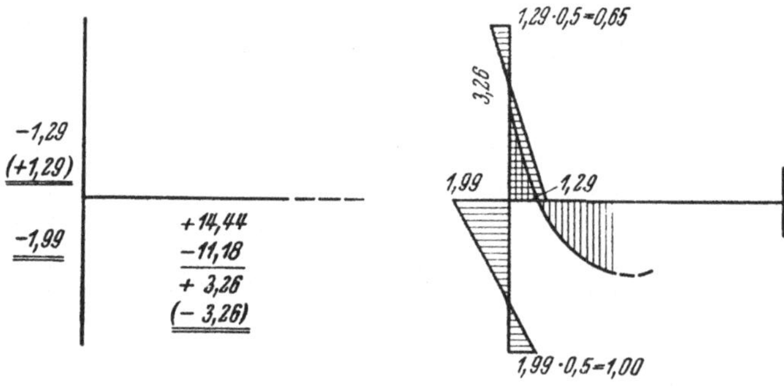

Abb. 221

Diese Korrektion ist entbehrlich, wenn die Endeinspannung von
vornherein bei der Berechnung des Durchlaufbalkens berücksichtigt
wird, was beim CROSS-Verfahren mühelos möglich ist (vgl. Beispiel D 6).
Abgesehen hiervon ist zu empfehlen, auf jeden Fall zu prüfen, ob die
Annahme fester Einspannung der abgelegenen Säulenenden berech-
tigt ist.

Wenn die Einspannungsverhältnisse anders sind, z. B. bei Säulen an
den abgelegenen Enden, kann man für die Steifigkeiten k entsprechend
abgeänderte Werte einsetzen. In Tab. 19 ist gezeigt, wie sich die verschiedenen Annahmen auf die Riegelend- und Säulenmomente auswirken.
Man kann daraus etwa ersehen, welche Tendenz diese oder jene Schät-
zung der Steifigkeit haben müßte.

Ganz verfehlt war die kritiklose Anwendung der Formeln des § 28
immer beim Rahmenteil nach Abb. 222. Die Abmessungen seien dieselben
wie auf Abb. 220, jedoch jetzt in der angegebenen symmetrischen Anord-

Tabelle 19

Zeile	System	Stab	a	J dm⁴	l m	$k_{1o};k_{1o}'$ / $k_{12};k_{12}'$ / $k_{1u};k_{1u}'$	K	μ_{1o} / μ_{12} / μ_{1u}	$M_{12}=M_{12}^0(1+\mu_{12})$	$M_{10}=M_{12}^0\cdot\mu_{1o}$	$M_{1u}\ M_{12}^0\cdot\mu_{1u}$
1	2	3	4	5	6	7	8	9	10	11	12
1	0 / 1—2 / u	1o	4	11,8	4,00	11,80	133,20	−0,089	=14,44(1−0,774)	= 14,44(−0,089)	= 14,44(−0,137)
		12	4	167,9	6,50	103,20		−0,774	= +3,26	−1,28	= −1,98
		1u	4	15,9	3,50	18,20		−0,137	= (−3,26)	− (+1,28)	
2	0 / 1—2 / u		3			8,86	99,88	−0,089	=21,66(1−0,774)	= 21,66(−0,089)	= 21,66(−0,137)
			3			77,40		−0,774	= +4,90	= −1,93	= −2,97
			3			13,62		−0,137	= (−4,90)	= (+1,93)	
3	0 / 1—2 / u		3			8,86	130,26	−0,068	=14,44(1−0,792)	= 14,44(−0,068)	= 14,44(−0,140)
			4			103,20		−0,792	= +3,00	= −0,98	= −2,02
			4			18,20		−0,140	= (−3,00)	= (+0,98)	
4	0 / 1—2 / u		4			11,80	107,40	−0,111	=21,66(1−0,720)	= 21,66(−0,111)	= 21,66(−0,169)
			3			77,40		−0,720	= +6,06	= −2,40	= −3,66
			4			18,20		−0,169	= (−6,06)	= (+2,40)	
5	0 / 1—2 / u		4			11,80	128,62	−0,092	=14,44(1−0,802)	= 14,44(−0,092)	= 14,44(−0,106)
			4			103,20		−0,802	= +2,86	= −1,33	= −1,53
			3			13,62		−0,106	= (−2,86)	= (+1,33)	
6	0 / 1—2 / u		3			8,86	125,68	−0,071	=14,44(1−0,821)	= 14,44(−0,071)	= 14,44(−0,108)
			4			103,20		−0,821	= +2,59	= −1,03	= −1,56
			3			13,62		−0,108	(−2,59)	= (+1,03)	
7	0 / 1—2 / u		4			11,80	102,82	−0,115	=21,66(1−0,754)	= 21,66(−0,115)	= 21,66(−0,131)
			3			77,40		−0,754	= +5,33	= −2,49	= −2,84
			3			13,62		−0,131	=(−5,33)	= (+2,49)	
8	0 / 1—2 / u		3			8,86	104,46	−0,086	=21,66(1−0,740)	= 21,66(−0,086)	= 21,66(−0,174)
			3			77,40		−0,740	= +5,63	= −1,86	= −3,77
			4			18,20		−0,174	= (−5,63)	= (+1,86)	

nung. Man behandelt den Rahmen nach den Regeln für symmetrische Tragwerke und berechnet

$$k_{11'}'' = \frac{2\cdot 167,9}{6,50} = 51,8\,,$$

$$\mu_{11'} = -\frac{51,8}{81,8} = -0,634\,,$$

$$M_{11'} = -14,44\cdot(1-0,634)$$

$$= -5,29\ \text{tm (V.-Regel B)}.$$

Da sich oben −3,26 tm ergab, hätte man also die Einspannung merklich unterschätzt (61%).

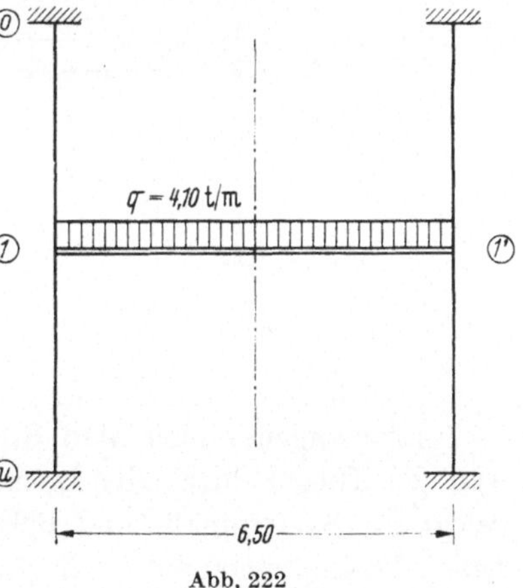

Abb. 222

D 5 Treppenlaufrahmen

Bei dem skizzierten Rahmen — Treppenlauf und Podest — ist der Knickpunkt nicht verschiebbar, kann also als gestützt angesehen werden (Abb. 223)

$$M_{2,1}^0 = -\frac{1,2\cdot 2,80^2}{8} = -1,18\ \text{tm}\,,$$

$$M_{2,3}^0 = +\frac{0.9\cdot 3,20^2}{8} = +1,15\ \text{tm}.$$

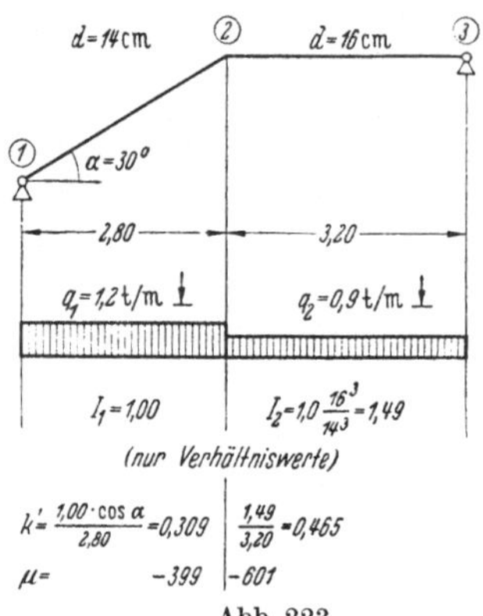

Abb. 223

Erläuterungen. Es zeigt sich, daß die Momente bereits fast ausgeglichen sind. Die Drehungsbeträge sind geringfügig. Bei den Steifigkeiten mußte die schräge, d. i. die wahre Länge des Laufes, angesetzt werden, während die Momente mit der waagerechten Stützweite und der auf die Waagerechte bezogenen Belastung berechnet werden können. Die unterschiedlichen Plattendicken wirken sich bei den Trägheitsmomenten aus.

D 6 Stockwerkrahmen mit unverschiebbarem Riegel

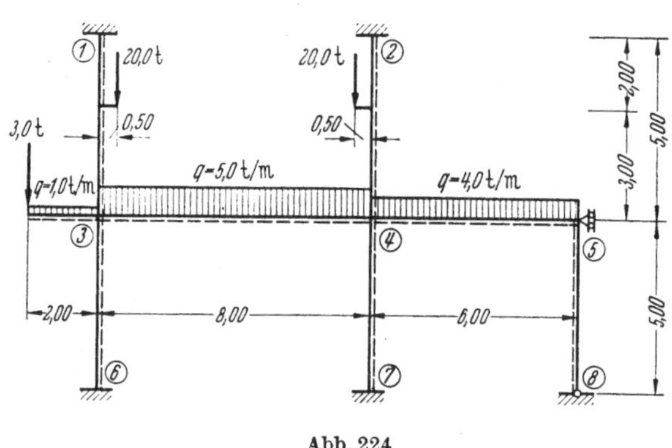

Abb. 224

Es sei angenommen, daß Stabdrehwinkel nicht entstehen können, weil der Riegel durch die Decke an Querwänden des Gebäudes festgelegt ist. Systemmaße und Belastungen sind Abb. 224 zu entnehmen. Die Trägheitsmomente in dm⁴ sind in der Tab. 20 angegeben. Die Steifigkeiten k sind in Abb. 225 zusammengestellt und zur Berechnung der Knotenausgleichzahlen μ in Abb. 226 benutzt. Schließlich füllt man die $\mu\,\gamma$-Skizze in Abb. 227 aus, die man zur Iteration braucht.

Tabelle 20

Stab	a	I dm⁴	l m	k, k'
3—1	4	50,0	5,00	40,0
3—6	4	40,0	5,00	32,0
3—4	4	1000,0	8,00	50,0
4—2	4	50,0	5,00	40,0
4—7	4	40,0	5,00	32,0
4—5	4	90,0	6,00	60,0
5—8	3	40,0	5,00	24,0

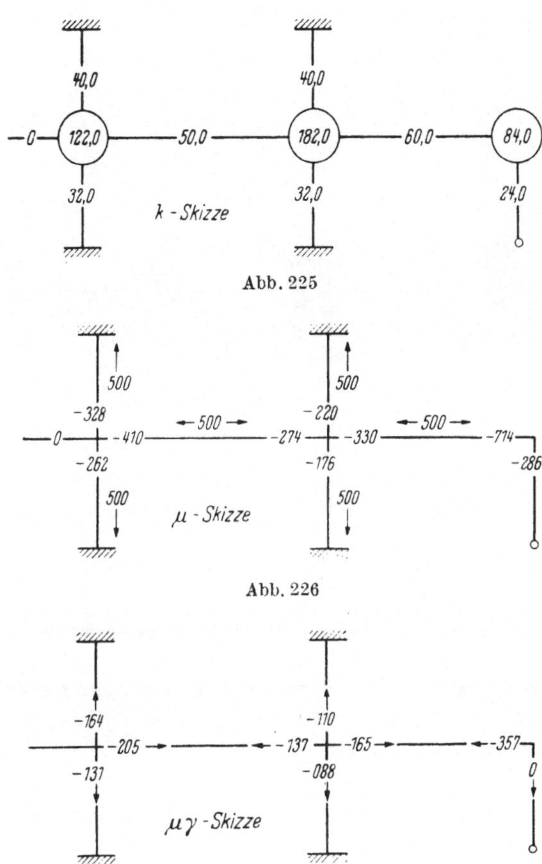

Abb. 225

Abb. 226

Abb. 227

Die Stabendmomente für nicht drehbare Knoten ergeben sich mittels
der im Anhang zusammengestellten Formeln, wie folgt:

$$M_{30}^0 = -\,3{,}0 \cdot 2{,}0 - \frac{1{,}0 \cdot 2{,}0^2}{2} = -\,8{,}00\ \text{tm}\,,$$

$$M_{34}^0 = -\,M_{43}^0 = \frac{5{,}0 \cdot 8{,}0^2}{12} = +\,26{,}66\ \text{tm}\,,$$

$$M_{45}^0 = -\,M_{54}^0 = \frac{4{,}0 \cdot 6{,}0^2}{12} = +\,12{,}00\ \text{tm}\,,$$

$$M_{13}^0 = -\,20{,}0 \cdot 0{,}5 \cdot \frac{3{,}00}{5{,}00}\left(2 - 3 \cdot \frac{3{,}0}{5{,}0}\right) = -\,1{,}20\ \text{tm}\,,$$

$$M_{31}^0 = -\,20{,}0 \cdot 0{,}5 \cdot \frac{2{,}00}{5{,}00}\left(2 - 3 \cdot \frac{2{,}0}{5{,}0}\right) = -\,3{,}20\ \text{tm}\,,$$

$$M_{24}^0 = +\,1{,}20\ \text{tm}\,,$$

$$M_{42}^0 = +\,3{,}20\ \text{tm}\,.$$

Die Iteration ist in Abb. 228 durchgeführt.

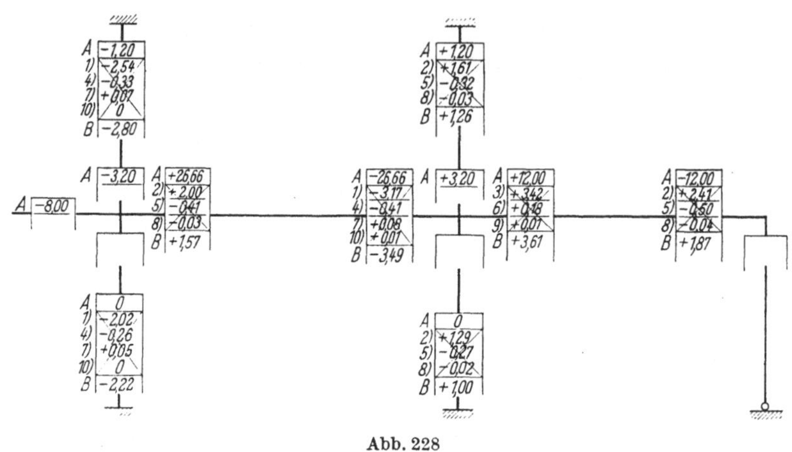

Abb. 228

Erläuterungen:

Zeile A   Ausgangsmomente bei nicht drehbar gedachten Knoten.

Zeile 1   Der Ausgleich bei 3 verursacht Übertragungsbeträge bei den Knoten 1, 4 und 6. — Die Ausgleichbeträge bei 3 werden noch nicht hingeschrieben.

Zeile 2   Der Ausgleich bei 4 verursacht Übertragungsbeträge bei 3, 2, 5 und 7.

Zeilen 3 bis 9: Entsprechend wie 1 und 2. Ausgleiche werden nacheinander an den Knoten 5, 4, 3, 5, 4 und 5 vorgenommen, jedoch immer, ohne die Ausgleichbeträge niederzuschreiben.

Zeile B   Addition aller inzwischen angefallenen Übertragungsbeträge und Kontrolle.

Für die Kontrolle der Zeilen B diene als Beispiel Stab 3—4:

$$B_{43} = (-8{,}00 - 3{,}20 + 26{,}66 + 1{,}57)(-0{,}205) = -3{,}49 \text{ tm}$$

$$B_{34} = (-26{,}66 - 3{,}49 + 3{,}20 + 12{,}00 + 3{,}61)(-0{,}137) = +1{,}57 \text{ tm}$$

usw.

Die Übertragungsmomente nach den Knoten 6 und 7 brauchten im vorliegenden Fall nicht einzeln angeschrieben zu werden, sondern könnten, da es sich um unbelastete Stäbe handelt, durch Überleiten des gesamten Ergebnisses von den Stabenden 3 6 und 4 7 zu den Ein-

spannstellen erst in die E-Figur eingetragen werden, die allein in die
Reinschrift übernommen wird (Abb. 229).

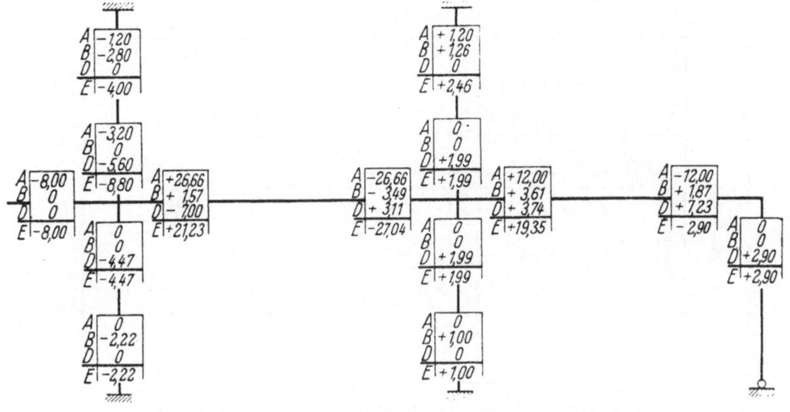

Abb. 229*

Zur Umstellung auf Vorzeichenregel B werden die Momente an den
linken Stabenden — betrachtet von der Seite der gestrichelten Linie in
Abb. 224 her — nochmals mit geänderten Vorzeichen angeschrieben.
Die Momente an den rechten Stabenden sind bereits richtig. Die
Momentenfläche ist in Abb. 230 dargestellt.

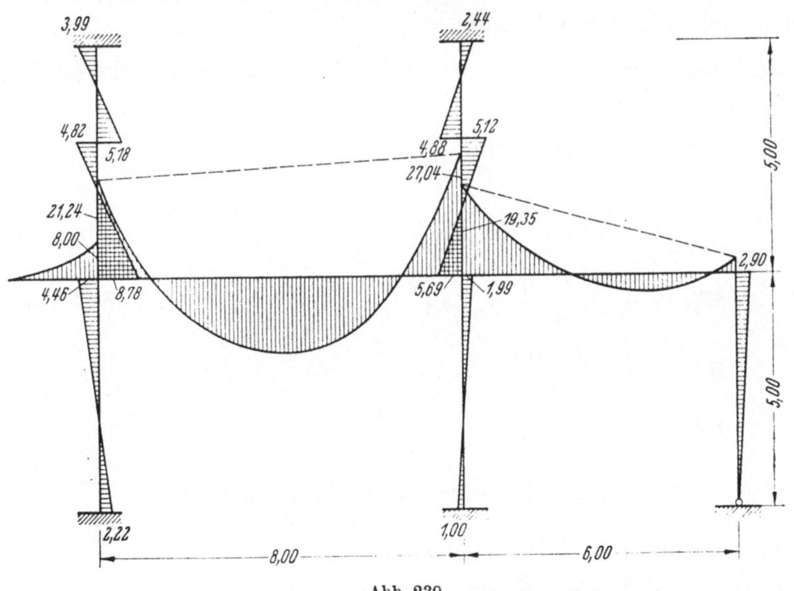

Abb. 230

Unter 6.771 sind die Drehwinkelkontrollen zu diesem Beispiel vorgeführt.

* Am Stabende 4 2 lies $A + 3{,}20$; $D + 2{,}50$; $E + 5{,}70$.

D 7 Stockwerkrahmen mit unverschiebbaren Riegeln

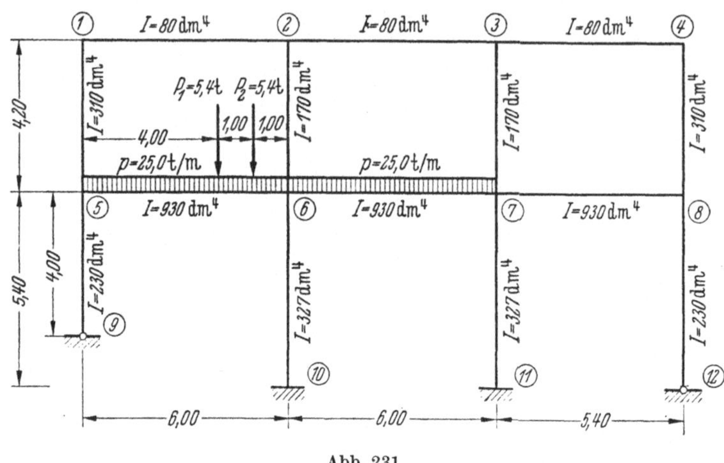

Abb. 231

Das in Abb. 231 gezeichnete Rahmenwerk soll zunächst unter der Voraussetzung unverschieblicher Riegel untersucht werden, wobei also nur Teilverformungen I in Betracht kommen. Für die Steifigkeiten sind Verhältniszahlen in Abb. 232, der k-Skizze, eingetragen. Die Arbeitszahlen stehen in der Abb. 233.

Stabendmomente infolge der Belastung am Rahmenwerk mit festgelegten Knoten:

$$M^0_{56} = + \frac{q\,l^2}{12} + P_1 \frac{a_1 b_1^2}{l^2} + P \frac{a_2 b_2^2}{l^2} \qquad \text{(s. Formeln Teil E)}$$

$$= + \frac{25,0 \cdot 6,0^2}{12} + 5,4 \left(\frac{4,0 \cdot 2,0^2}{6,0^2} + \frac{5,0 \cdot 1,0^2}{6,0^2} \right) = + 78,15 \text{ tm},$$

$$M^0_{65} = - \frac{25,0 \cdot 6,0^2}{12} - 5,4 \left(\frac{4,0^2 \cdot 2,0}{6,0^2} + \frac{5,0^2 \cdot 1,0}{6,0^2} \right) = - 83,55 \text{ tm},$$

$$M^0_{67} = + \frac{25,0 \cdot 6,0^2}{12} = +75,00 \text{ tm},$$

$$M^0_{76} = - 75,00 \text{ tm}.$$

Die Iteration ist in der $A\,B$-Figur Abb. 234 durchgeführt.

Erläuterungen:

Zeile A   Stabendmomente M^0.

Zeilen 1 bis 14 Fortleitungsbeträge

$$\left(\sum M^0 + \sum \varDelta M \right) \mu\,\gamma.$$

Sie sind in der Reihenfolge bestimmt, daß der jeweils größte Betrag weitergeleitet wurde, obwohl hierdurch kaum an Iterationsarbeit gespart wird. An der Bezifferung ist erkennbar,

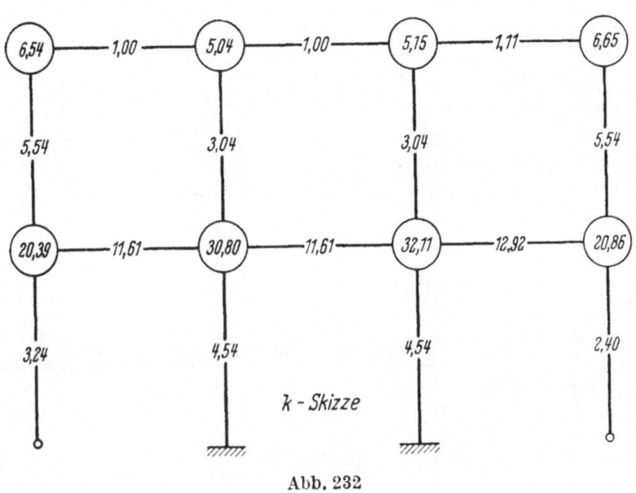

Abb. 232

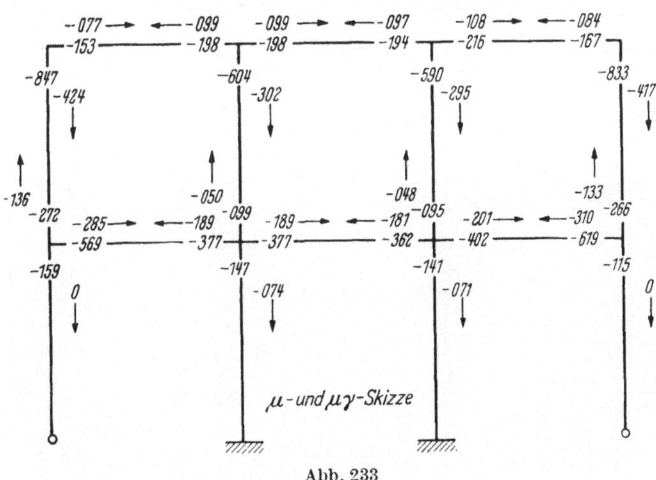

Abb. 233

welche Reihenfolge eingehalten wurde und von welchem Knoten der Betrag herrührt; es finden sich z. B. Beträge mit 9. bei den Knoten 3, 6 und 8, weshalb sie von Knoten 7 kommen.

Zeile B Hier sind alle Änderungsbeträge eines Stabendes addiert.

Nach der AB-Figur ist in Abb. 235 die E-Figur gezeichnet, in der in Zeile D die Ausgleichbeträge eingetragen sind. In Zeile E stehen die durch Addition $A + B + D$ gewonnenen endgültigen Stabendmomente, die zur Zeichnung der Momentenzustandsfläche in Abb. 236 benutzt wurden.

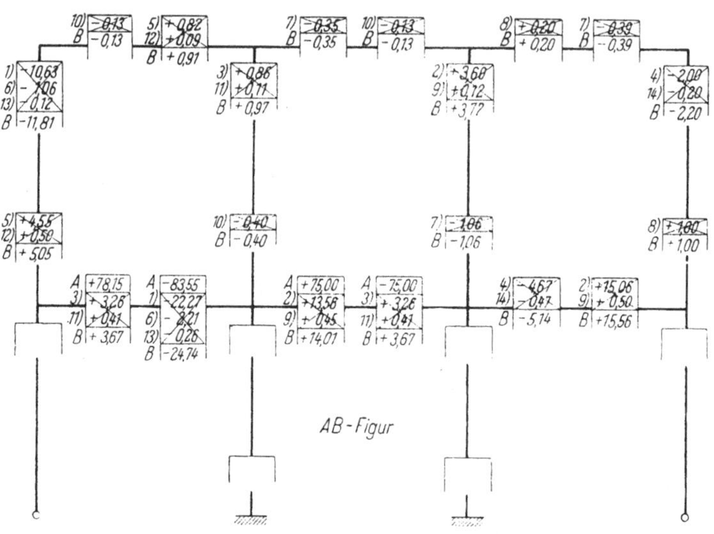

Abb. 234

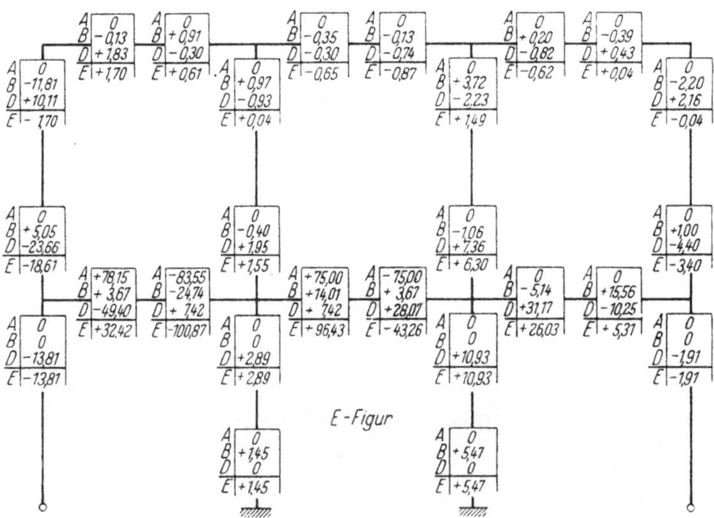

Abb. 235

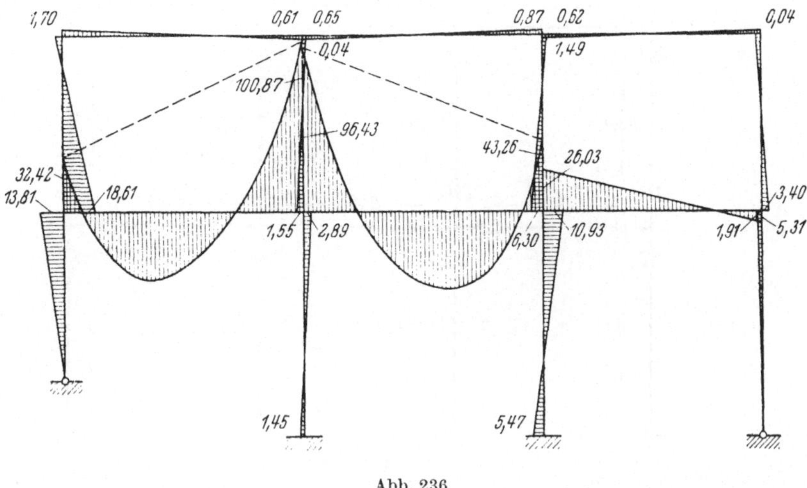

Abb. 236

D 8 Stockwerkrahmen wie D 7, aber mit verschiebbaren Riegeln unter senkrechten Lasten

Der Rahmen mit seiner Belastung ist derselbe wie in Beispiel D 7, doch seien die Riegel jetzt nicht gehalten. Wir entscheiden uns für Teilverformungen III, bei denen also den Knotendrehungen Stockwerksdrehungen (= Riegelverschiebungen) zugeordnet werden, die die durch die Änderung der Stielendmomente verursachte Änderung der Stockwerksquerkraft bzw. des Stockwerksmomentes sofort ausgleichen.

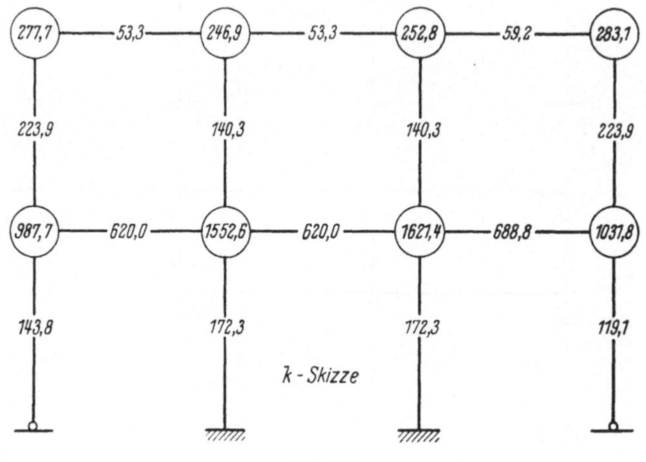

Abb. 237

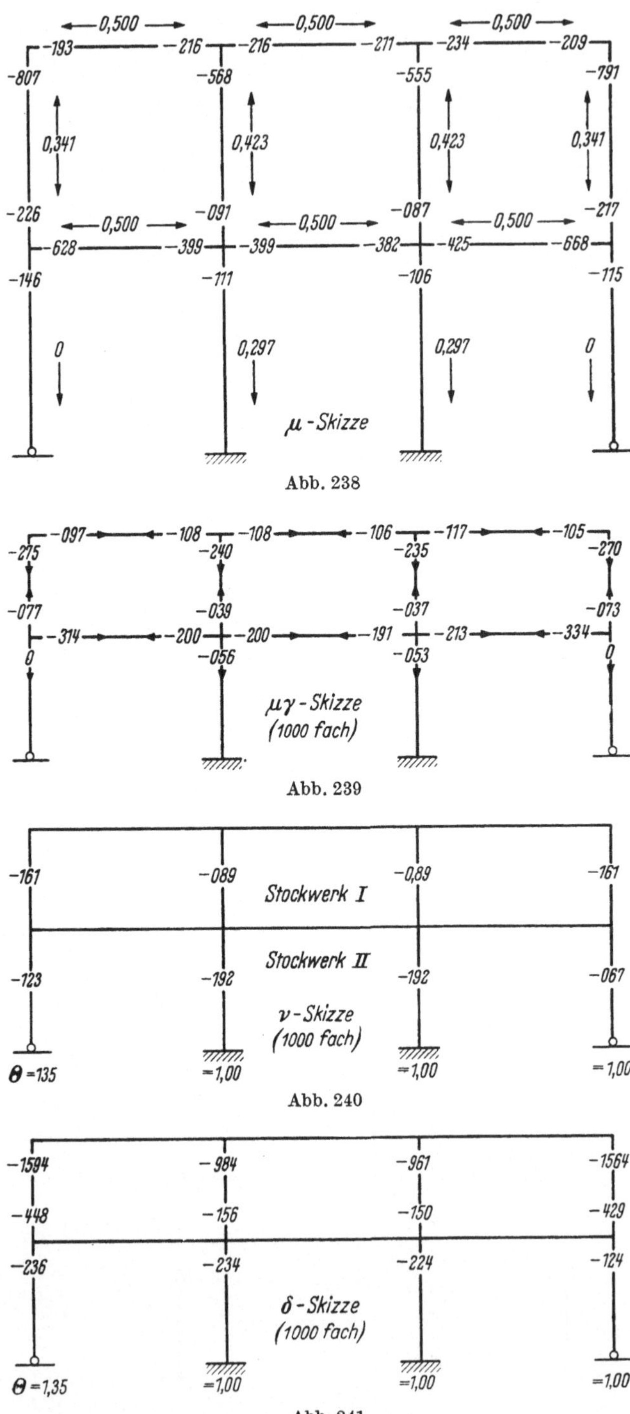

Abb. 238

Abb. 239

Abb. 240

Abb. 241

Zunächst sind die Arbeitszahlen zu berechnen, was in Tab. 21 geschehen ist. Die neue k-Skizze ist Abb. 237 und die daraus zu gewinnende neue μ-Skizze und $\mu\gamma$-Skizze sind die Abb. 238 und 239. Im übrigen sind noch eine δ-Skizze und eine ν-Skizze zu zeichnen (Abb. 240 und Abb. 241). Rechnerische Zwischenkontrolle der ν:

Im oberen Stockwerk (I):

$$- (0{,}161 + 0{,}089 \cdot 2 + 0{,}161)\, 2 = -1{,}000.$$

Im unteren Stockwerk (II):

$$- \left(0{,}123 \cdot \frac{5{,}40}{4{,}00} + 2 \cdot 0{,}192 \cdot 2 + 0{,}067\right)$$

$$= - (0{,}166 + 0{,}768 + 0{,}067) = -1{,}001 \approx -1.$$

Die Iteration ist in Abb. 242 vorgenommen. Die Reihenfolge der Schritte ist für das Ergebnis gleichgültig. Der guten Ordnung halber

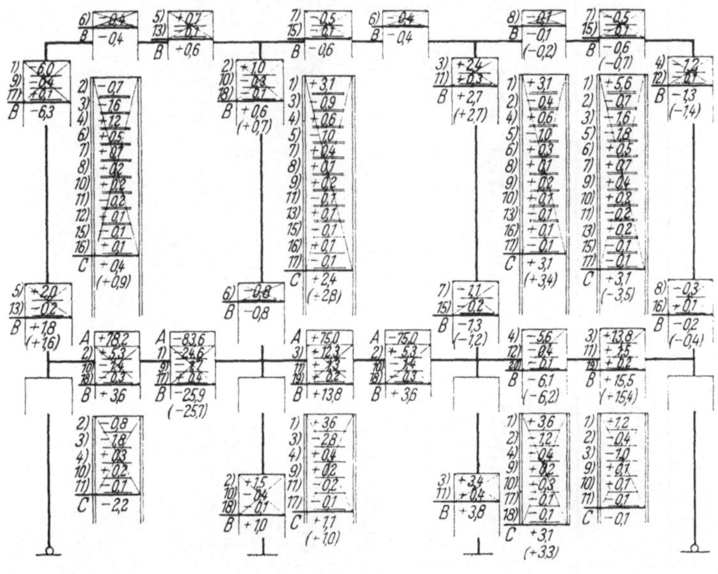

Abb. 242

wählen wir die Folge der Knotendrehungen bei 1, 2, 3 usw. bis 8, fangen jedoch bei 5 an, weil dort ein sehr großer Betrag $\sum M^0 \neq 0$ vorhanden ist. Von da ab gehen wir nach 6, 7 und 8 und fahren bei 1 fort.

Zeile 1:

Knotendrehung bei 5:

$$\Delta M_{15} = +78{,}2 \cdot (-0{,}077) = -6{,}0 \text{ tm},$$

$$\Delta M_{65} = +78{,}2 \cdot (-0{,}314) = -24{,}6 \text{ tm}.$$

14   Raczat, Cross-Verfahren, 3. Aufl.

Tabelle 21

Stock-werk	Stab	Θ	k	r	$\bar r$	$\bar{\bar r}$	R	v	$v\bar r$	k^*	γk	$\gamma k + v\bar r$	γ^*	K_m	δ
1	2	3	4	5	6	7	8	9	10	11	12	13	14	15	16
	Stiele														
I	5—1	1,00	295,2	442,8	442,8	442,8		−0,161	−71,3	+223,9	147,6	+76,3	0,341	987,7 277,7	$\delta_{51} = -0,448$ $\delta_{15} = -1,594$
	6—2	1,00	161,9	242,9	242,9	242,9	2742,8	−0,089	−21,6	+140,3	81,0	+59,4	0,423	1552,6 246,9	$\delta_{62} = -0,156$ $\delta_{26} = -0,984$
	7—3	1,00	161,9	242,9	242,9	242,9		−0,089	−21,6	+140,3	81,0	+59,4	0,423	1621,4 252,8	$\delta_{73} = -0,150$ $\delta_{37} = -0,961$
	8—4	1,00	295,2	442,8	442,8	442,8		−0,161	−71,3	+223,9	147,6	+76,3	0,341	1031,8 283,1	$\delta_{84} = -0,429$ $\delta_{48} = -1,564$
II	5—9	1,35	172,5	172,5	232,9	314,4		−0,123	−28,7	+143,8			0	987,7	$= -0,236$
	6—10	1,00	242,0	363,0	363,0	363,0	1894,1	−0,192	−69,7	+172,3	121,0	+51,3	0,297	1552,2	−0,234
	7—11	1,00	242,0	363,0	363,0	363,0		−0,192	−69,7	+172,3	121,0	+51,3	0,297	1621,4	−0,224
	8—12	1,00	127,7	127,7	127,7	127,7		−0,067	− 8,6	+119,1			0	1031,8	−0,124
	Riegel														
	5—6		620,0										0,500		
	6—7		620,0										0,500		
	7—8		688,8										0,500		
	1—2		53,3										0,500		
	2—3		53,3										0,500		
	3—4		59,2										0,500		

Mitdrehungswirkungen in Stockwerk I:

$$\Delta M_{26} = \Delta M_{62} = \Delta M_{37} = \Delta M_{73} = +\,78{,}2 \cdot {}_{\mathrm{I}}\delta_5\, v_{26} = +\,78{,}2\,{}_{\mathrm{I}}\delta_5\, v_{37}$$

$$= +\,78{,}2\,(-\,0{,}448)\,(-\,0{,}089) = +\,3{,}1\,\mathrm{tm}$$

$$\Delta M_{48} = \Delta M_{84} = +\,78{,}2\,(-\,0{,}448)\,(-\,0{,}161) = +\,5{,}6\,\mathrm{tm}.$$

Mitdrehungswirkungen in Stockwerk II:

$$\Delta M_{6,10} = \Delta M_{10,6} = +\,78{,}2\,{}_{\mathrm{II}}\delta_5\, v_{6,10}$$

$$= +\,78{,}2\cdot(-\,0{,}236)\,(-\,0{,}192) = +\,3{,}6\,\mathrm{tm}$$

$$\Delta M_{7,11} = \Delta M_{6,10} \quad \text{weil} \quad v_{7,11} = v_{6,10}$$

$$\Delta M_{8,12} = \Delta M_{12,8} = +\,78{,}2\cdot(-\,0{,}236)\,(-\,0{,}067) = +\,1{,}2\,\mathrm{tm}.$$

Zeile 2:

$$(-\,83{,}6 - 24{,}6 + 75{,}0 + 3{,}1 + 3{,}6)\,(-\,0{,}200) = +\,5{,}3\,\mathrm{tm}$$

$$(-\,83{,}6 - 24{,}6 + 75{,}0 + 3{,}1 + 3{,}6)\,(-\,0{,}039) = +\,1{,}0\,\mathrm{tm}$$

$$(-\,83{,}6 - 24{,}6 + 75{,}0 + 3{,}1 + 3{,}6)\,(-\,0{,}200) = +\,5{,}3\,\mathrm{tm}$$

$$(-\,83{,}6 - 24{,}6 + 75{,}0 + 3{,}1 + 3{,}6)\,(-\,0{,}056) = +\,1{,}5\,\mathrm{tm}$$

$$(-\,83{,}6 - 24{,}6 + 75{,}0 + 3{,}1 + 3{,}6)\,(-\,0{,}156)\,(-\,0{,}161) = -\,0{,}7\,\mathrm{tm}$$

Ferner nur an Stiel 3 7, nicht an 2—6:

$$(-\,83{,}6 - 24{,}6 + 75{,}0 + 3{,}1 + 3{,}6)\,(-\,0{,}156)\,(-\,0{,}089) = -\,0{,}4\,\mathrm{tm}$$

$$(-\,83{,}6 - 24{,}6 + 75{,}0 + 3{,}1 + 3{,}6)\,(-\,0{,}156)\,(-\,0{,}161) = -\,0{,}7\,\mathrm{tm}$$

$$(-\,83{,}6 - 24{,}6 + 75{,}0 + 3{,}1 + 3{,}6)\,(-\,0{,}234)\,(-\,0{,}123) = -\,0{,}8\,\mathrm{tm}$$

$$(-\,83{,}6 - 24{,}6 + 75{,}0 + 3{,}1 + 3{,}6)\,(-\,0{,}234)\,(-\,0{,}192) = -\,1{,}2\,\mathrm{tm}$$

(letzteren Betrag an 7—11)

$$(-\,83{,}6 - 24{,}6 + 75{,}0 + 3{,}1 + 3{,}6)\,(-\,0{,}234)\,(-\,0{,}067) = -\,0{,}4\,\mathrm{tm}$$

In dieser Weise wird fortgefahren, bis die Änderungsbeträge genügend gering sind oder ganz verschwinden. Sie werden sodann alle in den Zeilen B und C zusammengefaßt. Danach lassen sich die Kontrollen der B ohne weiteres anschließen, z. B. an Knoten 7:

$$(-\,75{,}0 + 3{,}6 - 1{,}2 - 6{,}2 + 3{,}4 + 3{,}3)\,(-\,0{,}191) = -\,72{,}2\,(-\,0{,}191)$$

$$= +\,13{,}8\,\mathrm{tm}$$

$$(-\,75{,}0 + 3{,}6 - 1{,}2 - 6{,}2 + 3{,}4 + 3{,}3)\,(-\,0{,}037) = +\,2{,}7\,\mathrm{tm}$$

$$\ldots\ldots\ldots\ldots\ldots\ldots\ldots\ldots\ldots\ldots\ldots\ldots\ldots \text{usw.}$$

Die Mitdrehungsbeträge lassen sich etwas weniger einfach kontrollieren. Man erhält den gesamten Betrag C aus mehreren Teilen, die alle von verschiedenen Knoten herrühren, weshalb man zu jeder Knoten-

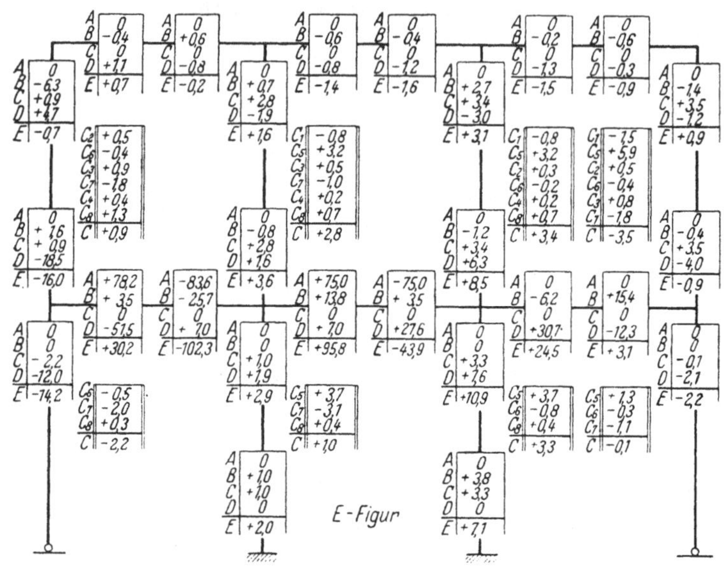

Abb. 243

kontrolle auch die Anteile an C (mit $v\,\delta$) ermittelt und sie vorläufig notiert, wie das in der E-Figur (Abb. 243) geschehen ist: Hier wurde außerdem angedeutet, woher sie stammen.

$C\,7$ an Stab $1\,5$:

$$(-\,75,0 + 3,6 - 1,2 - 6,2 + 3,4 + 3,3)\,(-\,0,150)\,(-\,0,161)$$

$$= -\,1,7 \approx -\,1,8\ \mathrm{tm}$$

$C\,7$ an Stab $5\,8$:

$$(-\,75,0 + 3,6 - 1,2 - 6,2 + 3,4 + 3,3)\,(-\,0,224)\,(-\,0,123) = -\,2,0.$$

Ihre Summe muß den Gesamtwert C ergeben, den man bei der Knotenmomentsumme eingesetzt hat. Trifft das zu, gilt die Kontrolle als erfolgreich. Wenn nicht, benutzt man den abweichenden (und hoffentlich richtigeren) C-Wert zur Wiederholung der Kontrolloperation, die dadurch zu einem Verbesserungsschritt wurde, der übrigens, da alle Anfangsmomente in ihm enthalten sind, zu einem Schritt im Sinne von KANI wird (wenn auch das KANI-Verfahren nicht mit Teilverformungen III arbeitet, jedenfalls hierfür nicht zubereitet ist). — Hier sind solche Verbesserungsschritte eingeschaltet worden, ohne daß sie besonders wiedergegeben sind. Abb. 243 ist die für die Reinschrift der statischen Berechnung und die Prüfung ausreichende E-Figur.

Vergleich mit D 7. Die Ergebnisse von D 7 und D 8 sind in Tab. 22 miteinander verglichen.

Tabelle 22

Stabende	1 5	5 1	2 6	6 2	3 7	7 3	4 8	8 4
D 7	−1,70	−18,61	+0,04	+1,55	+1,49	+6,30	−0,04	−3,40
D 8	−0,70	−16,00	+1,60	+3,60	+3,10	+8,50	+0,90	−0,90
	1 2	2 1	2 3	3 2	3 4	4 3		
D 7	+1,70	+0,61	−0,65	−0,87	−0,62	+0,04		
D 8	+0,70	−0,20	−1,40	−1,60	−1,50	−0,90		
	5 9	6 10	10 6	7 11	11 7	8 12		
D 7	−13,81	+2,89	+1,45	+10,93	+5,47	−1,91		
D 8	−14,2	+2,90	+2,00	+10,90	+7,10	−2,20		
	5 6	6 5	6 7	7 6	7 8	8 7		
D 7	+32,42	−100,87	+96,43	−43,26	+26,03	+5,31		
D 8	+30,20	−102,30	+95,80	−43,90	+24,50	+3,10		

Zu diesem Beispiel ist zu betonen, daß der Einfluß der Stabdrehungen an den entscheidenden Stellen nicht erheblich ist. Im oberen Geschoß, wo er scheinbar relativ groß ist, würde er durch die anderen für die Bemessung noch zu untersuchenden Belastungsfälle ebenfalls überdeckt werden. Das Beispiel lehrt zugleich, daß es bei praktischen Aufgaben kaum lohnt, solche Rahmenwerke mit mehr als drei Stielen bei lotrechter Belastung mit Berücksichtigung der Stabdrehungen (Riegelverschiebungen) zu untersuchen. Dies gilt nur dann nicht, wenn die wechselnden Lasten die ständigen ungewöhnlich stark überwiegen und einseitige Belastungsanordnungen mit großer Wahrscheinlichkeit oft vorkommen.

D 9 Rahmen wie unter D 8, aber unter Windlast

Wir untersuchen das in D 8 behandelte Rahmenwerk bei Belastung durch Wind (Abb. 244). Alle Arbeitszahlen werden von dort übernommen.

Wenn Lasten angreifen, die ein Stockwerksmoment erzeugen, ist immer zuerst eine Teilverformung II in jedem Stockwerk

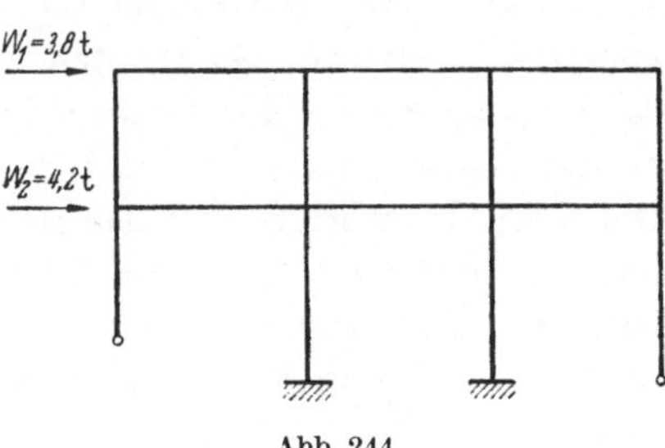

Abb. 244

vorzunehmen. Die hierbei erzeugten Stielendmomente werden mittels der Stockwerksausgleichzahlen (Abb. 240) bestimmt, indem die Stockwerksmomente

$$\overline{M}_\mathrm{I} = - 3,8 \cdot 4,2 = - 15,96\ \mathrm{tm}$$

und

$$\overline{M}_\mathrm{II} = - (4,2 + 3,8)\, 5,4 = - 43,20\ \mathrm{tm}$$

mit ihnen multipliziert werden (Zeilen a, b) in Abb. 245. Die dann folgende Iteration wird in der allgemeinen Form wie in D 8 durchgeführt, wobei sich die Stockwerksmomente nicht mehr ändern, das Rahmenwerk aber durch Knoten- und gleichzeitige Stabdrehungen die endgültige Form annimmt. Abb. 246 ist die E-Figur.

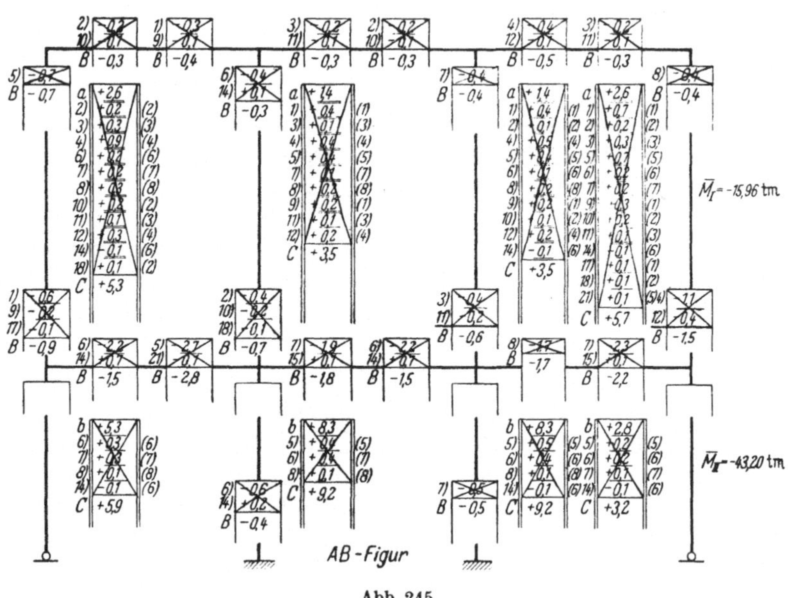

Abb. 245

Erläuterungen zur Iteration. Sie wurde hier bei Knoten 1 begonnen und in der natürlichen Reihenfolge der Zahlen fortgesetzt, obwohl man geneigt sein könnte, bei Knoten 5 zu beginnen, wo $\sum M \neq 0$ größer ist. Ein entscheidender Gewinn ist dabei aber nicht zu holen. Hier genügen bereits zwei Durchgänge, damit die Änderungsbeträge verschwinden. Im übrigen hat das Beispiel gegenüber D 8 keine Besonderheiten, höchstens, daß in der E-Figur außer den von den Knoten herrührenden Beträgen C_m auch noch der erste Betrag aus den Zeilen a und b bzw. C_a und C_b gesondert in der Nebenkolonne der C anzusetzen ist.

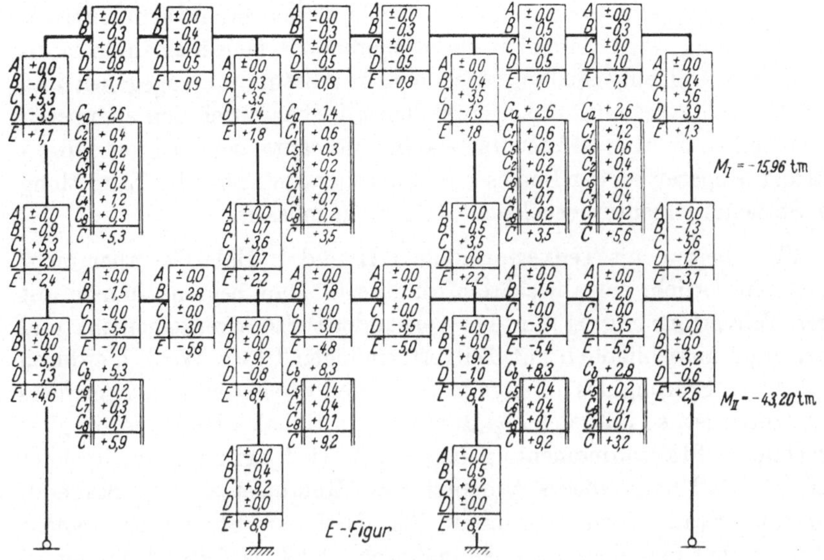

Abb. 246*

Stockwerksproben:

Stockwerk I:

$$+ 1,1 + 2,4 + 1,8 + 2,2 + 1,8 + 2,2 + 1,3 + 3,1 - 15,96 = -0,06 \approx 0.$$

Stockwerk II:

$$4,6 \cdot 1,35 + 8,4 + 8,8 + 8,2 + 8,7 + 2,6 - 43,20 = -0,3 \approx 0.$$

D 10 Symmetrischer eingeschossiger Hallenrahmen unter Windlast

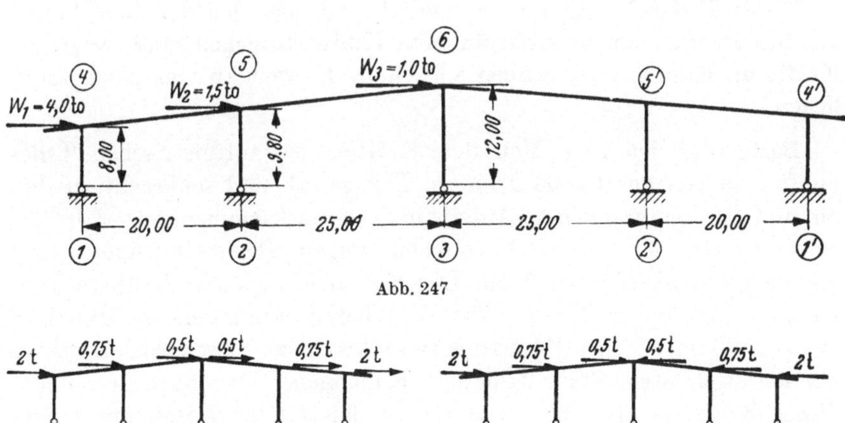

Abb. 247

Abb. 248

* An Stabende 84 lies $E\,|+3,1$ statt $E\,|-3,1$.

Die Aufgabe geht aus Abb. 247 hervor. Das Tragwerk ist symmetrisch. Die Belastung wird daher in ihren symmetrischen und ihren antimetrischen Teil aufgespalten, wie oben in Abschn. 8.1 angegeben und in Abb. 248 dargestellt. Dabei entstehen offenbar durch den symmetrischen Teil — in Abb. 248 rechts — keine Momente, sondern nur Längskräfte, die später bei der Bemessung, aber nicht jetzt bei der Ermittlung der Stabendmomente berücksichtigt werden müssen.

Wir arbeiten mit Teilverformungen II und I. Dabei ist aber nicht etwa erforderlich, sie abwechseln zu lassen. Man beginnt immer mit einer Teilverformung II für das vorhandene Stockwerksmoment und fährt dann ausschließlich mit Teilverformungen I fort. Wenn hierdurch wieder eine Störung des anfangs hergestellten Stockwerksgleichgewichts eingetreten ist, so läßt sich das durch proportionales Heraufsetzen aller errechneten Stabendmomente ganz einfach wieder gutmachen. Rechnet man so, daß man dieses proportionale Heraufsetzen der Stabendmomente gerade derart vornimmt, daß das innere Stockwerksmoment —1 ist, so hat man das, was oben in Abschn. 5.83 als Teilverformung VI eingeführt wurde. Man kann dann jede auch bei einem beliebigen anderen Belastungsfall durch die Serie der Teilverformungen I entstandene Störung des Stockwerksgleichgewichts mit einem Griff ausgleichen, indem man sie mit den für das äußere Stockwerksmoment $+1$ ermittelten „absoluten" Stockwerksausgleichzahlen, die zusammen das innere Stockwerksmoment -1 bilden, ausgleicht. Solche Belastungsfälle, wie in der Abb. 247 werden danach durch einfache Multiplikation des äußeren Stockwerksmomentes mit den absoluten Stockwerksausgleichzahlen gelöst. Wir wollen hier so verfahren.

Dieses Beispiel zeigt ferner deutlich, wie man bei der Berechnung des Stockwerksmomentes der äußeren Kräfte vorgehen muß, wenn die Kräfte an Knoten oder Stäben angreifen, die weit ab vom Bezugsstab liegen.

Bezugsstab ist 1—4. Von den Kräften des antimetrischen Teiles greift eine von der Größe 2,0 t am Bezugsstab und senkrecht zu ihm an, und der von ihr erzeugte Anteil am Stockwerksmoment ist $-2,0 \cdot 8,00$ $= -16,00$ tm (negatives Vorzeichen wegen Rechtsdrehsinn). Eine andere greift an Knoten 5 an. Der hier anschließende drehbare Stab ist 2—5. Die äußere Kraft 0,75 t liegt bereits senkrecht zu Stab 2—5 (sonst müßten wir ihre Komponente senkrecht zu diesem hier anschließenden drehbaren Stab 2—5 erst berechnen). Das Stabendmoment dieser Kraft ist also $\overline{M}_{(2-5)} = -0,75 \cdot 9,8$ tm, ihr Anteil am Stockwerksmoment jedoch

$$\Delta \overline{M}_{(ik)} = W_5 \, l_{25} \, \Theta_{25} = -0,75 \cdot 9,8 \, \frac{8,00}{9,80} = -6,00 \text{ tm}.$$

Man hätte hier auch einfach aus W_5 durch Multiplikation mit l_{14} den Anteil des Stockwerksmomentes berechnen können; uns lag daran zu zeigen, wie der bei beliebig geneigten drehbaren Stielen zu benutzende allgemeine Ansatz mit Θ zu bilden ist.

Insgesamt wird

$$\overline{M} = - (2{,}00 + 0{,}75 + 0{,}50)\, 8{,}00 = - 26{,}00\ \text{tm}$$

oder auch mit dem allgemeineren Ansatz

$$\overline{M} = - 2{,}00 \cdot 8{,}00 - 0{,}75 \cdot 9{,}80\, \Theta_{25}$$

$$- 0{,}50 \cdot 12{,}00\, \Theta_{36}$$

$$= - 2{,}00 \cdot 8{,}00 - 0{,}75 \cdot 9{,}80 \cdot 0{,}816$$

$$- 0{,}50 \cdot 12{,}00 \cdot 0{,}667 = - 26{,}00\ \text{tm}.$$

Die Berechnung der Arbeitszahlen μ, $\mu\,\gamma$ und ν führt über die Tabellen 23 und 24 zur Ausfüllung der Arbeitszahlenskizzen Abb. 249. Man muß beachten, daß die Steifigkeit des Stieles 3—6, da er in der Symmetrieachse liegt, halbiert einzusetzen ist.

In Abb. 250 ist ein äußeres Stockwerksmoment ausgeglichen, das anfangs $+10{,}00$ tm betragen hat, um irgendeine Zahl zu wählen. Die Iteration mit Teilverformungen I liefert die Stabendmomente

Tabelle 23

Stab	a	I dm^4	l m	k
4—1	3	76,3	8,00	28,7
4—5	4	570	$\approx 20{,}00$	114,0
5—2	3	76,3	9,80	23,4
5—6	4	570	$\approx 25{,}00$	91,2
6—3	3	$\dfrac{I}{2} = 38{,}2$	12,00	9,5

Tabelle 24. *Bezugsstab ist:* $l_{ik} = l_{41} = 8{,}00$ *m*

Stock- werk	Stab	Θ	r	$\overline{r}$	$\overline{\overline{r}}$	R	ν
	4—1	1	28,7	28,7	28,7	48,5	—0,592
	5—2	0,816	23,4	19,1	15,6		—0,394
	6—3	0,667	9,5	6,3	4,2		—0,130

in Zeile $\overline{E}$. Berechnet man aus diesen das nach den Knotendrehungen nunmehr verbliebene innere Stockwerksmoment

$$\overline{M} = - 4{,}80 - 3{,}81 \cdot 0{,}816 - 1{,}20 \cdot 0{,}667 = - 8{,}71\ \text{tm},$$

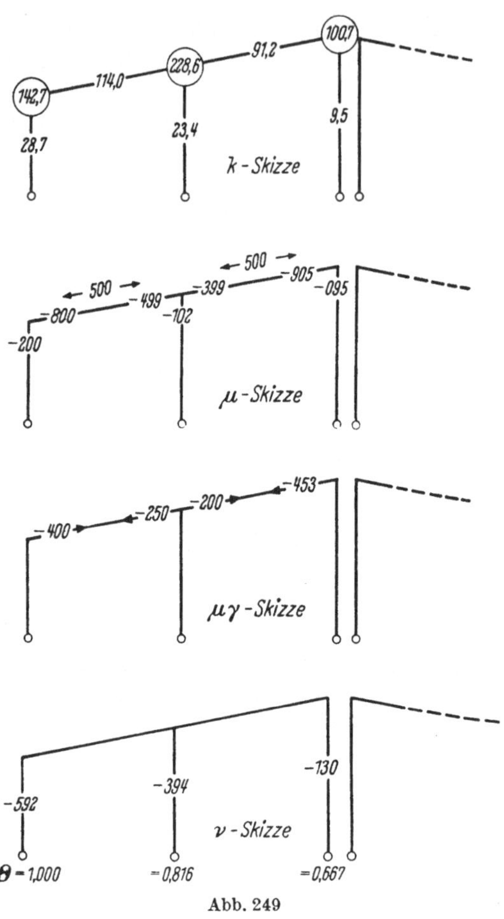

Abb. 249

dem das äußere Stockwerksmoment von $+8{,}71$ tm entspricht, so stellt man fest, daß es, wie zu erwarten war, geringer geworden ist. Uns interessieren aber weder die Stabendmomente für $+10{,}00$ noch die für $+8{,}71$ tm, sondern allgemein die für $+1{,}00$, im Falle dieser Aufgabe die für $-26{,}00$ tm. Wir erhalten sie für $\overline{M} = +1{,}00$ als die absoluten Stockwerksausgleichzahlen

$$v'_{41} = -4{,}80 \cdot \frac{1{,}00}{8{,}71}$$
$$= -0{,}551$$
$$v'_{52} = -3{,}81 \cdot \frac{1{,}00}{8{,}71}$$
$$= -0{,}437$$
$$v'_{63} = -1{,}20 \cdot \frac{1{,}00}{8{,}71}$$
$$= -0{,}138.$$

Probe: $-\,(0{,}551 + 0{,}437 \cdot 0{,}816 + 0{,}138 \cdot 0{,}667) \approx -1{,}00$.

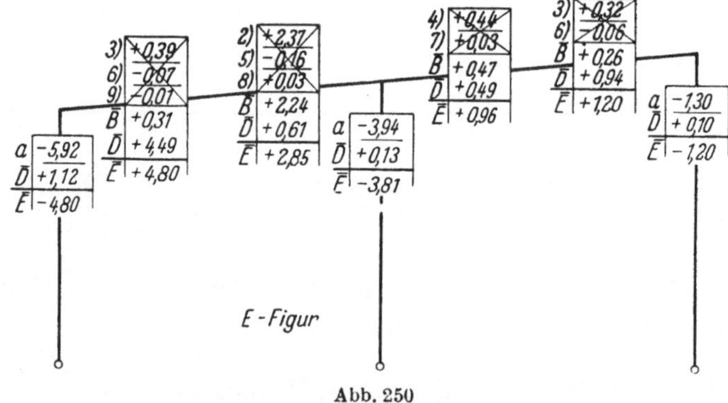

Abb. 250

Für das bei unserer Aufgabe auftretende äußere Stockwerksmoment
—26,00 tm erhalten wir dann die Ergebnisse

$$M_{41} = -26,00 \cdot (-0,551) = +14,33 \text{ tm}$$

$$M_{52} = -26,00 \cdot (-0,437) = +11,36 \text{ tm}.$$

M_{63} ist für jede der beiden symmetrischen Rahmenhälften anzusetzen,
da der Stiel 6 3 ja von der symmetrisch gelegenen Gegenseite des berechneten halbierten Systems ebenso hoch beansprucht wird. Daher der
Faktor 2:

$$M_{63} = 2\,(-26,00) \cdot (-0,138) = +7,18 \text{ tm}.$$

Dazu ist in Abb. 251 die Momentenfläche gezeichnet.

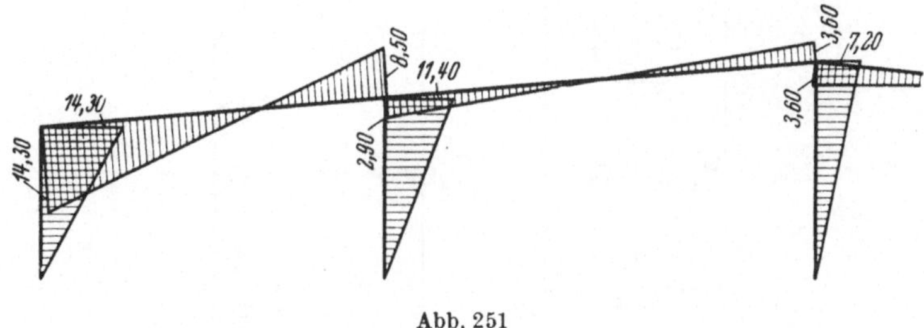

Abb. 251

Hat man einen anderen Belastungsfall, etwa unsymmetrisch an-
geordnete senkrechte Lasten, so behandelt man diesen mit Teilverformungen I, berechnet das dabei entstehende Stockwerksmoment (Θ nicht
vergessen!), betrachtet dieses als äußeres und gleicht es mit den absoluten
Stockwerksausgleichzahlen aus. Die Summe der Stabendmomente aus
beiden Prozessen ist das Ergebnis.

D 11 Hoher symmetrischer Stockwerkrahmen
unter senkrechten Lasten

Die Aufgabe geht aus Abb. 252a hervor. Weil das Tragwerk symmetrisch ist, spielt sich die Rechnung nur an einer Rahmenhälfte ab.
Es wird mit Teilverformungen I gearbeitet, da ein symmetrisches Tragwerk, das symmetrisch belastet ist, nur symmetrische Verformungen
erleidet und daher Drehungen der Stiele nicht möglich sind. Deren
Drehungen wären eine antimetrische Verformung; ein solcher Fall wird
mit Beispiel D 13 gezeigt.

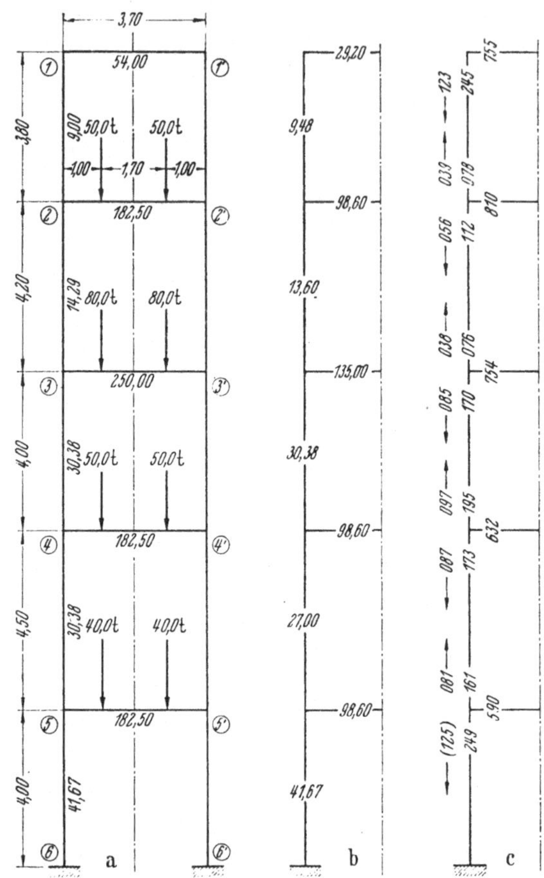

Abb. 252 a—c[1]

Die Steifigkeiten k der Stiele und k'' der Riegel sind ebenfalls in Abb. 252 eingetragen und dort zur Berechnung der μ und $\mu\,\gamma$ verwertet. Die Ausgangsmomente (Zeile A in Abb. 253) sind:

$$M^0_{22'} = \frac{P\,a\,(l-a)}{l} = + \frac{50{,}0 \cdot 1{,}0 \cdot 2{,}70}{3{,}70} = +\,36{,}50 \text{ tm}$$

oder mit den vorzüglichen Tabellen von Rogers[2], S. 28/29, $a/L = 0{,}27$,

$$M^0_{22'} = +\,0{,}1971 \cdot 50{,}0 \cdot 3{,}70 = +\,36{,}50 \text{ tm},$$

$$M^0_{33'} = +\,0{,}1971 \cdot 70{,}0 \cdot 3{,}70 = +\,51{,}10 \text{ tm},$$

$$M^0_{44'} = M_{22} \dots\dots\dots\dots\dots = +\,36{,}50 \text{ tm},$$

$$M^0_{55'} = +\,0{,}1971 \cdot 40{,}0 \cdot 3{,}70 = +\,29{,}20 \text{ tm}.$$

---

[1] Auf Riegel 3—3' lies 70,0 t statt 80,0 t.

[2] Paul Rogers, „Tables and Formulas for Fixed End Moments of Members of Constant Moment of Inertia", Tabellen und Formeln für Stabendmomente bei fester Einspannung und konstantem Trägheitsmoment, Frederick Ungar Publishing Co., New York. (Dem nicht englisch lesenden Fachmann mühelos verständlich.)

Die Iteration ist wegen ihrer Einfachheit und weil sie nichts Neues bietet, nicht wiedergegeben. Abb. 253 ist die E-Figur, die wir allein in die Reinschrift der statischen Berechnung aufnehmen würden. An ihr würde der Prüfingenieur die Kontrollen vornehmen:

Knoten 5:

$$(+ 29{,}2 - 2{,}7)\,(- 0{,}081) = - 2{,}1\ \text{tm},$$

$$(+ 29{,}2 - 2{,}7)\,(- 0{,}125) = - 3{,}3\ \text{tm}.$$

Knoten 4:

$$(+ 36{,}5 - 3{,}9 - 2{,}1)\,(- 0{,}097) = - 2{,}9\ \text{tm},$$

$$(+ 36{,}5 - 3{,}9 - 2{,}1)\,(- 0{,}087) = - 2{,}7\ \text{tm}$$

usw.

Formänderungsproben (s. oben 6.771a):

Von Stab 1—2:

$$\varphi_1 = \frac{3{,}80}{3 \cdot 9{,}00}\,(- 1{,}0 + 0{,}5 \cdot 2{,}5) = - 0{,}034.$$

Von Stab 1—1′:

$$\varphi_1 = \frac{3{,}70}{3 \cdot 54{,}0}\,[- 1{,}00 - 0{,}5 \cdot (+ 1{,}00)]$$

$$= - 0{,}034.$$

Von Stab 2—3:

$$\varphi_3 = \frac{4{,}20}{3 \cdot 14{,}29}\,(- 5{,}4 + 0{,}5 \cdot 5{,}6) = - 0{,}255.$$

Von Stab 3—3′:

$$\varphi_3 = \frac{3{,}70}{3 \cdot 250{,}0}\,(- 34{,}9 - 0{,}5 \cdot 34{,}9) = - 0{,}258.$$

Von Stab 3—4:

$$\varphi_3 = \frac{4{,}00}{3 \cdot 30{,}38}\,(- 10{,}8 + 0{,}5 \cdot 9{,}8) = - 0{,}259$$

usw.

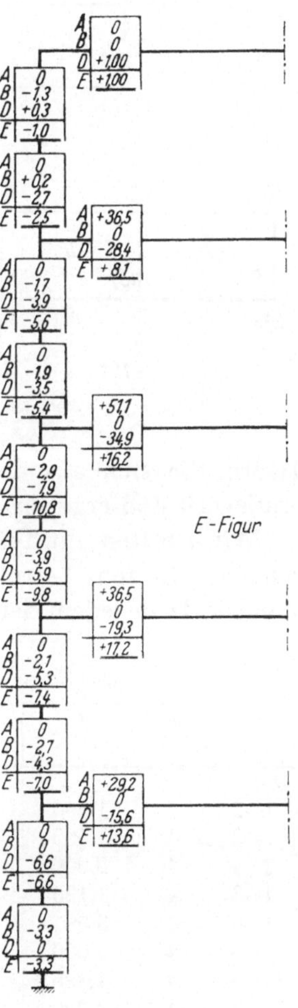

Abb. 253

D 12 Symmetrischer Rahmenträger

Die Aufgabe geht aus Abb. 254 hervor. Wegen der Symmetrie von System und Belastung wird die Berechnung nur am halbierten Rahmen vorgenommen (Abb. 255), während bei antimetrischer Belastung auch die Gurte gegeneinander verschoben werden würden, also alle Stiele gekoppelte Drehungen vollführten. Er hat ungleiche Gurte, da der Obergurt zur Knicksicherung kräftiger bemessen ist. Die Lasten werden

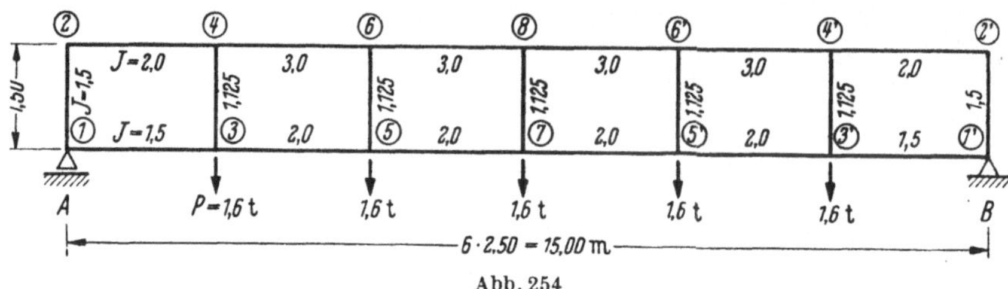

Abb. 254

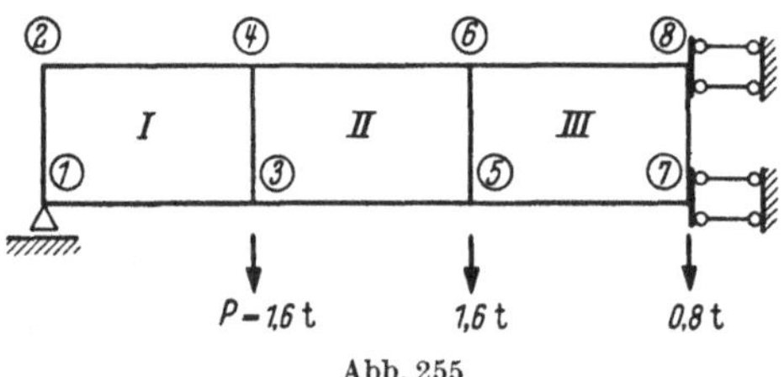

Abb. 255

nur in den Knoten eingetragen; sollte dies bei praktischen Ausführungen nicht der Fall sein, so ist der Rahmenträger zunächst für gestützte Knoten zu untersuchen, und die dabei sich ergebenden Momente sind denen zu überlagern, die sich aus der Berechnung des Rahmenträgers infolge der Auflagerlasten ergeben.

Wir arbeiten mit Teilverformungen III, nachdem zuvor die von den äußeren Lasten herrührenden Stockwerksmomente mit Teilverformungen II in jedem der drei Stockwerke ausgeglichen worden sind.

Tab. 25 enthält die Berechnung der Steifigkeiten k. Stiel 7—8, der mittelste, beteiligt sich weder an den Stab- noch an Knotendrehungen. Er bleibt frei von Biegungsmomenten. Tab. 26 enthält die Berechnung der v, k^*, γ^* und δ für die Teilverformungen II und III. Die Arbeitszahlen sind in die Abb. 256 bis 260 eingetragen.

Tabelle 25

Stab	a	I	l m	k
1—2	4	1,500	1,50	4,00
1—3	4	1,500	2,50	2,40
2—4	4	2,000	2,50	3,20
4—3	4	1,125	1,50	3,00
4—6	4	3,00	2,50	4,80
3—5	4	2,000	2,50	3,20
6—5	4	1,125	1,50	3,00
6—8	4	3,000	2,50	4,80
5—7	4	2,000	2,50	3,20

Die Stockwerksmomente sind wegen $A = 1{,}6\,(2 + 0{,}5) = 4{,}0\,\mathrm{t}$:

$$\overline{M}^0_{\mathrm{I}} = -\,4{,}0 \cdot 2{,}50 = -\,10{,}00\,\mathrm{tm},$$

$$\overline{M}^0_{\mathrm{II}} = -\,2{,}4 \cdot 2{,}50 = -\,6{,}00\,\mathrm{tm},$$

$$\overline{M}^0_{\mathrm{III}} = -\,0{,}8 \cdot 2{,}50 = -\,2{,}00\,\mathrm{tm}.$$

Tabelle 26

Stockwerk	Stab	Θ	k	r	$\bar r$	$\overline{\overline{r}}$	R	v	$\overline{v\cdot r}$	k^*	γk	$\gamma k + \overline{v\tau}$	γ^*	K_m	δ
1	2	3	4	5	6	7	8	9	10	11	12	18	14	15	16
I	1—3	1,00	2,40	3,60	3,60	3,60	16,80	−0,214	−0,770	+1,63	+1,20	+0,43	+0,264	5,63	−0,640
	2—4	1,00	3,20	4,80	4,80	4,80		−0,286	−1,372	+1,83	+1,60	+0,23	+0,126	5,83	−0,824 $\delta_{31} = -0,524$
II	3—5	1,00	3,20	4,80	4,80	4,80	24,00	−0,200	−0,960	+2,24	+1,60	+0,64	+0,286	6,87	−0,700 $\delta_{42} = -0,643$
	4—6	1,00	4,80	7,20	7,20	7,20		−0,300	−2,160	+2,64	+2,40	+0,24	+0,091	7,47	−0,963 $\delta_{53} = -0,642$
III	5—7	1,00	3,20	4,80	4,80	4,80	24,00	−0,200	−0,960	+2,24	+1,60	+0,64	+0,286	7,48	−0,642 $\delta_{64} = -0,870$
	6—8	1,00	4,80	7,20	7,20	7,20		−0,300	−2,160	+2,64	+2,40	+0,24	+0,091	8,28	−0,870

Damit entstehen die Beträge der Teilverformung II durch Multiplikation mit den v in den Zeilen a) der Abb. 261:

$$- 10,00 \cdot (- 0,214)$$
$$= + 2,14 \text{ tm}$$
$$- 10,00 \cdot (- 0,286)$$
$$= + 2,86 \text{ tm}$$
$$- 6,00 \cdot (- 0,200)$$
$$= + 1,20 \text{ tm}$$
$$- 6,00 \cdot (- 0,300)$$
$$= + 1,80 \text{ tm}$$
$$- 2,00 \cdot (- 0,200)$$
$$= + 0,40 \text{ tm}$$
$$- 2,00 \cdot (- 0,300)$$
$$= + 0,60 \text{ tm}.$$

Die Iteration ist in der AB-Figur Abb. 261 vorgenommen, wonach man die E-Figur ausfüllt (Abb. 262). In dieser sind die von den verschiedenen Knotendrehungen gesammelten C-Anteile in den Nebenspalten gesondert zur Prüfung aufgeschrieben; ihre Summen sind in den Stabenden-Spalten als Zeile C wiederholt und hier zur Berechnung der Werte D mitverwendet. Einige der B- und C-Werte der AB-Figur wurden bei der Kontrolle nochmals etwas verbessert und so in die E-Figur übernommen.

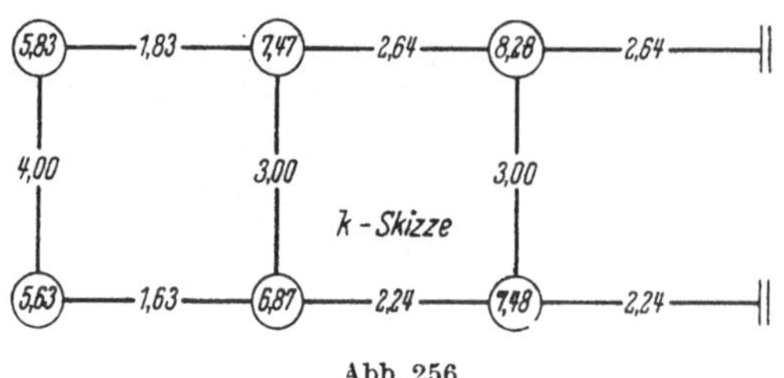

Abb. 256

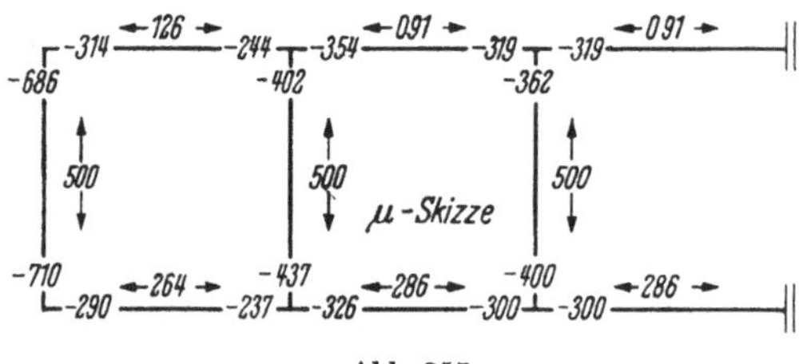

Abb. 257

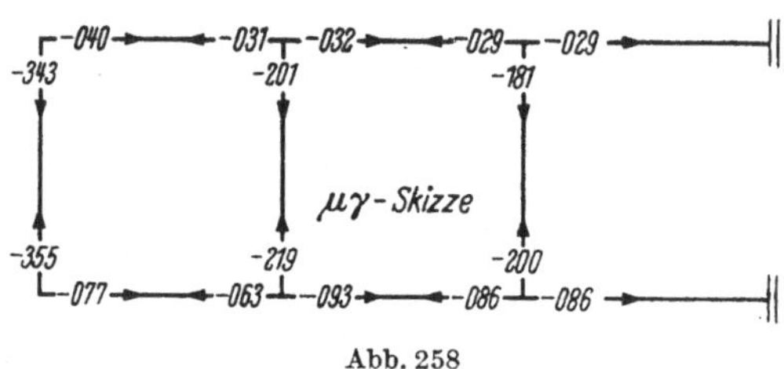

Abb. 258

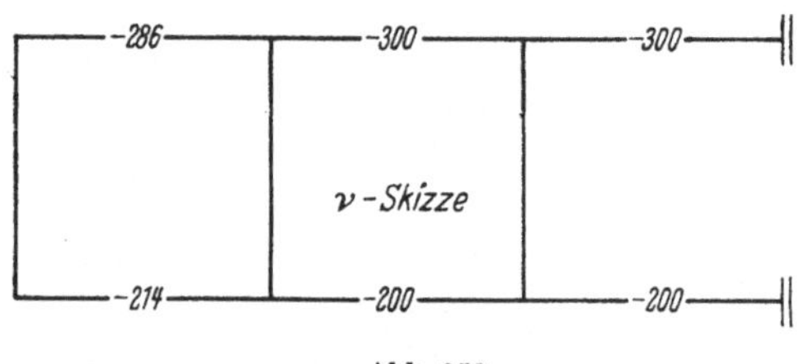

Abb. 259

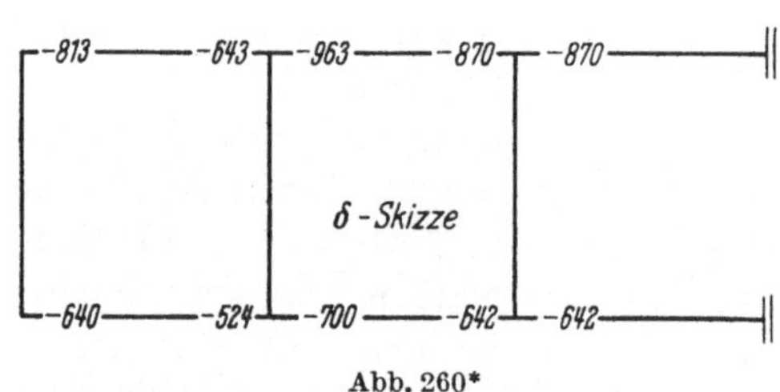

Abb. 260*

---

* Oben links lies — 824 statt — 813

Ein halbierter Rahmenträger dieser Form und Belastung unterscheidet sich in seinem statischen Charakter nicht von einem Stockwerkrahmen unter Windlasten.

Dieses Beispiel soll zugleich dazu dienen, die vollständige Drehwinkelkontrolle vorzuführen. Zuvor jedoch stellen wir fest, ob die Gleichgewichtsbedingungen erfüllt sind.

a) Kontrolle der Stockwerksmomente:

$$\overline{M}_{\mathrm{I}} = 2{,}86 + 2{,}39$$
$$+ 2{,}58 + 2{,}19$$
$$- 4{,}0 \cdot 2{,}50$$
$$= + 10{,}02 - 10{,}00$$
$$= + 0{,}02 \text{ tm} \approx 0 \,.$$

$$\overline{M}_{\mathrm{II}} = 1{,}13 + 1{,}99$$
$$+ 1{,}19 + 1{,}69$$
$$- (4{,}0 - 1{,}6)\,2{,}5$$
$$= 6{,}00 - 6{,}00 = 0$$

$$\overline{M}_{\mathrm{III}} = - 0{,}04 + 1{,}06$$
$$+ 0{,}18 + 0{,}81$$
$$- (4{,}00 - 2 \cdot 1{,}60)$$
$$2{,}50$$
$$= 2{,}01 - 2{,}00$$
$$= 0{,}01 \text{ tm} \approx 0 \,.$$

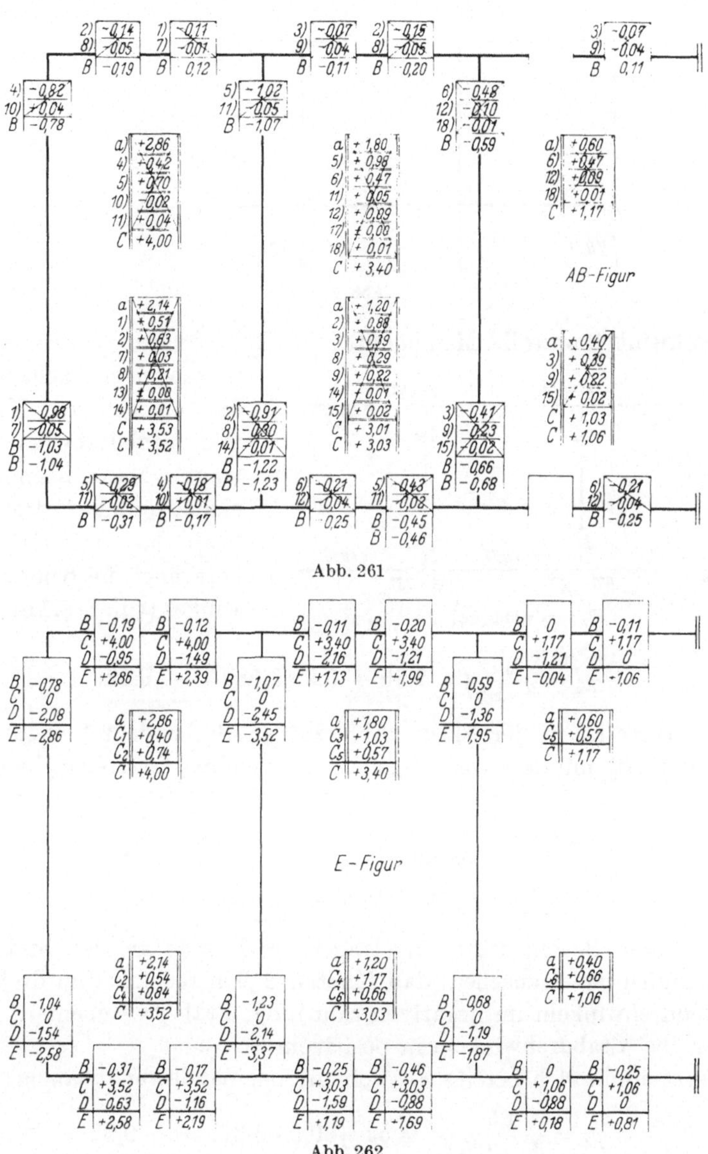

Abb. 261

Abb. 262

b) $\sum M = 0$ in bezug auf die Trägermitte. Die Gurtkräfte in Trägermitte sind (Abb. 263):

$$O = -\,U = -\,[4{,}00 \cdot 3 - 1{,}60 \cdot (2 + 1)]\,\frac{2{,}50}{1{,}50} = -\,12{,}00 \text{ t}$$

$$\sum M = -\,2{,}86 - 2{,}58 - 3{,}52 - 3{,}37$$
$$-\,1{,}95 - 1{,}87 - 1{,}06 - 0{,}81$$
$$+\,12{,}00 \cdot 1{,}50 = -\,18{,}01 + 18{,}00$$
$$= -\,0{,}01 \approx 0\,.$$

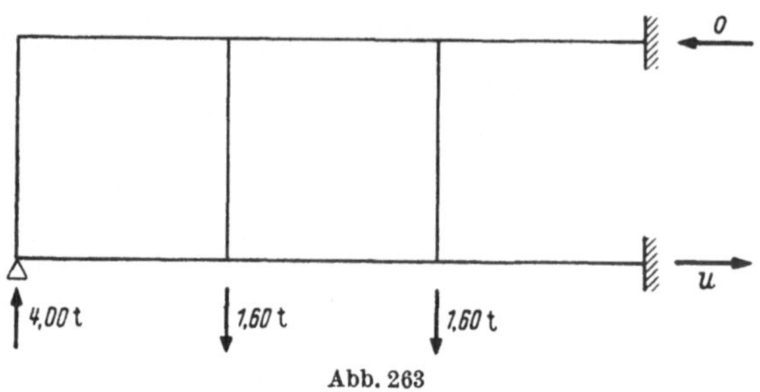

Abb. 263

Drehwinkelkontrolle. Man bereitet eine Rahmenskizze vor (Abb. 264),

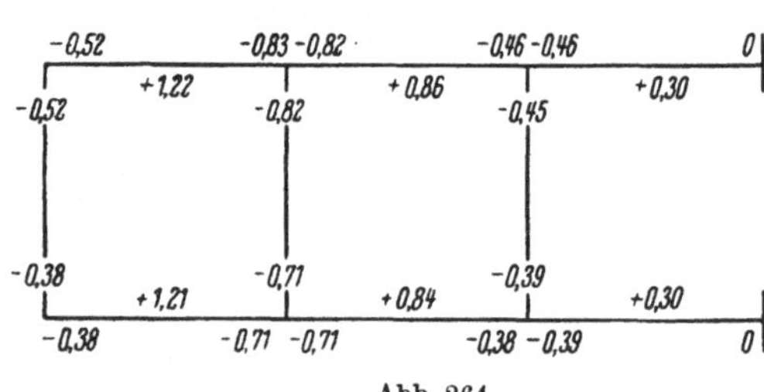

Abb. 264

in die man nacheinander die errechneten Knoten- und Stabdrehwinkel einträgt. Man beginnt an einem nicht drehbaren Stab, hier mit 1—2 und berechnet die Knotendrehwinkel (vgl. 6.771 b):

$$\varphi_2 = \frac{1,5}{3 \cdot 1,5}\,(-\,2,86 + 0,5 \cdot 2,58) = -\,0,52.$$

Dieser Wert ist in der Skizze Abb. 264 an Stabende 2 1 anzutragen. Jetzt kann ϑ_{24} mit dem vorläufig als richtig vorausgesetzten φ_2 berechnet werden:

$$-\,0,52 = \frac{2,5}{3 \cdot 2,0}\,(2,86 - 0,5 \cdot 2,39) - \vartheta_{24}$$

$$\vartheta_{24} = 0,69 + 0,52 = +\,1,21.$$

Auch dieser Betrag wird eingetragen, und zwar an der Stabmitte. Anschaulich ist einzusehen, daß Knoten 2 sich rechtsherum dreht (bei Knotendrehwinkeln im negativen Sinn), der Stab 2—4 ebenfalls rechts herum (bei Stabdrehwinkeln in positivem Sinn).

Jetzt ergibt sich bereits φ_4 zweimal voneinander unabhängig:

$$\varphi_4 = \frac{1,5}{3 \cdot 1,125}\,(-\,3,52 + 0,5 \cdot 3,37) = -\,0,82$$

$$\varphi_4 = \frac{2,5}{3 \cdot 2,0}\,(2,39 - 0,5 \cdot 2,86) - 1,21$$

$$= +\,0,40 - 1,21 = -\,0,81.$$

Entsprechend wird fortgefahren:

$$\varphi_1 = \frac{1,5}{3 \cdot 1,5}\,(-\,2,58 + 0,5 \cdot 2,86) = -\,0,38$$

(an Stabende 1 2 anzutragen).

$$- 0,38 = \frac{2,5}{3 \cdot 1,5}\,(2,58 - 0,5 \cdot 2,19) - \vartheta_{13}$$

$$\vartheta_{13} = 0,83 + 0,38 = \underline{+\,1.21}.$$

Es ist jetzt $\vartheta_{13} = \vartheta_{24} = 1,21 = 1,21.$

$$\varphi_3 = \frac{2,5}{3 \cdot 1,5}\,(2,19 - 0,5 \cdot 2,58) - 1,21 = 0,50 - 1,21 = \underline{-\,0,71}$$

$$\varphi_3 = \frac{1,5}{3 \cdot 1,125}\,(-\,3,37 + 0,5 \cdot 3,52) = \underline{-\,0,72}.$$

An Stab 4—6:

$$- 0,82 = \frac{2,5}{3 \cdot 3,0}\,(1,13 - 0,5 \cdot 1,99) - \vartheta_{46}$$

$$\vartheta_{46} = 0,82 + 0,04 = \underline{+\,0,86}$$

$$\varphi_6 = \frac{2,5}{3 \cdot 3,00}\,(-\,1,99 + 0,5 \cdot 1,13) - 0,86$$

$$= 0,40 - 0,86 = \underline{-\,0,46}.$$

An Stab 5—6:

$$\varphi_6 = \frac{1,5}{3 \cdot 1,125}\,(-\,1,95 + 0,5 \cdot 1,87) = \underline{-\,0,45}.$$

An Stab 3—5:

$$- 0,71 = \frac{2,5}{3 \cdot 2,0}\,(1,19 - 0,5 \cdot 1,69) - \vartheta_{35}$$

$$\vartheta_{35} = 0,71 + 0,14 = \underline{+\,0,85} \approx \vartheta_{46}$$

$$\varphi_5 = \frac{2,5}{3 \cdot 2,0}\,(1,69 - 0,5 \cdot 1,18) - 0,85$$

$$= 0,46 - 0,85 = \underline{-\,0,39}.$$

An Stab 6—5:

$$\varphi_5 = \frac{1,5}{3 \cdot 1,125}\,(-\,1,87 + 0,5 \cdot 1,95) = \underline{-\,0,40}.$$

An Stab 6—8:

$$\varphi_8 = 0 = \frac{2,50}{3 \cdot 3,0}\,(1,06 + 0,02) - \vartheta_{68}$$

$$\vartheta_{68} = \underline{+\,0,30}$$

15*

$$\vartheta_{57} = \frac{2{,}50}{3 \cdot 2{,}0}\,(0{,}81 - 0{,}09) = \underline{+\,0{,}30}$$

$$\varphi_5 = \frac{2{,}50}{3 \cdot 2{,}00}\,(0{,}18 - 0{,}5 \cdot 0{,}81) - 0{,}30$$

$$= -\,0{,}09 - 0{,}30 = \underline{-\,0{,}39}$$

$$\varphi_6 = \frac{2{,}50}{3 \cdot 3{,}00}\,(-\,0{,}04 - 0{,}5 \cdot 1{,}06) - 0{,}30$$

$$= -\,0{,}16 - 0{,}30 = \underline{-\,0{,}46}$$

$$\varphi_4 = \frac{2{,}5}{3 \cdot 3{,}0}\,(1{,}13 - 0{,}5 \cdot 1{,}99) - 0{,}86$$

$$= 0{,}04 - 0{,}86 = \underline{-\,0{,}82}$$

$$\varphi_3 = \frac{2{,}5}{3 \cdot 2{,}0}\,(1{,}19 - 0{,}5 \cdot 1{,}69) - 0{,}85$$

$$= 0{,}14 - 0{,}85 = \underline{-\,0{,}71}$$

$$\varphi_1 = \frac{2{,}5}{3 \cdot 1{,}5}\,(2{,}58 - 0{,}5 \cdot 2{,}19) - 1{,}21$$

$$= 0{,}83 - 1{,}21 = \underline{-\,0{,}38}$$

$$\varphi_2 = \frac{2{,}5}{3 \cdot 2{,}0}\,(2{,}86 - 0{,}5 \cdot 2{,}39) - 1{,}21$$

$$= 0{,}69 - 1{,}21 = \underline{-\,0{,}52}$$

D 13 Achtgeschossiger Stockwerkrahmen unter Windlast

Die Aufgabe ist in Abb. 265 festgelegt. Der Rahmen ist symmetrisch und wird daher samt den angreifenden Lasten halbiert. Der dann entstehende Rahmen ist einstielig; sein statisches System ist in Abb. 265 nochmals dargestellt. Ganz rechts in Abb. 265 sind die Stockwerksquerkräfte des halbierten Rahmens gezeichnet.

Wir wählen zur Berechnung Teilverformungen IV, die zwar hier besonders einfach vorzunehmen sind und, weil nur ein einziger Knoten statt einer Riegelknotenreihe vorhanden ist, allein zum Ziele führen. In diesem Sonderfall sind die Teilverformungen IV mit denen von der

Art III identisch. In jedem Stockwerk ist die Steifigkeit des Stieles

$$k = \frac{4I}{l} \quad \text{und} \quad r = \frac{3}{2}k = \bar{r} = \bar{\bar{r}}$$

$$R = 2\bar{r} = 3k; \qquad \nu = -\frac{3k}{2 \cdot 3k} = -\frac{1}{2}$$

$$k^* = k - \frac{1}{2} \cdot \frac{3}{2}k = \frac{k}{4} = k_1$$

$$\gamma^* = \frac{\dfrac{1}{2}k - \dfrac{3}{4}k}{\dfrac{k}{4}} = -1.$$

Mitdrehende Stiele gibt es im einstieligen Rahmen nicht.

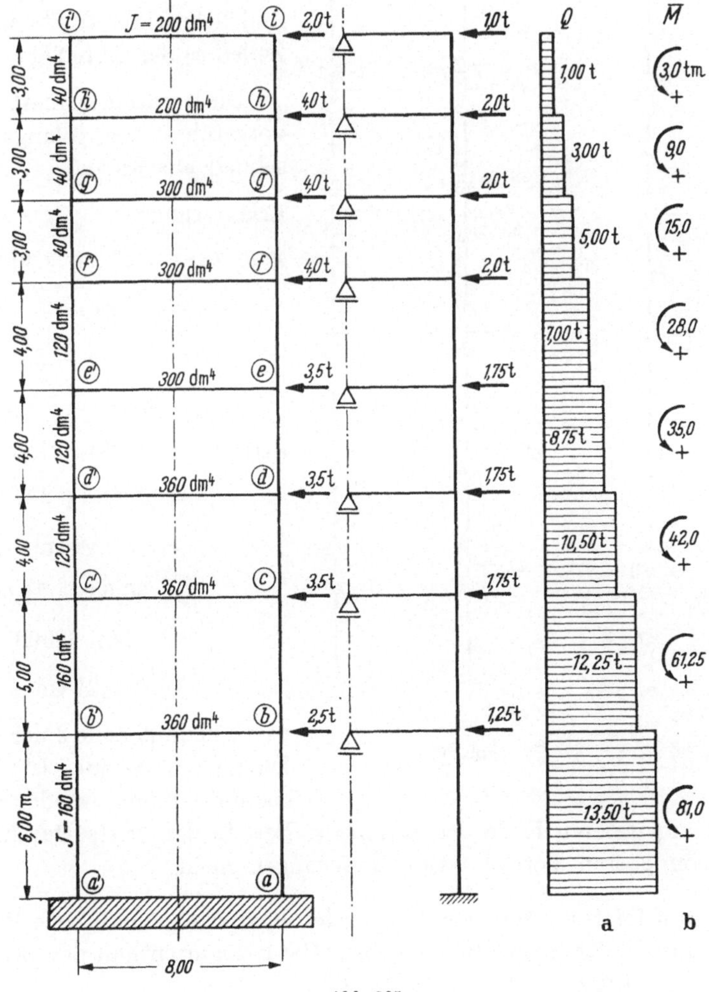

Abb. 265

Die Steifigkeiten $k^* = k_1$ der Stiele und k''' der Riegel sind in die
k-Skizze (Abb. 266) eingetragen und dienen zur Berechnung der μ. In
der $\mu\,\gamma$-Skizze stehen die Arbeitszahlen für die Stiele $\mu\,\gamma = -\mu$ (Abb. 267).

Diese Berechnungsweise entspricht der von CSONKA vorgeschlagenen Lösung [2].

Die Stockwerksmomente, das sind die Querkraftflächen jedes Stockwerkes, werden durch $\nu = -1/2$ ausgeglichen und liefern die Werte in den Zeilen a) der Abb. 268.

Die Iteration ist in Abb. 268 vorgeführt. Sie gelangt sehr schnell ans Ende.

Erläuterungen:

Zeile 1; $(-40{,}50 - 30{,}63)$

$\times\ 0{,}081 = -5{,}76\ \mathrm{tm}$

$(-40{,}50 - 30{,}63)$

$\times\ 0{,}098 = -6{,}96\ \mathrm{tm}$

Zeile 2; $(-30{,}63 - 21{,}00$

$-\ 6{,}96) \cdot 0{,}097$

$=\ -5{,}68\ \mathrm{tm}$

$(-30{,}63 - 21{,}00$

$-\ 6{,}96) \cdot 0{,}090$

$=\ -5{,}27\ \mathrm{tm}$

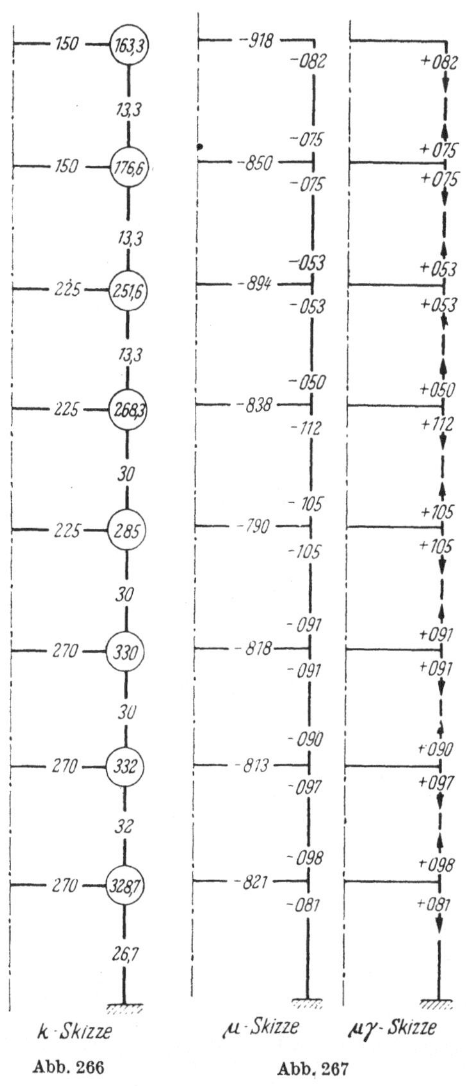

Abb. 266   Abb. 267

usw., bis mit Zeile 8 der erste Durchgang beendet ist. Man beginnt dann wieder mit Zeile 9 am unteren Ende des Rahmens. Bereits der dritte Durchgang liefert im oberen Bereich keine Änderungen mehr.

Hierauf folgt die Addition aller Änderungswerte, so daß Zeile B ausgefüllt und die Kontrolle möglich wird. Die E-Figur enthält den Schlußausgleich und die Ergebnisse (Abb. 269).

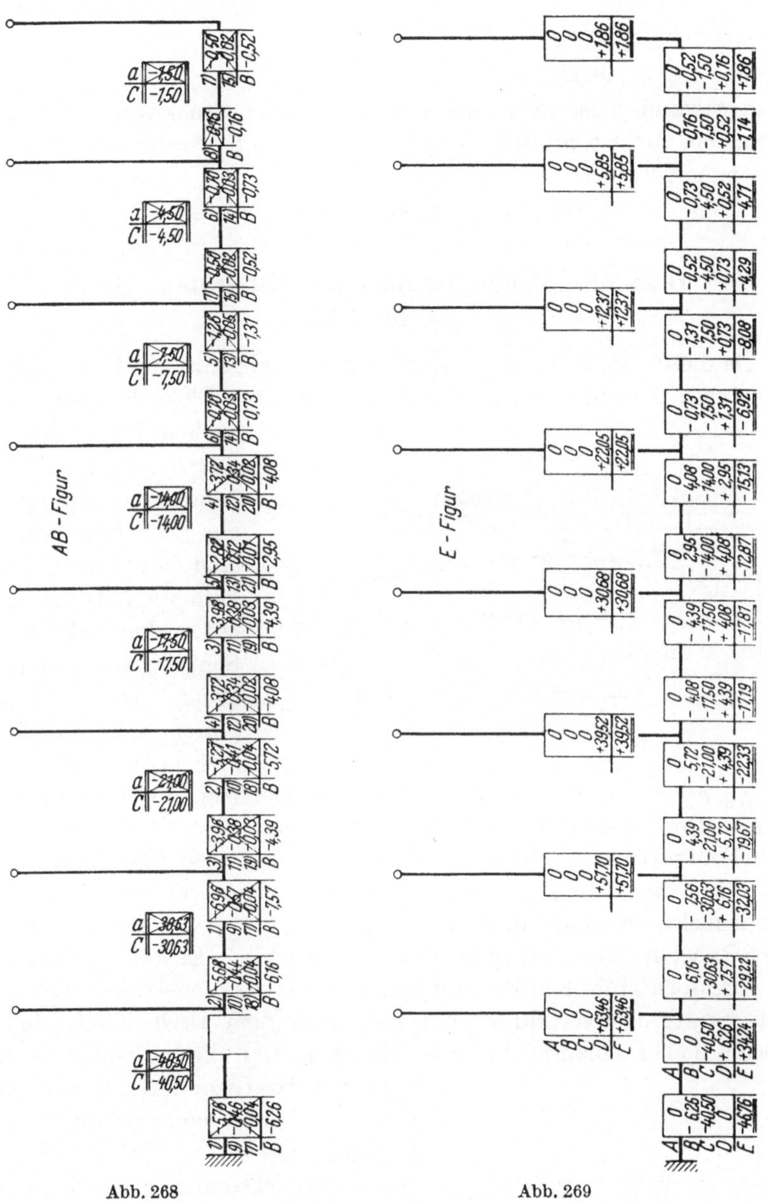

Abb. 268   Abb. 269

Man kann eine Gleichgewichtsprobe anfügen, die in folgender Weise abläuft:

$$A = -B = \frac{2 \, \Sigma \, M_R}{8,00}.$$

Darin ist die Summe der Riegeleckmomente $\Sigma \, M_R = + 235,50\,\mathrm{tm}$, also

$$A = -B = \frac{2 \cdot 235,50}{8,00} = 58,88\,\mathrm{t}.$$

Das Windmoment ist in bezug auf die Fußeinspannstellen

$$M_W = - 2 \cdot 274{,}25 = - 548{,}5 \text{ tm.}$$

Man gewinnt diese Zahl durch Addition aller Stockwerksmomente in Abb. 265. Jetzt muß $M_W + M_A + M_B + A \cdot 8{,}00 = 0$ sein, was auch angenähert zutrifft:

$$- 548{,}5 + 2 \cdot 46{,}76 + 58{,}88 \cdot 8{,}00 \approx 0.$$

D 14 Zweistieliger Rahmen mit geknicktem Riegel
(Abb. 270)

Da dieser Rahmen nur dreifach statisch unbestimmt ist, ließe er sich zwar natürlich mit dem Kraftgrößenverfahren noch recht rasch untersuchen. Wegen der Symmetrie zerfällt das System der Gleichungen in ein Paar mit zwei und eine mit einer Unbekannten, falls man nicht etwa den elastischen Schwerpunkt benutzt. Beim Drehwinkelverfahren sind im allgemeinen fünf Unbekannte

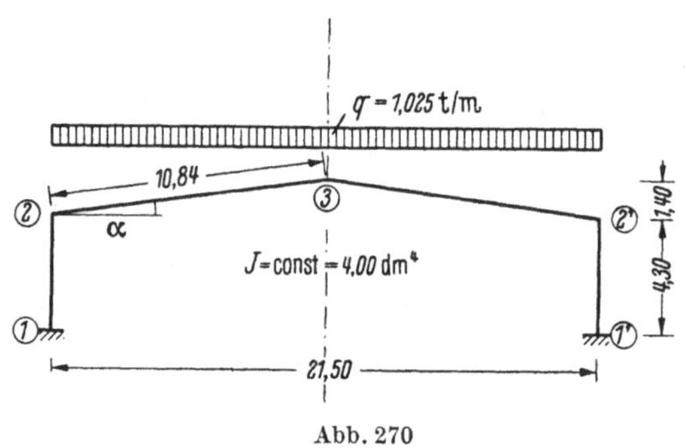

Abb. 270

(φ_2, φ_3, φ_2', $\vartheta_{1232'}$ und $\vartheta_{232'1'}$), im Falle der Symmetrie einmal zwei und einmal drei Unbekannte getrennt vorhanden. Selbstverständlich ist das Gleichungssystem, wollte man es aufstellen und lösen, hier unbequemer. Ich führe die Lösung mit Iterationen aber doch vor, weil mir nicht ausgemacht erscheint, daß sie völlig indiskutabel sei. Ich beschränke mich dabei auf den Fall symmetrischer Belastung. Er kommt sehr häufig vor, doch muß man hinzufügen, daß der unsymmetrische Fall nach dem Kraftgrößenverfahren schneller, nach dem Drehwinkelverfahren umständlicher abläuft. Außerdem kann man an diesem einfachen Beispiel manches Grundlegende studieren, und es sei mir daher erlaubt, es zu bringen, obwohl es keine überzeugende Erleichterung gegenüber dem Kraftgrößenverfahren erweist.

Das Stockwerk ist durch die Hilfsstäbe in Abb. 271 gekennzeichnet.

Knoten 3 macht aus Symmetriegründen nur senkrechte Bewegungen, und zwar, wenn $(2{-}22) = l_{12}$ ist, von der Länge $l_{12} : \sin \alpha$. Dreht sich Stab 1 2

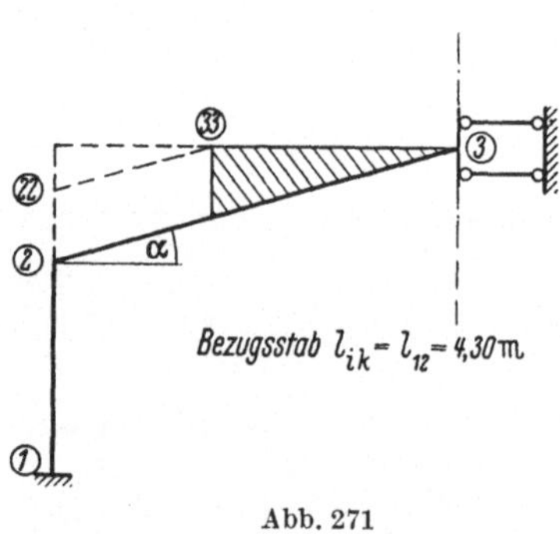

Abb. 271

rechts herum, dreht sich Stab 2 3 links herum. Daher wird

$$\Theta_{23} = -\frac{l_{12}}{l_{23}\sin\alpha}$$

$$\Theta_{23} = -\frac{4,30}{10,84\cdot 0,129} = -3,08$$

$$k_{12} = \frac{4\cdot 4,00}{4,30} = 3,72$$

$$r_{12} = 1,5\,k_{12} = 5,58$$

$$k_{23} = \frac{4\cdot 4,00}{10,84} = 1,47$$

$$r_{23} = 1,5\,k_{23} = 2,22\,.$$

Mit diesen Werten wird Tab. 27 ausgefüllt, so daß die Arbeitszahlenskizzen angefertigt werden können (Abb. 272 bis 275).

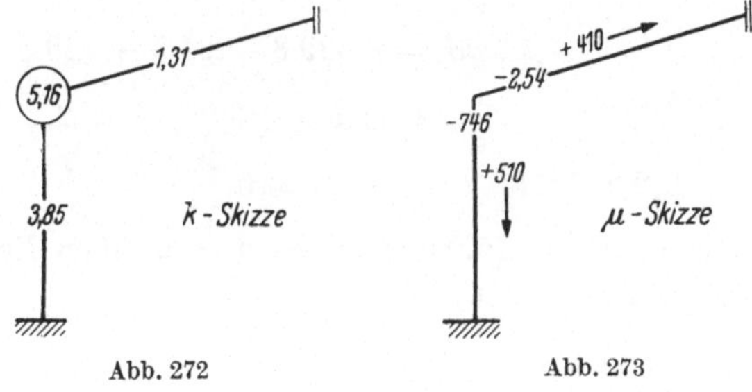

Abb. 272   Abb. 273

Bei der Ausfüllung der Tabelle ist zu beachten, daß beide Stäbe des Stockwerks an der Knotendrehung beteiligt sind, also mit $S = \sum \bar{r}$ zu

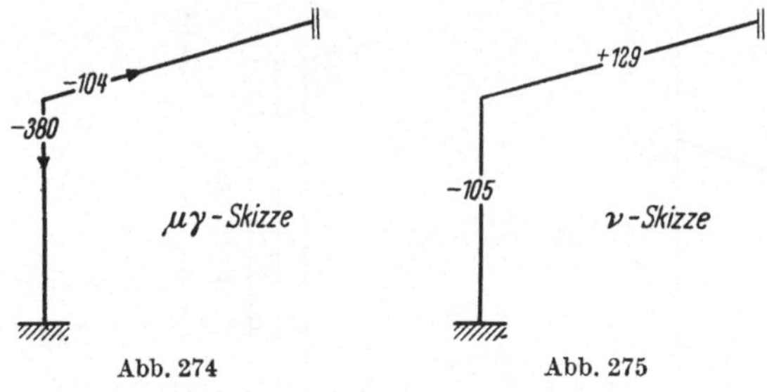

Abb. 274   Abb. 275

rechnen ist. Dadurch ergeben sich mancherlei ungewohnte Zahlengrößen. So wird γ^*, was selten ist, größer als 0,5 und $k_{12}^* > k_{12}$.

Tabelle 27

| Stockwerk | Stab | Θ | k | r | r | $\bar{r}$ | R | v | S | $v\cdot S$ | k^* | $\gamma\cdot k + v\cdot S$ | γ^* |
1	2	3	4	5	6	7	8	9	10	11	12	13	14
I	12	+1,000	3,72	+5,58	+5,58	+ 5,58	53,20	−0,105	−1,26	+0,132	+3,85	+1,99	+0,510
	23	−3,080	1,47	+2,22	−6,84	+21,00		+0,129		−0,162	+1,31	+0,537	+0,410

Die Wirkungen der äußeren Belastung bei unverrückbarem Rahmen sind:

$$M_{23}^0 = - M_{32}^0 = \frac{1{,}025 \cdot 10{,}75^2}{12} = + 9{,}87 \text{ tm} \approx + 9{,}9$$

$$\overline{M}^0 = - \frac{1{,}025 \cdot 10{,}75}{2} \cdot 10{,}75 \,(- 3{,}08) = 182{,}2 \text{ tm}.$$

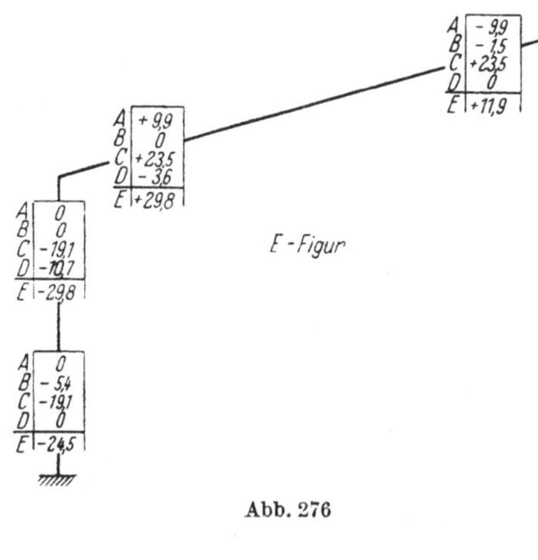

Abb. 276

Damit wird die Iteration vorgenommen (Abb. 276), die jedoch zu zwei Schritten zusammenschrumpft, so daß überhaupt nur eine E-Figur notwendig ist. Man beginnt mit dem Stockwerksausgleich (Teilverformung II) und fügt danach eine Teilverformung III hinzu.

Stockwerksprobe:

$$\overline{M} = - 29{,}8 - 24{,}5 + (29{,}8$$
$$+ 11{,}9)\,(- 3{,}08) + 182{,}2$$

$$= - 54{,}3 - 128{,}2 + 182{,}2 = - 0{,}3 \approx 0.$$

Die Beschreibung ist hier etwas ausführlich angelegt, was über die wirkliche Einfachheit hinwegtäuscht.

D 15 Dreistieliger Rahmen mit schrägen und der Höhe nach versetzten Riegeln (Abb. 277)

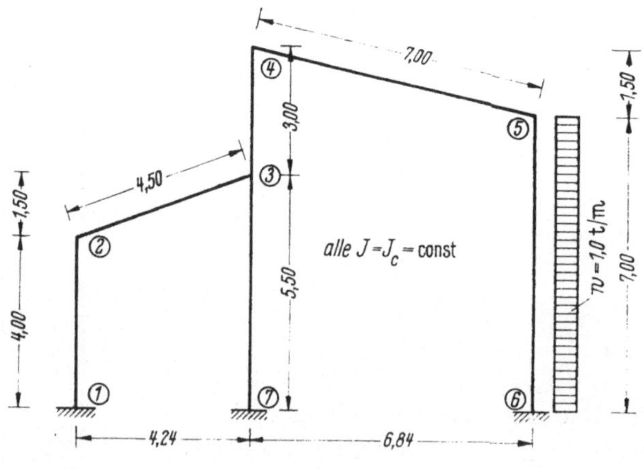

Abb. 277

Die Besonderheit dieses Rahmenwerkes besteht in der unterschiedlichen Länge der Stiele und ferner darin, daß zwei unabhängige Verschiebungsmöglichkeiten, also zwei Stockwerke gegeben sind. Es ist 6fach statisch, aber auch 6fach geometrisch unbestimmt, weil die Knotendrehwinkel φ_2, φ_3, φ_4 und φ_5 und die Stockwerksdrehwinkel ϑ_I und ϑ_{II} zu berechnen wären. Die Besetzung der Gleichungsmatrizen wäre bei beiden Verfahren annähernd gleich und jedenfalls recht vollständig, so daß die Lösung einige Zeit erforderte. Zur Iterationslösung nach Cross ist zu bemerken, daß sie schlecht konvergiert, weil die Einflüsse der Stockwerksdrehungen in den Knotengleichungen sehr groß sind und das durch Knotendrehungen bewirkte Gleichgewicht immer wieder von neuem erheblich stören. Das ist an der Matrix der Drehwinkelgleichungen, die wir in Tab. 28 ausnahmsweise einmal wiedergeben (zur Berechnung s. Abschn. 7) sehr gut zu sehen; die Bedingung für gute Konvergenz der Iteration, daß nämlich die Glieder auf der Hauptdiagonalen überwiegen, ist kaum erfüllt.

Tabelle 28

	φ_2	φ_3	φ_4	φ_5	ϑ_I	ϑ_{II}
2	1,889	0,450	—	—	$+1,500$	—
3	0,450	2,949	0,667	—	$-2,667$	$-2,667$
4	—	0,667	1,905	0,286	$-2,667$	$-2,667$
5	—	—	0,286	1,144	—	$-0,491$
I	1,500	$-2,667$	$-2,667$	—	11,262	$-5,333$
II	—	$-2,667$	$-2,667$	$-0,491$	$-5,333$	7,674

Strenggenommen steht man hier an der Grenze der Möglichkeiten des Cross-Verfahrens, wenn man darunter nur Iterationen verstehen will, die nicht durch Lösung von Gleichungssystemen ergänzt werden müssen. Es ist natürlich kein Kunststück, jetzt die Untermatrix der φ (Zeilen 2 bis 5) aufzulösen und dabei ϑ_I und ϑ_{II} auf die rechte Seite zu nehmen. Die hierzu nötige Iteration — ob nach Cross oder Kani oder unmittelbar an den Gleichungen — ist kurz, denn für diese Teilmatrix ist die erwähnte Bedingung gut erfüllt. Man hat dann noch die beiden Gleichungen I und II aufzulösen, nachdem man die φ aus ihnen mit den Lösungen der ersten Teilmatrix eliminiert hat. Etwa in dieser Form ist bisher in solchen Fällen verfahren worden, praktisch meist so, daß die Auflösung der Teilmatrix 2—5 mit drei Iterationen nach Cross für diese Belastungsfälle vorgenommen wurde:

$$1.\ \vartheta_I = \vartheta_{II} = 0;\ M_{mn}^0 = M(P, q),$$
$$2.\ \vartheta_I = c_I;\ \vartheta_{II} = 0;\ M_{mn}^0 = 0,$$
$$3.\ \vartheta_I = 0;\ \vartheta_{II} = c_{II};\ M_{mn}^0 = 0.$$

c_I und c_II sind willkürlich zu wählende Größen. Es leuchtet ein, daß sich damit dann, weil die φ mittelbar oder unmittelbar bekannt sind, die Stockwerksgleichungen I und II eindeutig nach den ϑ auflösen lassen. Die Ansätze hierzu sind einfach und an mehreren Stellen im Schrifttum beschrieben, z. B. in [1] von PILKEY, in [8], [9], [11] und [12].

Die Konvergenz ist auch noch schlecht, wenn wir das in diesem Buch beschriebene Verfahren mit abwechselndem Ausgleich an Knoten und Stockwerken wählen. Das dieser Iteration zugrunde liegende Gleichungssystem ist, wie bereits an anderer Stelle bemerkt, durch Auflösung der Gleichungen I und II nach ϑ_I und ϑ_II für die vier Belastungsfälle

$$1.\quad \varphi_2 = 1;\ \varphi_3 = \varphi_4 = \varphi_5 = 0,$$

$$2.\quad \varphi_2 = 0;\ \varphi_3 = 1;\ \varphi_4 = \varphi_5 = 0,$$

$$3.\quad \varphi_2 = \varphi_3 = 0;\ \varphi_4 = 1;\ \varphi_5 = 0,$$

$$4.\quad \varphi_2 = \varphi_3 = \varphi_4 = 0;\ \varphi_5 = 1$$

so umgeformt, daß neue Zeilen 2 bis 5 entstehen, die dann in der Regel einfacher weiterzubearbeiten sind als das frühere ganze System der Drehwinkelgleichungen. Die Konvergenz wird aber auch hier nicht die sein, die man sonst von einem System mit unverschiebbaren Knoten gewohnt ist. Das liegt vor allem daran, daß man bei diesem Verfahren nicht beide Unbekannten ϑ gleichzeitig eliminiert, sondern immer nur entweder ϑ_I oder ϑ_II, obwohl sie z. B. in den Knotengleichungen 3 und 4 nebeneinander vorkommen. Man muß dann notgedrungen immer das andere ϑ durch einen reinen Stockwerksausgleich sich noch besonders auswirken lassen, während das — rechnerisch betrachtet — eliminierte ϑ sogleich mit der Knotendrehung gekoppelt ist und in deren zugeordneten Arbeitszahlen enthalten ist. Das ist, wenn die Stockwerksausgleiche ohnehin schlecht konvergieren, zu mühsam. Wir gehen daher hier den in 6.922 beschriebenen Weg und bestimmen modifizierte Stockwerksausgleichzahlen, die einem totalen Ausgleich eines Stockwerksmomentes $\overline{M}_\mathrm{I}$ oder $\overline{M}_\mathrm{II}$ in beiden Stockwerken zugleich entsprechen. Mit den Formeln in 6.922 wird nach Erledigung der üblichen allgemeinen Vorarbeit in

Tabelle 29

Stab	a	I	l	k
			m	
12	4	1,00	4,00	1,000
23	4	1,00	4,50	0,889
37	4	1,00	5,50	0,727
34	4	1,00	3,00	1,333
45	4	1,00	7,00	0,572
56	4	1,00	7,00	0,572

Tab. 29 und 30 und Abb. 278 bis 284:

Tabelle 30

Stock-werk	Stab	Θ	k	r	$\bar r$	$\bar{\bar r}$	R	v	$S = \Sigma\,\bar r$	$v \cdot S$	k^*	$\gamma \cdot k$	$\gamma \cdot k + v \cdot S$	γ^*	K_m	$\delta = -\dfrac{S}{K_m}$
1	2	3	4	5	6	7	8	9	10	11	12	13	14	15	16	17
I	12	+1,000	1,000	1,500	+1,500	1,500	11,262	−0,133	+1,500	−0,200	0,800	0,500	+0,300	+0,375	1,689	−0,888
	37	+0,727	0,727	1,091	+0,793	0,576		−0,070	−1,874	+0,131	0,858	0,364	+0,495	+0,577	2,636	+0,711
	34	−1,333	1,333	2,000	−2,667	3,556		+0,237		−0,444	0,889	0,667	+0,223	+0,251		
II	34	−1,333	1,333	2,000	−2,667	3,556	7,674	+0,348	−2,667	−0,928	0,405	0,667	−0,261	−0,645	0,977	+2,730
	56	−0,572	0,572	0,858	−0,491	0,281		+0,064	−0,491	−0,031	0,541	0,286	+0,255	+0,471	1,113	+0,441

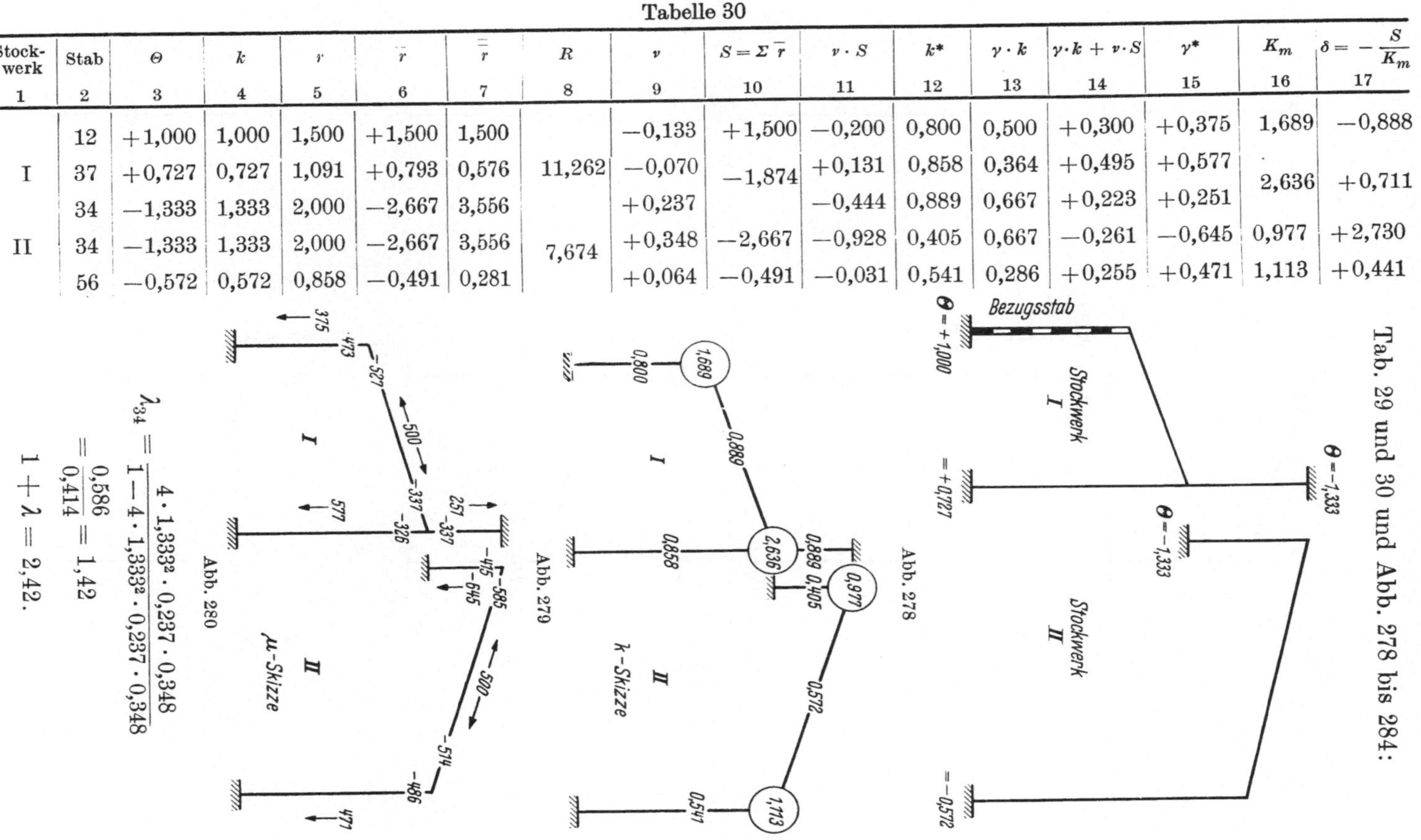

Abb. 278

Abb. 279

Abb. 280

$$\lambda_{34} = \frac{4 \cdot 1,333^2 \cdot 0,237 \cdot 0,348}{1 - 4 \cdot 1,333^2 \cdot 0,237 \cdot 0,348}$$

$$= \frac{0,586}{0,414} = 1,42$$

$$1 + \lambda = 2,42.$$

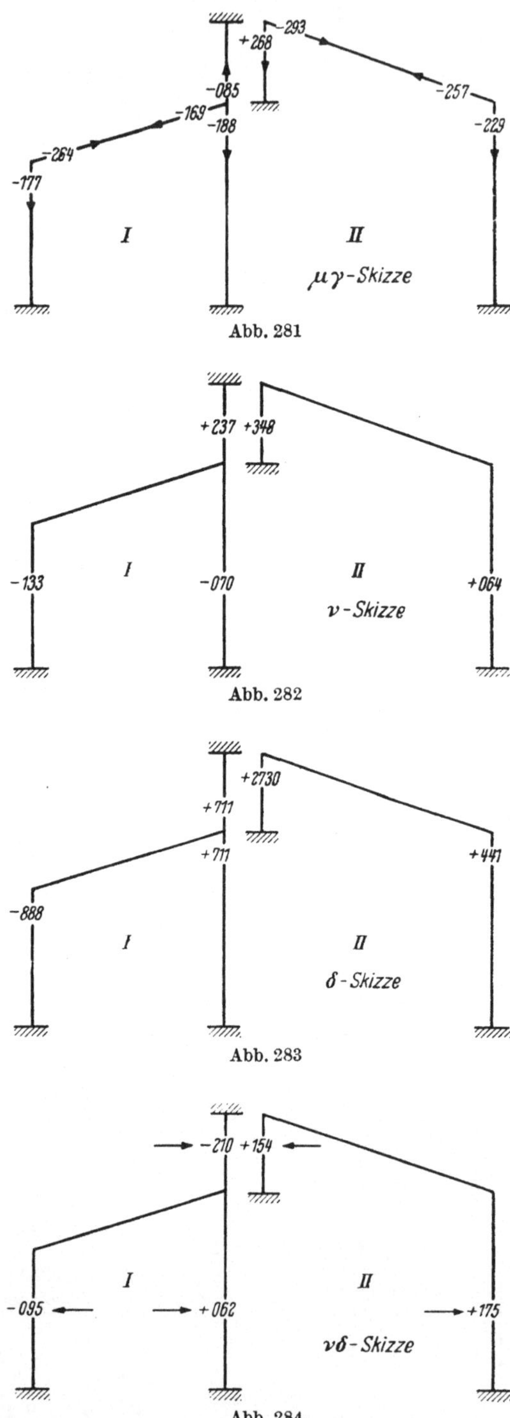

Abb. 281

Abb. 282

Abb. 283

Abb. 284

Damit werden die neuen Stockwerksausgleichzahlen für ein auszugleichendes Stockwerksmoment $\overline{M}_I = 1$:

$$_I\bar{\nu}_{12} = -\,0,133 \cdot 2,42 = -\,0,322$$

$$_I\bar{\nu}_{37} = -\,0,070 \cdot 2,42 = -\,0,169$$

$$_I\bar{\nu}_{34} = +\,0,237 \cdot 2,42 = +\,0,573$$

$$\Theta_{34}\,2\,_I\bar{\nu}_{34} = (-\,1,333)\,2\,(0,573) = -\,1,530$$

und damit

$$_{II}\bar{\nu}_{34} = +\,0,348\,(-\,1,530) = -\,0,532$$

$$_{II}\bar{\nu}_{56} = +\,0,064\,(-\,1,530) = -\,0,098.$$

Für ein auszugleichendes Stockwerksmoment $\overline{M}_{II} = 1$:

$$_{II}\bar{\nu}_{34} = +\,0,348 \cdot 2,42 = +\,0,844$$

$$_{II}\bar{\nu}_{56} = +\,0,064 \cdot 2,42 = +\,0,155$$

$$\Theta_{34}\,2\,_{II}\bar{\nu}_{34} = -\,1,333 \cdot 2 \cdot 0,844 = -\,2,25,$$

und damit

$$_I\bar{\nu}_{34} = +\,0,237 \cdot (-\,2,25) = -\,0,533$$

$$_I\bar{\nu}_{37} = -\,0,070 \cdot (-\,2,25) = +\,0,158$$

$$_I\bar{\nu}_{12} = -\,0,133 \cdot (-\,2,25) = +\,0,299.$$

Sie sind alle in Abb. 285 und 286 zusammengestellt.

Wir holen nun kurz einige Bemerkungen zur Berechnung der Arbeitszahlen nach, die in Tab. 30 und auf den zugehörigen Skizzen ermittelt und zusammengestellt sind.

Von Bedeutung ist das Vorzeichen der Stabdrehwinkel Θ. Es ist positiv, wenn der Stab mit dem Bezugsstab $i-k$ (hier 1—2) gleichsinnig gedreht wird. Das ist hier in Stockwerk I bei Stab 3—7 der Fall, bei Stab 3—4 nicht. Auch die Drehwinkel der Stäbe in Stockwerk II bezieht

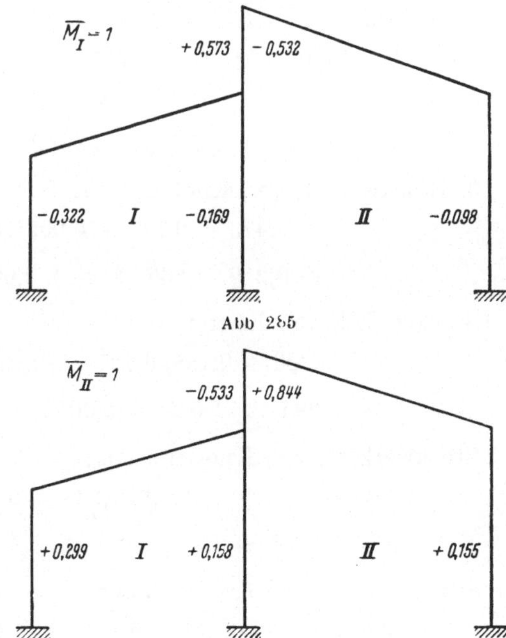

Abb. 285

Abb. 286

man immer auf denselben Bezugsstab, den man für Stockwerk I gewählt hat und den man so zum allgemeinen Bezugsstab des ganzen Rahmenwerkes macht. Ist man nicht sicher, welchen Winkel die Stäbe in Stockwerk II bekommen müssen, so benutzt man vorübergehend den Stab $i'-k'$, der gleichzeitig dem Stockwerk I angehört als Bezugsstab, hier 3—4, und bestimmt zunächst in bezug auf ihn

$$_{II}\Theta'_{mn} = (-1)^n \frac{l_{i'k'}}{l_{mn}}$$

und multipliziert danach noch mit $_I\Theta_{i'k'}$. Beispielsweise ist

$$_{II}\Theta_{56} = + \frac{l_{34}}{l_{56}} \cdot \left(-\frac{l_{12}}{l_{34}}\right) = -\frac{l_{12}}{l_{56}} = -\frac{4,00}{7,00} = -0,572.$$

Bis zu den ν ergibt sich alles wie üblich. In Spalte $S = \sum \bar{r}$ sind zu jedem Stabende die Steifigkeiten $\bar{r}$ aller drehbaren Stäbe einzusetzen, die am gedrehten Knoten anschließen. Hier liegen nur bei Knoten 3 zwei drehbare Stäbe zugleich, weshalb dort, wo k^*_{34} und k^*_{37} ermittelt werden, $S = \bar{r}_{34} + \bar{r}_{37}$ zu setzen ist. Dabei ist auf die Vorzeichen zu achten.

Da $\nu\,\delta$ an jedem Stiel in jedem Stockwerk nur einmal vorkommt, kann dieses Produkt zuvor überall ermittelt und in eine besondere Skizze eingetragen werden (Abb. 284).

Kontrolle der Arbeitszahlen:

1. $\sum \mu = -1$ ist der Fall.
2. Stockwerk I:

$$(-0,133 - 0,070 \cdot 0,727 - 0,237 \cdot 1,333)\,2 = -1.$$

Stockwerk II:

$$(-0,348 \cdot 1,333 - 0,064 \cdot 0,572)\,2 = -1,002 \approx -1.$$

3. Stockwerk I, von Knoten 2 aus:

$$-0,473 - 0,177 + 0,062 \cdot 0,727 \cdot 2$$
$$+ 0,210 \cdot 1,333 \cdot 2 = +0,0002 \approx 0.$$

Stockwerk I, von Knoten 3 aus:

$$-(0,326 + 0,188)\,0,727 + (0,337 + 0,085)\,1,333$$
$$- 0,095 \cdot 2 \cdot 1,0 = -0,0012 \approx 0.$$

Stockwerk II, von Knoten 4 aus:

$$-(-0,415 + 0,268)\,1,333 - 0,175 \cdot 0,572 \cdot 2$$
$$= -0,0042 \approx 0.$$

Stockwerk II, von Knoten 5 aus:

$$(0,486 + 0,229)\,0,572 - 0,154 \cdot 2 \cdot 1,333 = -0,0017 \approx 0.$$

Anfangsmomente:

Zeile A: Stabendmomente des belasteten Feldes für feste Einspannung:

$$M^0_{56} = - M^0_{65} = + \frac{1,0 \cdot 7,00^2}{12} = + 4,08 \text{ tm}.$$

Äußeres Stockwerksmoment:

$$\overline{M}^0_{(12)} = + \frac{1,0 \cdot 7,00}{2} \cdot 7,00 \,(- 0,572) = - 14,00 \text{ tm}.$$

Die Iteration ist in Abb. 287 vollzogen.

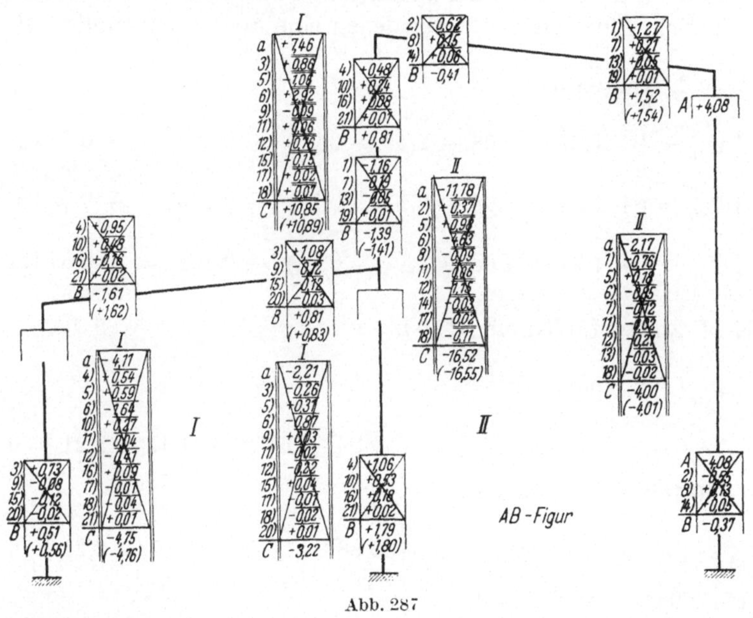

Abb. 287

Erläuterungen:

Zeile a: Ausgleich des äußeren Stockwerksmomentes im ganzen Tragwerk mit den Zahlen $\overline{v}$, z. B.

$$\Delta M_{43} = - 14,00 \,(- 0,533) = + 7,46 \text{ tm}$$

usw.

Nun folgen Teilverformungen III nacheinander an den Knoten 4, 5, 2 und 3 (Zeilen 1, 2, 3 und 4).

Zeile 1. Knoten 4:

$$\Delta M_{54} = (7,46 - 11,78) \,(- 0,293) = + 1,27 \text{ tm}$$

$$\Delta M_{34} = (7,46 - 11,78) \,(+ 0,268) = - 1,16 \text{ tm}$$

$$\Delta M_{56} = (7,46 - 11,78) \, 0,175 = - 0,76 \text{ tm}.$$

Mitdrehungen spielen sich dabei nur in Stockwerk II ab, dem der sich drehende Knoten angehört. Im weiteren Verlauf werden die an Stab 3–4 anstehenden Mitdrehungsbeträge in zwei verschiedenen Kolonnen notiert, je nachdem sie von Knotendrehungen herrühren, die sich in Stockwerk I oder Stockwerk II abspielen. Knoten 4 gehört zu Stockwerk II, sobald er sich dreht; er ist in Stockwerk I zwar vorhanden, dreht sich aber dort nicht. Umgekehrt gehört Knoten 3 zu Stockwerk I. Man könnte auch bei den anderen Stielen in zwei Kolonnen notieren, braucht aber zuviel Platz. Man muß es überhaupt nicht, weil man die Beträge auch bei den Kontrollen auseinanderziehen kann. Nur entstehen an Stab 3—4, der nämlich bei zwei Knoten und zwei Stockwerken mitgeht, zuviele Einzelposten, unter denen eine Sonderung tunlich ist.

Zeile 2, Knoten 5:

$$\Delta M_{45} = (+\,1{,}27 + 4{,}08 - 2{,}17 - 0{,}76)\,(-\,0{,}257) = -\,0{,}62\ \text{tm}$$

$$\Delta M_{65} = (+\,1{,}27 + 4{,}08 - 2{,}17 - 0{,}76)\,(-\,0{,}229) = -\,0{,}55\ \text{tm}$$

$$\Delta M_{34} = (+\,1{,}27 + 4{,}08 - 2{,}17 - 0{,}76)\,(+\,0{,}154) = +\,0{,}37\ \text{tm}$$

Nach Zeile 3 für Knoten 2 folgt

Zeile 4 für Knoten 3:

$$\Delta M_{23} = (+\,1{,}08 - 1{,}16 + 7{,}46 + 0{,}86 - 11{,}78 + 0{,}37 - 2{,}21 - 0{,}26)$$
$$\times\,(-\,0{,}169) = +\,9{,}95\ \text{tm}$$

$$\Delta M_{43} = (+\,1{,}08 - 1{,}16 + 7{,}46 + 0{,}86 - 11{,}78 + 0{,}37 - 2{,}21 - 0{,}26)$$
$$\times\,(-\,0{,}085) = +\,0{,}48\ \text{tm}$$

$$\Delta M_{73} = (+\,1{,}08 - 1{,}16 + 7{,}46 + 0{,}86 - 11{,}78 + 0{,}37 - 2{,}21 - 0{,}26)$$
$$\times\,(-\,0{,}188) = +\,1{,}06\ \text{tm}$$

$$\Delta M_{12} = (+\,1{,}08 - 1{,}16 + 7{,}46 + 0{,}86 - 11{,}78 + 0{,}37 - 2{,}21 - 0{,}26)$$
$$\times\,(-\,0{,}095) = +\,0{,}54\ \text{tm}.$$

Während bei der Drehung von Knoten 2 zwei mitdrehende Stäbe vorhanden sind, nämlich 3—4 und 3—7, gehört zu Knoten 3 nur einer (1—2), weil die Stabdrehungen $\Delta\vartheta_{34}$ und $\Delta\vartheta_{37}$ durch die k^* berücksichtigt sind.

Nachdem einmal an allen Knoten ausgeglichen wurde, folgt ein Stockwerksausgleich, der sich mit den Zahlen $\bar{v}$ in beiden gleichzeitig vollzieht. Die auszugleichenden Momente in den beiden Stockwerken sind aus den bei Stab 3—4 stehenden Änderungsbeträgen zu berechnen:

$$\Delta \overline{M}_{\mathrm{I}} = \left[- 1{,}16\left(1 - \frac{1}{0{,}645}\right) + 2 \cdot 0{,}37\right](- 1{,}333)$$

$$= [+ 0{,}64 + 0{,}74]\,(- 1{,}333) = - 1{,}84\ \mathrm{tm}.$$

Dies sind zunächst die Änderungsbeträge, die von Stockwerk II hergekommen sind, also durch Ausgleiche an den Knoten 4 und 5. Bei diesen vollzog sich bekanntlich zugleich mit dem Ausgleich an den Knoten auch ein Stockwerksausgleich, so daß das Gleichgewicht in Stockwerk II ungestört blieb. Aber wenn man Stab 3—4 betrachtet, so bilden die an ihm stehenden Änderungsbeträge immer noch eine Störung in Stockwerk I von der Größe, wie soeben als $\Delta \overline{M}_{\mathrm{I}}$ berechnet.

In $\Delta \overline{M}_{\mathrm{I}}$ ist $-1{,}16$ ein fortgeleiteter Betrag, vom Ausgleich bei 4 herrührend. Gleichzeitig gehörte dazu als Stabendmoment bei Stabende 4 3 der $(1 : \gamma_{43}^{*})$-fache Betrag, der eigentlich als Ausgleichbetrag hätte hingeschrieben werden können, was wir ja aber im Verlauf der Iteration niemals tun außer bei gelenkig angeschlossenen Stäben. Beide Stabendmomente von 3 4 und 4 3 zusammen sind mit $\Theta_{34} = - 1{,}333$ zu multiplizieren, damit die gemeinsame Beziehung auf Stab $i—k = 1—2$ gegeben ist. Außer den vom Ausgleich bei 4 herrührenden Beträgen $-1{,}16$ und $+ 1{,}16\,\dfrac{1}{0{,}645}$ befindet sich an Stab 3 4 noch ein Mitdrehungsmoment $+ 0{,}37$ in der Stabdrehungsbetragsspalte II; dabei handelt es sich um ein Stabendmoment, das sowohl bei 3 4 als auch bei 4 3 auftritt.

Jetzt wird in Zeile 5 in allen Stabdrehungsspalten $\Delta M_{\mathrm{I}}\,\overline{\nu}$ notiert, also z. B.

$$\Delta M_{12} \quad = - 1{,}84\,(- 0{,}322) = + 0{,}59\ \mathrm{tm}$$

$$\Delta M_{34,\,\mathrm{I}} = - 1{,}84\,(+ 0{,}573) = - 1{,}06\ \mathrm{tm}$$

$$\Delta M_{34,\,\mathrm{II}} = - 1{,}84\,(- 0{,}532) = + 0{,}98\ \mathrm{tm}$$

$$\Delta M_{56} \quad = - 1{,}84\,(- 0{,}098) = + 0{,}18\ \mathrm{tm}$$

usw. Ferner ergibt sich die in Stockwerk II aus Beträgen an Stab 3 4 vorhandene Störung zu

$$\Delta M_{\mathrm{II}} = \left[+ 0{,}48\left(1 + \frac{1}{0{,}251}\right) + 2 \cdot 0{,}86\right](- 1{,}333)$$

$$= [+ 0{,}48 \cdot 4{,}98 + 1{,}72]\,(- 1{,}333)$$

$$= [+ 2{,}39 + 1{,}72]\,(- 1{,}333) = - 5{,}49\ \mathrm{tm}.$$

16*

Hiermit und mit den $_{\mathrm{II}}\bar{\nu}$ entstehen die Beträge in Zeile 6. Damit besteht Gleichgewicht in jedem Stockwerk, aber nun nicht mehr an den Knoten. Der Durchgang über alle Knoten nach der Reihe und wiederum über beide Stockwerke wiederholt sich dreimal ganz und stellenweise noch zum vierten Mal.

Die dabei auszugleichenden Störungsbeträge des Stockwerksgleichgewichts sind:

Für Zeile 11 (vgl. die Berechnung für die Zeilen 5 und 6)

$$\Delta \overline{M}_{\mathrm{I}} = [- 0{,}19 \cdot (- 0{,}550) - 2 \cdot 0{,}09] (- 1{,}333)$$

$$= [+ 0{,}10 - 0{,}18] (- 1{,}333) = - 0{,}11 \,\mathrm{tm}.$$

Für Zeile 12:

$$\Delta \overline{M}_{\mathrm{II}} = [+ 0{,}24 \cdot 4{,}98 - 2 \cdot 0{,}09] (- 1{,}333)$$

$$= [1{,}20 - 0{,}18] (- 1{,}333) = - 1{,}36 \,\mathrm{tm}.$$

Für Zeile 17:

$$\Delta \overline{M}_{\mathrm{I}} = [- 0{,}05 \cdot (- 0{,}550) - 2 \cdot 0{,}03] (- 1{,}333)$$

$$= [+ 0{,}03 - 0{,}06] (- 1{,}333) = + 0{,}04.$$

Für Zeile 18:

$$\Delta \overline{M}_{\mathrm{II}} = [+ 0{,}08 \cdot 4{,}98 - 2 \cdot 0{,}15] (- 1{,}333)$$

$$= [+ 0{,}40 - 0{,}30] (- 1{,}333) = - 0{,}13.$$

Nachdem die Iteration zu Ende ist, werden die Kontrollen vorgenommen. Soweit sich dabei abweichende Werte B ergeben, werden diese neuen hingeschrieben und weiterverwendet. Daher stehen vielfach mehrere Werte B untereinander. Für die Kontrolle der Stockwerksgesamtausgleiche sind

$$\Delta \overline{M}_{\mathrm{I}} = [- 1{,}41 (- 0{,}550) + 2 (0{,}37 - 0{,}09 - 0{,}03)] (- 0{,}1333)$$

$$= [+ 0{,}78 + 0{,}50] (- 0{,}1333) = - 1{,}71 \,\mathrm{tm}$$

$$\Delta \overline{M}_{\mathrm{II}} = [+ 0{,}81 \cdot 4{,}98 + 2 (+ 0{,}86 - 0{,}09 - 0{,}15)] (- 1{,}333)$$

$$= [+ 4{,}04 + 1{,}24] (- 1{,}333) = - 7{,}04.$$

Aus diesen ergeben sich die C'_{I} und C'_{II} wieder mit den $_{\mathrm{I}}\bar{\nu}$ und $_{\mathrm{II}}\bar{\nu}$. Während sich in der AB-Figur nur die Gesamtbeträge C befinden, werden deren Teilbeträge in die doppeltgeänderten Nebenspalten der E-Figur

Abb. 288 geschrieben, wo sich zusammen dann die C ergeben. Man kann also die E-Figur allein für sich prüfen. Die Stockwerksstörungen in I ergeben sich aus $_{II}C_5$ an Stab 3 4 und aus B an Stabende 3 4, in II aus $_IC_2$ an Stab 3 4 und B an Stabende 4 3.

Schließlich werden die Schlußausgleiche gemacht, wonach sich dann die Ergebnisse in Zeile E ergeben.

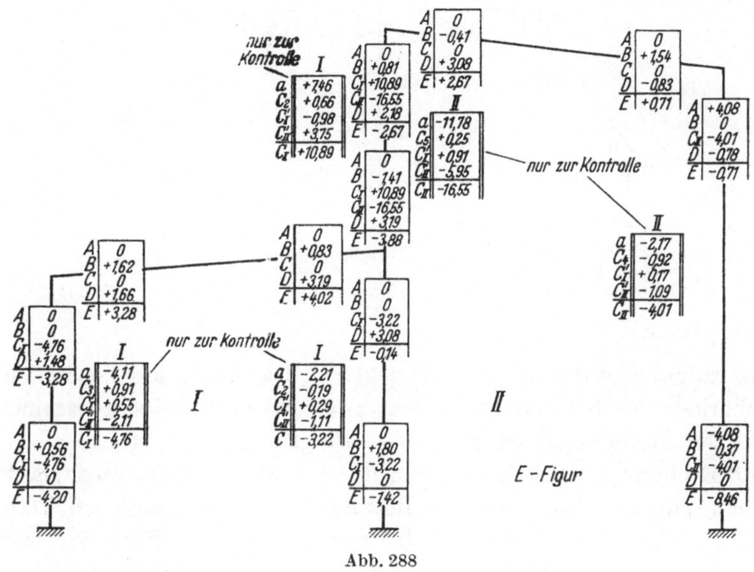

Abb. 288

Stockwerksproben:

$$\overline{M}_{\mathrm{I}} = -3{,}28 - 4{,}20 \ldots\ldots\ldots\ldots\ldots -7{,}48 \,\text{tm}$$

$$(-0{,}14 - 1{,}42) \cdot 0{,}727 \ldots\ldots\ldots -1{,}13 \,\text{tm}$$

$$(-2{,}67 - 3{,}88)(-1{,}333) \ldots\ldots +8{,}72 \,\text{tm}$$

$$+0{,}11 \,\text{tm} \approx 0$$

$$\overline{M}_{\mathrm{II}} = (-2{,}67 - 3{,}88)(-1{,}333) \ldots\ldots + 8{,}72 \,\text{tm}$$

$$(-0{,}71 - 8{,}46)(-0{,}572) \ldots\ldots + 5{,}24 \,\text{tm}$$

$$- 14{,}00 \,\text{tm}$$

$$- 0{,}04 \,\text{tm} \approx 0$$

Die Abweichungen von 0 können bei der Größe der angreifenden Lasten keine merkbare Bedeutung haben.

D 16 Eingeschossiger Rahmen mit schrägem drehbaren Stiel und gleichzeitig drehbarem Riegel

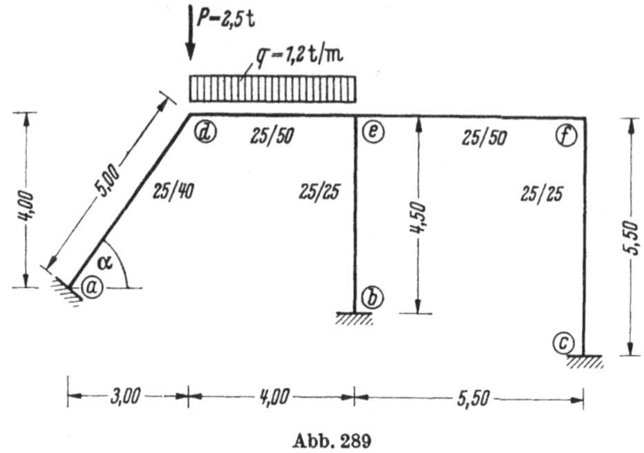

Abb. 289

Die Aufgabe ist durch Abb. 289 gegeben. Das Besondere ist die Verschiebbarkeit des Knotens d, in dem zwei drehbare Stäbe zusammenlaufen. Der Bezugsstab sei Stab e—b. Es gibt nur ein Stockwerk, da bei der Drehung von Stab e—b um $\vartheta_{eb} = 1$ alle anderen zwangläufig mitgehen, und zwar so, wie es die Beträge Θ in Tab. 32 angeben. Dabei bedarf es einiger Aufmerksamkeit bei der Bestimmung dieser Werte Θ. Θ_{cf} errechnet sich ohne weiteres aus dem Längenverhältnis der Stäbe e—b

Tabelle 31

Stab	b/h	I	a		k
		dm⁴		m	
a—d	25/40	13,33	4	5,00	10,66
d—e	25/50	26,04	4	4,00	26,04
e—b	25/25	3,26	4	4,50	2,90
e—f	25/50	26,04	4	5,50	18,94
f—c	25/25	3,26	4	5,50	2,37

und c—f. Das Vorzeichen ist positiv, weil die Drehungen beider Stäbe gleichsinnig sind. Auch Stab a—d dreht sich im gleichen Sinn, und Θ_{ad} ist daher positiv. Dagegen ist Θ_{de} negativ. Der Größe nach ergeben sich Θ_{ad} und Θ_{de} aus den Formeln in 5.533:

$$\Theta_{ad} = +\frac{l_{eb}}{l_{ad}} \cdot \frac{\sin (e\,b)\,(de)}{\sin (de)\,(a\,d)}$$

$$= +\frac{l_{eb}}{l_{ad}} \cdot \frac{1}{\sin \alpha}$$

und

$$\Theta_{de} = - \frac{l_{eb}}{l_{de}} \cdot \frac{\sin(eb)\,(ad)}{\sin(de)\,(ad)}$$

$$= - \frac{l_{eb}}{l_{de}} \cdot \frac{\cos\alpha}{\sin\alpha}$$

$$= - \frac{l_{eb}}{l_{de}} \cdot \frac{1}{\operatorname{tg}\alpha}.$$

Damit werden nacheinander die r, $\bar{r}$, $\bar{\bar{r}}$, R und ν berechnet. Der Wert $S_m = \sum_m \bar{r}$ schrumpft hier nicht zu einem einzigen Betrag $\bar{r}$ zusammen, sondern es sind zwei *drehbare* Stäbe an den gedrehten Knoten d und e angeschlossen und mit ihren $\bar{r}$ zu berücksichtigen. Nach dieser Überlegung läuft die Berechnung der k^*, γ^* und δ im übrigen ganz mechanisch ab. Die Arbeitszahlen werden schließlich in den Abb. 290 bis 294 zusammengestellt.

Anfangsmomente:

$$M^0_{de} = -M^0_{ed} = 1{,}2 \cdot 4{,}00^2 : 12$$

$$= 1{,}60 \text{ tm}$$

$$\overline{M}^0 = \left(P + \frac{q\,l_{de}}{2}\right) l_{de}\,\Theta_{de}$$

$$= \left(2{,}5 + \frac{1{,}20 \cdot 4{,}00}{2}\right) 4{,}00$$

$$\times (-0{,}876) = -17{,}20 \text{ tm}.$$

Die Iteration ist in Abb. 295 vorgenommen. Dabei wurde nicht ganz sorgfältig verfahren, so daß die Kontrollen an der AB-Figur nicht sofort überall verträgliche Werte bestätigen. Daher wurden die Kontrollschritte zur Verbesserung mehrmals wiederholt, bis sie befriedigten. Das Ergebnis wurde durch den Schlußausgleich in der E-Figur Abb. 296 ermittelt.

Tabelle 32

Stockwerk	Stab	Θ	k	r	$\bar{r}$	$\bar{\bar{r}}$	R	ν	$S = \Sigma\,\bar{r}$	$\nu \cdot S$	k^*	$\gamma \cdot k$	$\gamma \cdot k + \nu \cdot S$	γ^*	K_m	$\delta = -\dfrac{S}{K}$
1	2	3	4	5	6	7	8	9	10	11	12	13	14	15	16	17
I	da	+1,125	10,66	15,99	+17,99	+20,24		−0,158	−16,23	+2,56	+13,22	+ 5,33	+7,89	+0,597	34,40	+0,472
	de	−0,876	26,04	39,06	−34,22	+29,98	113,90	+0,300		−4,87	+21,18	+13,02	+8,18	+0,386		
	ed								−29,87	−8,96	+17,08		+4,08	+0,239	40,06	+0,746
	eb	+1,000	2,90	4,35	+ 4,35	+ 4,35		−0,038		+1,14	+ 4,04	+ 1,45	+2,59	+0,641		
	fc	+0,818	2,37	3,56	+ 2,91	+ 2,38		−0,026	+ 2,91	−0,08	+ 2,29	+ 1,19	+1,11	+0,485	21,23	−0,137
	ef		18,94								+18,94			+0,500		

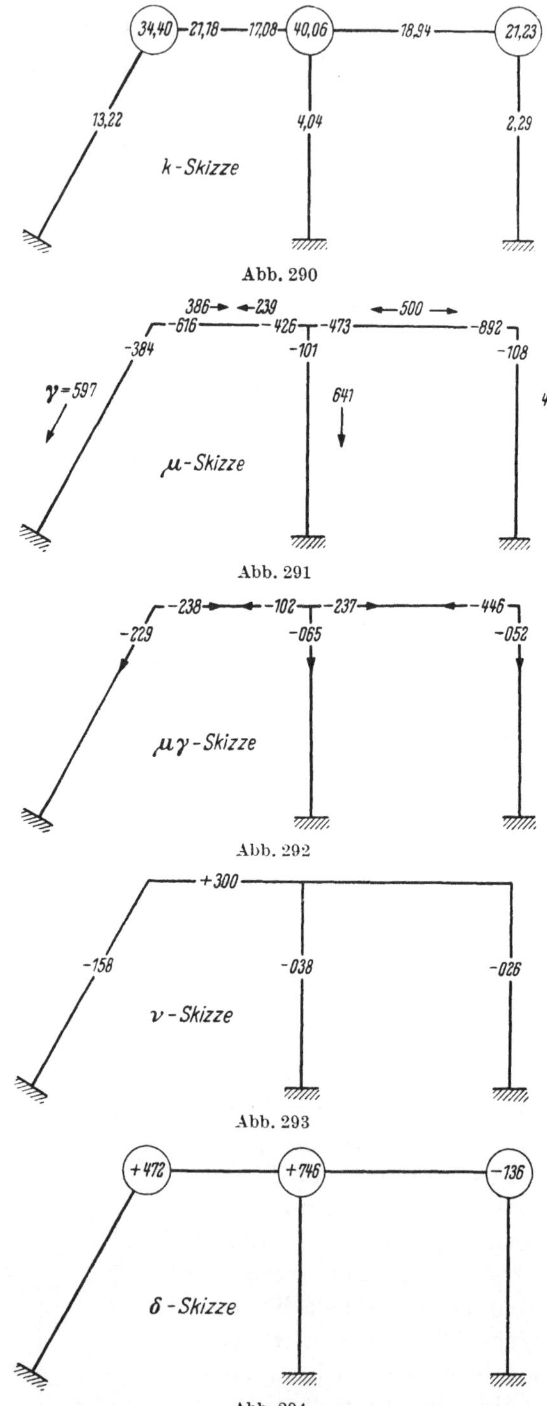

Abb. 290

Abb. 291

Abb. 292

Abb. 293

Abb. 294

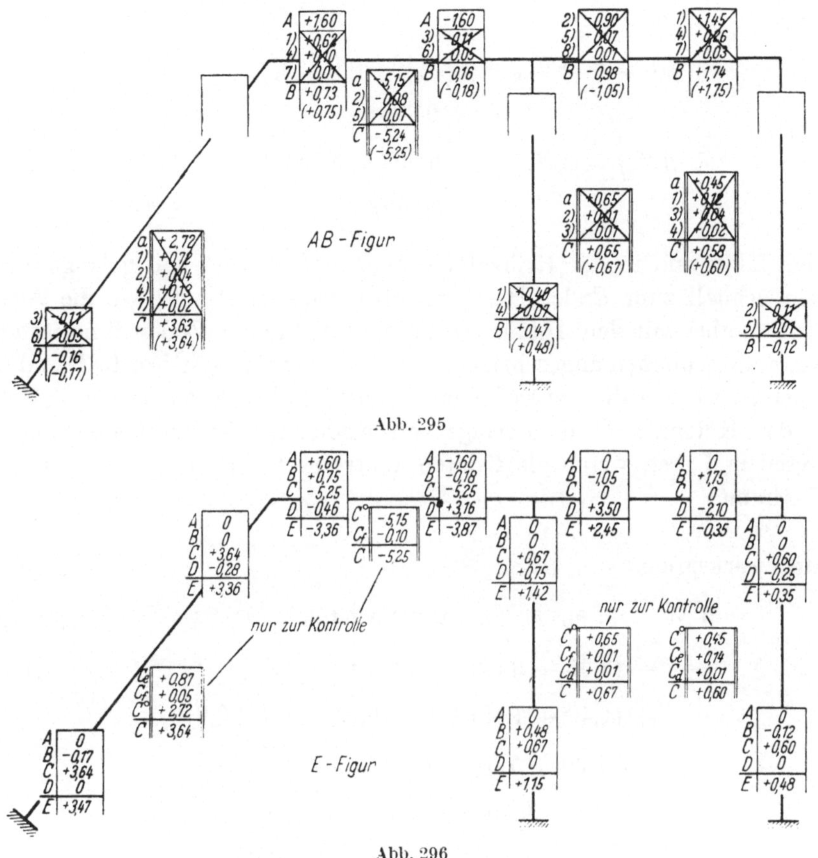

Erläuterungen zur Iteration

Zeile A: Momente für feste Einspannung.

Zeile a: Ausgleich des äußeren Stockwerksmomentes

$$\varDelta M_{mn} = -\ 17{,}20\ v_{mn}$$

an Hand der v-Skizze.

Zeile 1: Erster Ausgleichschritt bei Knoten e, wo

$$\sum M_{ek} = -\ 1{,}60 - 5{,}15 + 0{,}65$$

$$= -\ 6{,}10\ \text{tm}$$

als größter Wert aller Knoten vorhanden ist. Mit der $\mu\,\gamma$-Skizze werden

$$\varDelta M_{de} = -\ 6{,}10 \cdot (-\ 0{,}102) = +\ 0{,}62\ \text{tm}$$

$$\varDelta M_{ge} = -\ 6{,}10\,(-\ 0{,}237) = +\ 1{,}45\ \text{tm}$$

$$(\text{ungenau})$$

$$\varDelta M_{be} = -\ 6{,}10\,(-\ 0{,}065) = +\ 0{,}40\ \text{tm}$$

und mit der δ-Skizze und der ν-Skizze:

$$\Delta M_{ad} = \Delta M_{da} = -\,6{,}10\,(+\,0{,}746) \cdot (-\,0{,}158)$$

$$= +\,0{,}72\ \mathrm{tm}$$

$$\Delta M_{cf} = \Delta M_{fc} = -\,6{,}10\,(+\,0{,}746)\,(-\,0{,}026)$$

$$= +\,0{,}12\ \mathrm{tm}.$$

Man fährt nun in der Reihenfolge $f—d—e—f\ldots$ fort und gelangt hier sehr schnell zum Ende. Die Kontrollen werden ebenso wie die Ausgleiche, aber mit den Anfangswerten und den in den Zeilen B notierten Änderungssummen angeschrieben. Wo sich abweichende Werte B und C ergeben, werden die neuen hingeschrieben. Dabei ist zu beachten, daß in den Kolonnen C die Beträge verschiedenster Herkunft zusammentreten und erst, wenn alle Knoten kontrolliert sind, ist erkennbar, ob C stimmt.

Stockwerksprobe:

$$\overline{M} = -\,17{,}20 + (3{,}47 + 3{,}36)\,1{,}125$$

$$-\,(3{,}36 + 3{,}87)\,(-\,0{,}876)$$

$$+\,(1{,}42 + 1{,}15)\,1{,}0 + (0{,}35 + 0{,}48)\,0{,}818$$

$$= -\,17{,}20 + 7{,}68 + 6{,}33 + 2{,}57$$

$$+\,0{,}68 = 0{,}06 \approx 0.$$

D 17 Rahmenbrücke mit veränderlichem Trägheitsmoment unter gleichmäßig verteilter Belastung

Die Aufgabe geht aus Abb. 297 hervor, doch sei von der Verschiebbarkeit des Riegels zunächst abgesehen, denn der Einfluß des Stock-

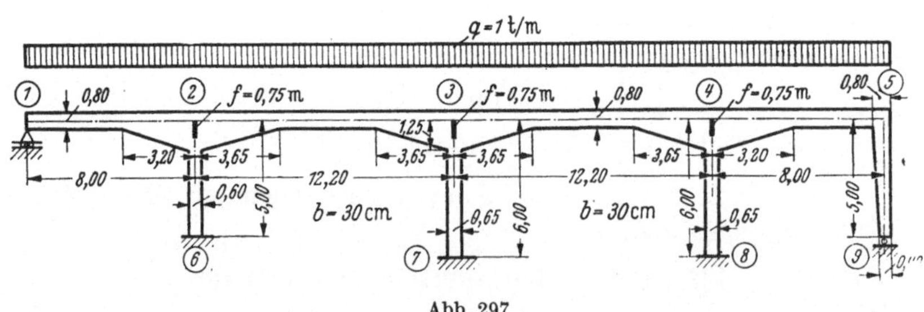

Abb. 297

werksmomentes wird sich als gering erweisen, wie meist bei vielstieligen Rahmen unter senkrechten und annähernd regelmäßig verteilten Lasten.

Systemdaten:

Stab 1 2:

$$I_A = 1250 \text{ dm}^4 \text{ (Voutenanfang)},$$

$$I_c = 128 \text{ dm}^4,$$

$$n = \frac{128}{1250} = 0,102; \qquad \lambda = \frac{3,20}{8,00} = 0,400.$$

Stäbe 2 3 und 3 4:

$$n = 0,102 \text{ (wie bei 1 2)},$$

$$\lambda = \frac{3,65}{12,20} = 0,295 \approx 0,300.$$

Stab 4 5 wie Stab 1 2.

Stab 5 9:

$$I_A = 128 \text{ dm}^4,$$

$$I_c = 16 \text{ dm}^4,$$

$$n = \frac{16}{128} = 0,125; \quad \lambda = 1,000.$$

Stäbe 3 7 und 4 8 (starrer Bereich 0,75 m):

$$\lambda = \frac{0,75}{6,00} = 0,125.$$

EI_c-fache Drehwinkel für den Stab von der Länge 1:

$$\bar{\alpha}_3 = \frac{(1-\lambda)^3}{3} = \frac{0,875^3}{3} = 0,2233$$

$$\text{(Formel } \alpha_a \text{ in 5.432)}$$

$$\alpha_7 = \frac{1-\lambda^3}{3} = \frac{1-0,125^3}{3} = 0,3328$$

$$\bar{\beta} = \frac{(1-\lambda)^2 (1+2\lambda)}{6} = \frac{0,875^2 (1+2\cdot 0,125)}{6} = 0,160$$

$$\bar{k}_{37} = \frac{\bar{\alpha}_7}{\bar{\alpha}_3 \bar{\alpha}_7 - \bar{\beta}^2} = \frac{0,333}{0,223\cdot 0,333 - 0,160^2} = 6,81$$

$$\gamma_{37} = \frac{\bar{\beta}}{\bar{\alpha}_7} = \frac{0,160}{0,333} = 0,479.$$

In gleicher Weise ergibt sich für Stab 2 6

$$\bar{k}_{26} = 7,635, \quad \gamma_{26} = 0,471.$$

Mit Hilfe der n- und λ-Werte sind die übrigen $\bar{k}$-Werte aus den Tab. IV und VI im Anhang entnommen und in Tab. 33 eingetragen.

$$\bar{k} = k \frac{l}{EI_c}.$$

Tabelle 33

Stab-ende	a^1	$I_c \cdot 10^{-4}$	l	$\bar{k}$	$k = \bar{k}\,\dfrac{I_c}{l}$
1	2	3	4	5	6
21	3	128,00	8,00	6,882	1,101
26	4	54,00	5,00	7,635	0,825
23 = 32	4	128,00	12,20	11,920	1,251
37	4	68,66	6,00	6,810	0,779
34 = 43	4	128,00	12,20	11,920	1,251
48	4	68,66	6,00	6,810	0,779
45	4	128,00	8,00	11,080	1,773
54	4	128,00	8,00	4,976	0,796
59	3	16,00	5,00	14,680	0,469

Momente bei nicht drehbaren Knoten:

$$M_{21}^0 = -\,1{,}58 \cdot \frac{q\,l^2}{8} = -\,12{,}64\ \text{tm} \quad (\text{Tab. VII, Teil E}),$$

$$M_{23}^0 = +\,1{,}26 \cdot \frac{q\,l^2}{12} = +\,15{,}63\ \text{tm} \quad (\text{Tab. V, Teil E}),$$

$$M_{32}^0 = -\,15{,}63\ \text{tm},$$

$$M_{34}^0 = +\,15{,}63\ \text{tm},$$

$$M_{43}^0 = -\,15{,}63\ \text{tm},$$

$$M_{45}^0 = +\,1{,}73 \cdot \frac{q\,l^2}{12} = +\,9{,}23\ \text{tm} \quad (\text{Tab. VII}),$$

$$M_{54}^0 = -\,0{,}70 \cdot \frac{q\,l^2}{12} = -\,3{,}74\ \text{tm} \quad (\text{Tab. VII}).$$

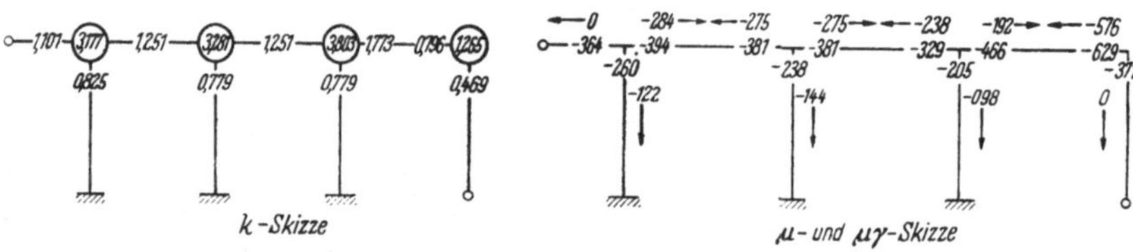

Abb. 298

Die μ-Skizze und die $\mu\,\gamma$-Skizze zeigt Abb. 298. Die Iteration ist in Abb. 299 durchgeführt.

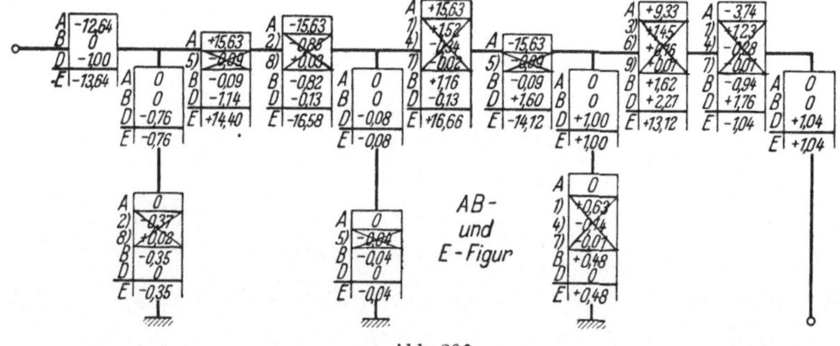

Abb. 299

---

[1] Ziffern in Spalte 2 ohne rechnerische Verwendung. Sie kennzeichnen hier nur die Lagerungsart.

Das Stockwerksmoment ergibt sich zu

$$\overline{M} = -0,76 - 0,35 - (0,08 + 0,04)\frac{5,00}{6,00}$$

$$+ (1,00 + 0,48) \cdot \frac{5,00}{6,00} + 1,04$$

$$= -1,11 - 0,10 + 1,23 + 1,04 = +1,06 \text{ tm}.$$

Wenn man sich diesen Betrag auf sieben Stieleinspannstellen verteilt denkt, entstehen zwar bei den ohnehin geringen Stabendmomenten relativ hohe Zuwachsbeträge, doch werden sie bei der Bemessung keine Rolle spielen. Neben den größeren Riegelmomenten dagegen fallen sie nicht ins Gewicht.

D 18 Zweistieliger symmetrischer Rahmen
mit sprunghaft veränderlichem Trägheitsmoment der Stiele

Die Aufgabe geht aus Abb. 300 hervor. Das Rahmenwerk ist symmetrisch, kann also halbiert werden und ist dann unter den entsprechend umgeordneten Belastungen zu untersuchen (Abb. 301). Die zu vollziehenden Teilverformungen sind:

Für $\frac{W}{2}$ eine Teilverformung II und eine Teilverformung III.

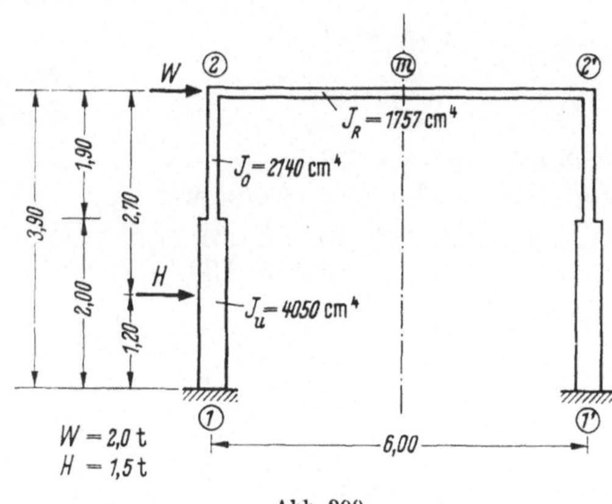

Abb. 300

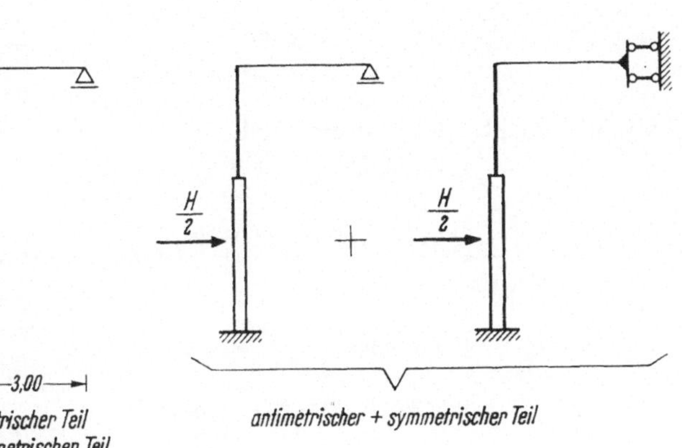

Abb. 301

Für $\dfrac{H}{2}$ eine Teilverformung I für den symmetrischen Fall und ferner für den antimetrischen eine Teilverformung II und eine Teilverformung III.

Aus der Formelübersicht am Anfang des Teiles E ist zu ersehen, daß man die Endtangentendrehwinkel des frei aufliegenden Stieles brauchen wird. Wir berechnen sie zunächst. Dazu dient der MOHRsche Satz, nach dem sie als EI-fache Auflagerkräfte der reduzierten Momentenflächen zu bestimmen sind. Die reduzierten Momentenflächen haben die Ordinaten $MI_c : I$, so daß dadurch die Stücke mit höherem Trägheitsmoment weniger zur Größe der Drehwinkel beitragen als die Stücke mit geringerem. Wir brauchen α_1 und β infolge $M_1 = 1$ tm und α_2, β infolge $M_2 = 1$ sowie α_1^0, α_2^0 infolge H/2. Für I_c wird I_0 genommen. Für den

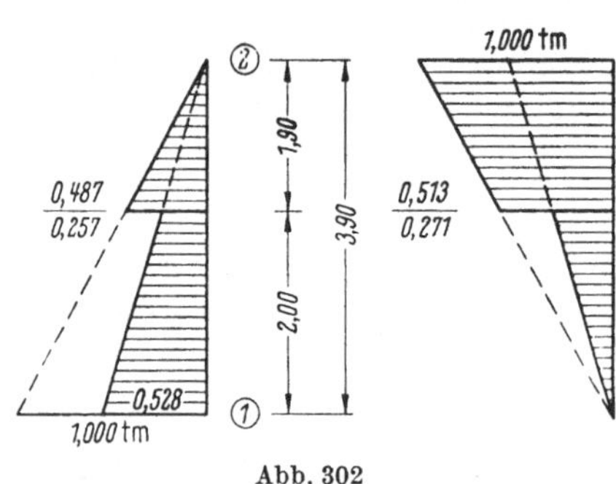

Abb. 302

E-Modul darf, da es sich bei allen Stäben um denselben Baustoff handelt, zur Vereinfachung 1 gesetzt werden.

Aus Abb. 302, linke Seite, ergibt sich

$$\alpha_1 = \frac{0{,}528 \cdot 3{,}90}{3} \quad \ldots \ldots \ldots \quad 0{,}686$$

$$+ \frac{(0{,}487 - 0{,}257)\,1{,}90^2 \cdot 2}{2 \cdot 3{,}90 \qquad 3} \quad \ldots \ldots \quad 0{,}071$$

$$\overline{ 0{,}757}$$

$$\beta_2 = \frac{0{,}528 \cdot 3{,}90}{6} \quad \ldots \ldots \ldots \ldots \quad 0{,}343$$

$$+ \frac{(0{,}487 - 0{,}257)\,1{,}90\;2{,}00 + \dfrac{1{,}90}{3}}{2 \cdot 3{,}90} \quad \ldots \quad 0{,}147$$

$$\overline{ 0{,}490}$$

Aus Abb. 302, rechte Seite, ergibt sich

$$\alpha_2 = \frac{1{,}000 \cdot 3{,}90}{3} \quad \ldots \ldots \ldots \ldots \quad 1{,}300$$

$$- \frac{(0{,}513 - 0{,}271) \cdot 2{,}00^2 \cdot 2}{2 \cdot 3{,}90 \cdot 3} \quad \ldots \ldots \quad -0{,}083$$

$$\overline{ 1{,}217}$$

$$\beta_1 = \frac{1{,}000 \cdot 3{,}90}{6} \quad \ldots \ldots \ldots \ldots \quad 0{,}650$$

$$- \frac{(0{,}513 - 0{,}271) \cdot 2{,}00}{2} \cdot \frac{2{,}567}{3{,}90} \quad \ldots \quad -0{,}160$$

$$\overline{ 0{,}490}$$

Wie zu erwarten war, ist $\beta_1 = \beta_2$. Aus Abb. 303 ergibt sich mit $H = 1{,}5$ t

$$\alpha_1^0 = \frac{0{,}329 \cdot 3{,}90}{2} \cdot \frac{2{,}20}{3{,}90} \quad \ldots \ldots \ldots \ldots \quad 0{,}362$$

$$+ \frac{(0{,}438 - 0{,}231)\,1{,}90^2 \cdot 2}{2 \cdot 3{,}90 \quad\quad 3} \quad \ldots \ldots \ldots \quad 0{,}064$$

$$\overline{\phantom{+ \frac{(0{,}438 - 0{,}231)\,1{,}90^2 \cdot 2}{2 \cdot 3{,}90}}\quad 0{,}426}$$

$$\alpha_0^2 = \frac{0{,}329 \cdot 3{,}90}{2} \cdot \frac{1{,}70}{3{,}90} \quad \ldots \ldots \ldots \ldots \quad 0{,}279$$

$$+ \frac{(0{,}438 - 0{,}231)\,1{,}90\left(2{,}00 + \frac{1{,}90}{3}\right)}{2 \cdot 3{,}90} \cdot 0{,}133$$

$$\overline{\phantom{+ \frac{(0{,}438 - 0{,}231)\,1{,}90\left(2{,}00 + \frac{1{,}90}{3}\right)}{2 \cdot 3{,}90}}\quad 0{,}412}$$

Nun können die Steifigkeiten, Übertragungszahlen und Ausgangsmomente berechnet werden:

a) Symmetrische Verformung

Riegel:

$$k_1 = \frac{1 \cdot 1757}{3{,}00} = 585$$

Stiel:

$$k_{21} = \frac{\alpha_1}{\alpha_1\,\alpha_2 - \beta^2}\,EI_c$$

$$= \frac{0{,}757 \cdot 2140}{0{,}757 \cdot 1{,}217 - 0{,}490^2} = 2385$$

$$\gamma_{21} = \frac{0{,}490}{0{,}757} = 0{,}648.$$

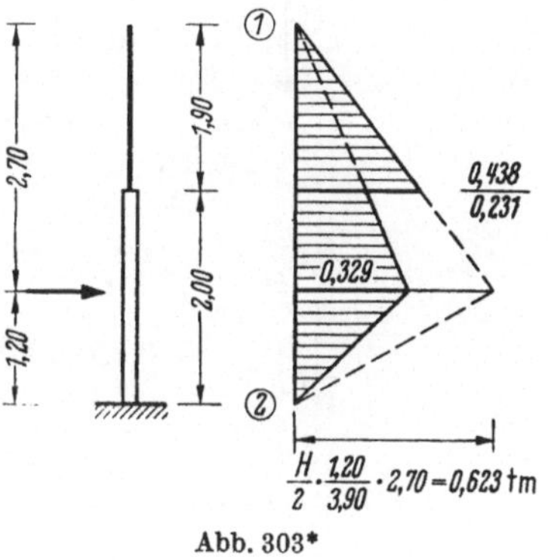

Abb. 303*

b) Antimetrische Verformung

Riegel:

$$k''' = \frac{6 \cdot 1757}{6{,}00} = 1757$$

Stiel:

$$k_{\substack{1\\21}} = \frac{2140}{1{,}217 + 0{,}757 + 2 \cdot 0{,}490}$$

$$= \frac{2140}{2{,}954} = 725$$

$$r_{12} = k_{12}\,(1 + \gamma_{12})$$

$$= \frac{1{,}217}{0{,}757 \cdot 1{,}217 - 0{,}490^2}\,2140\left(1 + \frac{0{,}490}{1{,}217}\right)$$

$$= 5380$$

$$r_{21} = 2385\,(1 + 0{,}648) = 3930$$

$$R = 5380 + 3930 = 9310.$$

---

* (Vertausche ① und ②)

c) Ausgangsmomente infolge $\dfrac{H}{2}$

(Formeln in Teil E, Tabelle II, am Schluß)

$$M^0_{12} = + \frac{0{,}426 \cdot 1{,}217 - 0{,}412 \cdot 0{,}490}{0{,}682} = + 0{,}465 \text{ tm}$$

$$M^0_{21} = - \frac{0{,}412 \cdot 0{,}757 - 0{,}426 \cdot 0{,}490}{0{,}682} = - 0{,}151 \text{ tm}.$$

d) Arbeitszahlen

Symmetrische Verformung (Abb. 304), antimetrische Verformung (Abb. 305).

e) Stockwerksmomente

Infolge $\dfrac{1}{2} W = 1{,}0$ t

$$M_W = - 1{,}0 \cdot 3{,}90$$
$$= - 3{,}90 \text{ tm}.$$

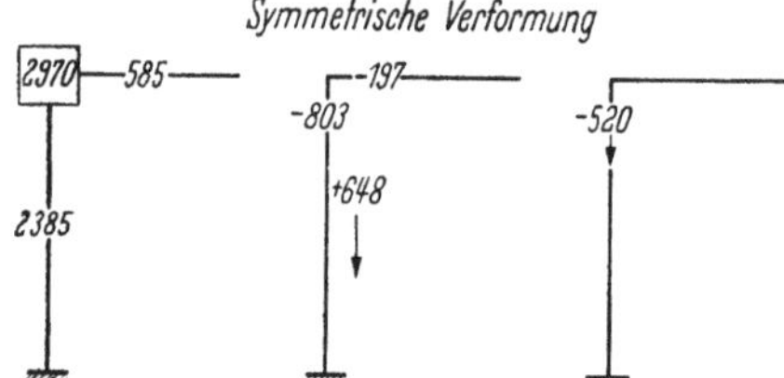

Abb. 304

Infolge $\dfrac{1}{2} H = 0{,}75$ t

$$\overline{M}_H = - \frac{0{,}75 \cdot 1{,}20}{3{,}90} \cdot 3{,}90 + 0{,}465 - 0{,}151 = - 0{,}586 \text{ tm}.$$

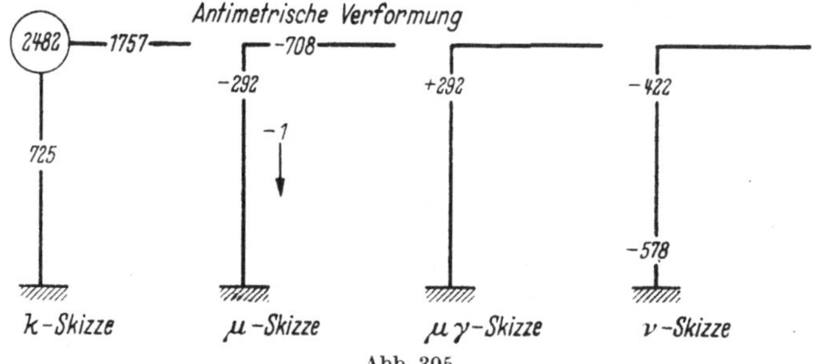

Abb. 305

Jetzt kann die Berechnung vorgenommen werden, die zwar keine Iteration mehr ist, sondern nur ein einmaliger Ausgleich mit Übertragungen.

Symmetrischer Anteil:

$$M_{22'} = - 0{,}151 \, (- 0{,}197) = + 0{,}030 \text{ tm}$$
$$M_{12} = + 0{,}465 + (- 0{,}151) \cdot (- 0{,}520)$$
$$= + 0{,}465 + 0{,}079 = + 0{,}544 \text{ tm}.$$

Antimetrischer Anteil:

Infolge $\dfrac{1}{2} W$ und $\dfrac{1}{2} H$ (Abb. 306).

Erläuterungen:

Zeile A: Ausgangsmomente.

Zeile a: Ausgleich des Stockwerksmomentes infolge $1/2\ W$:

$$\overline{M}_W = -\ 3{,}90\ \text{tm}$$

$$(-\ 3{,}90)\,(-\ 0{,}422) = +\ 1{,}646\ \text{tm}$$

$$(-\ 3{,}90)\,(-\ 0{,}578) = +\ 2{,}254\ \text{tm}$$

Zeile b: Wie a), infolge $\overline{M}_H = -0{,}586\ \text{tm}$

Zeile D: Ausgleich mit μ

Zeile B: Übertragung mit $\mu\,\gamma$.

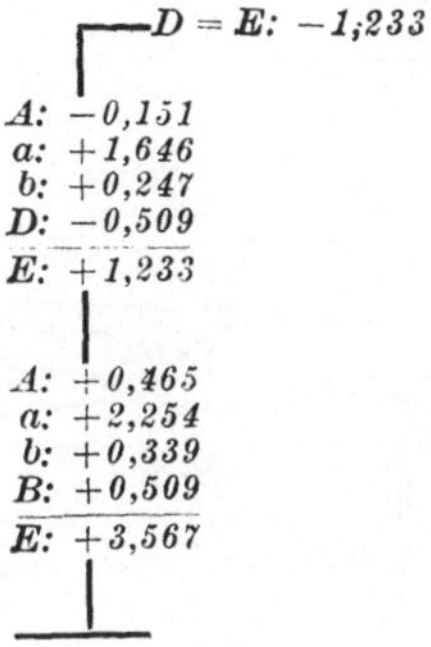

D = E: −1,233
A: −0,151
a: +1,646
b: +0,247
D: −0,509
E: +1,233
A: +0,465
a: +2,254
b: +0,339
B: +0,509
E: +3,567

Abb. 306

Zusammenstellung des symmetrischen und des antimetrischen Anteiles (Vorzeichenregel A):

$$M_{12} = +\ 0{,}544 + 3{,}567$$
$$= +\ 4{,}111\ \text{tm}$$

$$M_{21} = -\ 0{,}030 + 1{,}233$$
$$= +\ 1{,}203\ \text{tm}$$

$$M_{2'1'} = +\ 0{,}030 + 1{,}233$$
$$= +\ 1{,}263\ \text{tm}$$

$$M_{1'2'} = -\ 0{,}544 + 3{,}567$$
$$= +\ 3{,}023\ \text{tm}.$$

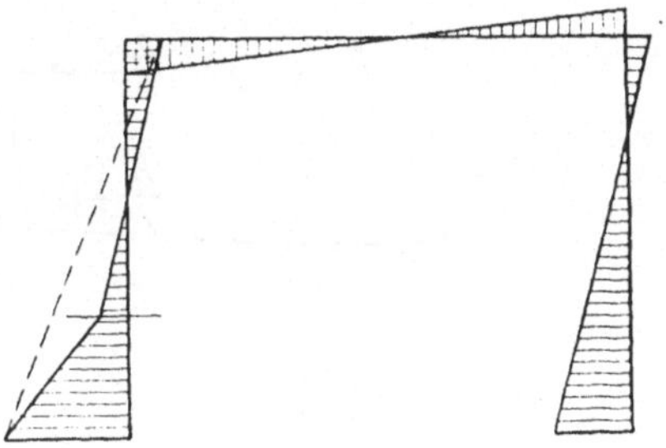

Abb. 307

Momentenfläche zu Beispiel D 18 s. Abb. 307.

D 19 Stockwerkrahmen mit Stäben veränderlichen Querschnitts unter Windlast

Die Aufgabe geht aus Abb. 308 hervor. Da der Rahmen symmetrisch ist, spielt sich die Berechnung nur in einer Hälfte ab. Die Belastung halbiert sich, da sie rein antimetrisch ist (Abb. 309).

Die Stockwerksmomente

$$\overline{M}_\mathrm{I} = -\ 1{,}0 \cdot 4{,}20 = -\ 4{,}20\ \text{tm}$$
$$\overline{M}_\mathrm{II} = -\ (1{,}0 + 1{,}4)\ 4{,}50 = -\ 10{,}80\ \text{tm}$$

und

$$\overline{M}_\mathrm{III} = -\ (1{,}0 + 1{,}4 + 0{,}6 + 0{,}55)\ 4{,}50 = -\ 15{,}98\ \text{tm}$$

werden zunächst mit Teilverformungen II ausgeglichen, wonach allein mit Teilverformungen III weitergearbeitet wird.

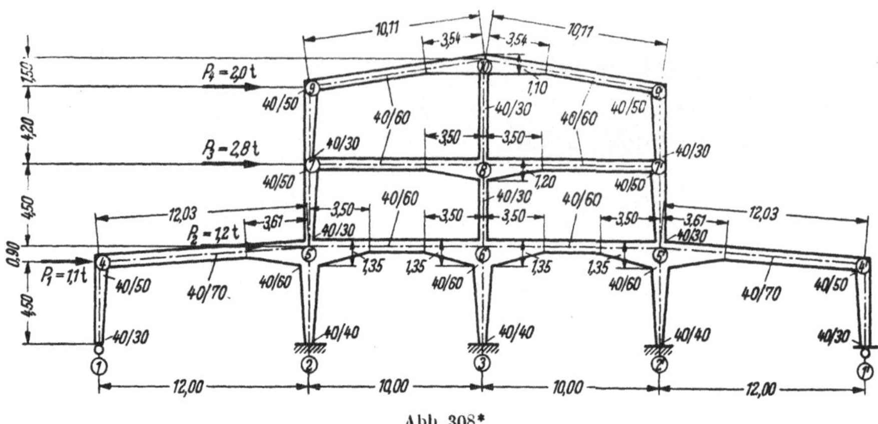

Abb. 308*

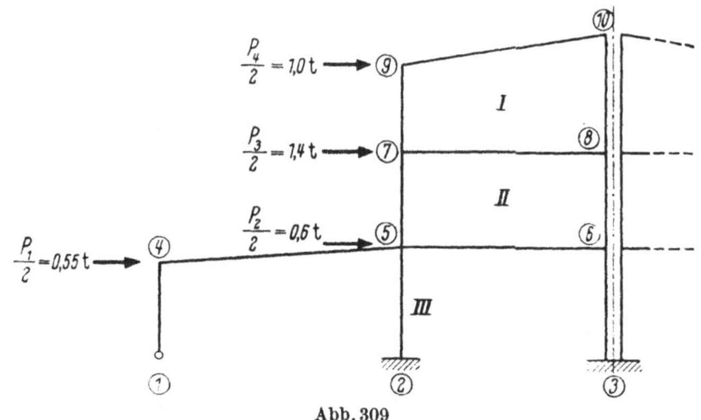

Abb. 309

Tabelle 34

Stabende	b/h cm	I_c dm⁴	b/h cm	I_A dm⁴	l dm	l_v m	$\lambda = \dfrac{l_v}{l}$	$n = \dfrac{I_c}{I_A}$
9 7; 7 9	40/30	9,0	40/50	41,7	4,20	4,20	1,000	0,216
10 8	40/30	9,0			5,70			
7 5; 5 7	40/30	9,0	40/50	41,7	4,50	4,50	1,000	0,216
6 8	40/40	21,3			4,50			
4 1	40/33	12,0	40/55	55,5	4,50	4,50	1,000	0,216
5 2; 2 5	40/40	21,3	40/60	72,0	5,40	5,40	1,000	0,296
6 3; 3 6	40/40	21,3	40/60	72,0	5,40	5,40	1,000	0,296
9 10; 10 9	40/60	72,0	40/110	442,7	10,11	3,54	0,350	0,163
7 8; 8 7	40/60	72,0	40/120	576,0	10,00	3,50	0,350	0,125
4 5; 5 4	40/70	114,3	40/135	820,1	12,03	3,61	0,300	0,139
5 6	40/60	72,0	40/135	820,1	10,00	3,50	0,350	0,088

* An den Stielen ① — ④ und ⑦ — ⑩ lies 40/33 und 40/55.

Die Berechnung der Steifigkeiten und Arbeitszahlen ist naturgemäß zeitraubender als bei konstantem Trägheitsmoment. Daß man aber einen solchen Rahmen mit erträglichem Aufwand an stark schematisierter Arbeit so genau untersuchen kann, bedeutet schon einiges. Die Iteration in der $A B$-Figur ist übrigens recht kurz.

Tab. 34 enthält die Berechnung der λ und n, die man in Tab. 35 übernimmt. An Hand der Tab. IV und VI aus Teil E ermittelt man die k und γ, trägt sie in Tab. 35 ein und berechnet auch die r. Bei der nun folgenden Bestimmung der k^*, γ^* und δ (Tab. 36) und der übrigen Arbeitszahlen (Abb. 310 bis 314) wirkt sich das veränderliche Trägheitsmoment nur dadurch aus, daß sie an beiden Enden desselben Stabes verschieden sind.

Tabelle 35

Stab-ende	λ	n	I_c dm⁴	l dm	k_{mn}	$\bar{x}_{mn}$	$\bar{\beta}$	k_{mn}	$\gamma_{mn}=\dfrac{\bar{\beta}}{\alpha_{nm}}$	r_{mn}
97 79	1,000	0,216	9,0	42,0	12,980 5,958	0,1037 0,2235	0,0758	2,782 1,277	0,339 0,731	3,73 2,21
108			9,0	57,0				0,320*	0,500	0,48*
75 57	1,000	0,216	9,0	45,0	12,980 5,958	0,1037 0,2239	0,0758	2,596 1,192	0,339 0,731	3,48 2,06
86			21,3	45,0				0,947*	0,500	1,42*
41	1,000	0,216	12,0	45,0	9,643	0,1037		2,596	0	2,60
52 25	1,000	0,296	21,3	54,0	9,951 5,445	0,1321 0,2435	0,0886	3,926 2,148	0,364 0,669	5,36 3,59
63 36	1,000	0,296	21,3	54,0	9,951 5,445	0,1321 0,2435	0,0886	1,963* 1,074*	0,364 0,669	2,68* 1,80*
9 10 10 9	0,350	0,163	72,0	101,1	4,689 8,519	0,3270 0,1800	0,1430	3,340 6,070	0,794 0,437	
78 87	0,350	0,125	72,0	100,0	4,790 9,264	0,3270 0,1700	0,1410	3,450 6,670	0,829 0,431	
56;65	0,350	0,088	72,0	100,0	15,144	0,1500	0,1040	10,900	0,693	
45 54	0,300	0,139	114,0	120,3	4,674 8,074	0,3290 0,1900	0,1490	4,440 7,670	0,784 0,452	

---

* Halbierte Steifigkeitswerte wegen Antimetrie.

17*

Tabelle 36

Stockwerk	Stabende	Θ	k	r	$\bar{r}$	r	R	v	$v_{mn}\,\bar{r}_{mn}$	k^*	$\gamma_{mn}\,k_{mn}$	$v_{nm}\,\bar{r}_{mn}$	(12)+(13)	γ^*	K_m	δ_{mn}
1	2	3	4	5	6	7	8	9	10	11	12	13	14	15	16	17
I	9 7	1,000	2,782	3,73	3,73	3,73		−0,577	−2,152	0,630				−0,537		
	7 9	1,000	1,277	2,21	2,21	2,21	6,46	−0,342	−0,756	0,521	0,937	−1,275	−0,338	−0,649		
	10 8	0,737	0,320	0,48	0,35	0,26		−0,054	−0,019	0,301	0,160	−0,019	+0,141	+0,468		
II	7 5	1,000	2,596	3,48	3,48	3,48		−0,415	−1,444	1,152				+0,017		
	5 7	1,000	1,192	2,06	2,06	2,06	8,38	−0,246	−0,507	0,685	0,876	−0,856	+0,020	+0,029		
	8 6	1,000	0,947	1,42	1,42	1,42		−0,169	−0,240	0,707	0,474	−0,240	+0,234	+0,331		
III	4 1	1,000	2,596	2,60	2,60	2,60		−0,218	−0,567	2,029	0	0	0	0		
	5 2	0,833	3,926	5,36	4,46	3,72		−0,374	−1,668	2,258				+0,140		
	2 5	0,833	2,148	3,59	2,99	2,49	11,92	−0,251			1,433	−1,118	+0,315			
	6 3	0,833	1,963	2,68	2,23	1,86		−0,187	−0,417	1,546				+0,283		
	3 6	0,833	1,074	1,80	1,50	1,25		−0,126			0,718	−0,281	+0,437			
	9 10		3,340											+0,794		
	10 9		6,070											+0,437		
	7 8		3,450											+0,829		
	8 7		6,670											+0,431		
	5 6;6 5		10,900											+0,693		
	4 5		4,440											+0,784		
	5 4		7,670											+0,452		

Berechnung erfolgte an Hand der maßgeblichen Skizzen

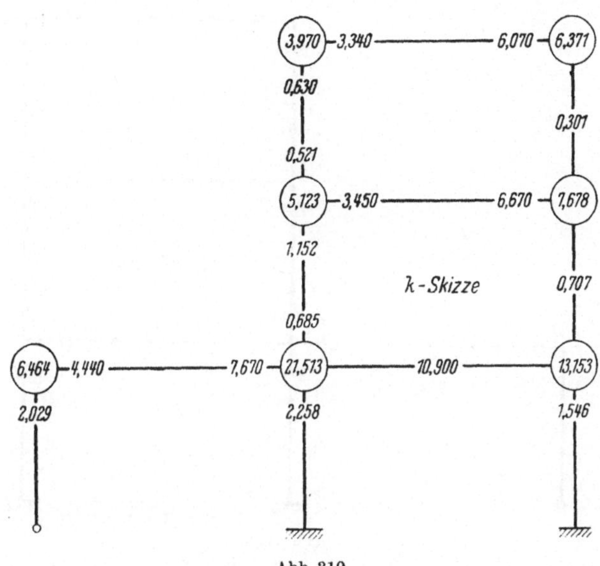

Abb. 310

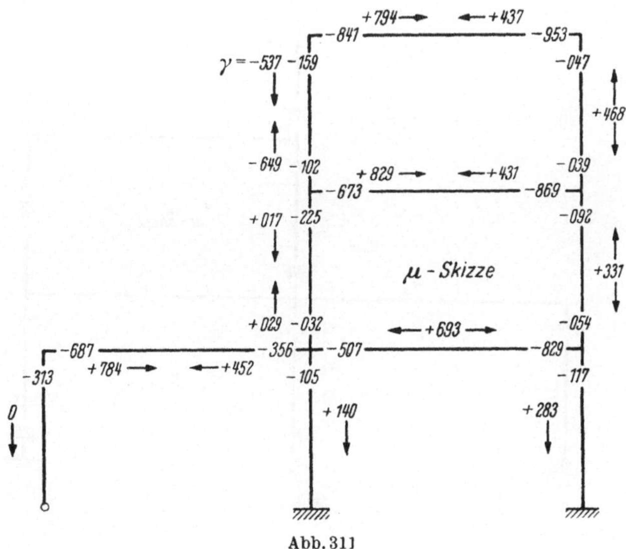

Abb. 311

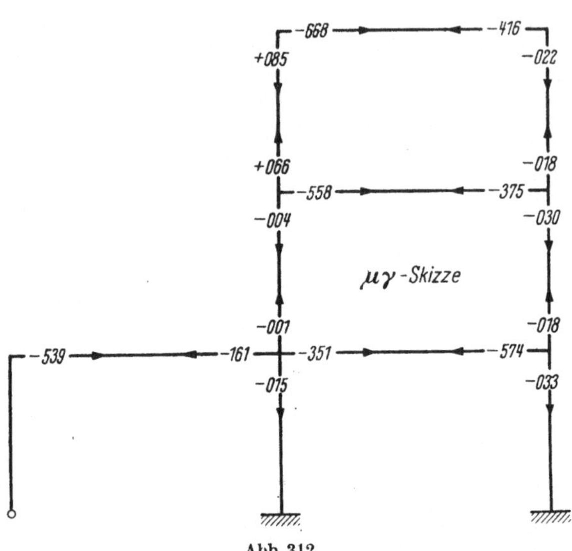

Abb. 312

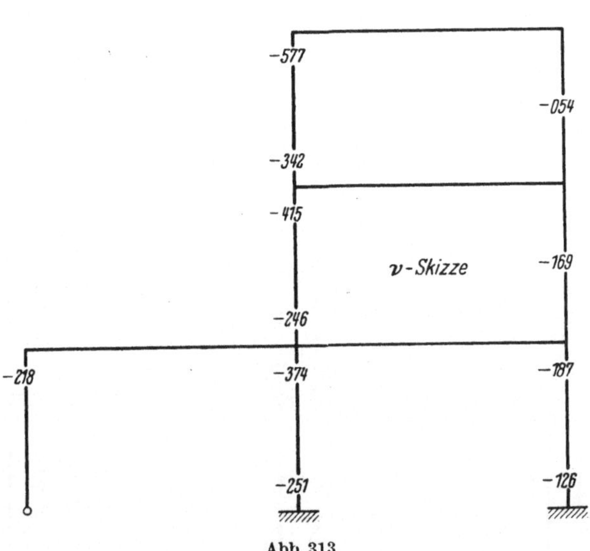

Abb. 313

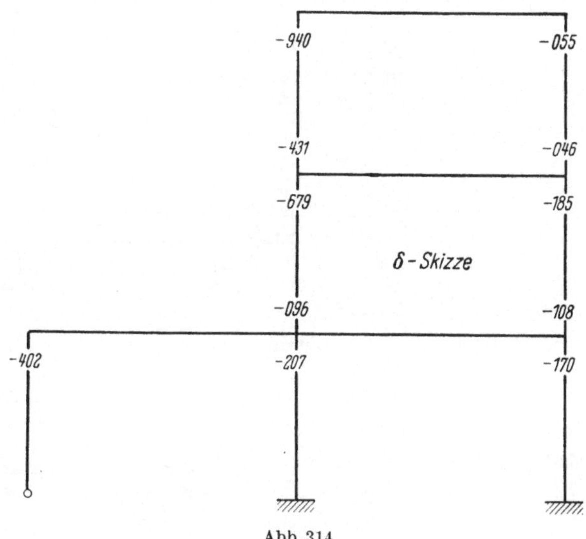

Abb. 314

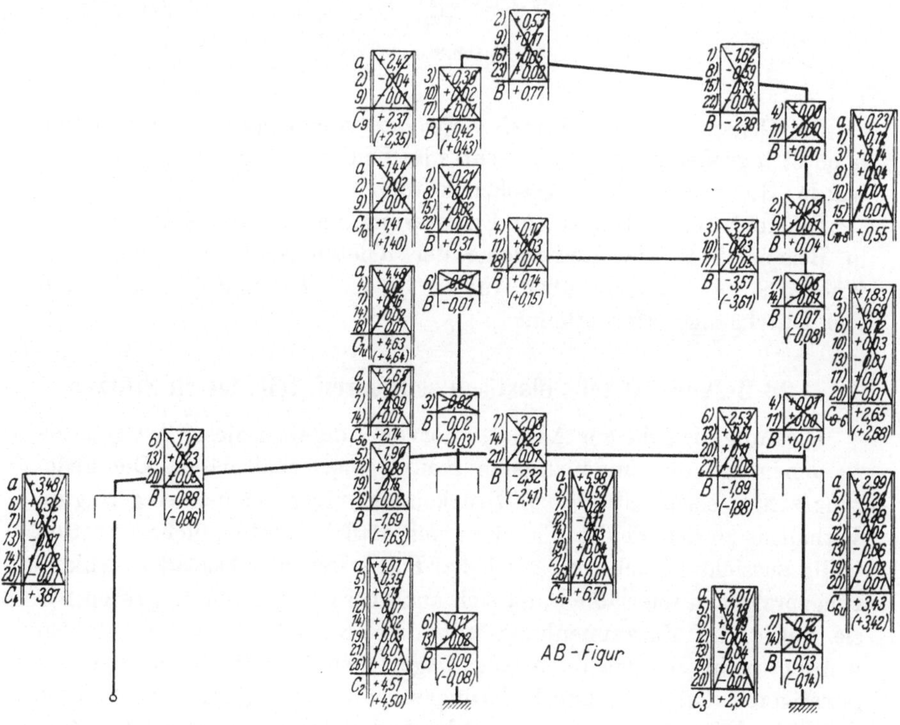

Abb. 315

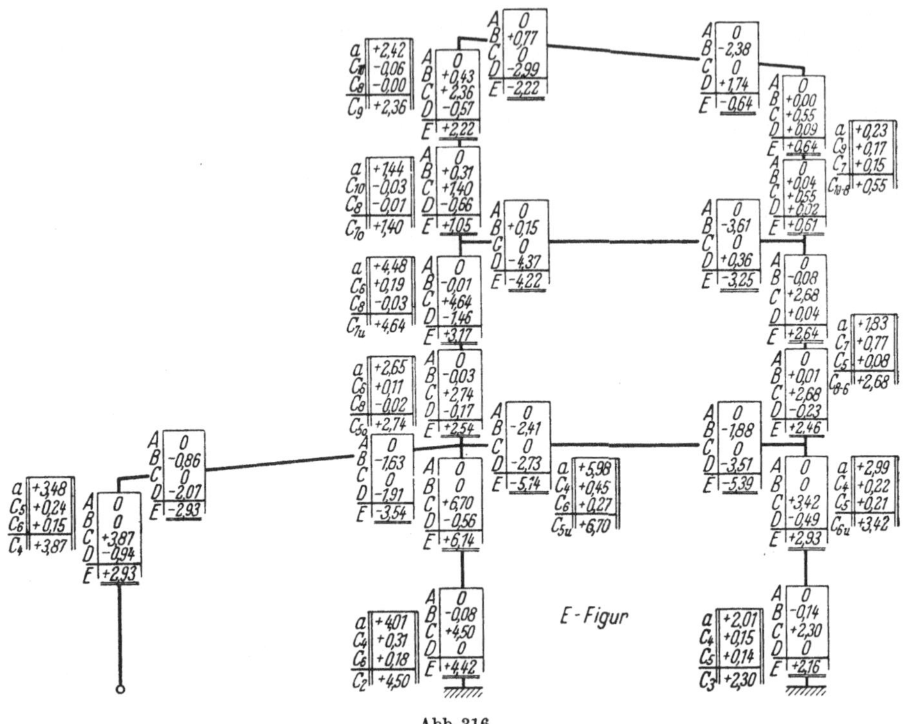

Abb. 316

Die Genauigkeit würde noch vergrößert, wenn man die Stabpartien unendlich großen Trägheitsmomentes im Knotenbereich berücksichtigen würde. Hiervon ist hier abgesehen worden.

Die Iteration bedarf keiner Erläuterung, da sie so abläuft wie etwa in Beispiel D 9. Die Reihenfolge der Knotendrehungen beginnt bei Knoten 9 und setzt sich über Knoten 10, 7, 8, 4, 5 und 6 fort. Es sind vier Durchgänge erforderlich.

D 20 Balken auf teils elastisch senkbaren, teils festen Stützen

Die Aufgabe geht aus Abb. 317 hervor. Aufgaben dieser Art gehören zu denen mit den ungünstigsten Konvergenzverhältnissen. Die Federungszahlen beispielsweise von Brückenquerträgern können so gering im Verhältnis zu den Feldsteifigkeiten sein, daß eine erfolgreiche Iteration völlig aussichtslos scheint. Auf jeden Fall wären hier besondere Abkürzungspraktiken unerläßlich, da sich auch bei geschätzten Vorgriffen, wie sie häufig im Zusammenhang mit dem KANI-Verfahren empfohlen wurden, nicht viel gewinnen läßt. Dagegen sind im Hochbau oft etwas günstigere Steifigkeits- und Federungsverhältnisse gegeben, insbesondere dadurch, daß oft sogar das eine oder andere Auflager als relativ starr angesehen werden kann. Andererseits sind die Systeme im Brückenbau doch vielfach so regelmäßig gebildet, daß man mit den verfügbaren Tafeln ganz gut auskommt, während im Hochbau ganz unregelmäßige Anordnungen häufiger sind. So erscheint es nicht ganz zwecklos, die Lösung dieser Aufgabe selbst im Hinblick auf die begrenzte Anwendbarkeit zu versuchen.

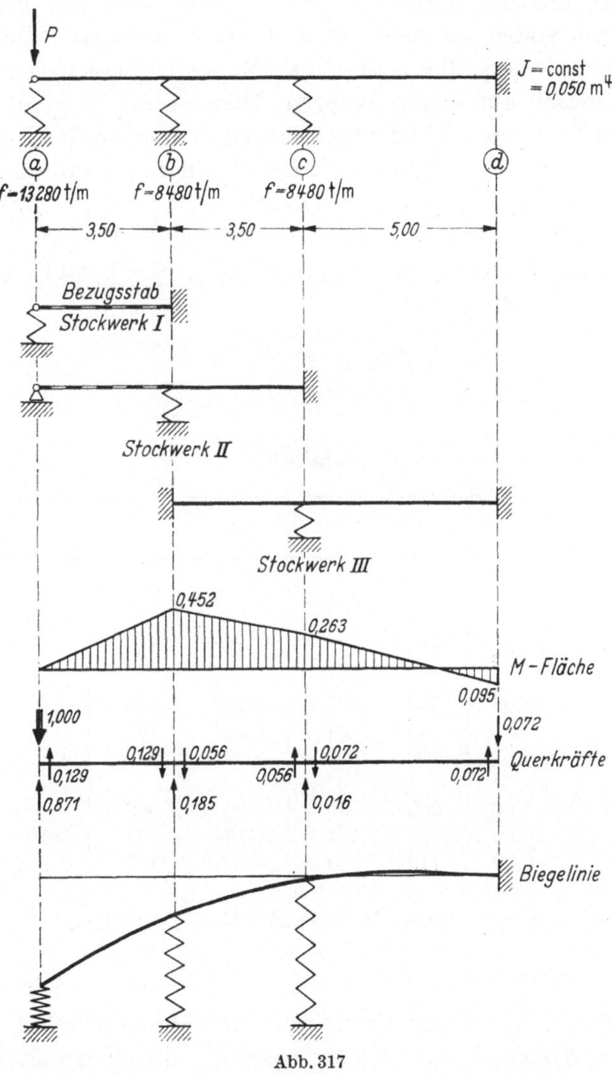

Abb. 317

Die hier gestellte Aufgabe ist dadurch leichter zu lösen, daß sich am rechten Balkenende ein festes Lager befindet, das zudem noch volle Einspannung hergibt. Wir suchen die Querverteilungszahlen einer auf dem nachgiebigen Lager a stehenden Last.

Die Stockwerke I, II und III sind in Abb. 317 angegeben. Dafür werden die Arbeitszahlen v in Tab. 37 berechnet. Zur Festlegung der Winkel Θ ist zu bemerken, daß man den Bezugsstab in einem der Stockwerke wählt, hier Stab $a\,b$ in Stockwerk I. Man geht zum nächsten Stockwerk über, in dem zunächst der beiden gemeinsame Stab als Zwischenbezugsstab gilt, auf den der oder die anderen Stäbe des neuen Stockwerks bezogen werden. Durch Multiplikation mit dem Θ des gemeinsamen Stabes aus dem vorhergehenden Stockwerk stellt man den Bezug auf den ersten Bezugsstab, den Systembezugsstab, her. Es sind dann alle Stäbe auf diesen bezogen. Hier ist der Systembezugsstab Stab $a\,b$ in Stockwerk I. Er sitzt zugleich in Stockwerk II und erhält hier ebenfalls $\Theta = +1$ zugeordnet. Stab $b\,c$ dreht gegensinnig, hat also $\Theta = -1$. Stab $c\,d$ in Stockwerk III hat in bezug auf den gemeinsamen Stab $c\,b$ von II und III den gegensinnig drehenden Winkel $-3,50 : 5,00 = -0,70$, also nochmals mit $\Theta_{cb,\mathrm{III}} = \Theta_{bc,\mathrm{II}} = -1$ multipliziert auf den Systembezugsstab bezogen,

$$\Theta_{cd,\mathrm{III}} = +0,70.$$

Tabelle 37

Stock-werk	Stab	Θ	k	r	$\bar{r}$	$\bar{\bar{r}}$	R	v
I	f_a	$+1,00$	—	162,8	$+162,8$	162,8		$-0,520$
	$a\,b$	$+1,00$	150	150	$+150$	150	313	$-0,480$
	$b\,a$	$+1,00$	150	150	$+150$	150		$-0,176$
II	f_b	$+1,00$	—	104	$+104$	104	854	$-0,122$
	$b\,c$	$-1,00$	200	300	-300	300		$+0,351$
	$c\,b$	$-1,00$	200	300	-300	300		$+0,330$
III	f_c	$-1,00$	—	104	-104	104	910	$+0,114$
	$c\,d$	$+0,70$	140	210	$+147$	103		$-0,162$

k, r, $\bar{r}$, $\bar{\bar{r}}$ und R 10^{-3} fach; $E = 3,5 \cdot 10^6$ t/m²

Wir arbeiten mit Teilverformungen I und II abwechselnd, weil man bei solchen Systemen mit sich teilweise überdeckenden Stockwerken doch nicht ohne regelmäßig wiederholte Einschaltung von Teilverformungen II auskommt, wenn man auch die Knotendrehungen mit Teilverformungen III vornimmt. Nur insofern benutzen wir eine Abkürzung der Iteration als die gegenseitige Beeinflussung der Knotendrehungen durch den nach 6.921 berechneten Vorgriff sofort insgesamt ermittelt wird. Die Reihenfolge der Schritte ist dann (Abb. 321):

a) Stockwerksausgleiche in I, II und III,

b) Knotenausgleiche an b und c total.

Erläuterungen zur Iteration (Abb. 321):

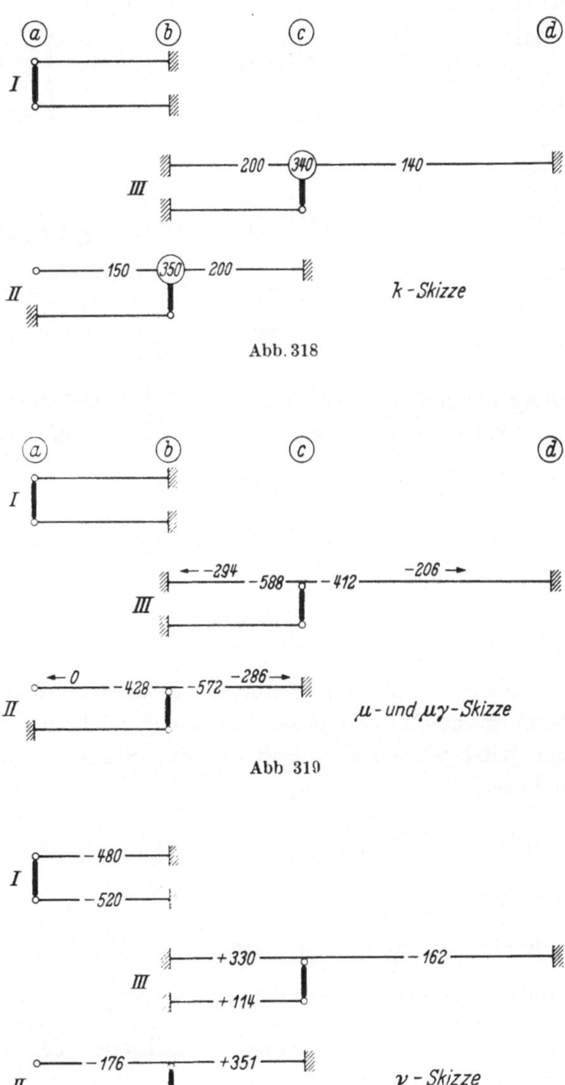

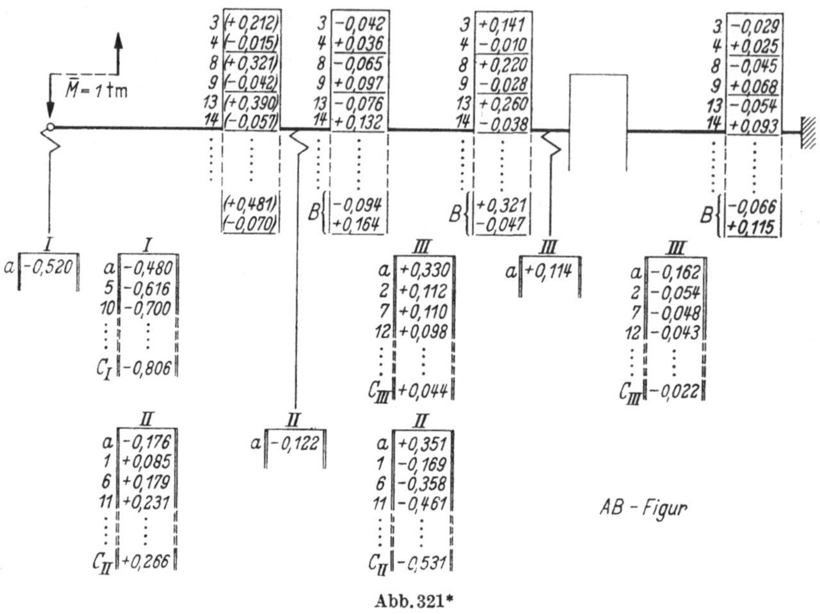

Abb. 321*

Zeile a: Anfangsausgleich des äußeren Stockwerksmomentes $\overline{M}$ $= + 1000$ kgm (entsprechend einer Kraft auf Knoten a von

$$P = 1000 : l_{ik} = 1000 : 3,50 \text{ kg},$$

was bei der abschließenden Auswertung zu berücksichtigen ist)

$$+ 1000 \cdot (- 0,520) = - 520,$$

$$+ 1000 \cdot (- 0,480) = - 480.$$

Zeile 1: Das jetzt in Stockwerk II durch das an Stab a—b befindliche Stabendmoment −480 gestörte Gleichgewicht wird durch Ausgleich wiederhergestellt. Das störende Stockwerksmoment hat den Betrag

$$\Delta \overline{M}_{\text{II}} = - 480\, \Theta_{ab,\,\text{II}} = - 480 \cdot 1,0 = - 480.$$

Ausgleichbeträge:

$$- 480 \cdot (- 0,176) = + 85 \text{ kgm}$$

$$- 480 \cdot (+ 0,351) = - 169 \text{ kgm}.$$

Den dem federnden Auflager zugeordneten Teil schon anzuschreiben, ist verfrüht.

---

* Werte in tm. (Die Zeilen a der Stockwerke II und III sind zu streichen.)

Zeile 2: Störungsbetrag in III:

$$\Delta \overline{M}_{\mathrm{III}} = (-169)\,2 \cdot (-1,00) = +338 \text{ kgm}.$$

Ausgleichbeträge in III:

$$+338\,(+0,330) = +112 \text{ kgm}$$

$$+338\,(-0,162) = -54 \text{ kgm}.$$

Jetzt folgt der totale Knotenausgleich.

Zeile 3: Störungsbetrag an Knoten b:

$$\sum M_b = -480^\bullet + 85 + 112 - 169 = -452 \text{ kgm}.$$

Vervielfachung mit $1 + \varkappa$, wobei

$$\varkappa = \frac{(-0,286)\,(-0,294)}{1 - 0,286 \cdot 0,294} = 0,092$$

ist (vgl. $\mu\,\gamma$-Skizze):

Ausgleichbeträge und Übertragungen:

$$M_{cb} = 1,092\,(-452)\,(-0,286) = +141 \text{ kgm}$$

$$M_{dc} = +141 \cdot (-0,206) = -29 \text{ kgm}$$

$$M_{bc} = +141 \cdot (-0,294) = -42 \text{ kgm}.$$

Wegen des bei a vorhandenen Gelenkes muß der Ausgleichbetrag an Stabende $b\,a$ ausnahmsweise mitgeschrieben werden:

$$M_{ba} = 1,092\,(-0,452)\,(-0,428) = +0,212 \text{ kgm}.$$

Zeile 4: Verfahren wie in Zeile 3, aber für Knoten c:

$$\sum M_c = +112 - 169 - 54 = -111 \text{ kgm}.$$

Zu warnen ist davor, die beim Knotenausgleich in Zeile 3 entstandenen Stabendmomente nochmals mitzunehmen. Diese sind für sich bereits erledigt.

$$M_{dc} = 1,092\,(-111)\,(-0,206) = +25 \text{ kgm}$$

$$M_{bc} = \ldots\,(\ldots)\,(-0,294) = +36 \text{ kgm}$$

$$M_{cb} = +36 \cdot (-0,286) = -10 \text{ kgm}$$

und provisorisch ausnahmsweise schon der Ausgleichbetrag

$$M_{ba} = +36\,(-0,428) = -15 \text{ kgm}.$$

Jetzt wiederholt sich der Stockwerksausgleich. Da nur an einer einzigen Stelle des Balkens eine äußere Kraftwirkung auftritt, nämlich in Stockwerk I, nehmen wir, abweichend von den Gepflogenheiten beim CROSS-Verfahren, immer die Gesamtbeträge mit wie nach KANI, weil man gern beobachten möchte, wie sich der jeweilige Gesamtbetrag entwickelt. Man hat dabei natürlich immer die vollen Zahlen zu handhaben, was durchaus nicht bequem ist.

Zeile 5: Der Störungsbetrag in I ist

$$\Delta \overline{M}_{\mathrm{I}} = + 1000 + 212 - 15 + 85 = + 1282 \text{ kgm}.$$

Der Ausgleichbetrag ist

$$M_{ba} = + 1282 \, (- 0,480) = - 616 \text{ kgm}.$$

M_{af} wird noch nicht aufgeschrieben.

Zeile 6: Der Störungsbetrag in II ist

$$\Delta \overline{M}_{\mathrm{II}} = + 212 - 15 \ldots\ldots\ldots\ldots\ldots\ldots + 197$$

Übertragene Beträge und durch Multiplikation mit $1 : \gamma = 2$ rekonstruierte, üblicherweise nicht anzuschreibende Ausgleichbeträge, also $1 + 2 = 3$fach

$$3 \, (- 42 + 36 + 141 - 10) \, (- 1,0) \ldots\ldots\ldots - 375$$

Von Stockwerk I, Zeile 5 $\ldots\ldots\ldots\ldots\ldots - 616$

$$2 \cdot 112 \, (- 1,0) \ldots\ldots\ldots\ldots\ldots\ldots - 224$$

(von jedem der beiden Stabenden, also doppelt)

$$\overline{}$$
$$- 1018$$

Ausgleichbeträge:

$$M_{ba} = (- 1018) \, (- 0,176) = + 179$$
$$M_{bc} = M_{cb} = (- 1018) \, 0,351 = - 358$$

Zeile 7: Der Störungsbetrag in III ist

$$\Delta \overline{M}_{\mathrm{III}} = \text{(wie in II)} \ldots\ldots - 375$$
$$3 \, (- 29 + 25) \, 0,7 \ldots\ldots\ldots - 8$$
$$2 \, (- 358) \, (- 1,0) \ldots\ldots + 716$$
$$\overline{}$$
$$+ 333$$

Ausgleichbeträge:

$$M_{bc} = M_{cb} = + 333 \cdot 0,330 = + 110$$
$$M_{cd} = M_{dc} = + 333 \, (- 162) = - 48.$$

Rechnerisch richtig müßte es hier -54 statt -48 heißen; ein solcher Fehler wird durch die totalen Ausgleichschritte immer wieder beseitigt. Wieder folgen totale Ausgleiche an den Knoten b und c. In dieser Weise wird fortgefahren. Ich habe mir hier erlaubt, nicht alle Durchgänge aufzuschreiben, betone aber, daß sechs Durchgänge ausgelassen sind. Mit den dann entstandenen Beträgen wurde die E-Figur ausgefüllt. Der Aus-

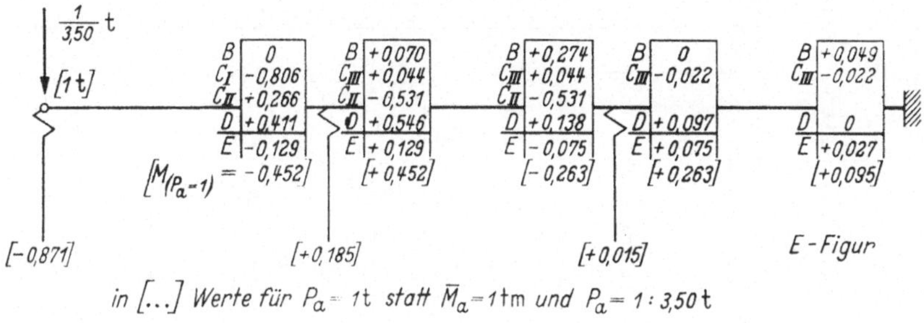

Abb. 322

gleich erstreckt sich auch über die Auflager, wobei man die diesen sich zuordnenden Zahlen unmittelbar als Querverteilungszahlen ansprechen kann, da sie zwar eigentlich Momente der Ersatzstäbe von der Länge $l_{ik} = 3{,}50$ m unter einer Last $P_a' = 1000 : 3{,}50$ kg sind, ebensogut aber die Querverteilungszahlen für die Last $P_a = 1000$ kg, da sich die Division durch $l_{ik} = 3{,}50$ m zur Bildung der Kraft aus den Federstabmomenten und die Multiplikation mit $3{,}50$ bei P_a' gegeneinander aufheben. Diese letztere Multiplikation darf freilich nicht bei den Stabendmomenten im übrigen unterlassen werden; die Ergebnisse, also die Momente für $P_a = 1000$ wurden ebenfalls in die E-Figur eingetragen.

In Abb. 317 sind die Momentenlinie und die Biegungslinie eingezeichnet. Vielleicht überraschend, aber durchaus verständlich ist die negative Auflagerkraft bei d und das positive Einspannungsmoment. Das entspricht den negativen Querverteilungszahlen mancher Kreuzwerkanordnungen.

Zu diesem Beispiel ist als besonders wichtig hinzuzufügen, daß kein größerer Arbeitsaufwand entsteht, wenn die Knoten elastisch drehbar gelagert sind, etwa in torsionssteifen Balken, die senkrecht zu dem untersuchten liegen. Der Einfluß der Torsionssteifigkeit kann recht beträchtlich sein und wenn man ihn berücksichtigt, ist man in der Lage, an Bewehrung zwar nicht zu sparen, sie aber sinnvoller zu verteilen.

E. Formeln und Hilfstabellen

Tabelle I. Steifigkeiten, Übertragungs- und Ausgleichszahlen
A. Für Teilverformungen I
a) Stabendendrehsteifigkeiten

Lagerungsfall	Trägheitsmoment konstant		Trägheitsmoment veränderlich	
	Steifigkeit	*Übertragungszahl*	*Steifigkeit* $\alpha,\ \beta,\ \alpha^0,\ \beta^0$ sind die $E\,I_c$-fachen Endtangentendrehwinkel des entsprechenden frei aufliegenden Stabes	*Übertragungszahl*
a — b (eingespannt)	$k = \dfrac{4\,E\,I}{l}$	$\gamma = \dfrac{1}{2}$	$k_{ab} = \dfrac{\alpha_b}{\alpha_a\,\alpha_b - \beta^2}\,E\,I_c$ $k_{ba} = \dfrac{\alpha_a}{\alpha_a\,\alpha_b - \beta^2}\,E\,J_c$	$\gamma_{ab} = \dfrac{\beta}{\alpha_b}$ $\gamma_{ba} = \dfrac{\beta}{\alpha_a}$
a — b (gelenkig)	$k' = \dfrac{3\,E\,I}{l}$	$\gamma = 0$	$k'_{ab} = \dfrac{E\,I_c}{\alpha_a}$	$\gamma_{ab} = 0$
a — a'	$k'' = \dfrac{2\,E\,I}{l}$	entfällt	$k''_{ab} = \dfrac{E\,I_c}{\alpha + \beta}$	entfällt
a — m	$k_1 = \dfrac{1\,E\,I}{l}$	$\gamma = -1$	$k_{1\,am} = \dfrac{E\,I_c}{\alpha_a + \alpha_m + 2\,\beta}$	$\gamma = -1$
a — a'	$k''' = \dfrac{6\,E\,I}{l}$	entfällt	$k''' = \dfrac{E\,I_c}{\alpha - \beta}$	entfällt

b) *Knotendrehsteifigkeit*

$$K = \sum k, k', k'', k'''\,.$$

c) *Ausgleichzahlen für Knotenmomente*

$$\mu_{mn} = -\;\frac{k_{mn}\ \text{oder}\ k'_{mn}\ \text{oder}\ k''_{mn}\ \text{oder}\ k'''_{mn}}{K_m}$$

Kontrolle: $\displaystyle\sum_m \mu = -1$

B. Für Teilverformungen II

d) *Stabdrehsteifigkeiten*

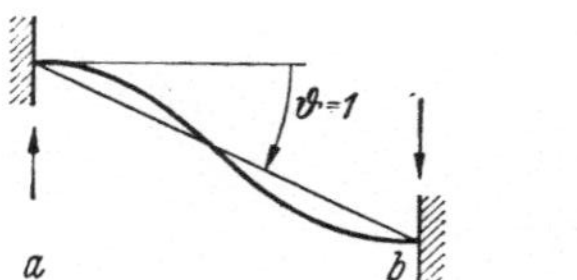

Aus den Stabendendrehsteifigkeiten und Übertragungszahlen zu berechnen durch:

$$r_{ab} = k_{ab}(1 + \gamma_{ab})$$

$$r_{ba} = k_{ba}(1 + \gamma_{ba})$$

oder unmittelbar zu berechnen durch:

$I = \text{const}$

$$r = \frac{6\,EI}{l}\,.$$

$I \neq \text{const}$

$$r_{ab} = \frac{\alpha_b + \beta}{\alpha_a\,\alpha_b - \beta^2}\,E\,I_c$$

$$r_{ba} = \frac{\varkappa_a + \beta}{\alpha_a\,\alpha_b - \beta^2}\,E\,I_c$$

Aus den Stabendendrehsteifigkeiten zu berechnen durch:

$$r'_{ab} = k'_{ab}$$

oder unmittelbar zu berechnen durch:

$$r' = \frac{3\,EI}{l}$$

$$r'_{ab} = \frac{E\,I_c}{\alpha_a}$$

In dem Buch von JOHANNSON-RACZAT „Das CROSS-Verfahren", 2. Auflage, war abweichend hiervon unter der Stabdrehsteifigkeit die Summe der jedem Stabende zugeordneten Einzelwerte verstanden.

e) Stockwerkssteifigkeit

bei durchweg
gleichlangen Stielen

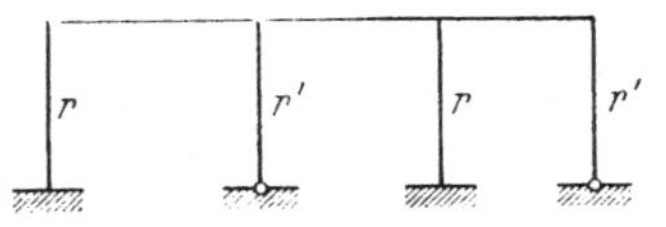

$$R = \Sigma\, r, r'$$

Die etwaige Veränderlichkeit des Trägheitsmomentes
ist in den Werten der r und r' schon berücksichtigt

bei ungleich langen Stielen

Bezugslänge sei ik

$$R_{(ik)} = \Sigma r\, \Theta^2 \text{ und } r'\, \Theta^2 = \Sigma\, \bar{\bar{r}} \text{ und } \bar{\bar{r}}'$$

$$\text{mit } \Theta = \frac{l_{ik}}{l} \text{ und } \bar{\bar{r}} = r\, \Theta^2$$

f) Ausgleichszahlen für Stockwerksmomente

$$r_{mn} = \frac{\bar{r}_{mn} \text{ oder } \bar{r}'_{mn}}{R_{(ik)}}$$

mit $\bar{r} = r\, \Theta$ und $\bar{r}' = r'\, \Theta$
Bei durchweg gleichlangen Stielen ist $\Theta = 1$ und $\bar{r} = r$.

C. Für Teilverformungen III

g) Stabendendrehsteifigkeiten und Übertragungszahlen

Wenn nur ein einziger drehbarer Stab des Stockwerks „s" am gedrehten Knoten „m" sitzt (seine Stabdrehsteifigkeit des Stabendes „m n" sei r_{mn}):

$$k^*_{mn} = k_{mn} + r_{mn}\,\bar{r}_{mn}$$

$$\gamma^*_{mn} = \frac{k_{mn}\gamma_{mn} + v_{nm}\,r_{mn}}{k^*_{mn}}$$

. Achtung: falls $I \neq$ const $r_{nm} \neq v_{mn}$!

Wenn mehrere drehbare Stäbe des Stockwerks am gedrehten Knoten „m" sitzen (ihre Stabdrehsteifigkeiten seien r_{mn} und r_{mo}):

$$k^*_{mn} = k_{mn} + v_{mn}\cdot S_m$$

$$\gamma^*_{mo} = \frac{k_{mn}\gamma_{mn} + v_{nm}\,S_m}{k^*_{mn}}$$

, Achtung: falls $I \neq$ const $v_{nm} \neq r_{mn}$!

worin $S_m = \Sigma\, r = \bar{r}_{mn} + \bar{r}_{mo} = r_{mn}\,\Theta_{mn} + r_{mo}\,\Theta_{mo}$.

Bei gelenkig gelagerten Stäben k'^* mit k' statt mit k bilden, $\bar{r}'$ statt $\bar{r}$ einsetzen:

$$\gamma^* = \gamma = 0$$

h) *Knotendrehsteifigkeit*

Sinngemäß wie b)

(Für drehbare Stäbe sind aber die k^*, k'^* statt der k, k' einzusetzen)

i) *Ausgleichszahlen*

Sinngemäß wie c)

k) *Mitdrehungszahlen zu einem Knoten des Stockwerks „s"*

$$_s\delta_m = -\frac{_sS_m}{K_m} \quad \text{oder} \quad -\frac{\bar{r}_{mn}}{K_m}$$

Änderungen der Stabendmomente an den mitgedrehten, aber nicht am gedrehten Knoten liegenden Stäben des Stockwerks „s"

$$\Delta M_{pq} = {_s\delta_m}\, v_{pq} \sum_k M_{mk}$$

Tabelle II. Volleinspannmomente

1. Träger mit konstantem Trägheitsmoment

Zur Ersparnis an Rechenarbeit verwende man das auf S. 220 angeführte Werk von ROGERS. Es enthält Tafeln für diese M^0 in Abhängigkeit von veränderlichen Werten s, a, b.

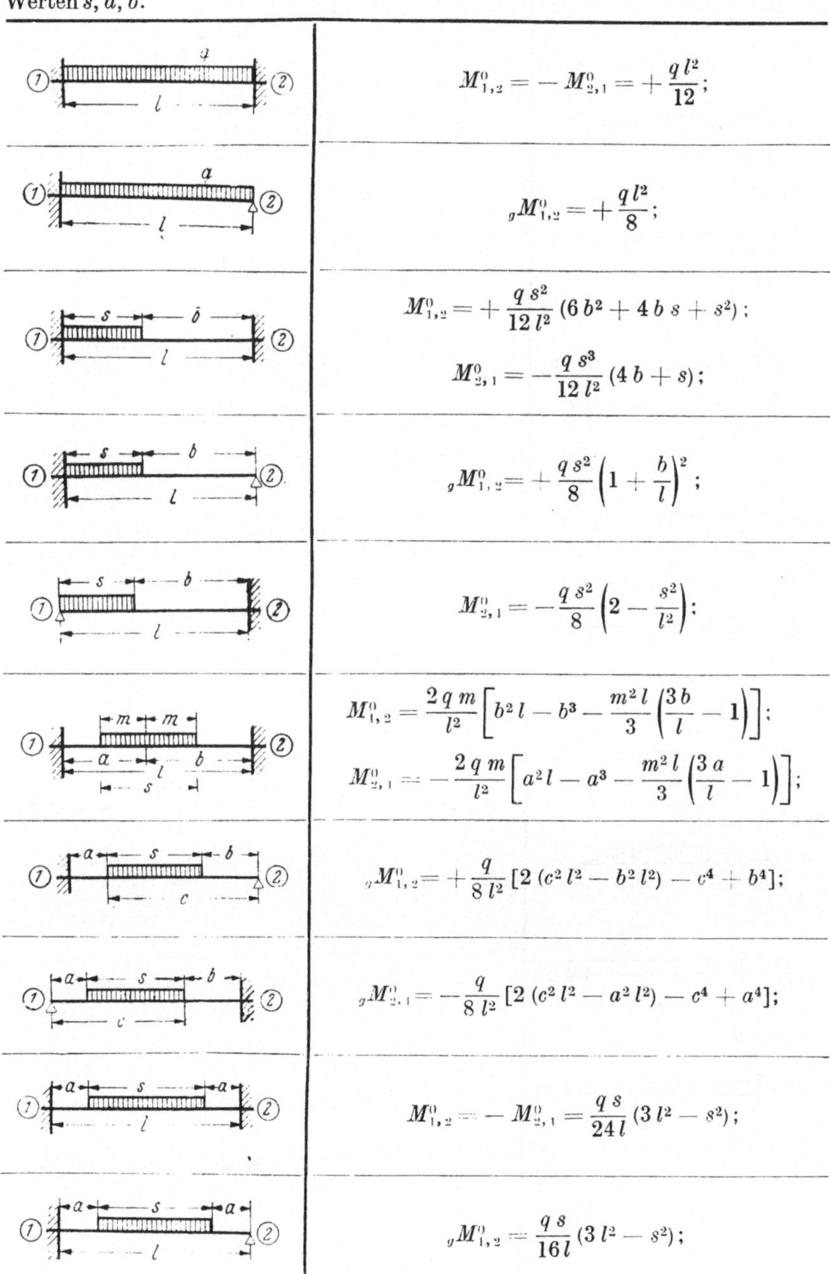

$$M^0_{1,2} = -M^0_{2,1} = +\frac{q\,l^2}{12};$$

$$_gM^0_{1,2} = +\frac{q\,l^2}{8};$$

$$M^0_{1,2} = +\frac{q\,s^2}{12\,l^2}\,(6\,b^2 + 4\,b\,s + s^2);$$

$$M^0_{2,1} = -\frac{q\,s^3}{12\,l^2}\,(4\,b + s);$$

$$_gM^0_{1,2} = +\frac{q\,s^2}{8}\left(1 + \frac{b}{l}\right)^2;$$

$$M^0_{2,1} = -\frac{q\,s^2}{8}\left(2 - \frac{s^2}{l^2}\right);$$

$$M^0_{1,2} = \frac{2\,q\,m}{l^2}\left[b^2\,l - b^3 - \frac{m^2\,l}{3}\left(\frac{3\,b}{l} - 1\right)\right];$$

$$M^0_{2,1} = -\frac{2\,q\,m}{l^2}\left[a^2\,l - a^3 - \frac{m^2\,l}{3}\left(\frac{3\,a}{l} - 1\right)\right];$$

$$_gM^0_{1,2} = +\frac{q}{8\,l^2}\,[2\,(c^2\,l^2 - b^2\,l^2) - c^4 + b^4];$$

$$_gM^0_{2,1} = -\frac{q}{8\,l^2}\,[2\,(c^2\,l^2 - a^2\,l^2) - c^4 + a^4];$$

$$M^0_{1,2} = -M^0_{2,1} = \frac{q\,s}{24\,l}\,(3\,l^2 - s^2);$$

$$_gM^0_{1,2} = \frac{q\,s}{16\,l}\,(3\,l^2 - s^2);$$

Tabelle II (Fortsetzung)

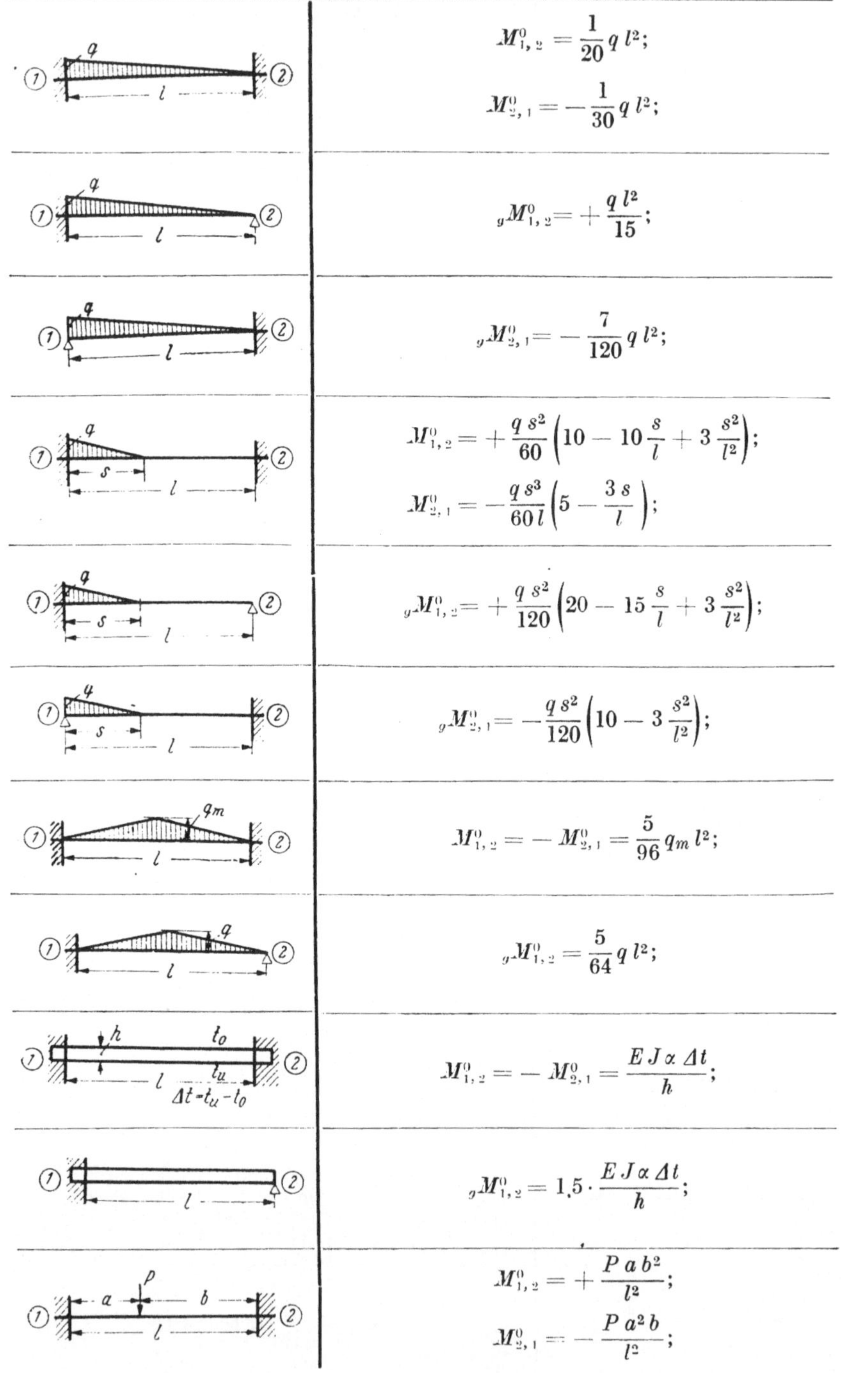

$$M^0_{1,\,2} = \frac{1}{20}\, q\, l^2;$$

$$M^0_{2,\,1} = -\frac{1}{30}\, q\, l^2;$$

$$_gM^0_{1,\,2} = +\frac{q\, l^2}{15};$$

$$_gM^0_{2,\,1} = -\frac{7}{120}\, q\, l^2;$$

$$M^0_{1,\,2} = +\frac{q\, s^2}{60}\left(10 - 10\,\frac{s}{l} + 3\,\frac{s^2}{l^2}\right);$$

$$M^0_{2,\,1} = -\frac{q\, s^3}{60\, l}\left(5 - \frac{3\, s}{l}\right);$$

$$_gM^0_{1,\,2} = +\frac{q\, s^2}{120}\left(20 - 15\,\frac{s}{l} + 3\,\frac{s^2}{l^2}\right);$$

$$_gM^0_{2,\,1} = -\frac{q\, s^2}{120}\left(10 - 3\,\frac{s^2}{l^2}\right);$$

$$M^0_{1,\,2} = -\,M^0_{2,\,1} = \frac{5}{96}\, q_m\, l^2;$$

$$_gM^0_{1,\,2} = \frac{5}{64}\, q\, l^2;$$

$$M^0_{1,\,2} = -\,M^0_{2,\,1} = \frac{E\, J\, \alpha\, \Delta t}{h};$$

$$_gM^0_{1,\,2} = 1{,}5 \cdot \frac{E\, J\, \alpha\, \Delta t}{h};$$

$$M^0_{1,\,2} = +\frac{P\, a\, b^2}{l^2};$$

$$M^0_{2,\,1} = -\frac{P\, a^2\, b}{l^2};$$

Tabelle II (Fortsetzung)

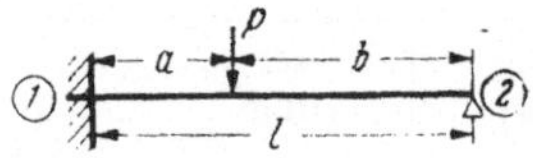

$$_gM^0_{1,2} = \frac{P\,b}{2\,l^2}\,(l^2 - b^2)\,;$$

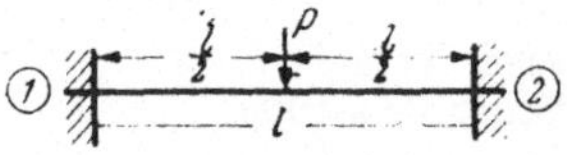

$$M^0_{1,2} = -\,M^0_{2,1} = \frac{P\,l}{8}\,;$$

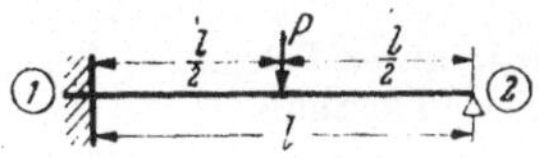

$$_gM^0_{1,2} = \frac{3}{16}\,P\,l\,;$$

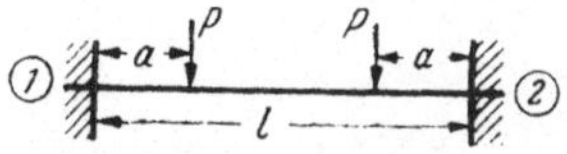

$$M^0_{1,2} = -\,M^0_{2,1} = P\,\frac{a}{l}\,(l - a)\,,$$

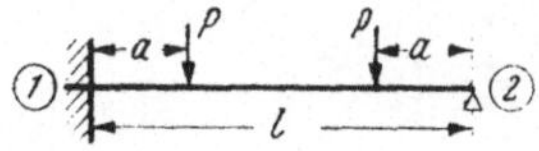

$$_gM^0_{1,2} = P\,\frac{1{,}5\,a}{l}\,(l - a)\,;$$

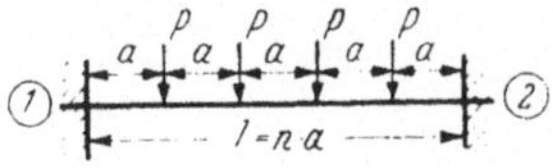

$$M^0_{1,2} = -\,M^0_{1,2} = \frac{1}{12}\,P\,l\,n\left(1 - \frac{1}{n^2}\right)\,;$$

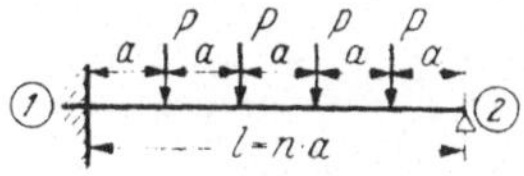

$$_gM^0_{1,2} = \frac{1}{8}\,P\,l\,n\left(1 - \frac{1}{n^2}\right)\,;$$

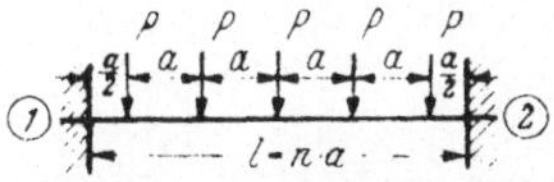

$$M^0_{1,2} = -\,M^0_{2,1} = \frac{1}{12}\,P\,l\,n\left(1 + \frac{1}{2\,n^2}\right)\,;$$

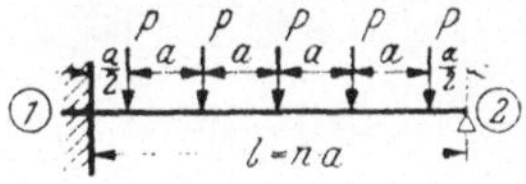

$$_gM^0_{1,2} = \frac{1}{8}\,P\,l\,n\left(1 + \frac{1}{2\,n^2}\right)\,;$$

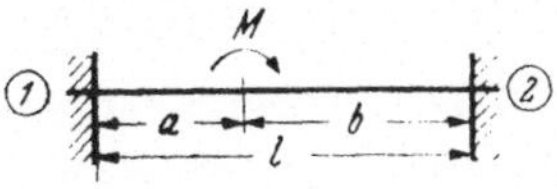

$$M^0_{1,2} = -\,M\,\frac{b}{l}\left(2 - 3\,\frac{b}{l}\right)\,;$$

$$M^0_{2,1} = -\,M\,\frac{a}{l}\left(2 - 3\,\frac{a}{l}\right)\,;$$

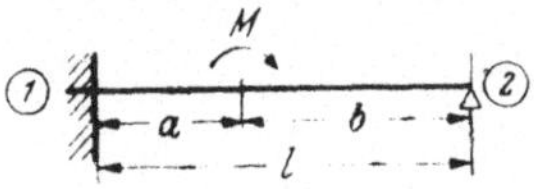

$$_gM^0_{1,2} = -\,\frac{1}{2}\,M\left(1 - 3\,\frac{b^2}{l^2}\right)\,;$$

Tabelle II (Fortsetzung)

2. Träger mit veränderlichem Trägheitsmoment

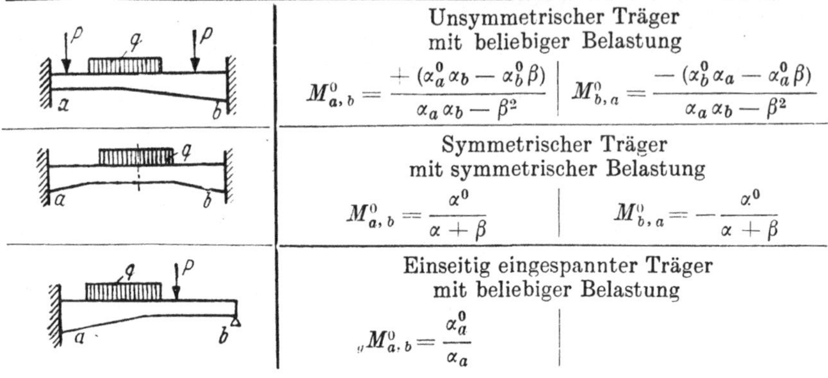

Unsymmetrischer Träger mit beliebiger Belastung

$$M_{a,b}^0 = \frac{+\,(\alpha_a^0\,\alpha_b - \alpha_b^0\,\beta)}{\alpha_a\,\alpha_b - \beta^2} \qquad M_{b,a}^0 = \frac{-\,(\alpha_b^0\,\alpha_a - \alpha_a^0\,\beta)}{\alpha_a\,\alpha_b - \beta^2}$$

Symmetrischer Träger mit symmetrischer Belastung

$$M_{a,b}^0 = \frac{\alpha^0}{\alpha+\beta} \qquad\qquad M_{b,a}^0 = -\frac{\alpha^0}{\alpha+\beta}$$

Einseitig eingespannter Träger mit beliebiger Belastung

$$M_{a,b}^0 = \frac{\alpha_a^0}{\alpha_a}$$

Tabelle III. ω-Zahlen

für den in n Abschnitte geteilten Einfeldträger; $I = $ const.

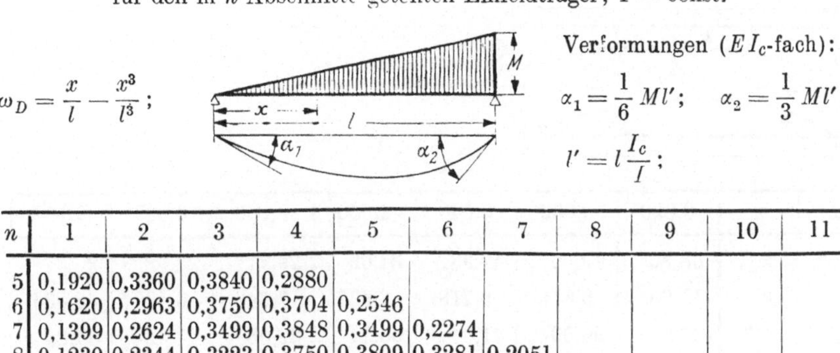

$$\omega_D = \frac{x}{l} - \frac{x^3}{l^3};$$

Verformungen (EI_c-fach):

$$\alpha_1 = \frac{1}{6}\,Ml'; \qquad \alpha_2 = \frac{1}{3}\,Ml';$$

$$l' = l\frac{I_c}{I};$$

n	1	2	3	4	5	6	7	8	9	10	11
5	0,1920	0,3360	0,3840	0,2880							
6	0,1620	0,2963	0,3750	0,3704	0,2546						
7	0,1399	0,2624	0,3499	0,3848	0,3499	0,2274					
8	0,1230	0,2344	0,3223	0,3750	0,3809	0,3281	0,2051				
9	0,1097	0,2112	0,2963	0,3567	0,3841	0,3704	0,3073	0,1866			
10	0,0990	0,1920	0,2730	0,3360	0,3750	0,3840	0,3670	0,2880	0,1710		
11	0,0902	0,1758	0,2524	0,3156	0,3606	0,3832	0,3787	0,3426	0,2705	0,1578	
12	0,0828	0,1620	0,2344	0,2963	0,3443	0,3750	0,3848	0,3704	0,3281	0,2546	0,1464

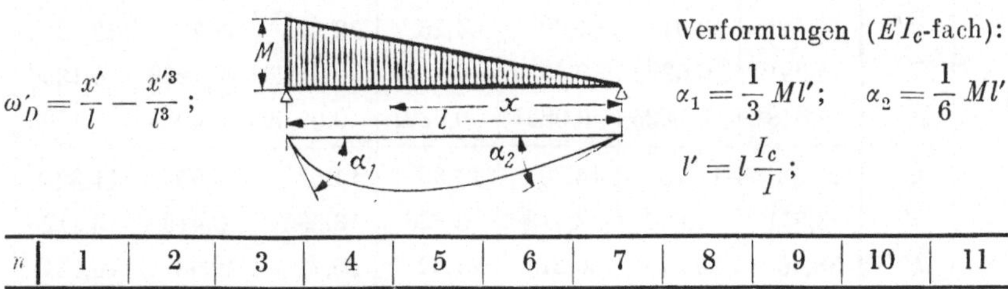

$$\omega'_D = \frac{x'}{l} - \frac{x'^3}{l^3};$$

Verformungen (EI_c-fach):

$$\alpha_1 = \frac{1}{3}\,Ml'; \qquad \alpha_2 = \frac{1}{6}\,Ml';$$

$$l' = l\frac{I_c}{I};$$

n	1	2	3	4	5	6	7	8	9	10	11
5	0,2880	0,3840	0,3360	0,1920							
6	0,2546	0,3704	0,3750	0,2963	0,1620						
7	0,2274	0,3499	0,3848	0,3499	0,2624	0,1399					
8	0,2051	0,3281	0,3809	0,3750	0,3223	0,2344	0,1230				
9	0,1866	0,3073	0,3704	0,3841	0,3567	0,2963	0,2112	0,1097			
10	0,1710	0,2880	0,3570	0,3840	0,3750	0,3360	0,2730	0,1920	0,0990		
11	0,1578	0,2705	0,3426	0,3787	0,3832	0,3606	0,3156	0,2524	0,1758	0,0902	
12	0,1464	0,2546	0,3281	0,3704	0,3848	0,3750	0,3443	0,2963	0,2344	0,1620	0,0828

Tabelle IV. k-Werte und Winkelwerte für den

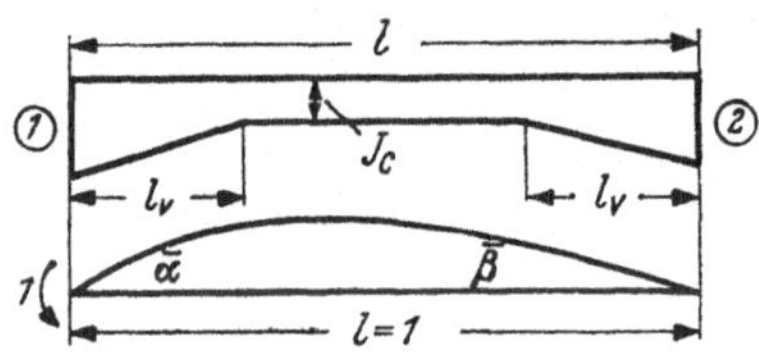

λ	n	0,020	0,030	0,040	0,050	0,060	0,080	0,100
	$\bar{k}$	68,30	49,95	40,33	34,09	29,71	23,99	20,37
	$\bar{k}''$	11,60	9,814	8,718	7,937	7,342	6,489	5,886
0,5	$\bar{k}'''$	125,0	90,09	71,94	60,24	52,08	41,32	34,84
	$\bar{\alpha}$	0,0471	0,0565	0,0643	0,0713	0,0777	0,0891	0,0993
	$\bar{\beta}$	0,0391	0,0454	0,0504	0,0547	0,0585	0,0650	0,0706
	$\bar{k}$	41,72	33,06	28,12	24,61	22,08	18,63	16,28
	$\bar{k}''$	5,914	5,510	5,214	4,980	4,785	4,478	4,239
0,4	$\bar{k}'''$	77,52	60,61	51,02	44,25	39,37	32,79	28,33
	$\bar{\alpha}$	0,0910	0,0990	0,1057	0,1117	0,1172	0,1269	0,1356
	$\bar{\beta}$	0,0781	0,0825	0,0861	0,0891	0,0918	0,0964	0,1003
	$\bar{k}$	21,22	18,75	16,96	15,63	14,63	13,05	11,92
	$\bar{k}''$	3,971	3,830	3,719	3,628	3,550	3,419	3,312
0,3	$\bar{k}'''$	38,46	33,67	30,21	27,62	25,71	22,68	20,53
	$\bar{\alpha}$	0,1389	0,1454	0,1510	0,1559	0,1603	0,1683	0,1753
	$\bar{\beta}$	0,1129	0,1157	0,1179	0,1197	0,1214	0,1242	0,1266
	$\bar{k}$	11,02	10,40	9,906	9,517	9,199	8,660	8,246
	$\bar{k}''$	2,990	2,934	2,891	2,854	2,822	2,765	2,717
0,2	$\bar{k}'''$	19,05	17,86	16,92	16,18	15,58	14,56	13,77
	$\bar{\alpha}$	0,1935	0,1984	0,2025	0,2061	0,2093	0,2152	0,2203
	$\bar{\beta}$	0,1410	0,1424	0,1434	0,1443	0,1451	0,1465	0,1477
	$\bar{k}$	6,321	6,189	6,081	5,993	5,914	5,782	5,665
	$\bar{k}''$	2,397	2,379	2,364	2,352	2,341	2,321	2,304
0,1	$\bar{k}'''$	10,25	10,00	9,804	9,634	9,488	9,242	9,025
	$\bar{\alpha}$	0,2574	0,2602	0,2625	0,2645	0,2663	0,2695	0,2724
	$\bar{\beta}$	0,1598	0,1602	0,1605	0,1607	0,1609	0,1613	0,1616
	$\bar{k}$	4,972	4,927	4,891	4,857	4,832	4,784	4,742
	$\bar{k}''$	2,181	2,173	2,167	2,162	2,157	2,149	2,141
0,05	$\bar{k}'''$	7,764	7,680	7,616	7,553	7,508	7,418	7,342
	$\bar{\alpha}$	0,2937	0,2952	0,2964	0,2975	0,2984	0,3001	0,3016
	$\bar{\beta}$	0,1649	0,1650	0,1651	0,1651	0,1652	0,1653	0,1654

symmetrischen Träger mit veränderlichem Trägheitsmoment

$$n = \frac{I_c}{I_A}; \qquad \lambda = \frac{l_v}{l}; \qquad \alpha^* = \frac{\alpha}{E\,I_c} = \frac{\bar{\alpha}\,l}{E\,I_c}; \qquad \beta^* = \frac{\beta}{E\,I_c} = \frac{\bar{\beta}\,l}{E\,I_c}; \qquad \gamma = \frac{\bar{\beta}}{\bar{\alpha}};$$

$$k = \bar{k}\,\frac{E\,I_c}{l}; \qquad \bar{k}' = \frac{1}{\alpha}; \qquad k' = \bar{k}'\,\frac{E\,I_c}{l}; \qquad k'' = \bar{k}''\,\frac{E\,I_c}{l}; \qquad k''' = \bar{k}'''\,\frac{E\,I_c}{l}.$$

0,125	0,150	0,200	0,300	0,400	0,600	0,800	1,000
17,33	15,21	12,34	9,252	7,558	5,692	4,667	4,000
5,333	4,916	4,316	3,638	3,125	2,573	2,235	2,000
29,33	25,51	20,37	14,93	11,99	8,811	7,097	6,000
0,1108	0,1213	0,1404	0,1732	0,2017	0,2511	0,2942	0,3333
0.0767	0,0821	0,0913	0,1062	0,1183	0,1376	0,1533	0,1667
14,25	12,77	10,73	8,360	7,022	5,475	4,588	4,000
4,000	3,805	3,505	3,091	2,809	2,433	2,183	2,000
24,51	21,74	17,95	13,64	11,24	8,518	6,993	6,000
0,1454	0,1544	0,1705	0,1984	0,2225	0,2642	0,3005	0,3333
0,1046	0,1084	0,1148	0,1251	0,1335	0,1468	0,1575	0,1667
10,84	10,03	8,806	7,298	6,352	5,195	4,490	4,000
3,200	3,106	2,950	2,720	2,552	2,308	2,134	2,000
18,48	16,95	14,66	11,88	10,15	8,084	6,845	6,000
0,1833	0,1905	0,2036	0,2259	0,2452	0,2785	0,3073	0,3333
0,1292	0,1315	0,1354	0,1417	0,1467	0,1548	0,1612	0,1667
7,810	7,453	6,898	6,116	5,577	4,849	4,360	4,000
2,667	2,622	2,546	2,428	2,336	2,195	2,088	2,000
12,95	12,29	11,25	9,804	8,818	7,502	6,631	6,000
0,2261	0,2314	0,2408	0,2569	0,2707	0,2944	0,3149	0,3333
0,1489	0,1500	0,1519	0,1549	0,1573	0,1611	0,1641	0,1667
5,540	5,438	5,256	4,979	4,765	4,439	4,196	4,000
2,286	2,270	2,241	2,194	2,155	2,093	2,043	2,000
8,795	8,606	8,271	7,764	7,375	6,784	6,349	6,000
0,2756	0,2784	0,2836	0,2923	0,2998	0,3126	0,3235	0,3333
0,1619	0,1622	0,1627	0,1635	0,1642	0,1652	0,1660	0,1667
4,695	4,653	4,583	4,466	4,371	4,222	4,101	4,000
2,133	2,126	2,113	2,092	2,075	2,045	2,021	2,000
7,257	7,179	7,052	6,840	6,667	6,398	6,180	6,000
0,3033	0,3048	0,3075	0,3121	0,3160	0,3226	0,3283	0,3333
0,1655	0,1655	0,1657	0,1659	0,1660	0,1663	0,1665	0,1667

Tabelle V. Multiplikatoren für Volleinspannmomente beim

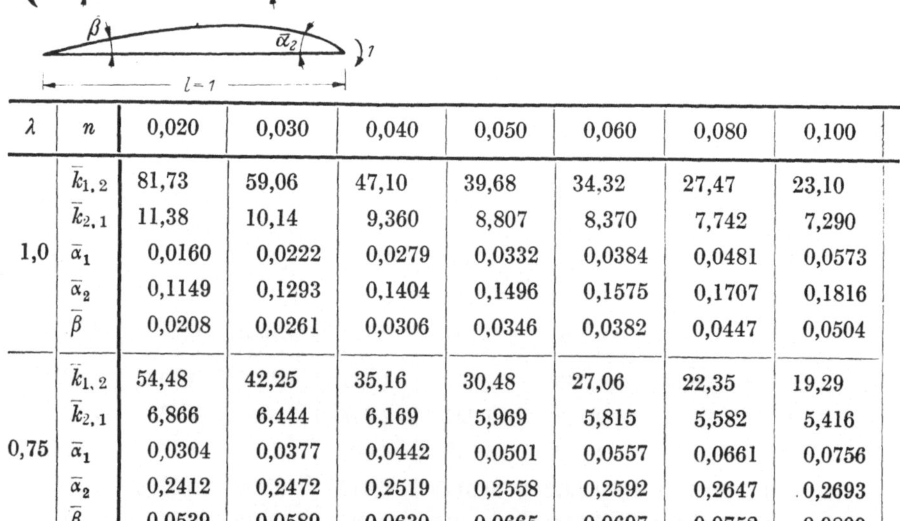

λ	n	0,020	0,030	0,040	0,050	0,060	0,080	0,100
0,5	c	1,36	1,33	1,32	1,30	1,29	1,27	1,25
	c_g	1,67	1,60	1,57	1,54	1,50	1,46	1,43
0,4	c	1,38	1,36	1,35	1,33	1,32	1,30	1,28
	c_g	1,71	1,67	1,63	1,60	1,57	1,52	1,48
0,3	c	1,34	1,33	1,32	1,30	1,29	1,28	1,26
	c_g	1,62	1,60	1,56	1,53	1,51	1,48	1,45
0,2	c	1,27	1,25	1,24	1,24	1,23	1,21	1,20
	c_g	1,46	1,43	1,42	1,40	1,39	1,36	1,34
0,1	c	1,15	1,14	1,14	1,14	1,13	1,12	1,12
	c_g	1,24	1,23	1,22	1,22	1,21	1,20	1,19
0,05	c	1,08	1,08	1,07	1,07	1,07	1,06	1,06
	c_g	1,12	1,12	1,11	1,11	1,11	1,10	1,10

Tabelle VI. k-Werte und Winkelwerte für den

λ	n	0,020	0,030	0,040	0,050	0,060	0,080	0,100
1,0	$\bar{k}_{1,2}$	81,73	59,06	47,10	39,68	34,32	27,47	23,10
	$\bar{k}_{2,1}$	11,38	10,14	9,360	8,807	8,370	7,742	7,290
	$\bar{\alpha}_1$	0,0160	0,0222	0,0279	0,0332	0,0384	0,0481	0,0573
	$\bar{\alpha}_2$	0,1149	0,1293	0,1404	0,1496	0,1575	0,1707	0,1816
	$\bar{\beta}$	0,0208	0,0261	0,0306	0,0346	0,0382	0,0447	0,0504
0,75	$\bar{k}_{1,2}$	54,48	42,25	35,16	30,48	27,06	22,35	19,29
	$\bar{k}_{2,1}$	6,866	6,444	6,169	5,969	5,815	5,582	5,416
	$\bar{\alpha}_1$	0,0304	0,0377	0,0442	0,0501	0,0557	0,0661	0,0756
	$\bar{\alpha}_2$	0,2412	0,2472	0,2519	0,2558	0,2592	0,2647	0,2693
	$\bar{\beta}$	0,0539	0,0589	0,0630	0,0665	0,0697	0,0752	0,0800

symmetrischen Träger mit veränderlichem Trägheitsmoment

$$n = \frac{I_c}{I_A}; \qquad \lambda = \frac{l_v}{l}; \qquad M^0_{1,2} = - M^0_{2,1} = M^0 = \frac{q\,l^2}{12}\,c; \qquad {}_gM^0 = \frac{q\,l^2}{8}\,c_g;$$

0,125	0,150	0,200	0,300	0,400	0,600	0,800	1,00
1,23	1,21	1,18	1,14	1,11	1,06	1,03	1,00
1,39	1,35	1,30	1,23	1,17	1,10	1,04	1,00
1,26	1,24	1,21	1,16	1,13	1,07	1,03	1,00
1,44	1,40	1,35	1,26	1,20	1,11	1,05	1,00
1,24	1,23	1,20	1,16	1,12	1,07	1,03	1,00
1,41	1,38	1,33	1,25	1,20	1,11	1,05	1,00
1,15	1,18	1,16	1,13	1,10	1,06	1,02	1,00
1,32	1,30	1,26	1,21	1,16	1,10	1,04	1,00
1.11	1,11	1,09	1,08	1,06	1,04	1,02	1,00
1,18	1,17	1,15	1,12	1,09	1,06	1,03	1,00
1,06	1,06	1,05	1,04	1,03	1,02	1,01	1,00
1,09	1,09	1,08	1,06	1,05	1,03	1,01	1,00

unsymmetrischen Träger mit veränderlichem Trägheitsmoment

$$n = \frac{I_c}{I_A}; \qquad \lambda = \frac{l_v}{l}; \qquad \alpha^* = \frac{\alpha}{E\,I_c} = \frac{\bar\alpha\,l}{E\,I_c}; \qquad \beta^* = \frac{\beta}{E\,I_c} = \frac{\bar\beta\,l}{E\,I_c};$$

$$k = \bar k\,\frac{E\,I_c}{l}; \qquad \bar k'_{12} = \frac{1}{\bar\alpha_1}; \qquad \bar k'_{21} = \frac{1}{\bar\alpha_2}; \qquad \gamma_{12} = \frac{\bar\beta}{\bar\alpha_2}; \qquad \gamma_{21} = \frac{\bar\beta}{\bar\alpha_1}.$$

0,125	0,150	0,200	0,300	0,400	0,600	0,800	1,000
19,48	16,91	13,56	9,938	7,985	5,873	4,750	4,000
6,870	6,539	6,056	5,442	5,051	4,550	4,249	4,000
0,0681	0,0785	0,0980	0,1339	0,1668	0,2269	0,2819	0,3333
0.1931	0,2030	0,2195	0,2445	0,2637	0,2929	0,3152	0,3333
0,0569	0,0627	0,0730	0,0902	0,1047	0,1288	0,1490	0,1667
16,60	14,68	12,08	9,165	7,522	5,692	4,666	4,000
5,159	5,119	4,927	4,674	4,501	4,272	4,116	4,000
0,0867	0,0971	0,1164	0,1509	0,1819	0,2374	0,2873	0,3333
0,2742	0,2784	0,2853	0,2959	0,3040	0,3163	0,3257	0,3333
0,0852	0,898	0,0979	0,1112	0,1220	0,1397	0,1542	0,1667

Tabelle VI

λ	n	0,020	0,030	0,040	0,050	0,060	0,080	0,100
0,50	$\bar{k}_{1,2}$	25,06	21,98	19,83	18,24	16,95	15,04	13,61
	$\bar{k}_{2,1}$	6,102	5,855	5,676	5,542	5,428	5,257	5,118
	$\bar{\alpha}_1$	0,0745	0,0820	0,0885	0,0943	0,0997	0,1094	0,1182
	$\bar{\alpha}_2$	0,3060	0,3078	0,3092	0,3104	0,3114	0,3130	0,3144
	$\bar{\beta}$	0,1029	0,1060	0,1085	0,1107	0,1126	0,1159	0,1186
0,40	$\bar{k}_{1,2}$	17,24	15,74	14,64	13,77	13,06	11,94	11,08
	$\bar{k}_{2,1}$	5,663	5,504	5,384	5,287	5,206	5,077	4,977
	$\bar{\alpha}_1$	0,1049	0,1120	0,1181	0,1235	0,1284	0,1373	0,1453
	$\bar{\alpha}_2$	0,3194	0,3203	0,3210	0,3216	0,3221	0,3229	0,3236
	$\bar{\beta}$	0,1224	0,1246	0,1264	0,1279	0,1292	0,1315	0,1335
0,30	$\bar{k}_{1,2}$	11,75	11,10	10,58	10,17	9,804	9,232	8,770
	$\bar{k}_{2,1}$	5,197	5,110	5,039	4,978	4,926	4,845	4,779
	$\bar{\alpha}_1$	0,1448	0,1509	0,1562	0,1608	0,1651	0,1726	0,1794
	$\bar{\alpha}_2$	0,3274	0,3278	0,3281	0,3284	0,3286	0,3289	0,3292
	$\bar{\beta}$	0,1398	0,1412	0,1423	0,1432	0,1440	0,1454	0,1467
0,20	$\bar{k}_{1,2}$	8,073	7,810	7,605	7,427	7,274	7,011	6,779
	$\bar{k}_{2,1}$	4,752	4,709	4,676	4,643	4,618	4,572	4,534
	$\bar{\alpha}_1$	0,1952	0,2000	0,2040	0,2075	0,2107	0,2165	0,2215
	$\bar{\alpha}_2$	0,3316	0,3317	0,3318	0,3319	0,3319	0,3320	0,3321
	$\bar{\beta}$	0,1538	0,1545	0,1551	0,1555	0,1559	0,1566	0,1572
0,10	$\bar{k}_{1,2}$	5,626	5,548	5,484	5,427	5,377	5,292	5,217
	$\bar{k}_{2,1}$	4,353	4,338	4,325	4,311	4,301	4,283	4,267
	$\bar{\alpha}_1$	0,2577	0,2604	0,2627	0,2647	0,2665	0,2697	0,2725
	$\bar{\alpha}_2$	0,3331	0,3331	0,3331	0,3332	0,3332	0,3332	0,3332
	$\bar{\beta}$	0,1632	0,1634	0,1636	0,1637	0,1638	0,1640	0,1641
0,05	$\bar{k}_{1,2}$	4,732	4,701	4,677	4,653	4,631	4,597	4,568
	$\bar{k}_{2,1}$	4,171	4,164	4,159	4,153	4,148	4,141	4,133
	$\bar{\alpha}_1$	0,2938	0,2952	0,2964	0,2975	0,2985	0,3002	0,3016
	$\bar{\alpha}_2$	0,3333	0,3333	0,3333	0,3333	0,3333	0,3333	0,3333
	$\bar{\beta}$	0,1658	0,1658	0,1659	0,1659	0,1659	0,1660	0,1660

(Fortsetzung)

0,125	0,150	0,200	0,300	0,400	0,600	0,800	1,000
12,29	11,26	9,761	7,902	6,764	5,390	4,562	4,000
4,991	4,889	4,729	4,520	4,384	4,204	4,086	4,000
0,1283	0,1376	0,1546	0,1843	0,2104	0,2561	0,2965	0,3333
0,3158	0,3170	0,3191	0,3222	0,3246	0,3283	0,3311	0,3333
0,1217	0,1244	0,1290	0,1364	0,1425	0,1522	0,1600	0,1667
10,23	9,567	8,542	7,187	6,313	5,193	4,492	4,000
4,871	4,789	4,659	4,476	4,355	4,190	4,080	4,000
0,1544	0,1627	0,1778	0,2041	0,2269	0,2668	0,3017	0,3333
0,3244	0,3250	0,3260	0,3277	0,3289	0,3307	0,3322	0,3333
0,1356	0,1375	0,1407	0,1459	0,1501	0,1567	0,1621	0,1667
8,297	7,899	7,274	6,392	5,780	4,954	4,414	4,000
4,709	4,647	4,550	4,410	4,310	4,169	4,083	4,000
0,1870	0,1940	0,2066	0,2283	0,2471	0,2796	0,3078	0,3333
0,3295	0,3298	0,3303	0,3309	0,3314	0,3322	0,3328	0,3333
0,1480	0,1491	0,1511	0,1542	0,1567	0,1607	0,1639	0,1667
6,568	6,370	6,047	5,569	5,196	4,670	4,292	4,000
4,492	4,455	4,397	4,306	4,236	4,134	4,059	4,000
0,2272	0,2324	0,2417	0,2576	0,2713	0,2948	0,3151	0,3333
0,3322	0,3323	0,3324	0,3326	0,3328	0,3330	0,3332	0,3333
0,1578	0,1583	0,1593	0,1608	0,1620	0,1639	0,1654	0,1667
5,139	5,066	4,943	4,748	4,591	4,347	4,158	4,000
4,251	4,236	4,209	4,167	4,131	4,077	4,035	4,000
0,2756	0,2786	0,2837	0,2924	0,2999	0,3126	0,3235	0,3333
0,3332	0,3332	0,3332	0,3332	0,3333	0,3333	0,3333	0,3333
0,1643	0,1645	0,1647	0,1651	0,1654	0,1659	0,1663	0,1667
4,535	4,504	4,452	4,364	4,291	4,177	4,081	4,000
4,126	4,119	4,107	4,087	4,069	4,043	4,020	4,000
0,3033	0,3048	0,3075	0,3121	0,3160	0,3226	0,3283	0,3333
0,3333	0,3333	0,3333	0,3333	0,3333	0,3333	0,3333	0,3333
0,1661	0,1661	0,1662	0,1663	0,1663	0,1665	0,1666	0,1667

Tabelle VII. Multiplikatoren für Volleinspannmomente beim

$$M^0_{1,2} = \frac{q\,l^2}{12}\,c_{1,2};\qquad M^0_{2,1} = -\frac{q\,l^2}{12}\,c_{2,1};$$

λ	n	0,020	0,030	0,040	0,050	0,060	0,080	0,100
1,0	$c_{1,2}$	1,96	1,80	1,76	1,67	1,65	1,59	1,52
	$c_{2,1}$	0,397	0,443	0,470	0,512	0,526	0,567	0,602
	$c^g_{1,2}$	1,65	1,55	1,52	1,47	1,46	1,41	1,37
	$c^g_{2,1}$	0,501	0,538	0,570	0,599	0,620	0,656	0,683
0,75	$c_{1,2}$	2,23	2,09	1,95	1,87	1,82	1,72	1,63
	$c_{2,1}$	0,457	0,498	0,536	0,561	0,581	0,614	0,647
	$c^g_{1,2}$	2,03	1,91	1,81	1,74	1,69	1,61	1,54
	$c^g_{2,1}$	0,637	0,663	0,683	0,706	0,713	0,734	0,755
0,50	$c_{1,2}$	2,35	2,21	2,09	2,01	1,95	1,84	1,75
	$c_{2,1}$	0,493	0,534	0,575	0,598	0,616	0,658	0,689
	$c^g_{1,2}$	2,02	1,93	1,86	1,81	1,77	1,69	1,62
	$c^g_{2,1}$	0,855	0,862	0,872	0,876	0,881	0,892	0,898
0,40	$c_{1,2}$	2,19	2,09	1,99	1,94	1,89	1,79	1,73
	$c_{2,1}$	0,537	0,571	0,606	0,625	0,639	0,675	0,700
	$c^g_{1,2}$	1,88	1,81	1,76	1,72	1,69	1,63	1,58
	$c^g_{2,1}$	0,917	0,922	0,927	0,930	0,931	0,937	0,942
0,30	$c_{1,2}$	1,95	1,88	1,83	1,78	1,74	1,69	1,63
	$c_{2,1}$	0,613	0,638	0,654	0,674	0,692	0,713	0,732
	$c^g_{1,2}$	1,69	1,65	1,62	1,59	1,56	1,52	1,48
	$c^g_{2,1}$	0,960	0,964	0,966	0,967	0,969	0,971	0,972
0,20	$c_{1,2}$	1,64	1,61	1,58	1,56	1,54	1,50	1,46
	$c_{2,1}$	0,715	0,732	0,743	0,752	0,765	0,779	0,792
	$c^g_{1,2}$	1,48	1,45	1,43	1,41	1,40	1,37	1,35
	$c^g_{2,1}$	0,987	0,989	0,989	0,989	0,991	0,991	0,991
0,10	$c_{1,2}$	1,33	1,31	1,30	1,29	1,28	1,26	1,25
	$c_{2,1}$	0,846	0,855	0,860	0,863	0,870	0,875	0,881
	$c^g_{1,2}$	1,24	1,23	1,22	1,22	1,21	1,20	1,19
	$c^g_{2,1}$	0,999	0,999	0,999	0,999	0,999	0,999	0,999
0,05	$c_{1,2}$	1,16	1,16	1,15	1,15	1,14	1,13	1,13
	$c_{2,1}$	0,923	0,924	0,927	0,930	0,933	0,936	0,938
	$c^g_{1,2}$	1,12	1,12	1,11	1,11	1,10	1,10	1,10
	$c^g_{2,1}$	1,00	1,00	1,00	1,00	1,00	1,00	1,00

unsymmetrischen Träger mit veränderlichem Trägheitsmoment

$$_g M^0_{1,2} = \frac{q\,l^2}{8}\,c^g_{1,2}; \qquad _g M^0_{2,1} = -\,\frac{q\,l^2}{8}\,c^g_{2,1};$$

0,125	0,150	0,200	0,300	0,400	0,600	0,800	1,000
1,46	1,41	1,34	1,25	1,19	1,11	1,05	1,000
0,631	0,663	0,712	0,784	0,828	0,897	0,962	1,000
1,33	1,29	1,25	1,18	1,14	1,08	1,03	1,000
0,708	0,733	0,773	0,828	0,868	0,923	0,967	1,000
1,57	1,50	1,42	1,30	1,23	1,12	1,05	1,000
0,673	0,701	0,742	0,800	0,840	0,912	0,962	1,000
1,49	1,43	1,36	1,26	1,20	1,11	1,04	1,000
0,773	0,790	0,819	0,860	0,889	0,938	0,973	1,000
1,67	1,59	1,50	1,36	1,27	1,14	1,06	1,000
0,718	0,745	0,777	0,835	0,874	0,928	0,971	1,000
1,57	1,51	1,43	1,32	1,24	1,13	1,05	1,000
0,907	0,914	0,923	0,941	0,954	0,972	0,988	1,000
1,66	1,59	1,49	1,36	1,27	1,15	1,06	1,000
0,724	0,752	0,791	0,839	0,880	0,933	0,970	1,000
1,53	1,48	1,41	1,31	1,23	1,13	1,06	1,000
0,945	0,950	0,957	0,964	0,973	0,985	0,992	1,000
1,57	1,53	1,45	1,34	1,25	1,14	1,06	1,000
0,754	0,772	0,804	0,853	0,889	0,937	0,976	1,000
1,44	1,41	1,36	1,28	1,21	1,12	1,05	1,000
0,974	0,975	0,979	0,984	0,987	0,992	0,998	1,000
1,43	1,40	1,35	1,27	1,11	1,12	1,05	1,000
0,809	0,819	0,844	0,881	0,902	0,945	0,975	1,000
1,33	1,31	1,27	1,21	1,17	1,10	1,04	1,000
0,992	0,993	0,994	0,996	0,996	0,997	0,999	1,000
1,24	1,22	1,19	1,16	1,13	1,07	1,03	1,000
0,887	0,896	0,908	0,925	0,938	0,963	0,986	1,000
1,19	1,17	1,15	1,12	1,10	1,06	1,03	1,000
0,999	0,999	0,999	0,999	0,999	0,999	0,999	1,000
1,12	1,12	1,10	1,08	1,07	1,04	1,02	1,000
0,942	0,946	0,952	0,961	0,970	0,981	0,993	1,000
1,09	1,09	1,08	1,06	1,05	1,03	1,01	1,000
1,00	1,00	1,00	1,00	1,00	1,00	1,00	1,000

Tabelle VIII. k-Werte und Winkelwerte für den Satteldachbalken

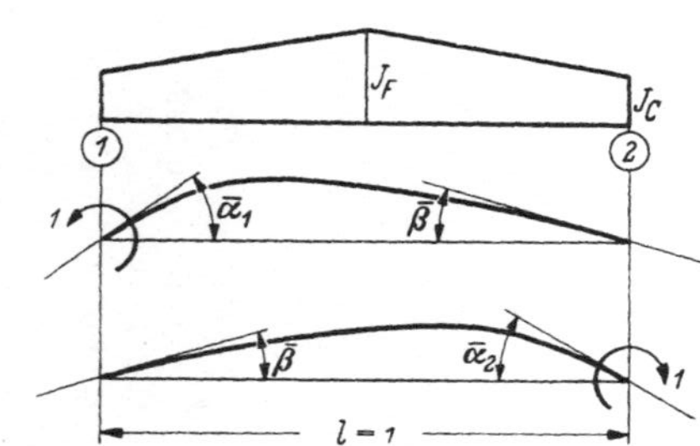

$$n = \frac{I_c}{I_F} < 1 \;;\; \alpha_1^* = \alpha_2^* = \frac{\alpha}{EI_c} = \frac{\bar{\alpha}l}{EI_c}\;;\; \beta^* = \frac{\beta}{EI_c} = \frac{\bar{\beta}l}{EI_c}\;;\; \gamma_{12} = \gamma_{21} = \gamma = \frac{\bar{\beta}}{\bar{\alpha}}$$

$$k_{12} = k_{21} = \bar{k}\,\frac{EI_c}{l}\;;\; k'_{12} = \bar{k}'\,\frac{EI_c}{l}\;;\; k'' = \bar{k}''\,\frac{EI_c}{l}\;;\; k''' = \bar{k}'''\,\frac{EI_c}{l}$$

n	0,010	0,020	0,040	0,060	0,100	0,150	0,200	0,300	0,400	0,800	0,800	1,000
$\bar{\alpha}$	0,0557	0,0719	0,0925	0,1075	0,1304	0,1525	0,1707	0,2008	0,2259	0,2676	0,3025	0,3333
$\bar{\beta}$	0,0089	0,0144	0,0223	0,0287	0,0395	0,0510	0,0610	0,0786	0,0940	0,1211	0,1450	0,1667
γ	0,1593	0,2005	0,2409	0,2673	0,3033	0,3342	0,3572	0,3912	0,4163	0,4527	0,4791	0,5000
$\bar{k}$	18,42	14,50	11,48	10,02	8,448	7,384	6,715	5,879	5,355	4,701	4,288	4,000
$\bar{k}'$	17,95	13,91	10,82	9,305	7,671	6,559	5,858	4,979	4,427	3,737	3,304	3,000
$\bar{k}''$	15,48	11,59	8,716	7,343	5,886	4.916	4,316	3,579	3,126	2,573	2,234	2,000
$\bar{k}'''$	21,35	17,40	14,25	12,70	11,01	9,851	9,113	8,179	7,584	6,828	6,343	6,000

Tabelle IX. Multiplikatoren „m" für Volleinspannmomente beim Satteldachbalken

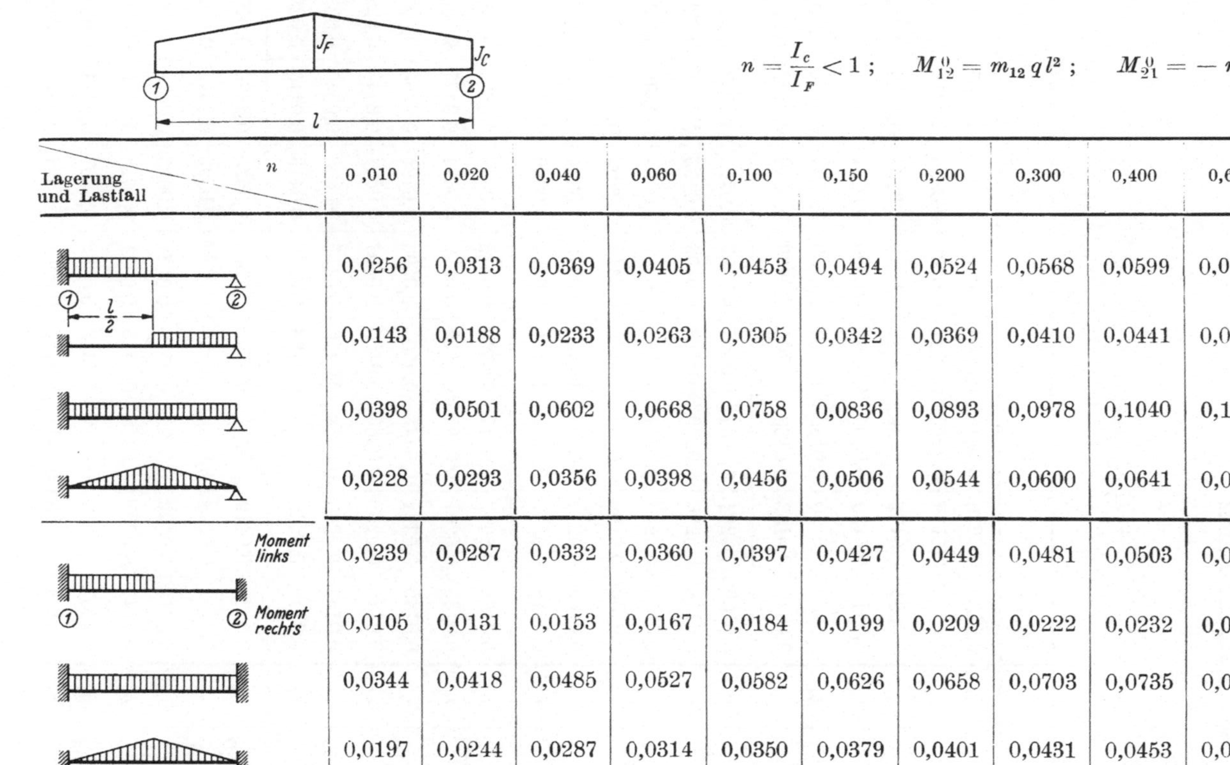

$$n = \frac{I_c}{I_F} < 1 \;;\qquad M^0_{12} = m_{12}\, q\, l^2 \;;\qquad M^0_{21} = -\, m_{21}\, q\, l^2$$

Lagerung und Lastfall / n	0,010	0,020	0,040	0,060	0,100	0,150	0,200	0,300	0,400	0,600	0,800	1,000
	0,0256	0,0313	0,0369	0,0405	0,0453	0,0494	0,0524	0,0568	0,0599	0,0645	0,0679	0,0703
	0,0143	0,0188	0,0233	0,0263	0,0305	0,0342	0,0369	0,0410	0,0441	0,0487	0,0519	0,0547
	0,0398	0,0501	0,0602	0,0668	0,0758	0,0836	0,0893	0,0978	0,1040	0,1132	0,1198	0,1250
	0,0228	0,0293	0,0356	0,0398	0,0456	0,0506	0,0544	0,0600	0,0641	0,0702	0,0747	0,0781
Moment links	0,0239	0,0287	0,0332	0,0360	0,0397	0,0427	0,0449	0,0481	0,0503	0,0534	0,0558	0,0573
Moment rechts	0,0105	0,0131	0,0153	0,0167	0,0184	0,0199	0,0209	0,0222	0,0232	0,0245	0,0252	0,0260
	0,0344	0,0418	0,0485	0,0527	0,0582	0,0626	0,0658	0,0703	0,0735	0,0779	0,0810	0,0833
	0,0197	0,0244	0,0287	0,0314	0,0350	0,0379	0,0401	0,0431	0,0453	0,0483	0,0505	0,0521

Tabelle X. Einflußlinien der Winkelwerte α_1^0 und α_2^0 für den symmetrischen Träger mit veränderlichem Trägheitsmoment

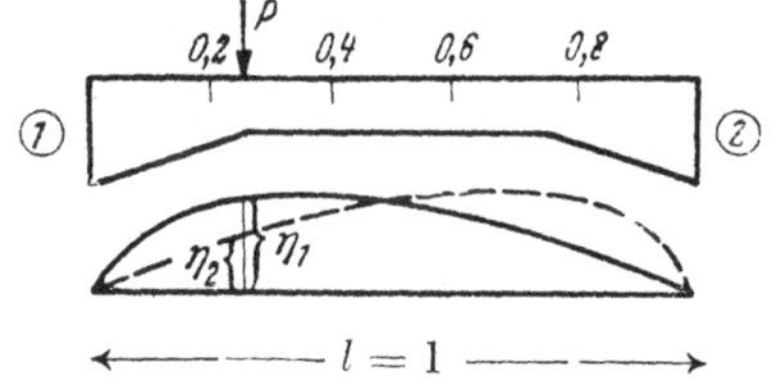

$$\alpha_1^0 = \eta_1 \frac{P\,l^2}{E\,I_c}\,; \qquad \alpha_2^0 = \eta_2 \frac{P\,l^2}{E\,I_c}\,;$$

λ	n		0,1	0,2	0,3	0,4	0,5	0,6	0,7	0,8	0,9
0,50	0,20	η_1	0,0130	0,0236	0,0315	0,0360	0,0366	0,0327	0,0260	0,0179	0,0091
		η_2	0,0091	0,0179	0,0260	0,0327	0,0366	0,0360	0,0315	0,0236	0,0130
	0,10	η_1	0,0094	0,0175	0,0239	0,0281	0,0290	0,0258	0,0204	0,0139	0,0070
		η_2	0,0070	0,0139	0,0204	0,0258	0,0290	0,0281	0,0239	0,0175	0,0094
	0,05	η_1	0,0069	0,0130	0,0182	0,0219	0,0230	0,0204	0,0160	0,0108	0,0055
		η_2	0,0055	0,0108	0,0160	0,0204	0,0230	0,0219	0,0182	0,0130	0,0069
0,40	0,20	η_1	0,0160	0,0294	0,0397	0,0455	0,0459	0,0413	0,0329	0,0226	0,0114
		η_2	0,0114	0,0226	0,0329	0,0413	0,0459	0,0455	0,0397	0,0294	0,0160
	0,10	η_1	0,0130	0,0246	0,0341	0,0402	0,0411	0,0369	0,0292	0,0199	0,0100
		η_2	0,0100	0,0199	0,0292	0,0369	0,0411	0,0402	0,0341	0,0246	0,0130
	0,05	η_1	0,0109	0,0210	0,0298	0,0360	0,0372	0,0334	0,0262	0,0177	0,0089
		η_2	0,0089	0,0177	0,0262	0,0334	0,0372	0,0360	0,0298	0,0210	0,0109
0,30	0,20	η_1	0,0192	0,0356	0,0477	0,0534	0,0532	0,0479	0,0387	0,0267	0,0135
		η_2	0,0135	0,0267	0,0387	0,0479	0,0532	0,0534	0,0477	0,0356	0,0192
	0,10	η_1	0,0169	0,0322	0,0443	0,0504	0,0504	0,0455	0,0366	0,0251	0,0126
		η_2	0,0126	0,0251	0,0366	0,0455	0,0504	0,0504	0,0443	0,0322	0,0169
	0,05	η_1	0,0153	0,0296	0,0416	0,0479	0,0483	0,0436	0,0350	0,0238	0,0120
		η_2	0,0120	0,0238	0,0350	0,0436	0,0483	0,0479	0,0416	0,0296	0,0153
0,20	0,20	η_1	0,0229	0,0419	0,0541	0,0592	0,0583	0,0525	0,0426	0,0298	0,0151
		η_2	0,0151	0,0298	0,0426	0,0525	0,0583	0,0592	0,0541	0,0419	0,0229
	0,10	η_1	0,0214	0,0402	0,0525	0,0578	0,0571	0,0515	0,0418	0,0291	0,0147
		η_2	0,0147	0,0291	0,0418	0,0515	0,0571	0,0578	0,0525	0,0402	0,0214
	0,05	η_1	0,0203	0,0388	0,0512	0,0567	0,0562	0,0507	0,0411	0,0286	0,0144
		η_2	0,0144	0,0286	0,0411	0,0507	0,0562	0,0567	0,0512	0,0388	0,0203

Tabelle XI. Einflußlinien der Winkelwerte α_1^0 und α_2^0 für den unsymmetrischen Träger mit veränderlichem Trägheitsmoment

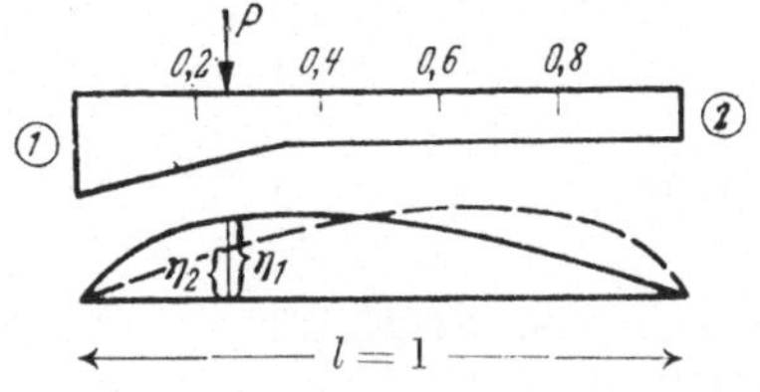

$$\alpha_1^0 = \eta_1 \frac{P l^2}{E I_c}\,; \qquad \alpha_2^0 = \eta_2 \frac{P l^2}{E I_c}\,;$$

λ	n		0,1	0,2	0,3	0,4	0,5	0,6	0,7	0,8	0,9
	0,20	η_1	0,0106	0,0191	0,0253	0,0291	0,0303	0,0290	0,0249	0,0183	0,0096
		η_2	0,0098	0,0193	0,0282	0,0361	0,0422	0,0457	0,0451	0,0384	0,0237
0,75	0,10	η_1	0,0070	0,0130	0,0176	0,0208	0,0223	0,0220	0,0195	0,0147	0,0078
		η_2	0,0080	0,0158	0,0233	0,0302	0,0360	0,0398	0,0404	0,0352	0,0221
	0,05	η_1	0,0048	0,0089	0,0124	0,0150	0,0166	0,0169	0,0155	0,0120	0,0065
		η_2	0,0066	0,0132	0,0196	0,0256	0,0310	0,0349	0,0363	0,0325	0,0207
	0,20	η_1	0,0144	0,0265	0,0358	0,0417	0,0437	0,0409	0,0342	0,0245	0,0127
		η_2	0,0128	0,0255	0,0373	0,0477	0,0554	0,0583	0,0552	0,0452	0,0271
0,50	0,10	η_1	0,0113	0,0213	0,0296	0,0357	0,0385	0,0368	0,0311	0,0224	0,0117
		η_2	0,0118	0,0235	0,0348	0,0450	0,0530	0,0564	0,0538	0,0442	0,0266
	0,05	η_1	0,0092	0,0176	0,0251	0,0311	0,0345	0,0336	0,0287	0,0208	0,0109
		η_2	0,0111	0,0220	0,0328	0,0428	0,0510	0,0548	0,0526	0,0434	0,0262
	0,20	η_1	0,0167	0,0309	0,0418	0,0434	0,0495	0,0456	0,0377	0,0268	0,0139
		η_2	0,0140	0,0278	0,0407	0,0516	0,0589	0,0611	0,0573	0,0465	0,0278
0,40	0,10	η_1	0,0140	0,0265	0,0370	0,0441	0,0459	0,0427	0,0356	0,0254	0,0132
		η_2	0,0133	0,0265	0,0391	0,0502	0,0576	0,0601	0,0566	0,0461	0,0275
	0,05	η_1	0,0121	0,0233	0,0333	0,0407	0,0431	0,0405	0,0339	0,0242	0,0126
		η_2	0,0128	0,0255	0,0378	0,0489	0,0566	0,0593	0,0560	0,0456	0,0273
	0,20	η_1	0,0195	0,0362	0,0486	0,0546	0,0547	0,0498	0,0408	0,0289	0,0149
		η_2	0,0151	0,0298	0,0433	0,0541	0,0610	0,0628	0,0586	0,0474	0,0282
0,30	0,10	η_1	0,0174	0,0330	0,0455	0,0520	0,0525	0,0480	0,0395	0,0280	0,0145
		η_2	0,0146	0,0291	0,0426	0,0535	0,0605	0,0624	0,0583	0,0472	0,0281
	0,05	η_1	0,0158	0,0306	0,0431	0,0499	0,0508	0,0466	0,0385	0,0273	0,0142
		η_2	0,0143	0,0285	0,0420	0,0530	0,0600	0,0620	0,0580	0,0470	0,0280
	0,20	η_1	0,0230	0,0421	0,0543	0,0596	0,0588	0,0530	0,0433	0,0305	0,0158
		η_2	0,0159	0,0313	0,0449	0,0555	0,0620	0,0636	0,0592	0,0478	0,0284
0,20	0,10	η_1	0,0215	0,0404	0,0528	0,0583	0,0577	0,0522	0,0426	0,0301	0,0156
		η_2	0,0157	0,0310	0,0447	0,0553	0,0619	0,0635	0,0591	0,0478	0,0284
	0,05	η_1	0,0204	0,0391	0,0517	0,0573	0,0569	0,0515	0,0422	0,0298	0,0154
		η_2	0,0155	0,0308	0,0445	0,0551	0,0618	0,0634	0,0591	0,0477	0,0284

Namen- und Sachverzeichnis

Absolute Stockwerksausgleichzahlen 101, 171, 216
Addition der Änderungsbeträge 13, 15, 86, 113, 136
Änderung der Querschnittsabmessungen 130
Allgemeine Verfahrensregel 101
Anschauliche Ableitung des Cross-V. 81
— Deutung 35
Antimetrische Belastung 139 ff.
Arbeitszahlen 51, 103, 115, s. a. Festwerte
Auflager, elastisch senkbare 49
— -schrägen s. Vouten
— -senkung 157
— -verschiebungen 158
Ausgangsmomente (für feste Einspannung) 107, 114, 277 ff.
Ausgleich (Begriff) 40
—, abwechselnder — in Knoten und Stockwerken 18, 89
—, gleichzeitiger — in Knoten und Stockwerk 26
— -schritte 84
— —, Reihenfolge der — 29, 11
Ausgleichzahlen, Knoten-— 70
—, Stockwerks-— 72
—, totale 129

Belastung, antimetrische 137 ff.
—, symmetrische 137 ff.
—, unsymmetrische 137 ff.
Belastungsumordnung 137
Berechnungsnormung 101
Bettischer Satz 62
Bettungsziffer 147
Bezeichnungen 50
Bezugslänge 48, s. a. Bezugsstab
Bezugsstab 62, 65, 107, 133, 266

Cross, Hardy 2, 8
Crosssche Iteration 12, 81, 83, 84, 109, 130, 137

Cross-Verfahren 2 ff., 33, 83, 136
—, abgekürztes 7, 85
—, Anschauliche Deutung 35
—, Aufgabenbereich 33
—, Definition 37
—, Grundlagen 41 ff.
—, Handhabung 81 ff.
Csonka 80

Dernedde 8
Dischinger 60
Drehungsanteil 14, 135, 137
Drehungsstabgruppe 62
Drehwinkel-Elimination 9
— -verfahren 9, 131
Durchlaufträger (-balken, -platte) 14, 43, 84, 145, 157
—, geknickter 177

Einflußlinie 183 ff.
— für ein Stützenmoment 185, 190
Einflußlinien für Endtangentendrehwinkel, wenn $I \neq$ const. 292
Eingeschossiger Rahmen 40, 80, 87 ff., 215, 232, 246, 250, 253
Elastisch senkbare Stützen 157, 264
Endtangentendrehwinkel 59
Engesser 4
Ergebnis-Figur 17, 114
Ersatzstab 148 ff., 154, 158 ff.

Fachwerk 7, 42, 164
Federungszahl, -steifigkeit 64, 154, 157, 160, 264
Fehler, Verbesserung von —n 17
Festhalte-kräfte 37
— -moment 37, 71, 99
Festhaltung 36
Festwerte 114, s. a. Arbeitszahlen
Formänderungskontrollen 117
Formel-sammlungen 3, 35
— -zeichen 50
Fortleitungszahl s. Übertragungszahl

FORNEROD 8
Fundament-drehung 153
— -setzung 148
— -verschiebung 158

GAUSS 6
Geknickter Durchlaufträger 177
Gelenk-kette·45
— -viereck 69
Geometrische Reihe 4, 127, 129
GRINTER 8
GULDAN 11, 49, 60

HALASZ, v. 49
HALLER, v. — und KRANL 37
HERTWIG 4
HIRSCHFELD 35, 49
Hoher symm. Stockwerkrahmen 219,
 228
HOOKE 173

Iteration s. CROSSSche —

JOHANNSON 11, 37, 58
JORDAN 5

KAMMÜLLER 10
KANI 11, 49
Kette, einfach bewegliche 39
—, Gelenk-— 45
Knoten 41
— -anschlüsse 41
— -Ausgleichzahlen 70
— -drehung 36, 44
— -drehwinkel 4, 44
— -gleichung 132
— -moment 6, 47, 49
— -steifigkeit 49, 63, 273, 276
Kontrolle 13ff., 16, 25, 137
Konvergenz 5, 12, 37, 134, 236
Kraftgrößenverfahren 9
Kragträger 108
Kreuzwerk 43
KUPFERSCHMID 12, 117

Lagerungsart 57, 49
LIN 37
LUETKENS 37

MANN 4
Matrix 118, 133, 181
MAWXELLscher Satz 184
Mischsystem 34, 42, 77

Mitdrehungsanteil 32
Mitdrehungszahl 75, 77, 276
MOHRscher Satz 54, 59
Momentenausgleich 6, 13
—, einmaliger 81
—, wiederholter 83
Momentenverteilung s. Momentenaus-
 gleich 6
MORRIS 1

Nebenspannungen 7
Normalkräfte, Längenänderungen
 durch — 172
Notierung der Stabendmomente 17, 164

OSWALD 37

PILKEY 11, 236
POHL 4
PRENZLOW 49
Prüfingenieur 17, 111

Querbelastete Stäbe 165
Querverteilungszahl 271

RACZAT 58
Rahmen, eingeschossige s. Eingesch. R.
—, Stockwerks-, s. Stockwerksrahmen
— -skizze 6, 102
— -träger 5, 35, 112, 221ff.
— -werk, ebenes 42
— —, räumliches 43, 173
Rechenkontrolle 1, 86
Reduktionssatz 122ff.
Reihenfolge der Ausgleichschritte 29,
 111, 113
Reinschrift der stat. Berechnung 26
Relaxationsverfahren 134

Satteldachbalken 290
Schiefwinkliges Stockwerk 65, 68
SCHLEICHER 8, 174
Schräg liegende Stäbe 39, 65, 102, 232,
 234, 246
Schwinden 147, 166
SEIDEL 133
Sheddach 169ff.
Silozelle 146
Spreizmoment 184
Spreizwinkel 8, 122

Stab 41
Stäbe mit konstantem Querschnitt 54
— mit veränderlichem Querschnitt 58ff.
Stab-drehsteifigkeit 49, 50, 57, 71, 273
— -drehung 44ff., 49, 167
— -drehwinkel 4, 44, 139
— -endendrehsteifigkeit 49, 50, 54, 61, 272, 275
— -moment 46
Statische Prüfung 13, 16, 110
Steifeziffer 147
Steifigkeit (Begriff der —) 48ff.
Stockwerk (Begriff des —s) 46, 62
—, schiefwinkliges 65,68
— -rahmen 18, 26, 34, 43, 46, 109, 200, 204, 207, 213, 219, 224, 228, 257
Stockwerksausgleich 91, 99
Stockwerksausgleichzahlen 72
—, absolute 101, 216
—, totale 129
Stockwerksgleichgewicht, Störung des —s 24, 75, 163
Stockwerksgleichungen 130, 132
Stockwerksmoment 46
Stockwerkssteifigkeit 63ff., 49, 50, 274
Störungsbetrag (am Stockwerksgleichgewicht) 270
Swida 10
Symmetrie, zweiachsige 146
Symmetrische Belastung 138ff.
— Rahmenwerke 137
Systembezugsstab 266

Tabellarischer Ausgleich (Tabellen-Iteration) 110

Teil-bereich 106
— -verformung 54, 102
— · — -sbilder 37ff.
Temperaturänderung, gleichmäßige 166
—, ungleichmäßige 168
Torsionssteifigkeit 49, 271
Totale Stockwerksausgleichzahlen 129

Übertragungszahl 54, 58, 61, 75ff.

Veränderliches Trägheitsmoment 58ff.
Verbesserung von Fehlern 17
Verfahrensregel, allgemeine 101
Verschiebungsanteile 14, 135
Vierendeel-Träger, s. Rahmenträger
Volleinspannmomente s. Ausgangsmomente
Vorgriff bei der Iteration 7, 125
Vorteile, besondere — der Iterationsverfahren 126
Vorverformung 7, 38
Vorzeichenregeln 52
Vouten 60, 280, 282ff.

W-Gewichte 60
Williotscher Verschiebungsplan 166
Wind-rahmen 34
— -scheiben 34
— -verbände 34
ω-Zahlen (Funktionswerte für Einflußlinien) 281

Zeichen 50
Zugbanddehnung 158

Berichtigungen

S. 65, vorletzte Zeile: statt $i\,i'$ **lies** $\varDelta i\,k$

S. 67, letzte Zeile: statt ϑ_2^3 **lies** ϑ_3^2

S. 94, 9. Zeile v. u.: statt $15{,}69$ **lies** $15{,}70$

S. 274, untere Skizze: statt $r_{k\,i}$ **lies** $r'_{k\,i}$

statt $r_{m''\,n''}$ **lies** $r'_{m''\,n''}$